今すぐ使える

かんたん

Excel

Excel 2019/2016/
2013/2010 対応版

Imasugu Tsukaeru Kantan Series : Excel Kansuu

技術評論社

本書の使い方

How to use

- 画面の手順解説だけを読めば、操作できるようになる！
- もっと詳しく知りたい人は、両端の「側注」を読んで納得！
- これだけは覚えておきたい機能を厳選して紹介！

特長1

機能ごとにまとまっているので、「やりたいこと」がすぐに見つかる！

Section 34

数値を平均する

覚えておきたいキーワード
- AVERAGE
- AVERAGEA

一般に、平均値とは、個々の数値を全部足して数値の個数で割った値です。関数で平均値を求めるには、通常、AVERAGE関数を利用しますが、何を基準に平均するのかによっては、AVERAGE関数は利用できない場合もあります。ここでは、AVERAGE関数を利用する平均と利用しない平均を紹介します。

このセクションで解説する関数の書式と分類、対応バージョンを示しています。○○の表記となっている関数は、名前だけ変更された関数です。

分類 統計　対応バージョン 2010 2013 2016 2019

書式
AVERAGE(数値1[,数値2]・・・)
AVERAGEA(値1[,値2]・・・)

関数の各引数について詳細を解説しています。

引数
[数値] 数値、または、数値のセルやセル範囲を指定します。
[値] 任意の値、セルやセル範囲を指定します。

第3章 データを集計する

キーワード AVERAGE/AVEAGEA

AVERAGE関数は、指定したセル範囲にある数値を計算対象とし、数値の平均値を求めます。AVERAGEA関数は、空白以外の値の平均値を求めます。AVERAGE関数は、<オートフィル>の<平均>でも入力できます(Sec.01参照)。

一部の関数については、より詳細な解説を行っています。

■AVERAGE関数とAVERAGEA関数の計算対象

データが数値だけの場合は、AVERAGE/AVERAGEA関数とも同じです。データに複数の値の種類が混在する場合、AVERAGE関数は、数値のみを計算対象とします。AVERAGEA関数では、文字列、スペースを押して入力した空白文字、FALSEを「0」、TRUEを「1」として計算します。両関数とも空白セルは無視します。

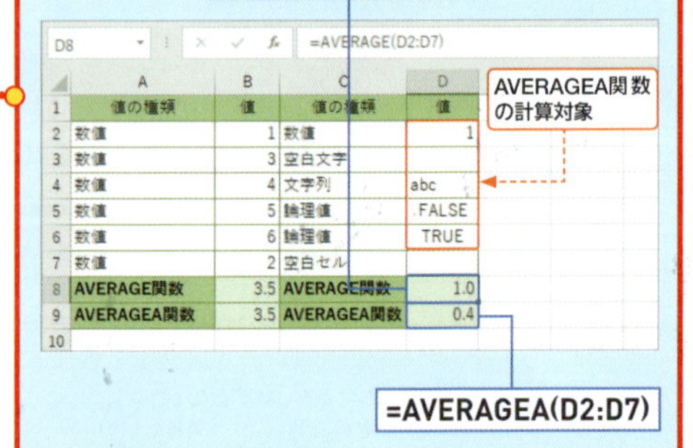

	A	B	C	D
1	値の種類	値	値の種類	値
2	数値	1	数値	1
3	数値	3	空白文字	
4	数値	4	文字列	abc
5	数値	5	論理値	FALSE
6	数値	6	論理値	TRUE
7	数値	2	空白セル	
8	AVERAGE関数	3.5	AVERAGE関数	1.0
9	AVERAGEA関数	3.5	AVERAGEA関数	0.4

メモ 値の種類が混在する場合の戻り値の違い

セル範囲[D2:D7]のうち、AVERAGE関数の計算対象は、セル[D2]の1のみです。よって、平均値は数値「1」÷数値の数「1」＝1です。AVERAGEA関数は、セル[D7]の空白セル以外の5個が計算対象です。このうち、数値と論理値「TRUE」が1で合計2、残りは0です。よって、平均値は2÷5=0.4になります。

130

特長2

やわらかい上質な紙を使っているので、**開いたら閉じにくい！**

補足説明

操作の補足的な内容を「側注」にまとめているので、よくわからないときに活用すると、疑問が解決！

補足説明

便利な機能

用語の解説

応用操作解説

特長3

大きな操作画面で該当箇所を囲んでいるのでよくわかる！

利用例1 売上日あたりの平均販売価格を求める　AVERAGE

バターの売上日あたりの平均販売価格を求めます。

=AVERAGE(C3:C154)

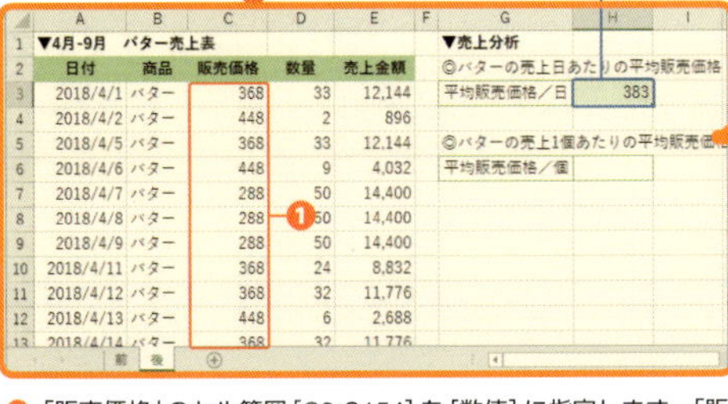

❶「販売価格」のセル範囲［C3:C154］を［数値］に指定します。「販売価格」の列に「販売価格」に無関係な数値が入らない場合は、列番号［C］をクリックして、C列全体を［数値］に指定することもできます。

サンプル sec34_1

メモ 1行あたりの平均 AVERAGE

利用例1は、日付単位で売…力されています。つまり、売上…均販売価格は、1件あたりの平…

ヒント 小数点以下の表示をセルの表示形式で整える

平均値は往々にして小数点以下に数値が並びます。小数点以下の数値を厳密に扱わないと、その後の処理や分析に影響が出る場合は別として、およその値が把握できればよいのであれば、セルの表示形式を整えるだけで十分です。利用例1では、<ホーム>タブの<桁区切りスタイル>を設定して通貨の表示にしています。

利用例2 売上1個あたりの平均販売価格を求める　SUM

バターの売上1個あたりの平均販売価格を求めます。

=SUM(E3:E154)/SUM(D3:D154)

	A	B	C	D	E	F	G	H
1	▼4月-9月	バター売上表					▼売上分析	
2	日付	商品	販売価格	数量	売上金額		◎バターの売上日あたりの平均販売価格	
3	2018/4/1	バター	368	33	12,144		平均販売価格／日	383
4	2018/4/2	バター	448	2	896			
5	2018/4/5	バター	368	33	12,144		◎バターの売上1個あたりの平均販売価格	
6	2018/4/6	バター	448	9	4,032		平均販売価格／個	341
7	2018/4/7	バター	288	50	14,400			
8	2018/4/8	バター	288	50	14,400			
9	2018/4/9	バター	288	50	14,400			
10	2018/4/11	バター	368	24	8,832			
11	2018/4/12	バター	368	32	11,776			
12	2018/4/13	バター	448	6	2,688			

❶「売上金額」のセル範囲［E3:E154］をSUM関数の［数値］に指定し、売上金額の合計を求めます。

❷「数量」のセル範囲［D3:D154］をSUM関数の［数値］に指定し、数量の合計を求めます。❶を❷で割って、1個あたりの平均販売価格を求めています。

サンプル sec34_2

メモ AVERAGE関数が利用できない平均

バター売上表は、日付単位の表のため、数量1個あたりの平均にAVERAGE関数を使うことはできません。そこで、「販売価格＝売上金額÷数量」の関係から、売上金額の合計を数量の合計で割って、1個あたりの販売価格を求めています。

ヒント 2つの平均の意味

売上日あたりの販売価格よりも1個あたりの販売価格が安いということは、販売価格の安い日を狙って多く購入されていることがわかります。

第3章 データを集計する

131

関数の具体的な利用例を紹介しています。

利用例のサンプルファイル名です（P.18参照）。

関数の数式は拡大して表示しています。

各引数を、画面図と文章で個別に解説しています。

Contents

目次

第1章 関数の基礎

目次

Contents

第2章 数値を計算する

第3章 データを集計する

目次

Contents

目次

Contents

目次

Contents

目次

Contents

第10章 関数を他の機能と組み合わせて使う

パソコンの基本操作

●本書の解説は、基本的にマウスを使って操作することを前提としています。
●お使いのパソコンのタッチパッドを使って操作する場合は、各操作を次のように読み替えてください。

▼クリック（左クリック）

クリック（左クリック）の操作は、画面上にある要素やメニューの項目を選択したり、ボタンを押したりする際に使います。

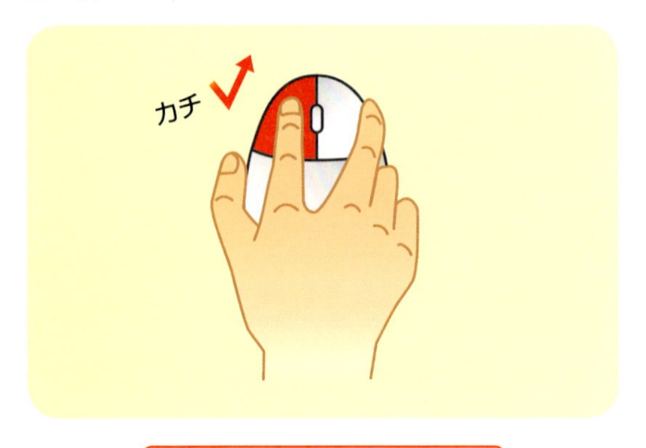

マウスの左ボタンを1回押します。

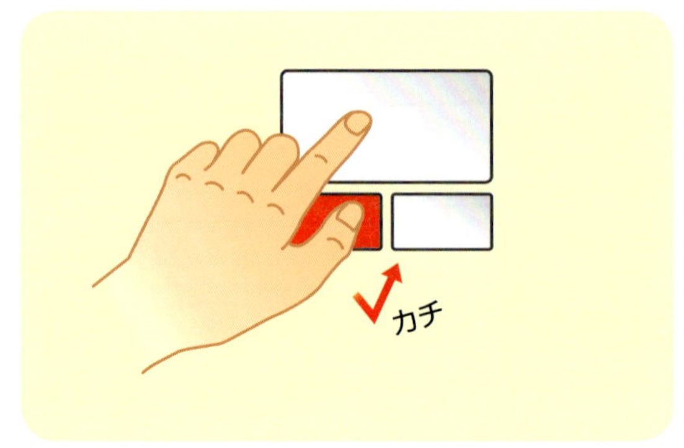

タッチパッドの左ボタン（機種によっては左下の領域）を1回押します。

▼右クリック

右クリックの操作は、操作対象に関する特別なメニューを表示する場合などに使います。

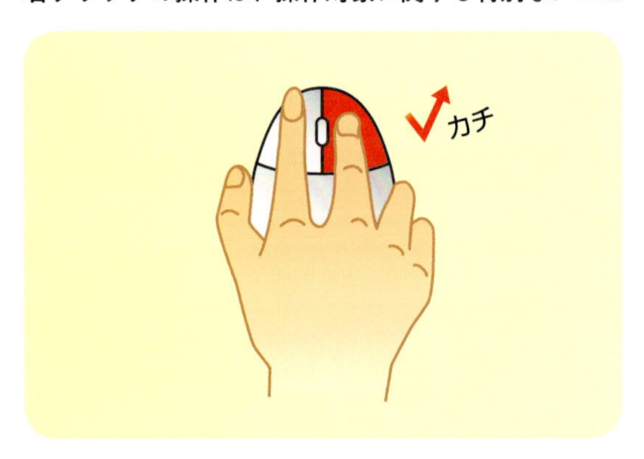

マウスの右ボタンを1回押します。

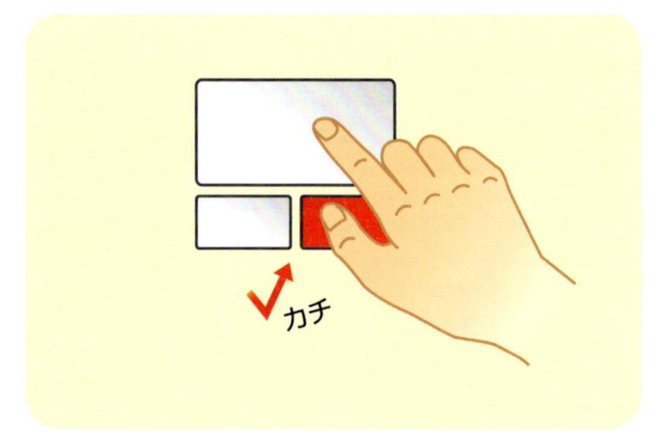

タッチパッドの右ボタン（機種によっては右下の領域）を1回押します。

▼ダブルクリック

ダブルクリックの操作は、各種アプリを起動したり、ファイルやフォルダーなどを開いたりする際に使います。

マウスの左ボタンをすばやく2回押します。

タッチパッドの左ボタン(機種によっては左下の領域)をすばやく2回押します。

▼ドラッグ

ドラッグの操作は、画面上の操作対象を別の場所に移動したり、操作対象のサイズを変更したりする際に使います。

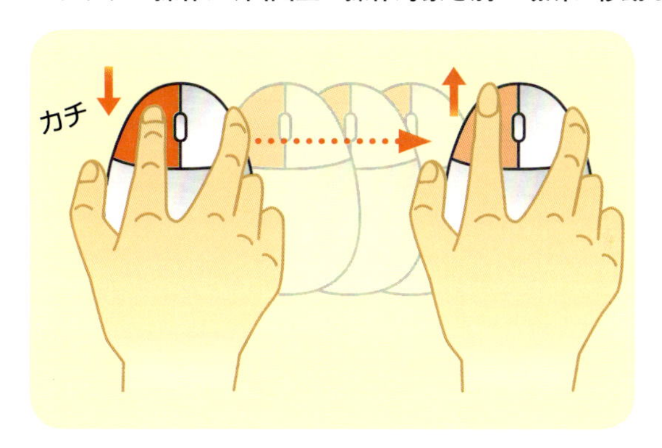

マウスの左ボタンを押したまま、マウスを動かします。目的の操作が完了したら、左ボタンから指を離します。

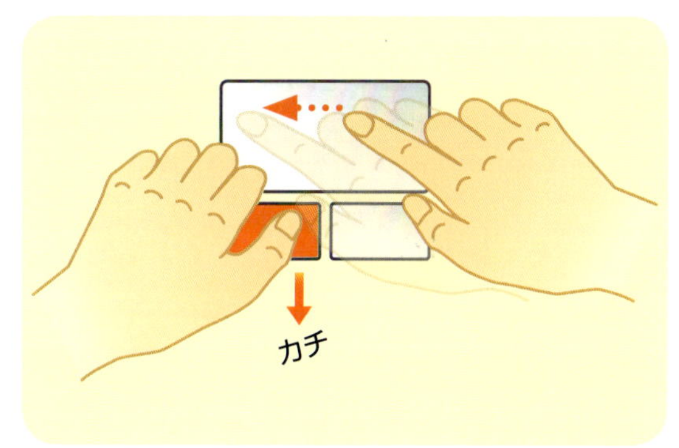

タッチパッドの左ボタン(機種によっては左下の領域)を押したまま、タッチパッドを指でなぞります。目的の操作が完了したら、左ボタンから指を離します。

ホイールの使い方

ほとんどのマウスには、左ボタンと右ボタンの間にホイールが付いています。ホイールを上下に回転させると、Webページなどの画面を上下にスクロールすることができます。そのほかにも、Ctrlを押しながらホイールを回転させると、画面を拡大/縮小したり、フォルダーのアイコンの大きさを変えたりすることができます。

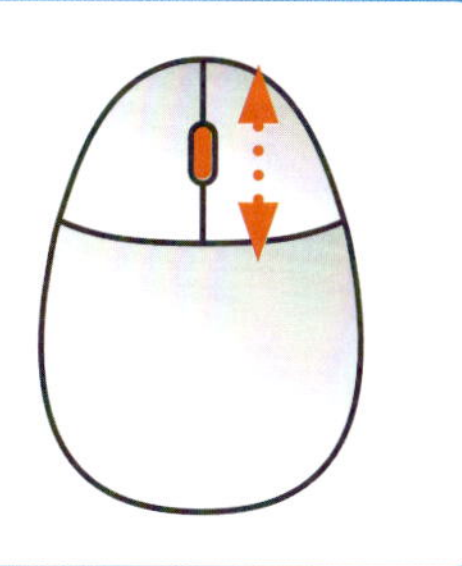

サンプルファイルのダウンロード

●本書で使用しているサンプルファイルは、以下のURLのサポートページからダウンロードすることができます。ダウンロードしたときは圧縮ファイルの状態なので、展開してから使用してください。

https://gihyo.jp/book/2019/978-4-297-10230-2/support

▼サンプルファイルをダウンロードする

1 ブラウザー（ここではMicrosoft Edge）を起動します。

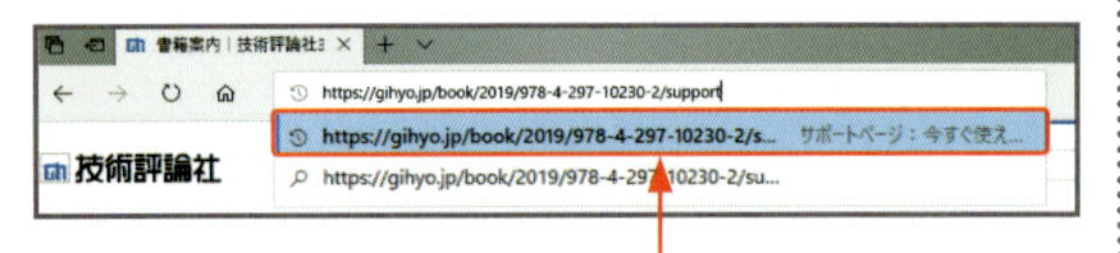

2 ここをクリックしてURLを入力し、Enterを押します。

3 表示された画面をスクロールし、＜ダウンロード＞にある＜サンプルファイル＞をクリックします。

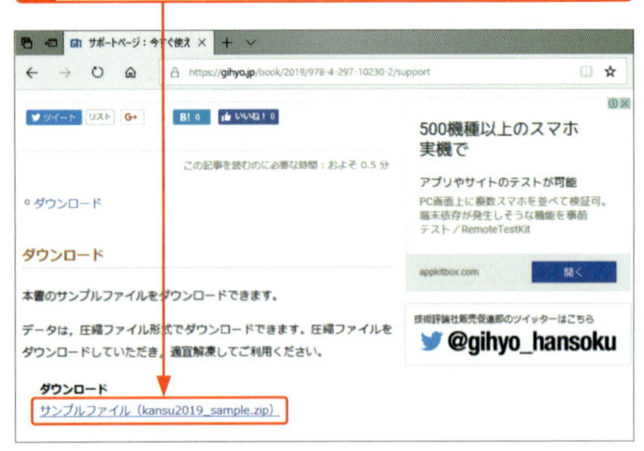

4 ＜保存＞をクリックすると、ダウンロードが始まります。

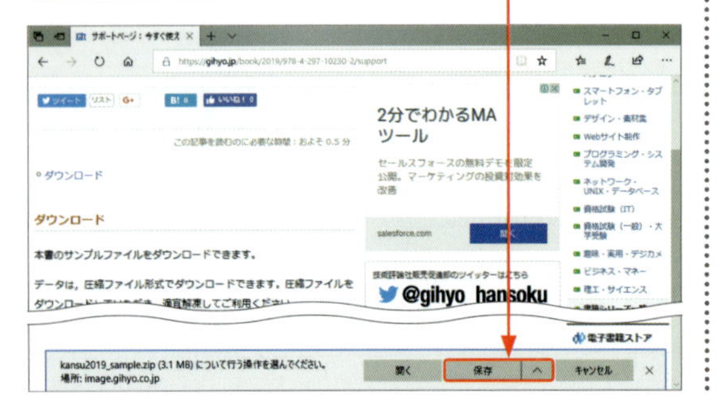

▼ダウンロードした圧縮ファイルを展開する

1 ダウンロード完了のメッセージが表示されたら、＜開く＞をクリックします。

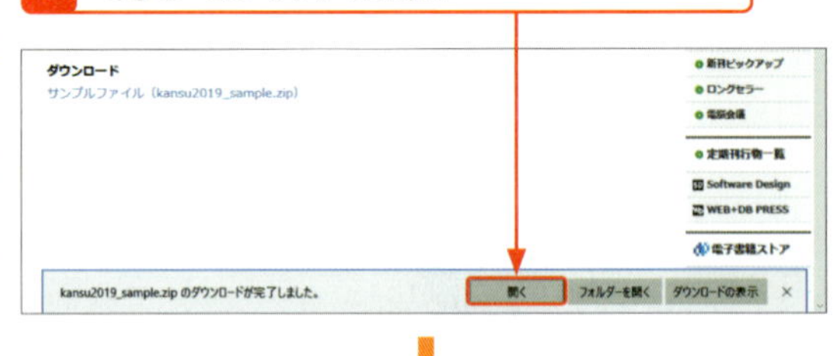

2 表示されたフォルダーをクリックします。

3 ＜展開＞タブの＜すべて展開＞をクリックして、

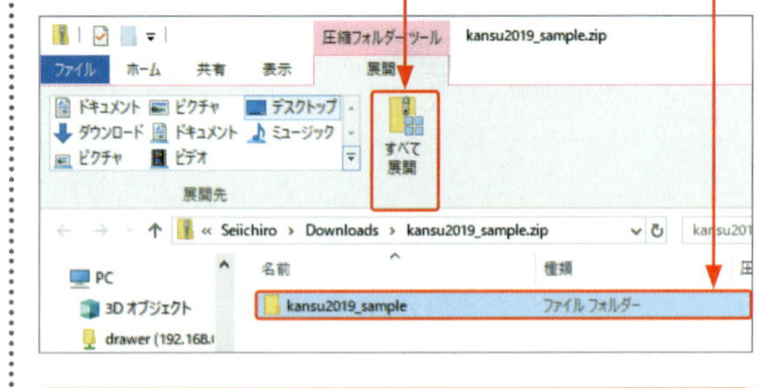

4 ＜参照＞をクリックして展開したい場所（ここでは「デスクトップ」）を選択し、＜展開＞をクリックします。

5 ファイルが展開されます。

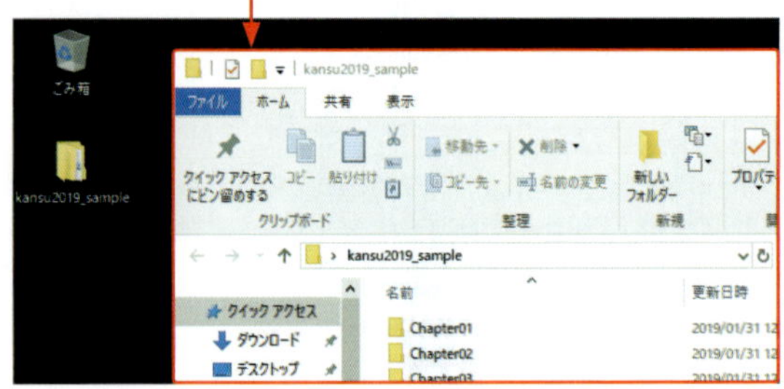

Chapter 01

第1章

関数の基礎

Section 01 関数を使ってみよう

覚えておきたいキーワード
- 関数
- 引数
- <オート SUM>

関数は数式の一種です。合計など、数値を扱う計算はお手の物ですが、データを探す、判定する、文字を操作するといった便利な機能も関数の得意とするところです。しかも、「書き方」が決まっているので、関数の骨組みを押さえれば、初めての関数でも利用することができます。

1 関数の書式

メモ 関数が初めての方

本書はリファレンス形式なので、どこからでもお読みいただけますが、関数が初めての方は、Sec.05までは目を通していただくと理解しやすくなります。

キーワード 関数

特定の計算を行うために定義された数式です。計算は関数が行うため、式を立てたり、計算の過程を把握したりする必要はありません。計算に必要な値を指定するだけで、答えを得ることができます。

キーワード 引数

引数とは、関数に必要な情報のことです。たとえば、「数えてください。」と依頼されても、どこを数えるのかを指定しないと数えようがありません。数える場合は「数える場所」が引数です。

キーワード 戻り値

戻り値とは、関数の計算結果のことです。計算に必要な情報を渡したら結果が戻ってきた、くらいの意味合いです。また、結果が返る、返されるという表現もあります。

関数の概念

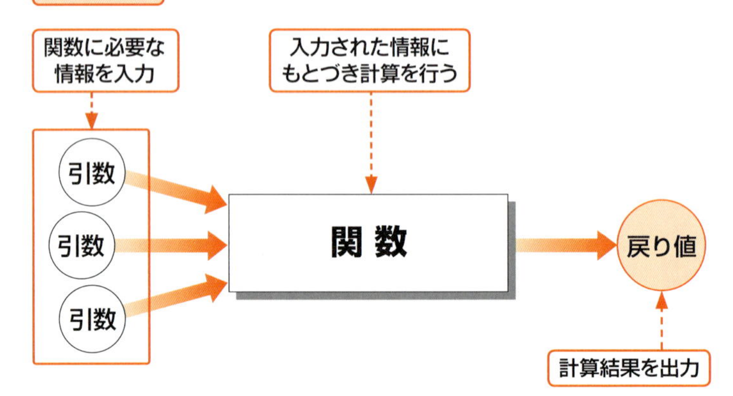

関数の書式

1 関数は数式の一種です。「=(半角イコール)」を入力すると、「=」の右側を数式と認識します。

2 関数の名前です。多くの関数名は、関数の目的を連想させるような英単語で付けられています。

3 引数の前後を「()(半角カッコ)」で囲みます。

=関数名(引数1,引数2,引数3,・・・,引数n)

4 関数に必要な情報を、数値や文字列、セルやセル範囲、数式などで指定します。関数ごとに、引数に指定する内容と順番が決まっています。

5 複数の引数が必要な場合は、引数ごとに「,(カンマ)」で区切ります。

2 関数を読む

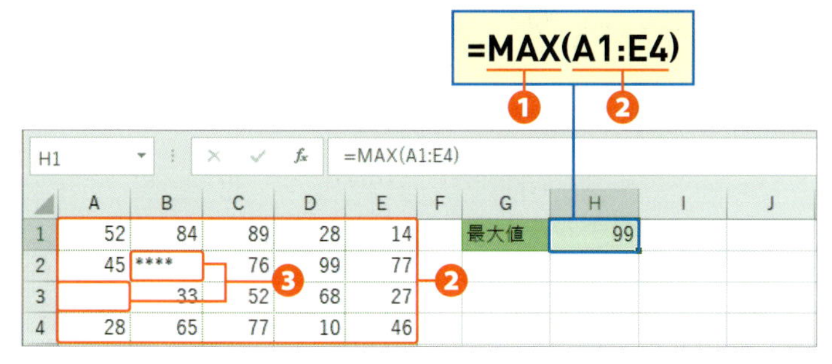

❶ MAXは、英単語のMaximumの最初の3文字で「最大の」という意味です。MAX関数は引数に指定した数値の最大値を求めます。

❷ 引数の「:」（コロン）で挟まれたセルは、始点のセル［A1］から終点のセル［E4］までの連続する範囲という意味です。ここでは、セル範囲［A1:E4］の中の最大値を求めています。

❸ セル範囲に含まれる数値以外の文字や空白セルは無視されています。数値を扱う関数によくみられる特徴です。

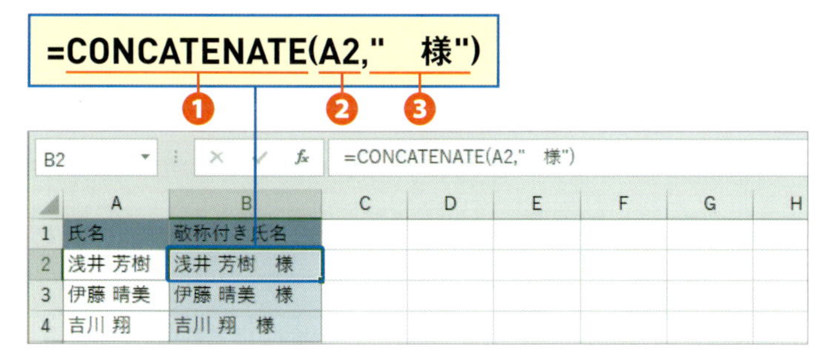

❶ 英単語のConcatenateは、「～を鎖状につなぐ」という意味です。CONCATENATE関数は、引数に指定した文字列をつなぎます。

❷ 引数には、つなぎたい文字列が「,」（カンマ）で区切りながら指定されています。最初はセル［A2］に入っている文字列です。

❸ 引数には、セルだけでなく、文字列を直接指定できます。その際は、文字列の前後を「"」（半角ダブルクォーテーション）で囲むのが関数共通の約束事です。ここでは、氏名と「　様」をつなげて敬称付き氏名が表示されています。

メモ 互換性関数

CONCATENATE関数は、Excel 2019からCONCAT関数になり、関数名が少し短くなりました。Excelのバージョンが新しくなるにしたがって、表記が変化している関数があります。新しいバージョンのExcelでは、旧表記の関数も利用できます。旧表記の関数は互換性関数と呼ばれ、＜数式＞タブの＜その他の関数＞の中に＜互換性関数＞として用意されています。

ヒント 文字列という表現

関数では、しばしば「文字列」という表記を目にしますが、いわゆる文字のことです。Excelでは、単語や文を1文字ずつ分解して操作できる関数があり、単語や文は文字が1文字ずつ並んだ状態と捉えて「列」と付いています。

ヒント 関数でできないこと

Excelには430種類を超える関数が用意されているので、多くの要求に応えられます。しかも、関数は1つずつ使うだけでなく、複数の関数を組み合わせて使えるので、できることはさらに増えます。
しかしながら、関数は、セルの色、文字の大きさ、太字など、セルに設定された書式は見分けられません。また、日付を曜日形式で表示するといった値の表示形式を操作する関数はありますが、セルに色付けするなど、セルに書式を付ける関数はありません。関数はあくまでも「値」を出す機能です。

3 <オートSUM>を使って関数を入力する

サンプル sec01

キーワード <オートSUM>

SUM関数が割り当てられたボタンです。クリックするだけでSUM関数が入力されます。また、SUM関数以外の代表的な4つの関数も入力することができます（右ページメモ参照）。

ヒント <ホーム>タブでも<オートSUM>が利用できる

<オートSUM>は<ホーム>タブにも<合計>として用意されています。どちらを使っても同じです。<ホーム>タブで表の編集などを行っているときは、<ホーム>タブの<合計>を使うと、<数式>タブに切り替える手間が省けます。

ヒント Ctrl + Enter でも関数を確定できる

Enter を押すと、関数が確定すると同時にアクティブセルが下に移動しますが、Ctrl を押しながら Enter を押すとアクティブセルを移動せずに確定できます。

<オートSUM>を利用して営業員別の売上を合計します。

1 関数を入力したいセルをクリックし、

2 <数式>タブの<オートSUM>をクリックすると、

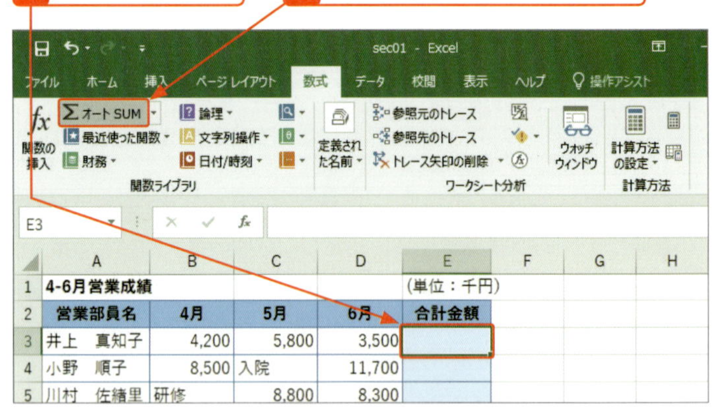

3 合計を求めるSUM関数が自動的に入力されます。

SUM　=SUM(B3:D3)

	A	B	C	D	E	F	G	H
1	4-6月営業成績				(単位：千円)			
2	営業部員名	4月	5月	6月	合計金額			
3	井上　真知子	4,200	5,800	3,500	=SUM(B3:D3)			
4	小野　順子	8,500	入院	11,700	SUM(数値1, [数値2], ...)			
5	川村　佐緒里	研修	8,800	8,300				
6	北沢　佐和子	10,800	10,500	14,400				

4 引数を指定します。ここでは、自動認識されたセル範囲の内容を確認します。

SUM　=SUM(B3:D3)

	A	B	C	D	E	F	G	H
1	4-6月営業成績				(単位：千円)			
2	営業部員名	4月	5月	6月	合計金額			
3	井上　真知子	4,200	5,800	3,500	=SUM(B3:D3)			
4	小野　順子	8,500	入院	11,700	SUM(数値1, [数値2], ...)			
5	川村　佐緒里	研修	8,800	8,300				
6	北沢　佐和子	10,800	10,500	14,400				

5 Enter を押すと、関数の入力が確定します。

E3　=SUM(B3:D3)

	A	B	C	D	E	F	G	H
1	4-6月営業成績				(単位：千円)			
2	営業部員名	4月	5月	6月	合計金額			
3	井上　真知子	4,200	5,800	3,500	13,500			
4	小野　順子	8,500	入院	11,700				
5	川村　佐緒里	研修	8,800	8,300				
6	北沢　佐和子	10,800	10,500	14,400				

4 関数を利用するメリット

数式で合計値を求める

足し算の「+」演算子が続きます。

	A	B	C
1	4-6月営業成績		
2	営業部員名	4月	5月
3	井上　真知子	4,200	5,80
4	小野　順子	8,500	入院
5	川村　佐緒里	研修	8,80
6	北沢　佐和子	10,800	10,50
7	月間合計	=B3+B4+B5+B6	
8			

足し算の中に文字列が含まれていると、エラーになります。

	A	B	C
1	4-6月営業成績		
2	営業部員名	4月	5月
3	井上　真知子	4,200	5,800
4	小野　順子	8,500	入院
5	川村　佐緒里	研修	8,800
6	北沢　佐和子	10,800	10,500
7	月間合計	#VALUE!	
8			

関数で合計値を求める

数式が短くなります。

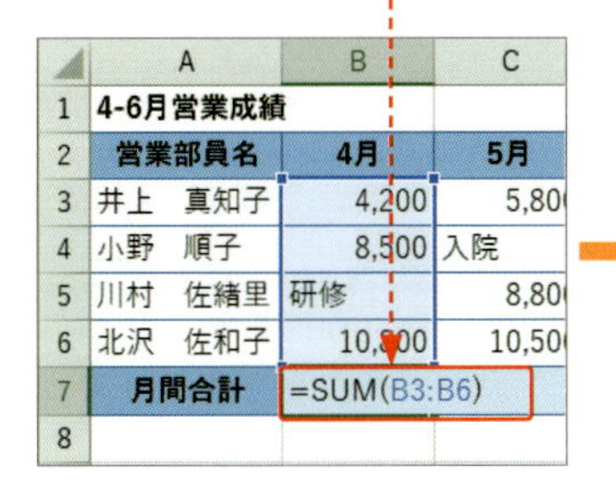

	A	B	C
1	4-6月営業成績		
2	営業部員名	4月	5月
3	井上　真知子	4,200	5,80
4	小野　順子	8,500	入院
5	川村　佐緒里	研修	8,80
6	北沢　佐和子	10,800	10,50
7	月間合計	=SUM(B3:B6)	
8			

合計範囲に含まれる文字列が無視され、正しい結果が表示されます。

	A	B	C
1	4-6月営業成績		
2	営業部員名	4月	5月
3	井上　真知子	4,200	5,800
4	小野　順子	8,500	入院
5	川村　佐緒里	研修	8,800
6	北沢　佐和子	10,800	10,500
7	月間合計	23,500	
8			

キーワード 四則演算子

足す、引く、掛ける、割る計算を四則計算といいます。日常利用する数式の「＋」や「－」の記号は演算子といいます。Excelでは、足し算は「+」、引き算は「－」、掛け算は「*」、割り算は「/」を使います。「+」「－」「*」「/」を四則演算子といいます。

メモ <オートSUM>から入力できる関数

<オートSUM>で入力できる関数は、<合計>、<平均>、<数値の個数>、<最大値>、<最小値>の5種類です。関数を入力するセルが、数値の入ったセルに隣接している場合は、左ページの手順3のように、引数を自動認識します。ただし、自動認識はいつも正しいとは限りません。誤っている場合は、左ページの手順4のタイミングで、正しいセルやセル範囲をドラッグなどで指定し直します。

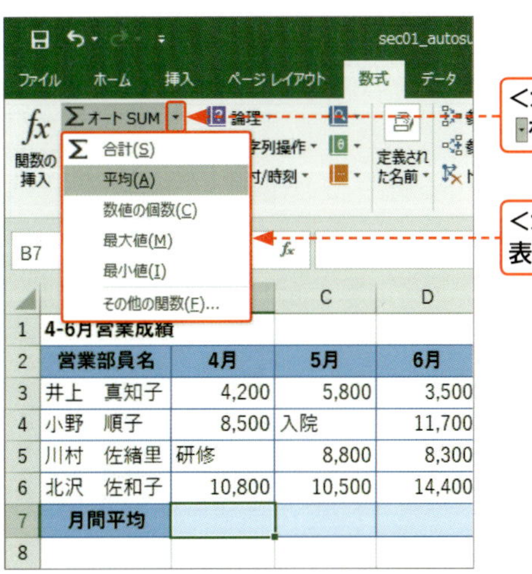

<オートSUM>の右のをクリックすると、

<オートSUM>の一覧が表示されます。

Section 02

説明を見ながら確実に関数を入力する

覚えておきたいキーワード

- ☑ <関数の挿入>ダイアログボックス
- ☑ 関数ライブラリ

関数の引数は、関数ごとに引数の指定順序と内容が決められています。引数の指定順序や引数に指定する内容がわからない場合は、ダイアログボックスを使って入力します。ダイアログボックスを使うと、引数の指定順序を気にせずに済み、説明を見ながら引数を入力することができます。

1 <関数の挿入>から入力する

サンプル sec02_1

MAX関数を使って寄附金の最高額を求めます。

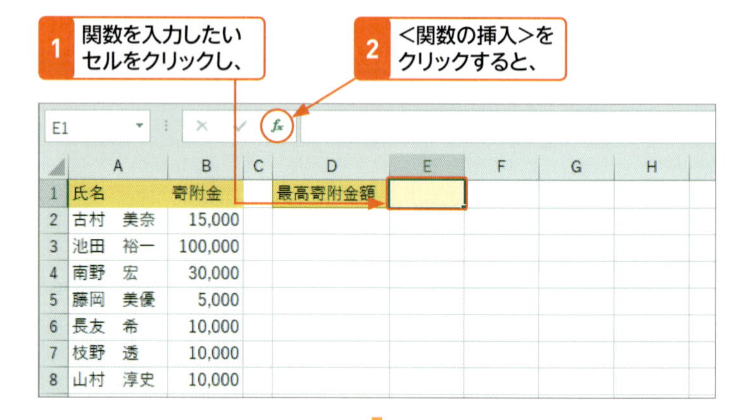

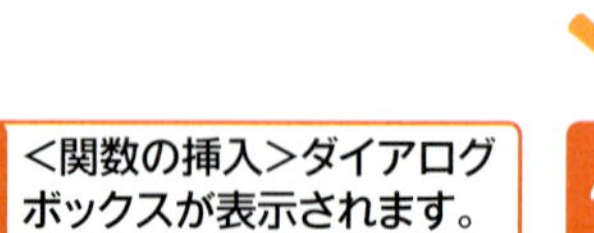

4 <関数の分類>の ⌄ をクリックして、

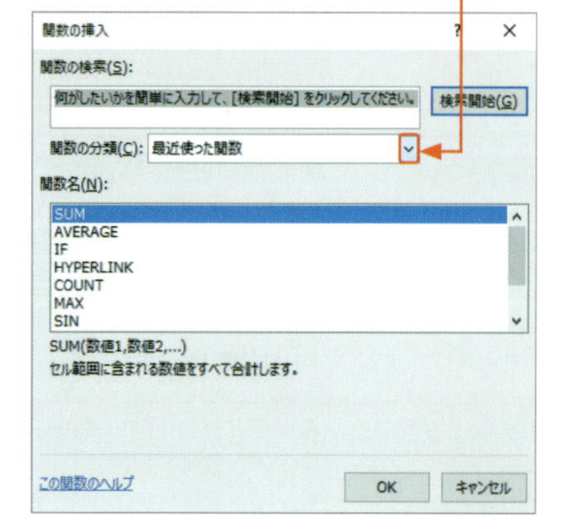

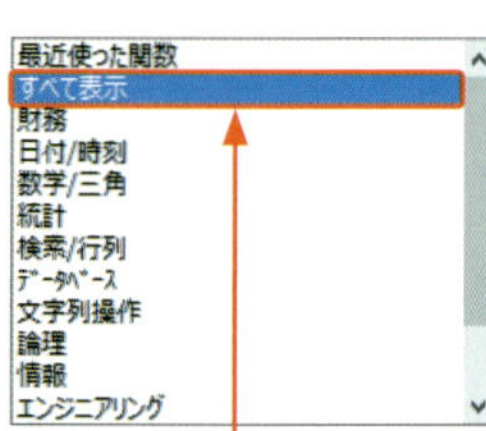

5 <すべて表示>をクリックします。

メモ 関数の分類

430種類を超える関数は、12分類のいずれかに所属しています。分類名を選ぶと、分類に所属する関数名のみ表示されるので、使いたい関数の分類がわかっているときは、関数が選びやすくなります。分類はわからないが関数名は知っている、あるいは、英単語から類推できるときは、<すべて表示>を選択して英字順に並べたほうが選びやすくなります。

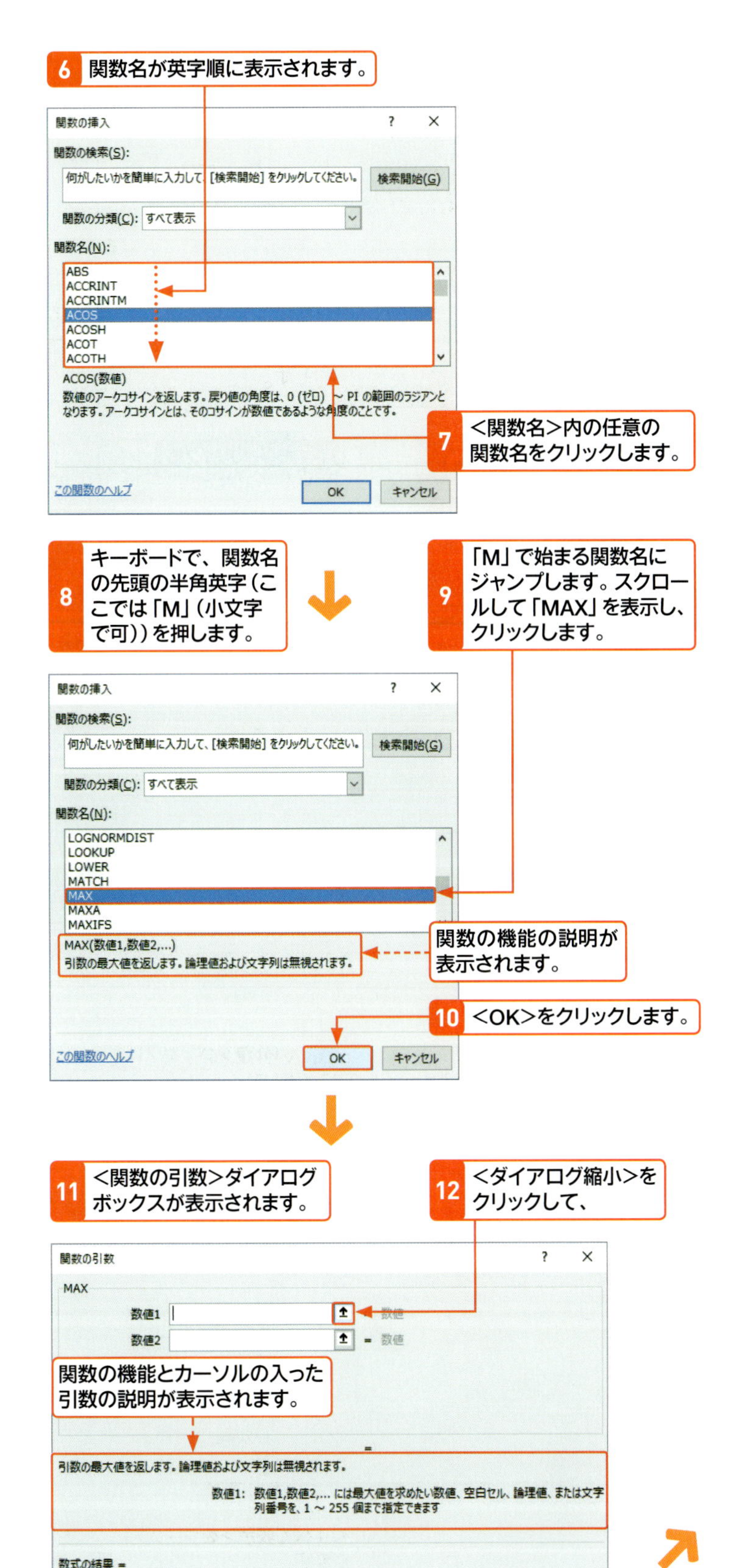

メモ 目的から分類名を類推する

関数がどの分類に所属しているのかは知らないのが当たり前です。しかし、自分のやりたいことから分類名を類推することは可能です。たとえば、日付の計算がしたい場合は「日付／時刻」ですし、データを探したいときは「検索／行列」です。厄介なのは数値を扱う関数です。「数学／三角」か「統計」のどちらかが多いです。ちなみに、＜オートSUM＞の5つの関数のうち、SUM（合計）は「数学／三角」ですが、残りはすべて「統計」です。

メモ ＜関数の引数＞ダイアログボックスの移動

＜関数の引数＞ダイアログボックスが表示されているために、クリックしたいセルや見たいセルが隠れてしまうときは、＜関数の引数＞ダイアログボックス内にマウスポインターを合わせてドラッグすると、ダイアログボックスが移動します。

メモ ＜ダイアログ縮小＞ボタン

Excelのバージョンによって、手順12の＜ダイアログ縮小＞のボタンデザインが異なりますが、同じ位置にあるボタンをクリックします。

ヒント ＜ダイアログ縮小＞は必要に応じて操作する

＜ダイアログ縮小＞は必ず行う操作ではありません。引数は＜関数の引数＞ダイアログボックス全体を表示したまま指定できます。＜ダイアログ縮小＞は画面の邪魔になるときに使うと便利です。

メモ 関数の計算結果と数式の計算結果

セルに入力した関数の結果と数式全体の結果が個別に表示されます。ここでは、セルにMAX関数のみ入力しているので、関数の結果も数式の結果も同じですが、同じセルに関数と数式が一緒に入力されている場合は結果が異なります。

13 ダイアログボックスを折りたたみ、

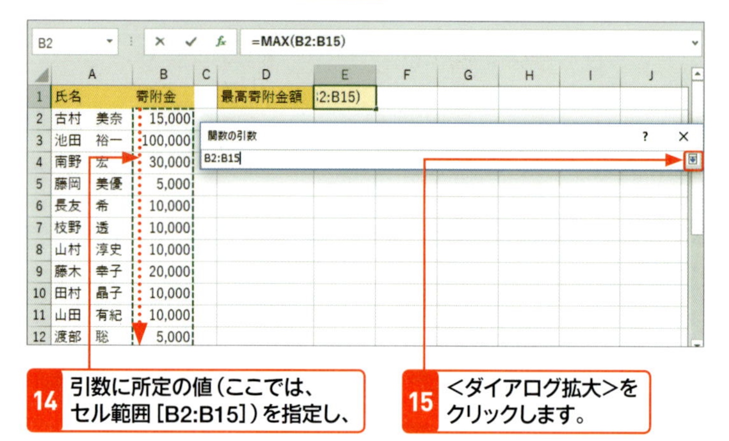

14 引数に所定の値（ここでは、セル範囲［B2:B15］）を指定し、

15 ＜ダイアログ拡大＞をクリックします。

16 もとの大きさに戻るので、指定したセル範囲を確認します。

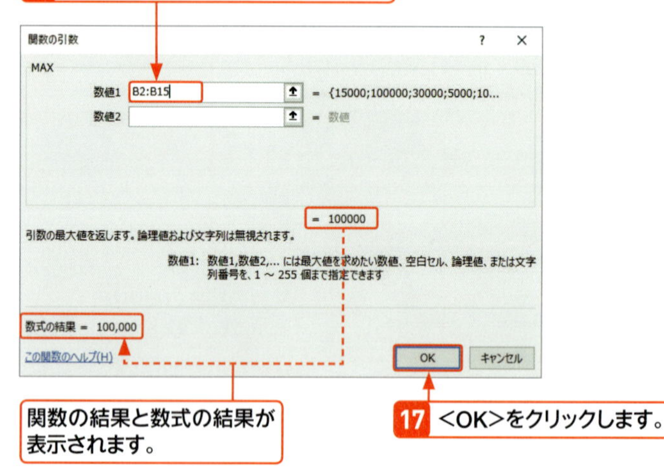

関数の結果と数式の結果が表示されます。

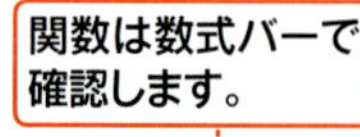

17 ＜OK＞をクリックします。

18 関数の入力が終了し、セルに結果が表示されます。

関数は数式バーで確認します。

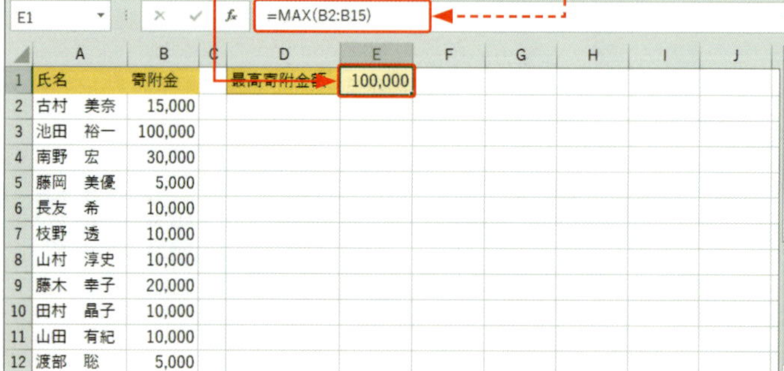

2 ＜関数ライブラリ＞から入力する

分類名を指定して関数を選択します。

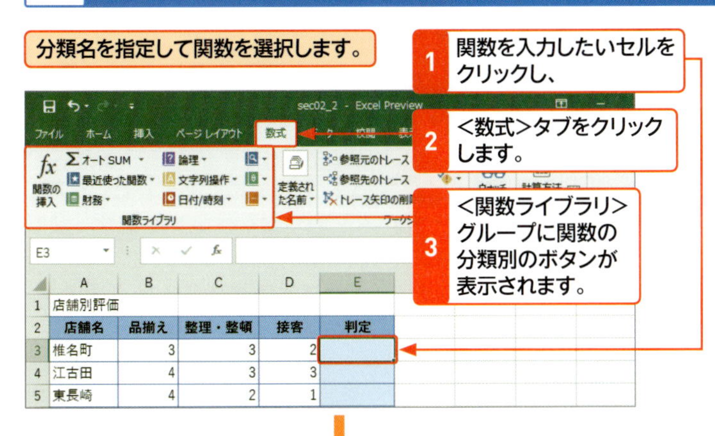

1 関数を入力したいセルをクリックし、

2 ＜数式＞タブをクリックします。

3 ＜関数ライブラリ＞グループに関数の分類別のボタンが表示されます。

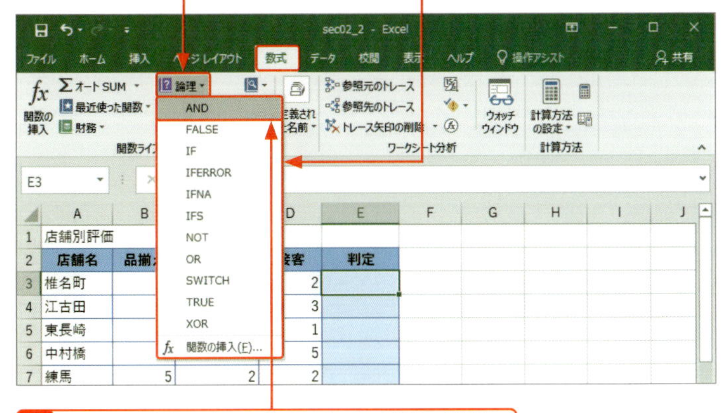

4 目的のライブラリボタン（ここでは＜論理＞）をクリックします。

5 分類に含まれる関数名のみ表示されます。

6 目的の関数名をクリックすると、＜関数の引数＞ダイアログボックスが表示されます。

7 以降の手順は、P.25の手順11～18と同様です。

サンプル sec02_2

メモ データベース関数と互換性関数

＜数式＞タブの＜関数ライブラリ＞には＜データベース＞はありません。データベース関数を使う場合は、＜関数の挿入＞ダイアログボックスから選択します（P.24）。

ヒント 論理関数

＜論理＞には、数値や値の判定に利用する関数が分類されています（第5章参照）。

ヒント 最近使用した関数

＜関数ライブラリ＞の＜最近使用した関数＞をクリックすると、ダイアログボックスを使って入力した関数の利用履歴が新しい順に10個表示されます。目的の関数が履歴に表示されている場合は、利用履歴の中から選択すると効率的です。

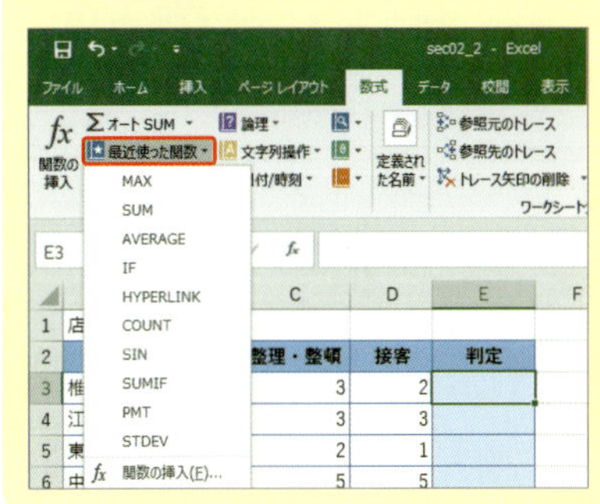

メモ 目的の関数を探す

＜関数の挿入＞ダイアログボックスの＜関数の検索＞に、計算の使用目的をキーワードで入力すると、キーワードに関連する関数が検索されます。関数選択後の手順は、P.25の手順11～18と同様です。

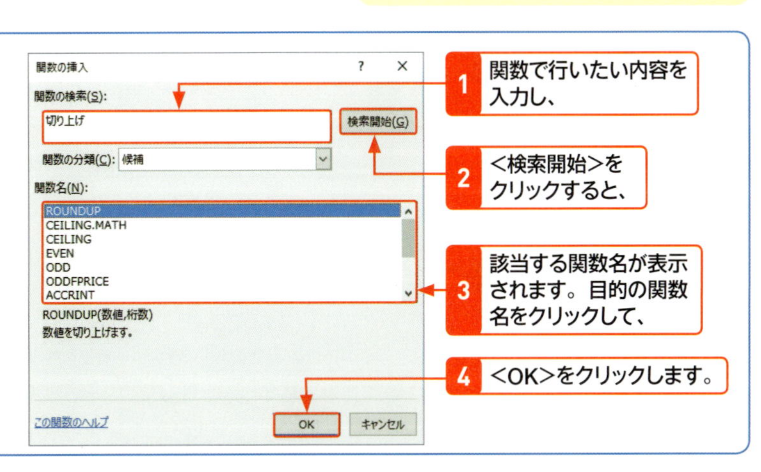

1 関数で行いたい内容を入力し、

2 ＜検索開始＞をクリックすると、

3 該当する関数名が表示されます。目的の関数名をクリックして、

4 ＜OK＞をクリックします。

Section 03

キーボードで効率よく関数を入力する

覚えておきたいキーワード
- ☑ 数式オートコンプリート
- ☑ ダイアログボックスの併用

関数は、キーボードから直接入力することができます。覚えた関数は、キーボードから直接入力したほうが、ダイアログボックスを出して操作するよりも効率的です。もし、キーボードからの入力中に引数の指定方法がわからなくなった場合は、途中からダイアログボックスを出して引数を指定することも可能です。

1 関数名と引数をキーボードから入力する

サンプル sec03_1

キーワード 数式オートコンプリート

数式オートコンプリートは、関数名の頭文字を入力すると、頭文字で始まる関数名が一覧表示される機能です。手順の方法以外に、一覧から目的の関数名をダブルクリックしても「=関数名(」まで入力できます。また、関数名の2文字目、3文字目を入力すると関数名の候補が絞られ、目的の関数が見つけやすくなります。

メモ 関数は半角文字で入力する

関数は、引数に「"(半角ダブルクォーテーション)」で囲んだ全角文字を指定することもありますが、記号や関数名は半角文字で入力します。関数名やセル参照の入力に際しては、英字の大文字/小文字を問いません。関数の入力が確定すると自動的に大文字に変換されます。

キーボードでAVERAGE関数を入力し、店舗別の平均評価を求めます。

1 関数を入力したいセルをクリックして「=(イコール)」、関数名を入力し始めると(ここでは「av」)、

2 関数名の候補が表示されるので、↓を押して「AVERAGE」に移動し、Tabを押します。

	A	B	C	D	E	F	G	H
1	店舗別評価							
2	店舗名	品揃え	整理・整頓	接客	店舗平均			
3	椎名町	3	3	2	=av			
4	江古田	4	3	3				
5	東長崎	4	2	1				
6	中村橋	3	5	5				
7	練馬	5	2	2				
8	平均評価	3.8	3	2.6				

- AVEDEV
- AVERAGE　引数の平均値を返します。
- AVERAGEA
- AVERAGEIF
- AVERAGEIFS

3 関数名と開きカッコまで入力されるので、

	A	B	C	D	E	F	G	H
1	店舗別評価							
2	店舗名	品揃え	整理・整頓	接客	店舗平均			
3	椎名町	3	3	2	=AVERAGE(			
4	江古田	4	3	3				
5	東長崎	4	2	1				
6	中村橋	3	5	5				

AVERAGE(数値1, [数値2], ...)

4 参照するセル範囲をドラッグすると、

5 引数にセル範囲が指定されます。

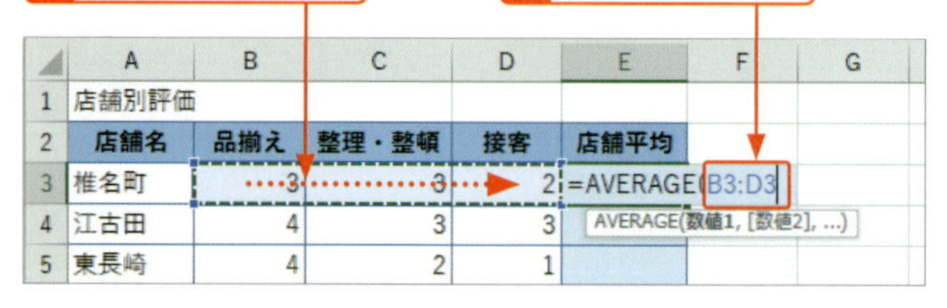

6 「)(閉じカッコ)」を入力して Enter を押すと、

	A	B	C	D	E	F	G	H
1	店舗別評価							
2	店舗名	品揃え	整理・整頓	接客	店舗平均			
3	椎名町	3	3	2	=AVERAGE(B3:D3)			
4	江古田	4	3	3				
5	東長崎	4	2	1				

7 関数の入力が確定し、評価の店舗平均が表示されます。

	A	B	C	D	E	F	G	H
1	店舗別評価							
2	店舗名	品揃え	整理・整頓	接客	店舗平均			
3	椎名町	3	3	2	2.7			
4	江古田	4	3	3				
5	東長崎	4	2	1				

2 引数のみダイアログボックスで指定する

関数名をキーボードで入力したあと、引数の指定にはダイアログボックスを利用します。

1 左ページの手順1～3まで操作し、関数名と開きカッコを入力しておきます（ここでは、「=AVERAGE(」）。

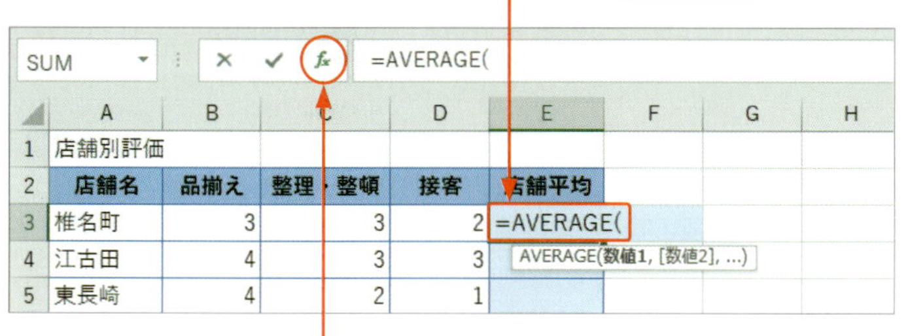

2 ＜関数の挿入＞をクリックします。

3 ＜関数の引数＞ダイアログボックスが表示されるので、P.25の手順11以降を操作して、引数を指定し、関数の入力を確定します。

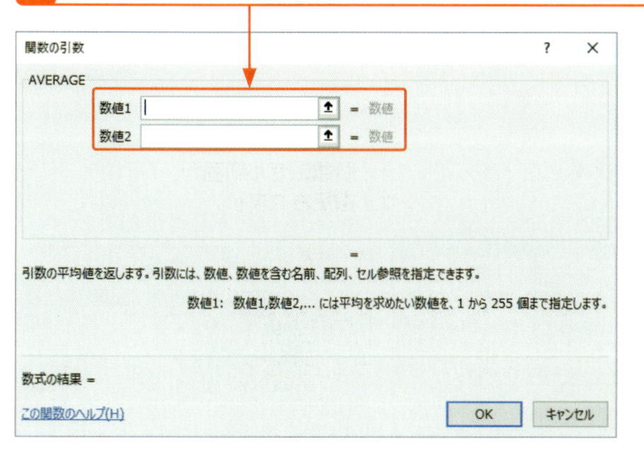

ヒント 小数点以下の表示桁数

小数点を含む結果になる場合は、範囲を選択して、＜ホーム＞タブの＜小数点以下の表示桁数を減らす＞を何度かクリックすると小数点以下の表示桁数が整えられます。

▼＜小数点以下の表示桁数を減らす＞

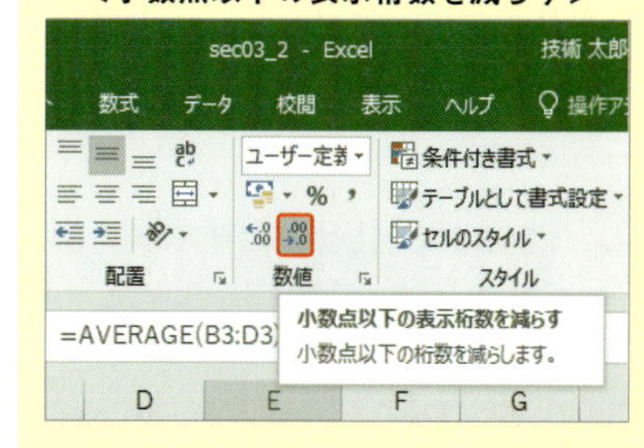

サンプル sec03_2

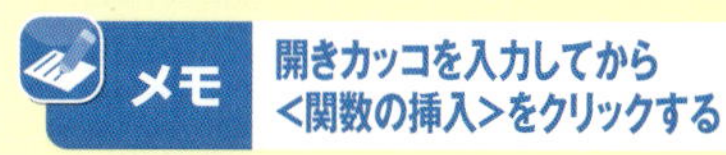

メモ 開きカッコを入力してから＜関数の挿入＞をクリックする

引数の指定に＜関数の引数＞ダイアログボックスを利用する場合は、関数名のあと、開きカッコまで入力してから＜関数の挿入＞をクリックします。開きカッコを入力せずに＜関数の挿入＞をクリックすると、＜関数の挿入＞ダイアログボックスが表示されるので注意します。＜関数の挿入＞ダイアログボックスが表示された場合は、いったんキャンセルし、開きカッコを入力してから、再び＜関数の挿入＞をクリックします。

Section 04 関数を効率よく直す

覚えておきたいキーワード
- 数式バー
- 色枠

関数の入力を確定したあとでも、数式バーをクリックするか、セルをダブルクリックして編集状態にすると、引数や関数の変更や修正ができます。変更や修正は誤りを正すだけでなく、入力済みの関数を利用して類似関数に変更するなど、効率のよい入力にも役立ちます。

1 数式バーを利用して修正する

サンプル sec04_1

ヒント ドラッグでセル範囲を修正するには

手順3で、引数のセル範囲[C2:C6]をすべて選択して、正しい範囲をドラッグし直すこともできます。引数のセル範囲が[C2:C4]に変更されたら Enter を押して確定します。

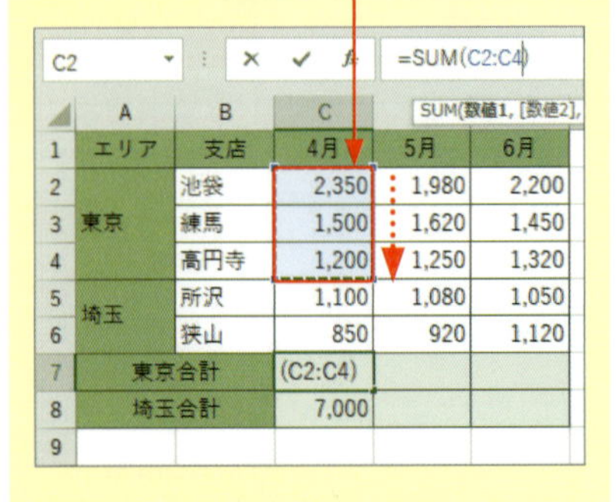

引数のセル範囲[C2:C6]を[C2:C4]に修正します。

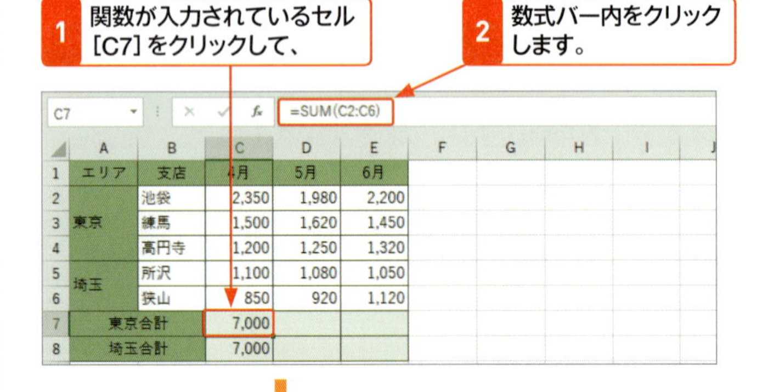

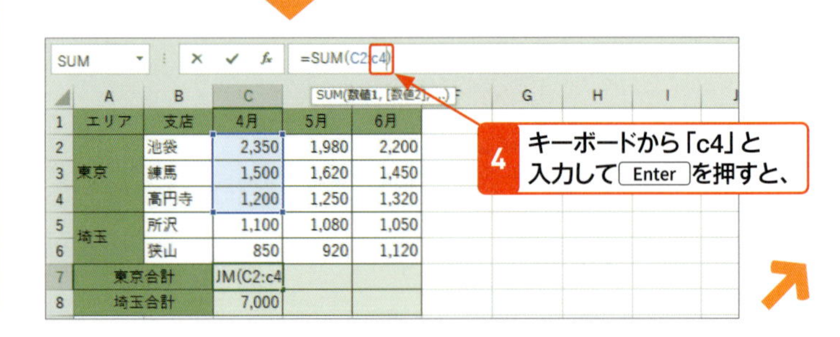

5 引数のセル範囲が修正されて、

C7 =SUM(C2:C4)

	A	B	C	D	E	F	G	H	I	J
1	エリア	支店	4月	5月	6月					
2		池袋	2,350	1,980	2,200					
3	東京	練馬	1,500	1,620	1,450					
4		高円寺	1,200	1,250	1,320					
5	埼玉	所沢	1,100	1,080	1,050					
6		狭山	850	920	1,120					
7	東京合計		5,050							
8	埼玉合計		7,000							
9										

6 計算結果も更新されます。

Enter で確定した場合は、実際には1つ下のセルにアクティブセルが移動します。

2 <関数の引数>ダイアログボックスで修正する

引数のセル範囲[C2:C6]を[C2:C4]に修正します。

1 関数が入力されているセル[C7]をクリックし、

2 <関数の挿入>をクリックすると、

C7 =SUM(C2:C6)

	A	B	C	D	E	F	G	H	I	J
1	エリア	支店	4月	5月	6月					
2		池袋	2,350	1,980	2,200					
3	東京	練馬	1,500	1,620	1,450					
4		高円寺	1,200	1,250	1,320					
5	埼玉	所沢	1,100	1,080	1,050					
6		狭山	850	920	1,120					
7	東京合計		7,000							
8	埼玉合計		7,000							
9										

3 <関数の引数>ダイアログボックスが表示されます。

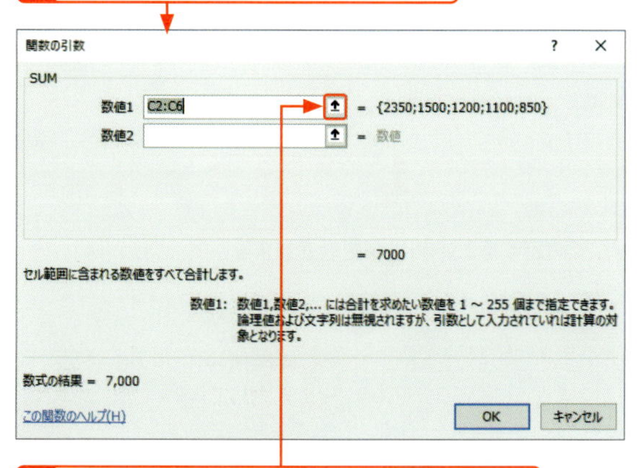

4 <ダイアログ縮小>をクリックします。以降は、P.26の手順13~18と同様です。

サンプル sec04_2

メモ 引数修正時の注意

手順4では、引数のセル範囲[C2:C6]が黒く反転した選択状態のまま<ダイアログ縮小>をクリックします。選択を解除した状態で操作を続けると、「C2:C6+C2:C4」といった誤った選択になるので注意します。もし、間違えたら、BackSpace を押し、クリアしてから指定し直します。

選択を解除した状態で、

関数の引数
C2:C6

セル範囲をドラッグすると、

	B	C	D	E
1	支店	4月	5月	6月
2	池袋	2,350		
3	練馬	1,500		
4	高円寺	1,200	1,250	1,320
5	所沢	1,100	1,080	1,050
6	狭山	850	920	1,120
7	合計	C2:C4)		
8	合計	7,000		
9				

関数の引数
C2:C6+C2:C4

誤った選択になります。

3 色枠を利用して修正する

サンプル sec04_3

メモ 色枠は引数で指定したセルやセル範囲を表わす

関数の入ったセルをダブルクリックするか、数式バーをクリックすると、引数に指定したセルやセル範囲に色枠が付きます。色枠の色と引数に指定したセルやセル範囲は同じ色に設定され、対応関係がわかるようになっています。引数が複数指定されている場合も同様で、引数ごとに色分けされます。

ヒント 色枠の移動

色枠の四隅のハンドルのいずれかでドラッグすると範囲を変更できますが（手順3～手順5）、色枠の境界線をドラッグすると、枠ごと移動することができます。

境界線をドラッグすると、

	B	C	D	E
1	支店	4月	5月	6月
2	池袋	2,350	1,980	2,200
3	練馬	1,500	1,620	1,450
4	高円寺	1,200	1,250	1,320
5	所沢	1,100	1,080	1,050
6	狭山	850	920	1,120
7	合計	5,050	=SUM(C2:C4)	
8	合計	7,000		

色枠ごと移動します。

	B	C	D	E
1	支店	4月	5月	6月
2	池袋	2,350	1,980	2,200
3	練馬	1,500	1,620	1,450
4	高円寺	1,200	1,250	1,320
5	所沢	1,100	1,080	1,050
6	狭山	850	920	1,120
7	合計	5,050	=SUM(D2:D4)	
8	合計	7,000		

引数のセル範囲［C2:C6］を［C5:C6］に修正します。

1 関数が入力されているセル［C8］をダブルクリックして編集状態にすると、

C8 =SUM(C2:C6)

	A	B	C	D	E
1	エリア	支店	4月	5月	6月
2	東京	池袋	2,350	1,980	2,200
3		練馬	1,500	1,620	1,450
4		高円寺	1,200	1,250	1,320
5	埼玉	所沢	1,100	1,080	1,050
6		狭山	850	920	1,120
7	東京合計		5,050		
8	埼玉合計		7,000		

手順1の代わりに数式バーをクリックしても同様です。

2 引数に指定したセル範囲に色枠が表示されます。

3 四隅のハンドルのいずれか（ここでは右上隅）にマウスポインターを合わせ、

	A	B	C	D	E
1	エリア	支店	4月	5月	6月
2	東京	池袋	2,350	1,980	2,200
3		練馬	1,500	1,620	1,450
4		高円寺	1,200	1,250	1,320
5	埼玉	所沢	1,100	1,080	1,050
6		狭山	850	920	1,120
7	東京合計		5,050		
8	埼玉合計		=SUM(C2:C6)		
9			SUM(数値1, [数値2], ...)		

4 修正したい方向にドラッグすると、

5 セル範囲が変更されます。

	A	B	C	D	E
1	エリア	支店	4月	5月	6月
2	東京	池袋	2,350	1,980	2,200
3		練馬	1,500	1,620	1,450
4		高円寺	1,200	1,250	1,320
5	埼玉	所沢	1,100	1,080	1,050
6		狭山	850	920	1,120
7	東京合計		5,050		
8	埼玉合計		=SUM(C5:C6)		
9			SUM(数値1, [数値2], ...)		

6 Enter を押して確定すると、結果が更新されます。

	A	B	C	D	E
1	エリア	支店	4月	5月	6月
2	東京	池袋	2,350	1,980	2,200
3		練馬	1,500	1,620	1,450
4		高円寺	1,200	1,250	1,320
5	埼玉	所沢	1,100	1,080	1,050
6		狭山	850	920	1,120
7	東京合計		5,050		
8	埼玉合計		1,950		

4 関数名を修正する

関数名をMAX関数からMIN関数に修正します。

1 関数が入力されているセルをダブルクリックして編集状態にし、

手順1の代わりに数式バーをクリックしても同様です。

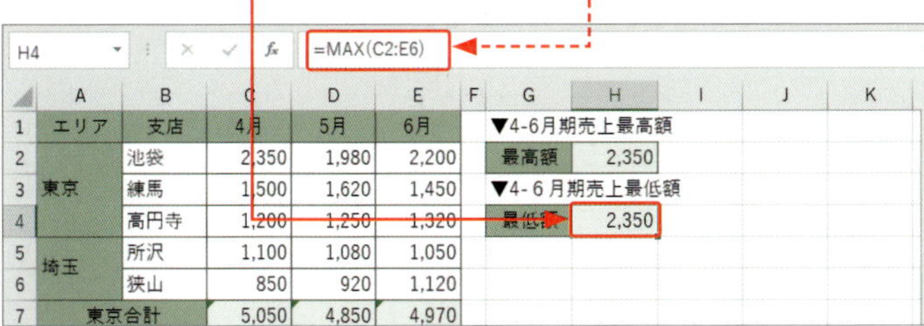

	A	B	C	D	E	F	G	H
1	エリア	支店	4月	5月	6月		▼4-6月期売上最高額	
2		池袋	2,350	1,980	2,200		最高額	2,350
3	東京	練馬	1,500	1,620	1,450		▼4-6月期売上最低額	
4		高円寺	1,200	1,250	1,320		最低額	2,350
5	埼玉	所沢	1,100	1,080	1,050			
6		狭山	850	920	1,120			
7	東京合計		5,050	4,850	4,970			

2 関数名をドラッグして、

	A	B	C	D	E	F	G	H
1	エリア	支店	4月	5月	6月		▼4-6月期売上最高額	
2		池袋	2,350	1,980	2,200		最高額	2,350
3	東京	練馬	1,500	1,620	1,450		▼4-6月期売上最低額	
4		高円寺	1,200	1,250	1,320		最低額	=MAX(C2:E6)
5	埼玉	所沢	1,100	1,080	1,050			MAX(数値1, [数値2], ...)
6		狭山	850	920	1,120			
7	東京合計		5,050	4,850	4,970			
8	埼玉合計		1,950	2,000	2,170			
9								

3 「min」と上書きで入力し、Enter を押すと、

	A	B	C	D	E	F	G	H
1	エリア	支店	4月	5月	6月		▼4-6月期売上最高額	
2		池袋	2,350	1,980	2,200		最高額	2,350
3	東京	練馬	1,500	1,620	1,450		▼4-6月期売上最低額	
4		高円寺	1,200	1,250	1,320		最低額	=min(C2:E6)
5	埼玉	所沢	1,100	1,080	1,050			MIN(数値1, [数値2], 引数の最小値を返します。論理値
6		狭山	850	920	1,120			MIN
7	東京合計		5,050	4,850	4,970			MINA
8	埼玉合計		1,950	2,000	2,170			MINIFS
9								MINUTE
10								MINVERSE
11								DMIN
12								NOMINAL
								NORMINV

4 MIN関数に変更され、結果が更新されます。

H4 =MIN(C2:E6)

	A	B	C	D	E	F	G	H
1	エリア	支店	4月	5月	6月		▼4-6月期売上最高額	
2		池袋	2,350	1,980	2,200		最高額	2,350
3	東京	練馬	1,500	1,620	1,450		▼4-6月期売上最低額	
4		高円寺	1,200	1,250	1,320		最低額	850
5	埼玉	所沢	1,100	1,080	1,050			
6		狭山	850	920	1,120			
7	東京合計		5,050	4,850	4,970			
8	埼玉合計		1,950	2,000	2,170			
9								

サンプル sec04_4

ヒント MAX関数とMIN関数

MAX関数は指定した範囲の最大値、MIN関数は最小値を求めます。表の中でペアで使われることの多い関数です（Sec.48）。

メモ 小文字で修正してよい

関数名も半角であれば、小文字で修正してかまいません。正しく修正できれば、Enter で確定後、自動的に大文字になります。

ヒント 数式バーで編集する

左の手順では、セルをダブルクリックして関数名を変更していますが、数式バーで同様に変更することもできます。

5 大きな表のセル範囲を修正する

サンプル sec04_5

メモ 関数入力時も利用できる

ここでは、入力済みの関数を修正するときの手順を示していますが、関数の入力時も同様です。縦横に大きな表では、ドラッグで範囲を選択するのは時間がかかるだけでなく、画面が急速にスクロールして範囲選択に失敗することもあります。ショートカットキーを使うと効率よくセル範囲を選択できます。

ショートカットキーを使ってセル範囲[B2:D101]に修正します。

1 セルをダブルクリックして、修正したい引数をドラッグします。

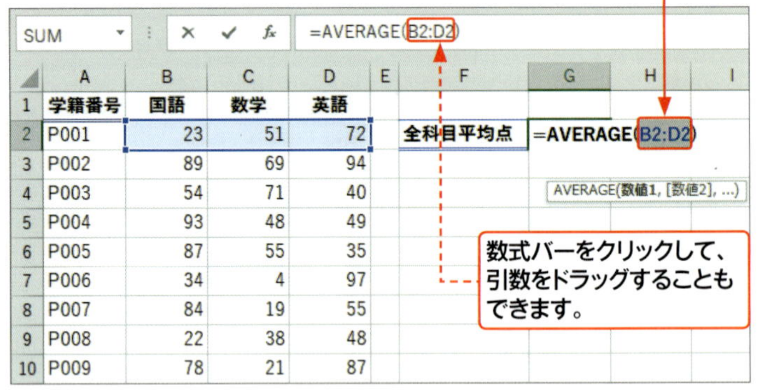

	A	B	C	D	E	F	G
1	学籍番号	国語	数学	英語			
2	P001	23	51	72		全科目平均点	=AVERAGE(B2:D2)
3	P002	89	69	94			
4	P003	54	71	40			
5	P004	93	48	49			
6	P005	87	55	35			
7	P006	34	4	97			
8	P007	84	19	55			
9	P008	22	38	48			
10	P009	78	21	87			

2 セル範囲の始点となるセル(ここではセル[B2])をクリックします。

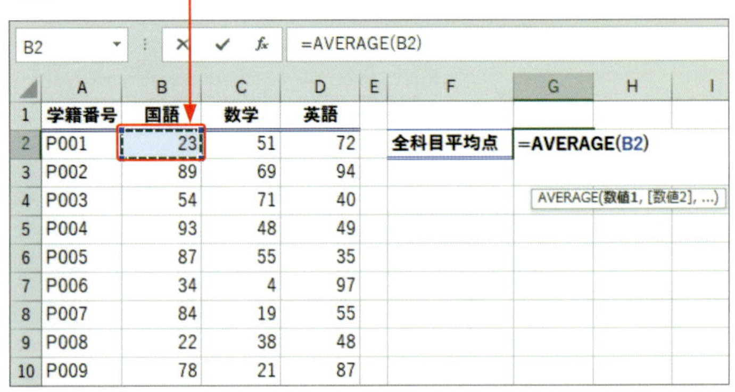

	A	B	C	D	E	F	G
1	学籍番号	国語	数学	英語			
2	P001	23	51	72		全科目平均点	=AVERAGE(B2)
3	P002	89	69	94			
4	P003	54	71	40			
5	P004	93	48	49			
6	P005	87	55	35			
7	P006	34	4	97			
8	P007	84	19	55			
9	P008	22	38	48			
10	P009	78	21	87			

3 Ctrl と Shift を押しながら → を押します。

=AVERAGE(B2:D2)

	A	B	C	D	E	F	G
1	学籍番号	国語	数学	英語			
2	P001	23	51	72		全科目平均点	=AVERAGE(B2:D2)
3	P002	89	69	94	1R x 3C		
4	P003	54	71	40			AVERAGE(数値1, [数値2], ...)
5	P004	93	48	49			
6	P005	87	55	35			
7	P006	34	4	97			
8	P007	84	19	55			
9	P008	22	38	48			

4 空白セルの前まで範囲選択されます。

5 Ctrl と Shift を押したまま、↓を押します。

=AVERAGE(B2:D101)

	A	B	C	D	E	F	G	H	I
98	P097	64	49	36					
99	P098	28	33	91					
100	P099	35	22	53					
101	P100	26	76	83			AVERAGE(数値1, [数値2], ...)		
102									

6 空白セルの前まで選択されます。

7 Enter を押します。

8 引数が修正され、結果が更新されます。

G2　=AVERAGE(B2:D101)

	A	B	C	D	E	F	G	H	I
1	学籍番号	国語	数学	英語					
2	P001	23	51	72		全科目平均点	53.5		
3	P002	89	69	94					
4	P003	54	71	40					
5	P004	93	48	49					

始点と終点のセルを選択してセル範囲を修正します。

1 ショートカットキーの手順2まで同様に操作し、始点のセルをクリックします。

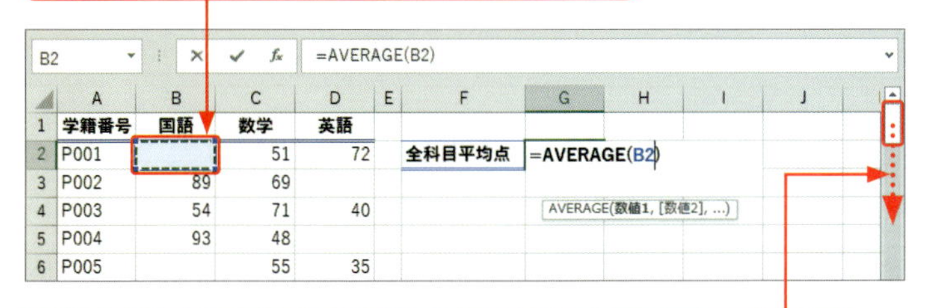

2 スクロールバーを下方向にドラッグして画面をスクロールします。

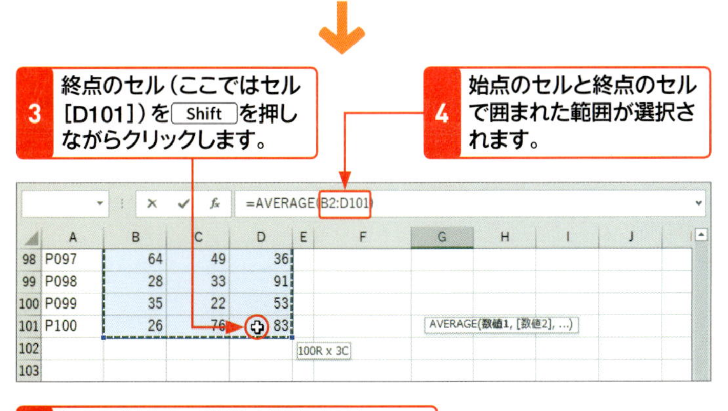

3 終点のセル（ここではセル[D101]）を Shift を押しながらクリックします。

4 始点のセルと終点のセルで囲まれた範囲が選択されます。

5 Enter を押して関数を確定すると、引数が修正されて結果が更新されます。

ヒント ショートカットキーで選択される範囲

ショートカットキーよる範囲選択は、始点に選んだセルの行データの空白セルの前と、始点に選んだセルの列データの空白セルの前まで選択します。

サンプル sec04_6

メモ 始点と終点セルで確実に範囲選択する

左図のように、虫食いのごとく空白がある表の場合、ショートカットキーを使うと、表の途中で範囲選択が止まってしまいます。途中で止まるたびに Ctrl と Shift を押したまま何度か、→↓を押せばよいのですが、→↓の押し過ぎで思わぬ場所まで範囲選択されてしまうこともあります。このようなときは、始点と終点セルを指定したほうが確実に範囲選択できます。

メモ 範囲選択を微調整する

終点のセルの位置を誤ってクリックした場合、すぐ近くであれば、範囲を取り直さず、Shift を押しながら↑↓←→で微調整できます。左図の場合、誤ってセル[D102]をクリックした場合は、Shift を押しながら↑を押して１行上に範囲を調整しますし、セル[E101]を指定した場合は、Shift を押しながら←を押して１列左に範囲を調整するという具合です。

Section 05

数式をコピーする

覚えておきたいキーワード
- 相対参照
- 絶対参照

複数のセルに同様の計算を行う場合、関数や数式は先頭のセルに入力し、残りのセルは入力した関数や数式をコピーして使います。正しくコピーできるかどうかは、セル参照方式の使い分けにかかっています。ここでは、関数や数式における「相対参照」と「絶対参照」について紹介します。

■セル参照のメリット

値の変更が簡単になります。

下の図は、送料を525円から540円に変更する例です。数式に送料を直接指定した場合は、数式を変更して他のセルにも変更を反映させる必要があります。送料がセル参照の場合は、セルの数値を上書きするだけです。

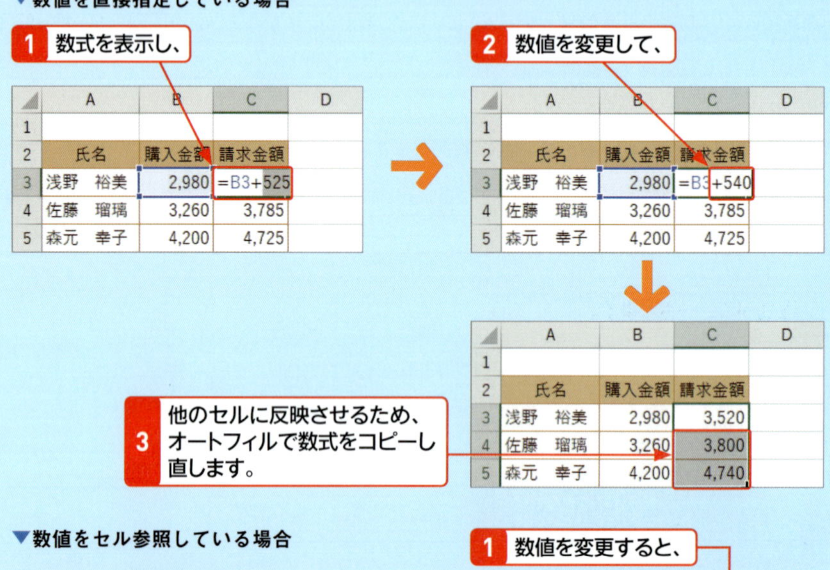

数式や関数のコピーが簡単になります。

セル参照を使うと、先頭のセルに数式や関数を入力して、残りのセルはオートフィルで数式や関数をコピーできます。

1 相対参照の数式をコピーする

買上金額から消費税と請求金額を求めます。

1 セルに数式を入力します。

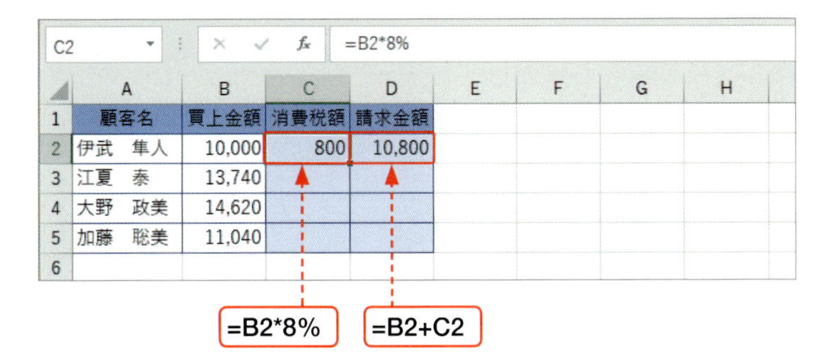

2 セル範囲［C2:D2］をドラッグし、

3 フィルハンドルをドラッグすると、

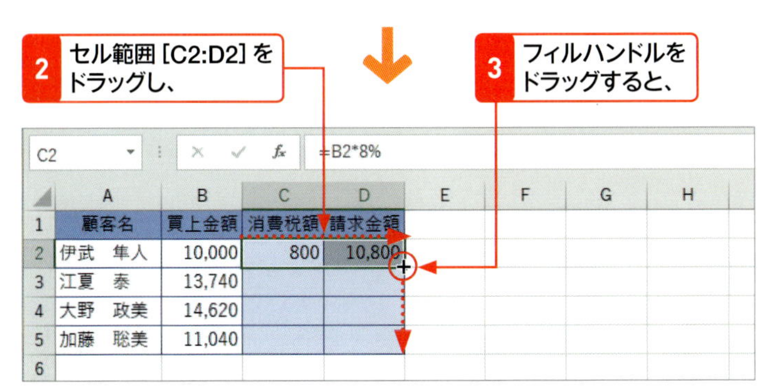

4 数式がコピーされます。

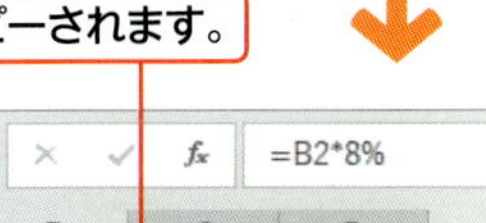

C2　=B2*8%

	A	B	C	D
1	顧客名	買上金額	消費税額	請求金額
2	伊武　隼人	10,000	800	10,800
3	江夏　泰	13,740	1,099	14,839
4	大野　政美	14,620	1,170	15,790
5	加藤　聡美	11,040	883	11,923
6				

5 セル［D5］をクリックして、数式バーを確認すると、セル参照が相対的に移動しています。

D5　=B5+C5

	A	B	C	D
1	顧客名	買上金額	消費税額	請求金額
2	伊武　隼人	10,000	800	10,800
3	江夏　泰	13,740	1,099	14,839
4	大野　政美	14,620	1,170	15,790
5	加藤　聡美	11,040	883	11,923
6				

サンプル sec05_1

キーワード 相対参照

数式の入ったセルと数式で参照しているセルとの位置関係を保つ参照方式です。たとえば、数式の入ったセルを1行下にコピーすると、数式で参照しているセルも1行下のセルに移動します。

メモ 数式を連続的にコピーする

連続するセルに数式をコピーするときは、オートフィルを使うと便利です。オートフィルを実行するには、コピー元のセルの右下隅にマウスポインターを合わせて、ポインターが「＋」に変わったら、コピーしたい方向にドラッグします。

ヒント 縦方向の数式を一気にコピーする

オートフィルでコピーする方向が下方向の場合は、フィルハンドルにマウスポインターを合わせてダブルクリックすると、隣接するセルに入ったデータの末尾行まで数式をコピーできます。

2 絶対参照の数式をコピーする

サンプル sec05_2

キーワード 絶対参照

数式で参照するセルを固定する参照方式です。数式の入ったセルを別のセルにコピーしても、数式で参照しているセルは移動しません。絶対参照にするには、セルをクリックした直後に F4 を1回押します。

ヒント 値と絶対参照の分かれ目

消費税率8%を数式に使う場合、絶対参照よりも「=B2*8%」のほうが、数式としてわかりやすいのではないかという疑問があります。値か絶対参照かの分かれ目は、「値の変更の可能性」です。今後も一切変化しない「定数」を使う場合は、絶対参照のセルに目を配ることが返って非効率なので、直接、数式に値を使います。一方、消費税率や送料などは変更の可能性がある「変数」です。「変数」の場合は、値の変更に備えてセル参照を使ったほうが、数式の修正を伴わずに数式の結果を更新できます。

数式に直接入力されている消費税率をセル参照に変更します。

1 セル[F2]に消費税率「8%」を入力します。

2 セル[C2]をダブルクリックし、「8%」をドラッグします。

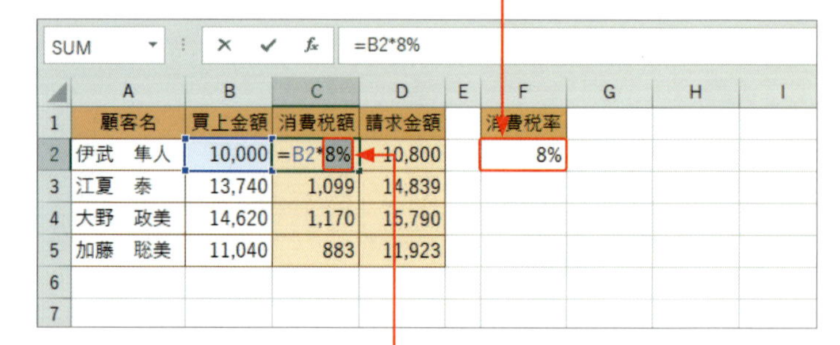

3 消費税率が入力されているセル[F2]をクリックすると、数式が「=B2*F2」に変更されます。

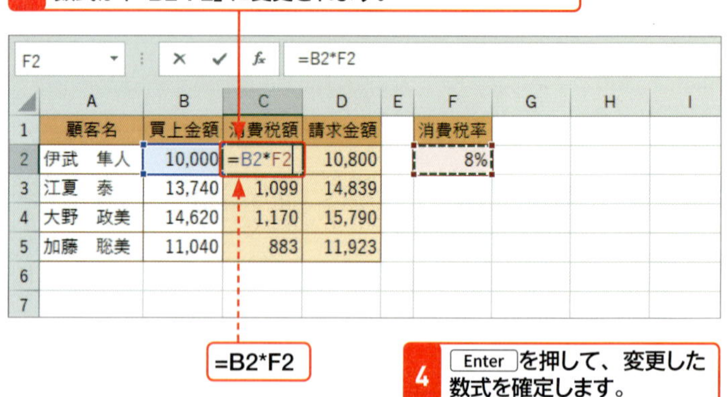

4 Enter を押して、変更した数式を確定します。

5 変更した数式をオートフィルでコピーすると、

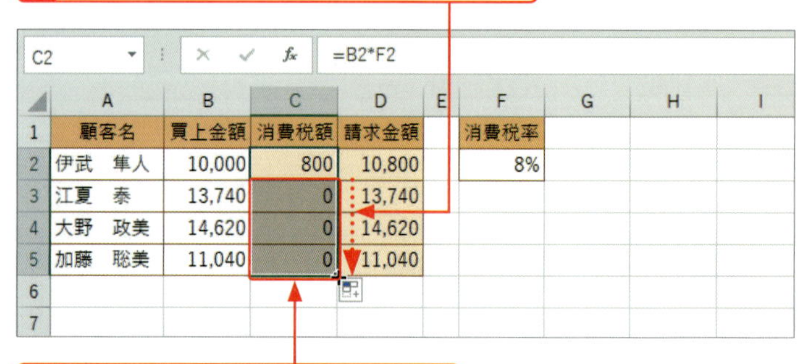

6 他のセルの消費税額がすべて「0」になってしまったことを確認します。

7 セル[C5]をダブルクリックして、数式を表示します。

SUM			=B5*F5					
	A	B	C	D	E	F	G	H
1	顧客名	買上金額	消費税額	請求金額		消費税率		
2	伊武　隼人	10,000	800	10,800		8%		
3	江夏　泰	13,740	0	13,740				
4	大野　政美	14,620	0	14,620				
5	加藤　聡美	11,040	=B5*F5	11,040				
6								

8 消費税率のセル[F2]が参照されず、空白のセル[F5]が参照されています。

9 Esc を押して選択を解除し、セル[C2]をダブルクリックし、数式内の「F2」をドラッグします。

SUM			=B2*F2					
	A	B	C	D	E	F	G	H
1	顧客名	買上金額	消費税額	請求金額		消費税率		
2	伊武　隼人	10,000	=B2*F2	10,800		8%		
3	江夏　泰	13,740	0	13,740				
4	大野　政美	14,620	0	14,620				
5	加藤　聡美	11,040	0	11,040				
6								

10 F4 を1回押すと、「$F$2」に変わり、セルが固定されます。

SUM			=B2*$F$2					
	A	B	C	D	E	F	G	H
1	顧客名	買上金額	消費税額	請求金額		消費税率		
2	伊武　隼人	10,000	=B2*$F$2			8%		
3	江夏　泰	13,740	0	13,740				
4	大野　政美	14,620	0	14,620				
5	加藤　聡美	11,040	0	11,040				
6								

11 Enter を押して数式を確定します。

12 オートフィルで数式をコピーすると、今度は消費税額が表示されます。

C2			=B2*$F$2					
	A	B	C	D	E	F	G	H
1	顧客名	買上金額	消費税額	請求金額		消費税率		
2	伊武　隼人	10,000	800	10,800		8%		
3	江夏　泰	13,740	1,099	14,839				
4	大野　政美	14,620	1,170	15,790				
5	加藤　聡美	11,040	883	11,923				
6								
7								

=B5*$F$2

メモ　数式の修正はコピー元のセルで行う

数式を修正する場合は、コピー元のセルを修正します。ここでは、セル[C2]を修正して、オートフィルで他のセルに反映します。

メモ　「$」記号は固定を表す

「$」は列番号や行番号が動かないように固定しているという意味です。固定の設定は、列番号と行番号を個別に行います。
セル[F2]は、F列2行目のセルです。F列を固定するときは「$F2」、2行目を固定するときは「F$2」です。セルを固定するときは列も行も固定します。よって、絶対参照は「$F$2」になります。

Section 06 セルの行または列だけ固定して数式をコピーする

覚えておきたいキーワード
- 複合参照
- 行のみ絶対参照
- 列のみ絶対参照

セルを固定する「$」は、列番号と行番号の前に「$A$1」のように付きますが、「$A1」や「A$1」のように片方だけ「$」が付く場合があります。ここでは、九九表を例に、セルの行だけ、または、列だけ固定する複合参照について紹介します。

1 九九表を作る

サンプル sec06

メモ Sec.05の参照

本節をお読みになるには、あらかじめ、相対参照、絶対参照を知っておく必要があります。初めての方は、先にSec.05を参照してください。

キーワード 複合参照

数式で参照するセルの列だけ、または、行だけを固定する参照方式です。たとえば、列だけ固定した場合、数式の入ったセルを1列右など、列を移動するようにコピーしても、数式で参照している列は移動しません。

メモ 九九表

1行目とA列に入力した掛ける数と掛けられる数同士を掛け、交点に掛け算の結果を表示した表です。常に、1行目とA列を参照する必要があります。

1行目とA列に掛ける数と掛けられる数を入力して九九表を作ります。

1 1行目とA列を常に参照し、相対参照でないことは明らかなので、まず、絶対参照で式を作成します。

	A	B	C	D	E	F	G	H	I	J	K
1		1	2	3	4	5	6	7	8	9	
2	1	=$B$1*$A$2									
3	2										
4	3										
5	4										
6	5										
7	6										
8	7										
9	8										
10	9										
11											

2 セル[B2]に「=$B$1*$A$2」と入力して Enter を押します。

3 セル[B2]の式をオートフィルでセル[J10]までコピーします。

	A	B	C	D	E	F	G	H	I	J	K
1		1	2	3	4	5	6	7	8	9	
2	1	1	1	1	1	1	1	1	1	1	
3	2	1	1	1	1	1	1	1	1	1	
4	3	1	1	1	1	1	1	1	1	1	
5	4	1	1	1	1	1	1	1	1	1	
6	5	1	1	1	1	1	1	1	1	1	
7	6	1	1	1	1	1	1	1	1	1	
8	7	1	1	1	1	1	1	1	1	1	
9	8	1	1	1	1	1	1	1	1	1	
10	9	1	1	1	1	1	1	1	1	1	
11											

4 九九表がすべて1になり、正しくありません。

正しくコピーできない原因を探ります。

1行目の固定を維持しつつ、オートフィルで右にコピーしたとき、列（青の色枠）は相対的に移動する必要があります。

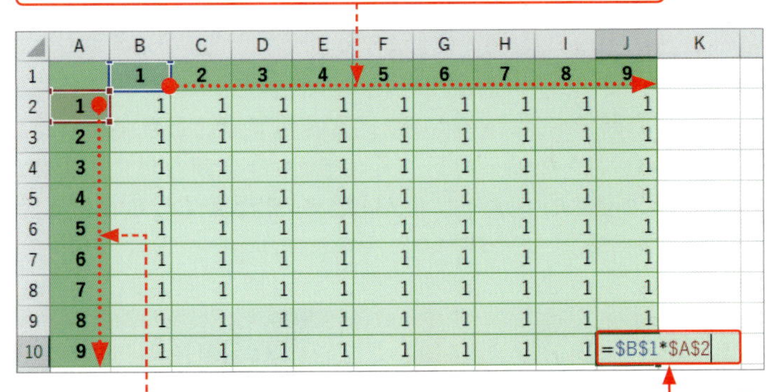

	A	B	C	D	E	F	G	H	I	J	K
1		1	2	3	4	5	6	7	8	9	
2	1	1	1	1	1	1	1	1	1	1	
3	2	1	1	1	1	1	1	1	1	1	
4	3	1	1	1	1	1	1	1	1	1	
5	4	1	1	1	1	1	1	1	1	1	
6	5	1	1	1	1	1	1	1	1	1	
7	6	1	1	1	1	1	1	1	1	1	
8	7	1	1	1	1	1	1	1	1	1	
9	8	1	1	1	1	1	1	1	1	1	
10	9	1	1	1	1	1	1	1	1	=$B$1*$A$2	

A列の固定は維持しつつ、行（赤の色枠）は相対的に移動する必要があります。

1 セル［J10］をダブルクリックして、式が参照しているセルを確認します。

数式を修正します。

1 セル［B2］をダブルクリックし、「$B$1」をドラッグして、F4 を押します。

	A	B	C	D	E	F	G	H	I	J	K
1		1	2	3	4	5	6	7	8	9	
2	1	=B$1*$A$2		1	1	1	1	1	1	1	
3	2	1	1	1	1	1	1	1	1	1	

2 続いて「$A$2」をドラッグして、F4 を2回押します。「=B$1*$A2」に修正されます。

	A	B	C	D	E	F	G	H	I	J	K
1		1	2	3	4	5	6	7	8	9	
2	1	=B$1*$A2		1	1	1	1	1	1	1	
3	2	1	1	1	1	1	1	1	1	1	

3 Enter を押します。再び、セル［B2］の式をオートフィルでセル［J10］までコピーします。

	A	B	C	D	E	F	G	H	I	J	K
1		1	2	3	4	5	6	7	8	9	
2	1	1	2	3	4	5	6	7	8	9	
3	2	2	4	6	8	10	12	14	16	18	
4	3	3	6	9	12	15	18	21	24	27	
5	4	4	8	12	16	20	24	28	32	36	
6	5	5	10	15	20	25	30	35	40	45	
7	6	6	12	18	24	30	36	42	48	54	
8	7	7	14	21	28	35	42	49	56	63	
9	8	8	16	24	32	40	48	56	64	72	
10	9	9	18	27	36	45	54	63	72	81	
11											

4 正しい九九表ができました。

ヒント 色枠を表示して参照しているセルを確認する

数式に誤りがある場合は、数式を作ったセル以外の、オートフィルでコピーしたセルの数式を確認します（ここでは、セル［J10］）。セルをダブルクリックすると数式で参照しているセルに色枠が付きます。その場所が正しいかどうか、正しくない場合はどうすれば正しくなるかを検討します。九九の表の場合、青の枠線はB列、C列と動いてよいので、列の固定を外します。また、赤の枠線は3行目、4行目と動いてよいので、行の固定を外します。

メモ 参照方式の切り替え

セルを相対参照から絶対参照、複合参照に切り替えるには、参照方式を切り替えたいセルにカーソルを合わせて F4 を押します。F4 を4回押すと、相対参照に戻ります。

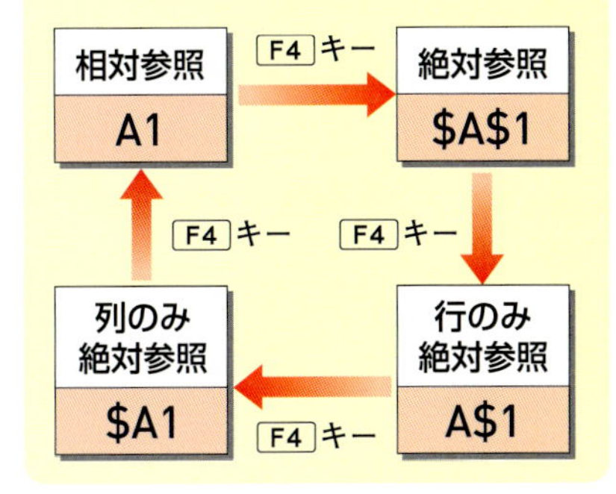

Section 07 名前を利用して関数を入力する

覚えておきたいキーワード
- ☑ 名前
- ☑ 名前ボックス
- ☑ 名前の管理

Excelでは、セルやセル範囲に名前を付けて数式に利用することができます。たとえば、得点が入力されているセル範囲に「得点」という名前を付けた場合、数式や関数の引数に、セル範囲の代わりに名前「得点」を指定することができます。

1 セルやセル範囲に名前を付ける

サンプル sec07_1

メモ 名前のルール

セルやセル範囲に名前を付けるには、以下のルールがあります。

1. 「A1」など、セルと同じ名前にしない
2. 名前の間にスペースを使わない
3. 先頭に数字を入力したいときは、先頭に「_(アンダースコア)」を入力する
4. 英字の「C」「c」「R」「r」のいずれか1文字だけの名前は付けない
5. 名前の文字の長さは最大で半角255文字までにする

メモ <名前ボックス>にカーソルを残さない

手順3のように、漢字などの全角文字で名前を指定する場合は、文字の決定で Enter を押したあと、名前を確定する Enter をもう一度押します。<名前ボックス>にカーソルが残っていると、名前を設定したことにならないので注意します。

セル範囲[D3:D22]に「面接希望」と名前を付けます。

1 名前を付けたいセル範囲[D3:D22]をドラッグし、

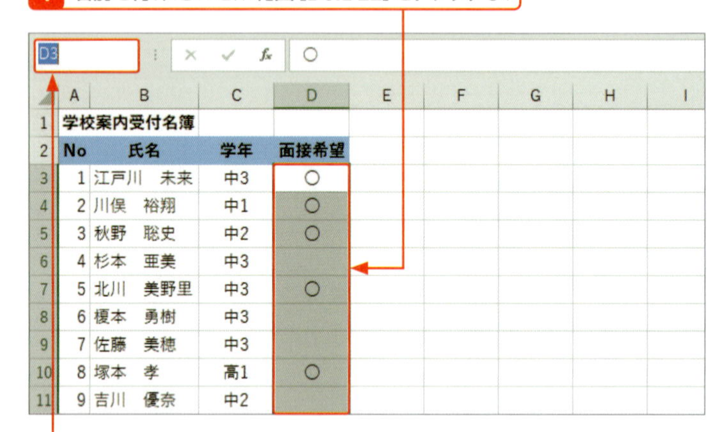

	A	B	C	D
1	学校案内受付名簿			
2	No	氏名	学年	面接希望
3	1	江戸川　未来	中3	○
4	2	川俣　裕翔	中1	○
5	3	秋野　聡史	中2	○
6	4	杉本　亜美	中3	
7	5	北川　美野里	中3	○
8	6	榎本　勇樹	中3	
9	7	佐藤　美穂	中3	
10	8	塚本　孝	高1	○
11	9	吉川　優奈	中2	

2 <名前ボックス>をクリックします。

3 名前を入力して Enter を押すと、セル範囲に名前が付きます。

	A	B	C	D
1	学校案内受付名簿			
2	No	氏名	学年	面接希望
3	1	江戸川　未来	中3	○
4	2	川俣　裕翔	中1	○
5	3	秋野　聡史	中2	○
6	4	杉本　亜美	中3	
7	5	北川　美野里	中3	○
8	6	榎本　勇樹	中3	
9	7	佐藤　美穂	中3	
10	8	塚本　孝	高1	○
11	9	吉川　優奈	中2	

2 選択範囲から名前を付ける

表の列見出しをそれぞれの列データの名前に設定します。

1 列番号 [A:D] をドラッグして列単位で範囲選択します。

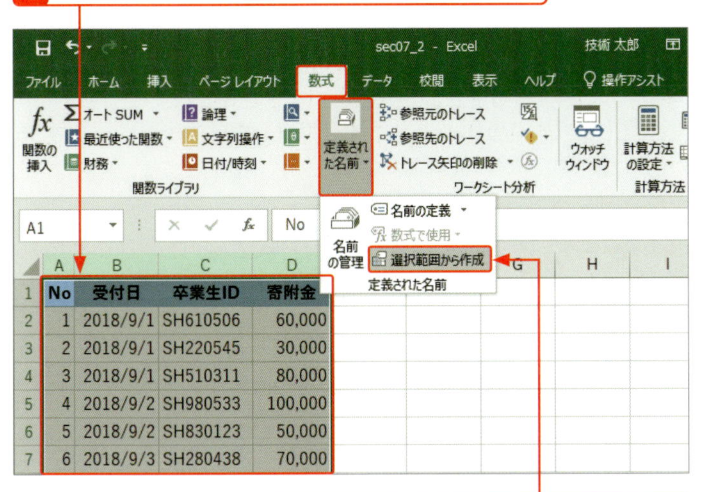

2 <数式>タブ→<定義された名前>→<選択範囲から作成>をクリックします。

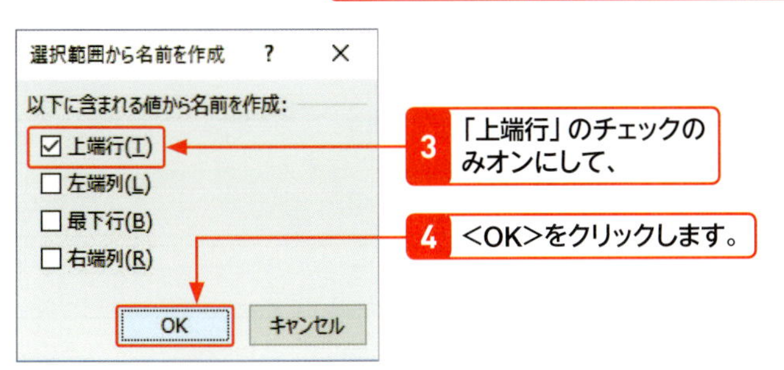

3 「上端行」のチェックのみオンにして、

4 <OK>をクリックします。

5 <名前ボックス>の▼をクリックすると、設定された名前が表示されます。

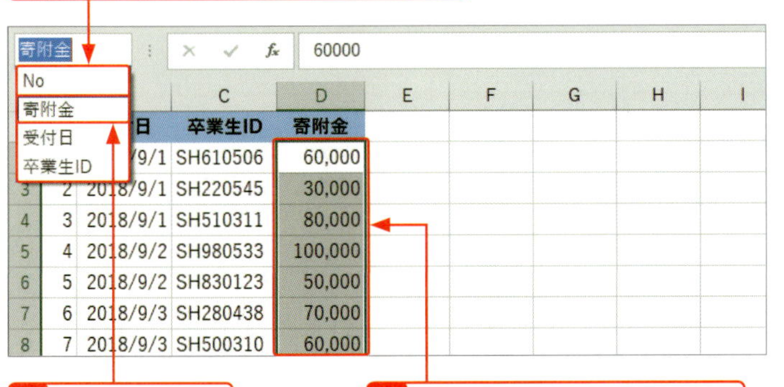

6 名前「寄附金」をクリックすると、

7 列見出しを除く「寄附金」データが選択されます。

sec07_2

メモ 列単位で指定するメリット

列単位で範囲選択するメリットは、データ行が増えた場合でも、名前の範囲を変更しなくて済むことです。ただし、1行目に表のタイトルや作成日などが入っている場合は、列単位で指定できないので、セル範囲を選択して同様に操作します。

メモ <選択範囲から名前を作成>ダイアログボックス

手順1で選択した表の範囲のどこを名前にするかを指定する画面です。ここでは、上端行にある列見出しを名前に設定するため、「上端行」のみチェックをオンにします。

メモ 列項目名にスペースを入れない

左ページ上のメモにあるとおり、名前の間にスペースを入れないルールがあります。もし、列項目名にスペースが入っている場合は、スペースの個所に「_」が補われます。たとえば、「受 付 日」となっている場合は、「受_付_日」という名前が付けられます。

3 名前を関数の引数に利用する

サンプル sec07_3

ヒント 名前の入ったセルを指定しても名前として認識しない

設定した名前と同じ値（ここでは「寄附金」）を入力したセルを関数の引数に指定しても、「寄附金」という文字列として認識されます。セルに入力した値を名前として認識させるには、文字列を名前として認識させる関数が必要です（Sec.73）。

名前を利用して、寄附金の件数を求めます。

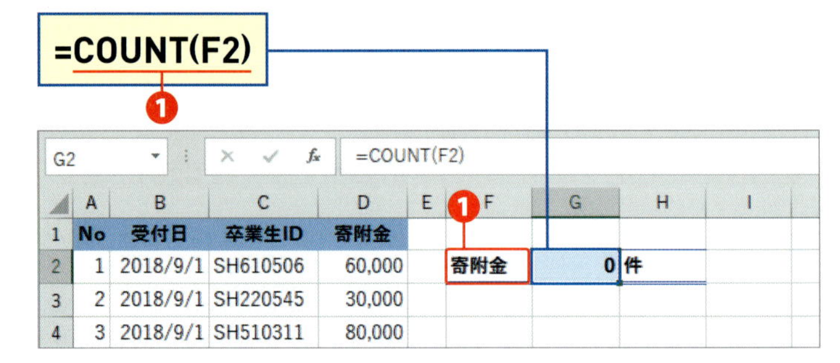

❶「寄附金」と入力されたセル[F2]をCOUNT関数の引数に指定しても、セル[F2]をD列に付けた名前として認識しないため、寄附金の件数を求めることはできません。

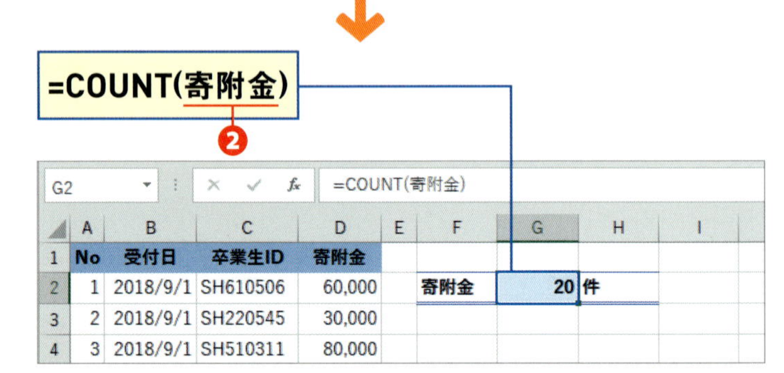

❷ 関数の引数に「寄附金」と入力すると、セル範囲に付けた名前として認識され、寄附金の件数が求められます。

4 名前のセル範囲を変更する

サンプル sec07_4

列見出しを含めて設定した名前を列データだけに変更します。

1 名前「学年」に列見出しのセル[C2]が含まれています。

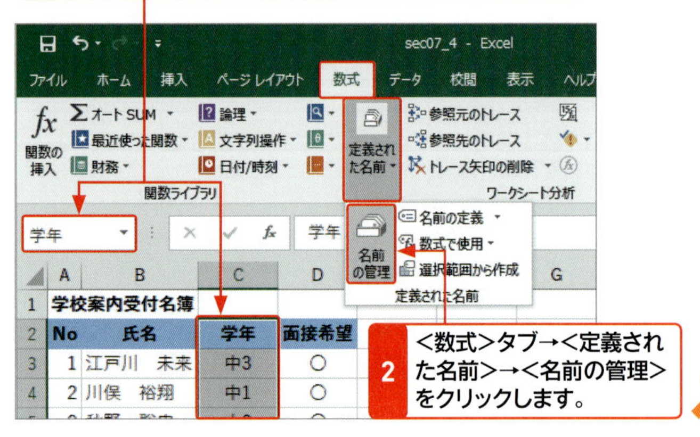

2 <数式>タブ→<定義された名前>→<名前の管理>をクリックします。

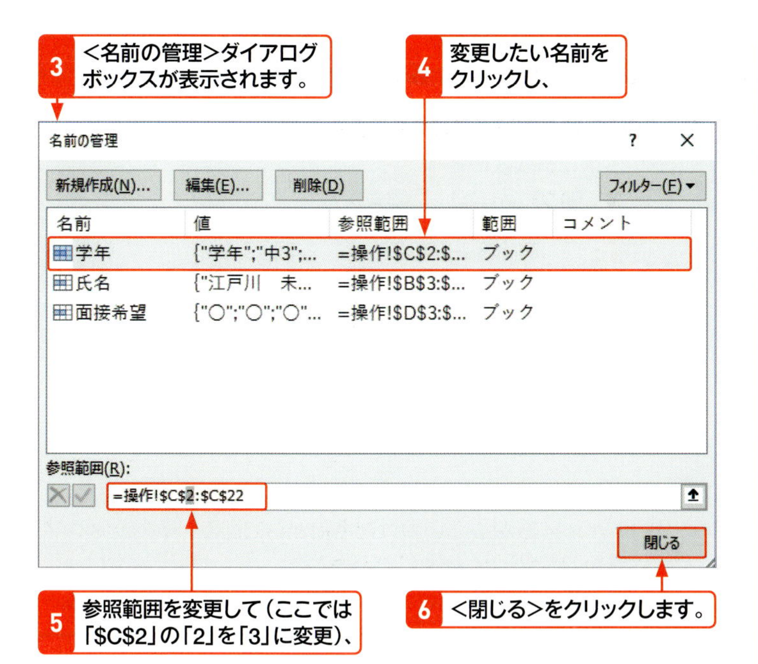

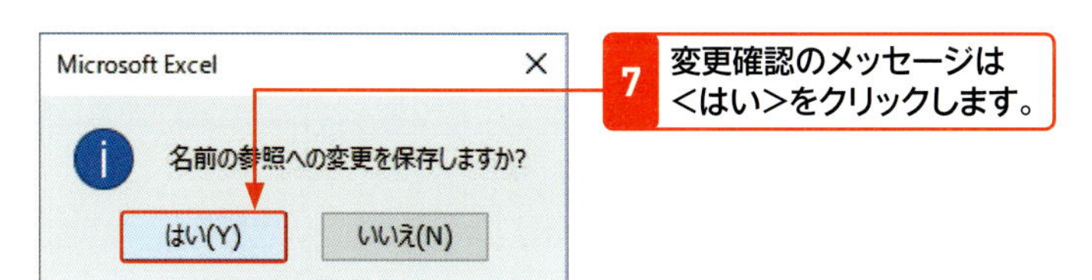

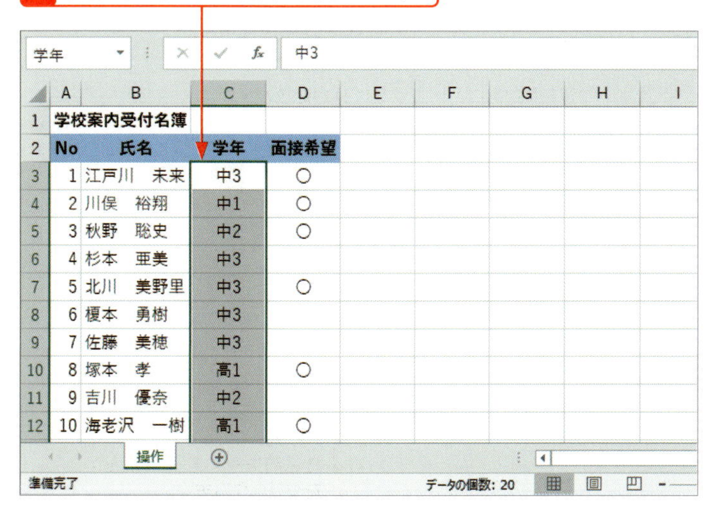

	A	B	C	D
1	学校案内受付名簿			
2	No	氏名	学年	面接希望
3	1	江戸川　未来	中3	○
4	2	川俣　裕翔	中1	○
5	3	秋野　聡史	中2	○
6	4	杉本　亜美	中3	
7	5	北川　美野里	中3	○
8	6	榎本　勇樹	中3	
9	7	佐藤　美穂	中3	
10	8	塚本　孝	高1	○
11	9	吉川　優奈	中2	
12	10	海老沢　一樹	高1	○

メモ　名前の上書きはできない

設定した名前の範囲が誤っていた場合、正しい範囲を取り直して名前ボックスから同じ名前を付けることはできません。名前に関する編集はすべて<名前の管理>ダイアログボックスで行います。

メモ　<名前の管理>ダイアログボックスの利用

セルやセル範囲に付けた名前は、<名前の管理>ダイアログボックスで管理されています。<名前の管理>ダイアログボックスでは、名前やセル範囲の変更、名前の作成や削除を行うことができます。

ヒント　名前を削除するには

セルやセル範囲に付けた名前が不要になった場合は、<名前の管理>ダイアログボックスで名前を選択して<削除>をクリックし、表示されるメッセージの<OK>をクリックします。関数や数式に名前を利用した状態で名前を削除すると、「#NAME!」エラーになります。エラーを解消するには、セル範囲を取り直します。

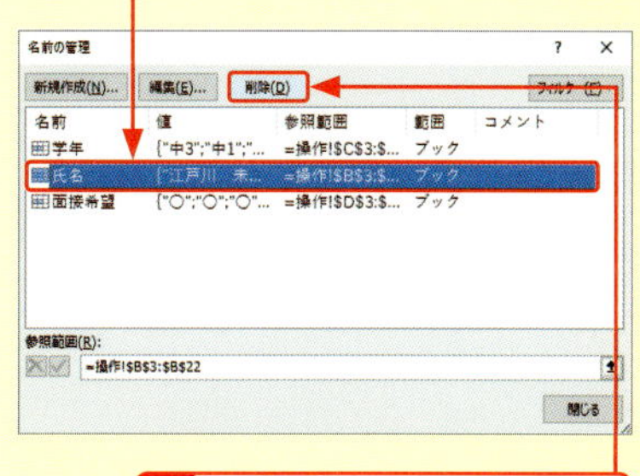

Section 08

配列を利用して関数を入力する

覚えておきたいキーワード
- 配列
- 配列数式

配列とは、同種の値を連続的に入力したときのセル範囲を1つのまとまりとして扱ったものをいいます。そして、配列を参照する数式を配列数式といいます。配列数式は、セル範囲の値を受け取り、一括処理してセルやセル範囲に結果を表示します。

■配列数式

Excelでは、連続するセルに入力された同じ種類の値を配列として扱うことができます。つまり、セル範囲を1つの塊として扱えます。以下は、販売価格のセル範囲［B2:B5］、数量のセル範囲［C2:C5］、金額のセル範囲［D2:D5］をそれぞれひと塊とみなして計算結果を求めている例です。

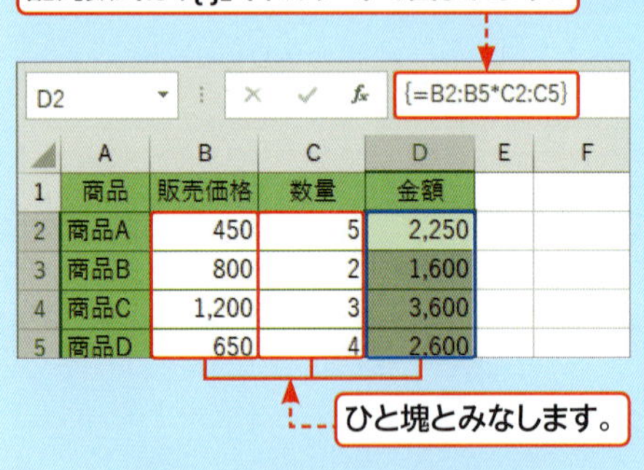

▼配列のイメージ

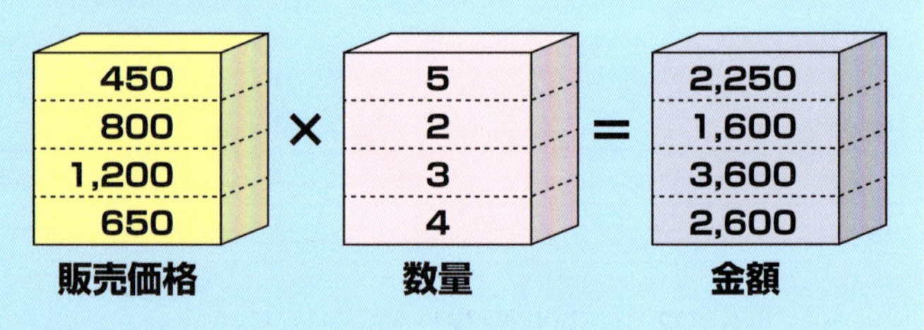

1 配列数式を入力する

サンプル sec08_1

販売価格と数量から小計を求めます。

1 小計の配列［D2:D5］をドラッグし、

	A	B	C	D
1	商品	販売価格	数量	小計
2	商品A	450	5	
3	商品B	800	2	
4	商品C	1,200	3	
5	商品D	650	4	

2 販売価格の配列 [B2:B5] に数量の配列 [C2:C5] を掛けた式を入力し、

3 Ctrl と Shift を押しながら、Enter を押すと、

4 数式全体が自動的に「{}」(中カッコ) で囲まれ、

D2 {=B2:B5*C2:C5}

	A	B	C	D
1	商品	販売価格	数量	小計
2	商品A	450	5	2,250
3	商品B	800	2	1,600
4	商品C	1,200	3	3,600
5	商品D	650	4	2,600

5 小計の配列 [D2:D5] に計算結果が表示されます。

メモ 複数の配列を扱う場合の注意点

複数の配列を計算に利用するには、配列に指定するセル範囲が同じ形をしている必要があります。配列数式では、配列内の個々の値 (要素) を1対1に対応付けて計算しているためです。左図では、販売価格と数量の配列はいずれも1列4行で、要素 [B2] と要素 [C2]、要素 [B3] と要素 [C3] というように対応付けられています。

メモ 配列数式の確定方法

配列数式を入力するセル、または、セル範囲を選択し、数式を入力したら Ctrl と Shift を押しながら Enter を押して確定します。数式を確定すると、自動的に「{} (中カッコ)」で囲まれます。

2 配列数式を関数に利用する

SUM関数を使って、商品A～Dの売上金額を求めます。

サンプル sec08_2

1 売上金額を求めるセル [F2] をクリックし、「=sum(」と入力します。

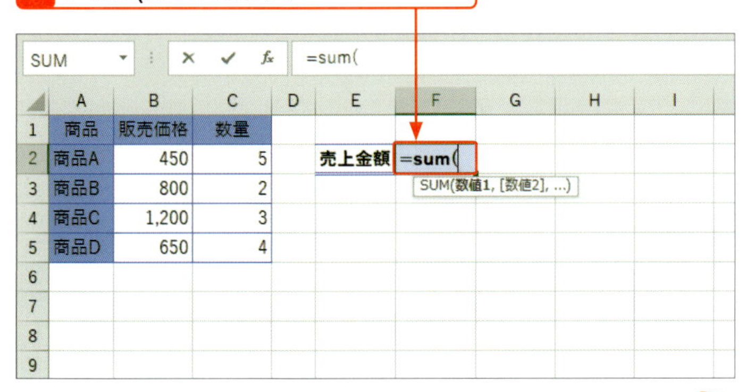

メモ 掛けて合計する

ここでは、SUM関数を使って販売価格×数量の合計を求めていますが、同様の機能を持つSUMPRODUCT関数も用意されています（Sec.22参照）。

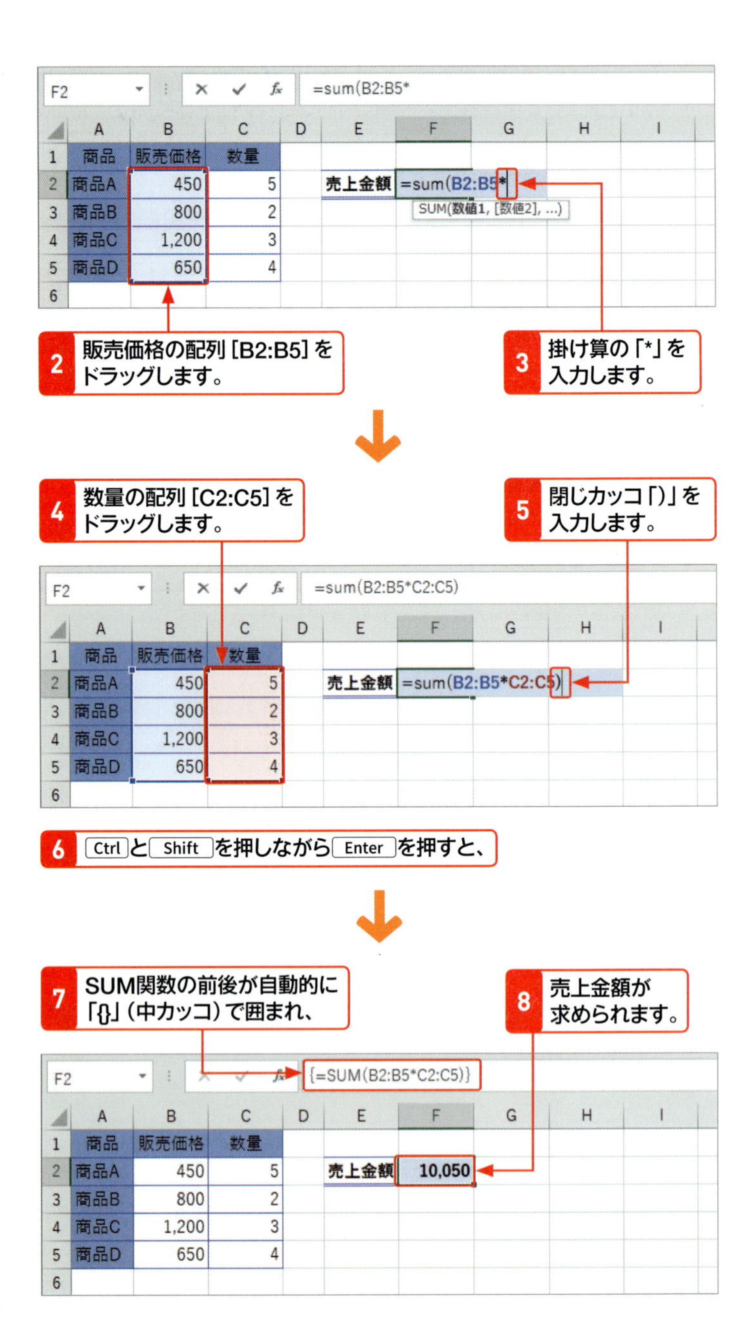

メモ 売上金額を配列数式で求める

SUM関数を使って販売価格と数量を掛けて売上金額を求めている例です。ここでは、販売価格の配列［B2:B5］と数量の配列［C2:C5］の要素同士を掛けた数値を合計しています。計算に利用する配列同士は同じ形をしている必要がありますが、計算結果は必ずしも同じ形の配列ではありません。対応付けられた配列の要素同士の処理方法によって（ここでは合計という処理）、1つのセルに計算結果を出したり、複数のセルに計算結果を出したりします。

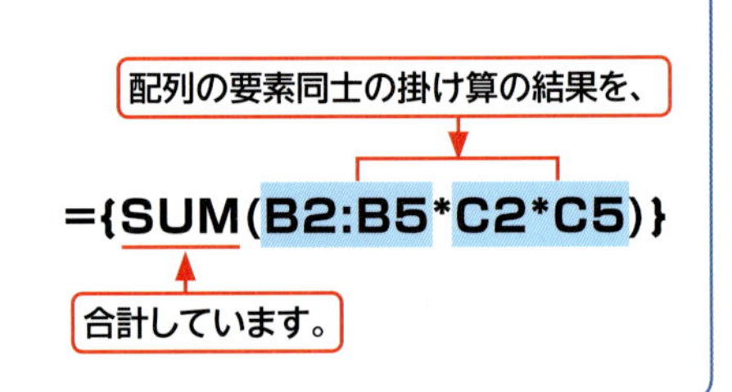

3 配列数式を修正する

商品Eの金額を配列数式に追加します。

1 小計の配列［D2:D6］をドラッグし、

D2 {=B2:B5*C2:C5}

	A	B	C	D	E	F	G	H	I
1	商品	販売価格	数量	小計					
2	商品A	450	5	2,250					
3	商品B	800	2	1,600					
4	商品C	1,200	3	3,600					
5	商品D	650	4	2,600					
6	商品E	500	5						
7									

2 数式バーをクリックして、販売価格と数量の配列の範囲を修正し、

SUM =B2:B6*C2:C6

	A	B	C	D	E	F	G	H	I
1	商品	販売価格	数量	小計					
2	商品A	450	5	C2:C6					
3	商品B	800	2	1,600					
4	商品C	1,200	3	3,600					
5	商品D	650	4	2,600					
6	商品E	500	5						
7									

3 Ctrl と Shift を押しながら Enter 押すと、

4 数式の前後が自動的に「{}」（中カッコ）で囲まれ、

D2 {=B2:B6*C2:C6}

	A	B	C	D	E	F	G	H	I
1	商品	販売価格	数量	小計					
2	商品A	450	5	2,250					
3	商品B	800	2	1,600					
4	商品C	1,200	3	3,600					
5	商品D	650	4	2,600					
6	商品E	500	5	2,500					
7									

5 商品Eを含めた小計が求められます。

sec08_3

メモ 配列を選択するには

配列を選択するには、配列内の1つのセルをクリックし、Ctrl を押しながら、/（「め」と書かれたキー）を押します。

メモ 範囲の修正

手順2で、配列の範囲を修正するには、数式バーで直接入力し直すか、色枠をドラッグします（Sec.04）。

メモ 配列数式の修正

配列はセル範囲を1つの塊として扱うので、配列数式を修正する場合は、配列という塊（セル範囲）で指定する必要があります。配列内の一部のセルを選択して修正しようとすると、以下のエラーメッセージが出てしまいます。

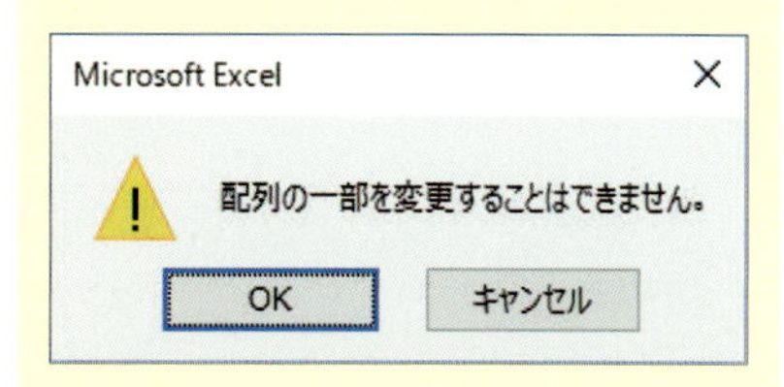

エラーメッセージが表示された場合は<OK>をクリックし、配列を選択し直して操作をやり直します。

Section 09

組み合わせの関数を読む

覚えておきたいキーワード
- ネスト
- 入れ子

関数では、関数の引数に別の関数を組み合わせて使うことがあります。自分で関数を組み合わせた表を作成することもありますが、作成済みの表に入力された関数を読む機会も多くあります。ここでは、組み合わせた関数の読み方について解説します。

■関数組み合わせの読み方

関数の引数に関数を指定することを、ネストまたは入れ子といいます。最大64個までのネストを構成できます。関数の組み合わせでは、引数を囲むカッコが関数の末尾で重なるため、カッコと関数との対応関係はよく確認する必要があります。以下の式は、INT関数の中にSUM関数がネストされている例です。関数を読むときのポイントは、内側の関数から外側の関数に向かうことです。これは、カッコ付きの計算式において、内側のカッコから外して計算するのと同じイメージです。

▶セル範囲の合計を求め、小数点以下を切り捨てる関数の組み合わせ

INT関数のカッコ

=INT(SUM(C2:C5))

SUM関数のカッコ

1 組み合わせた関数を読む

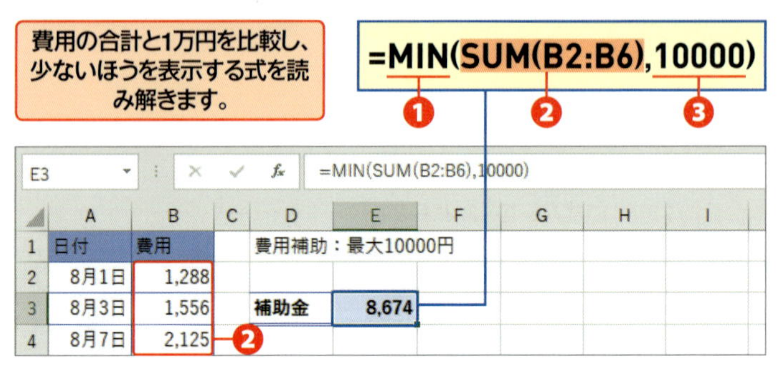

❶ 一番外側の関数名のみ見ておきます。ここでは、「MIN」です。最終的に、MIN関数の結果が表示されることを確認します。

❷ 一番内側の関数から具体的に読みます。ここでは、SUM関数です。セル範囲[B2:B6]の合計を求めています。

❸ 内側から外側の関数に向かって読みます。ここでの外側はMIN関数です。❷で求めた合計と「10000」のうち、最小値を求めています。

2 <関数の引数>ダイアログボックスを表示する

組み合わせた関数の<関数の引数>ダイアログボックスを表示します。

1 組み合わせた関数のセルの数式バーで、関数名をドラッグし、

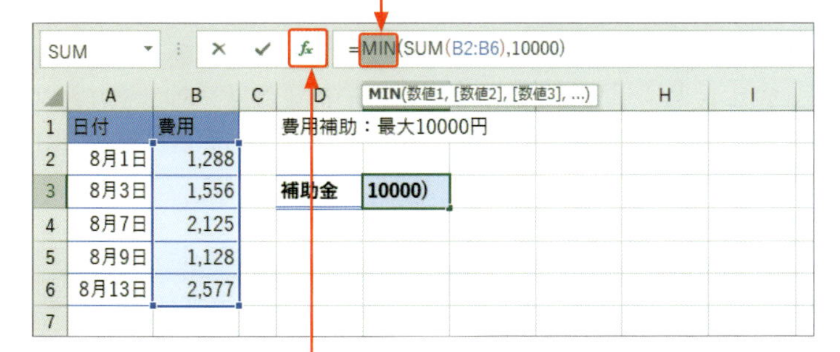

2 <関数の挿入>をクリックします。

3 ドラッグした関数名の<関数の引数>ダイアログボックスが表示されます。

引数の状況を確認できます。

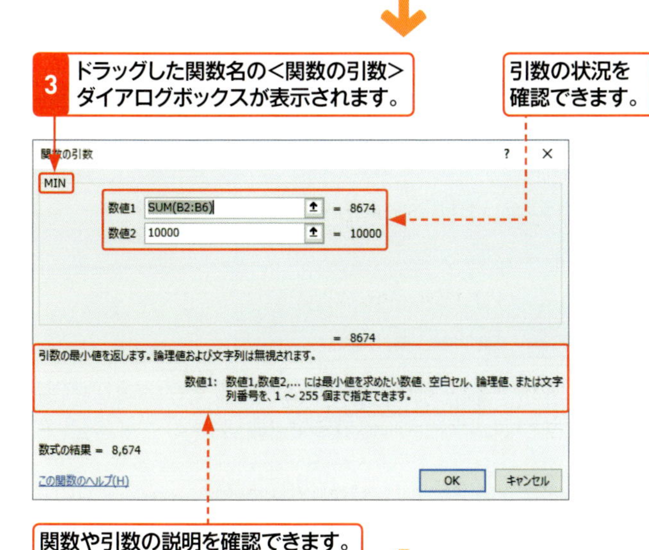

関数や引数の説明を確認できます。

4 引き続き、数式バーの「SUM」をドラッグすると、

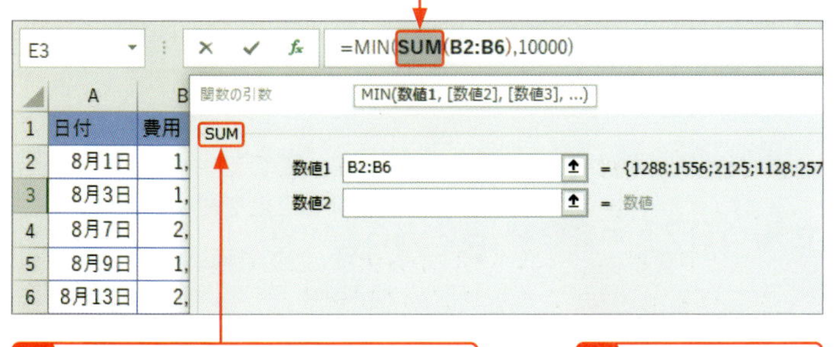

5 <関数の引数>ダイアログボックスがSUM関数に切り替わります。

6 確認が済んだら<キャンセル>をクリックします。

sec09

メモ 関数の説明を確認する

組み合わせた関数の中によくわからない関数がある場合は、<関数の引数>ダイアログボックスを表示して、関数の説明や引数に指定する内容を確認します。

メモ 関数名の中をクリックしてもよい

手順1では、関数名をドラッグしていますが、表示したい関数名の中をクリックした状態で<関数の挿入>をクリックすれば、<関数の引数>ダイアログボックスを表示できます。

メモ <関数の引数>ダイアログボックスを切り替える

<関数の引数>ダイアログボックスを表示したあとは、数式バーの関数名をドラッグするか、関数名の中をクリックするだけで、選択した関数の<関数の引数>ダイアログボックスに切り替えられます。

Section 10 関数を組み合わせる

覚えておきたいキーワード
- ネスト
- 代入
- コピー＆ペースト

関数組み合わせのコツは、いきなり組み合わせを入力しないことです。個々に入力された関数を徐々に組み合わせて、最終的に1つの式にまとめます。ここでは、組み合わせの内側の関数の式をコピーし、外側の関数の引数に貼り付ける方法を紹介します。

1 コピー＆ペーストで関数を組み合わせる

サンプル sec10

各セルに入力されている関数を確認します。

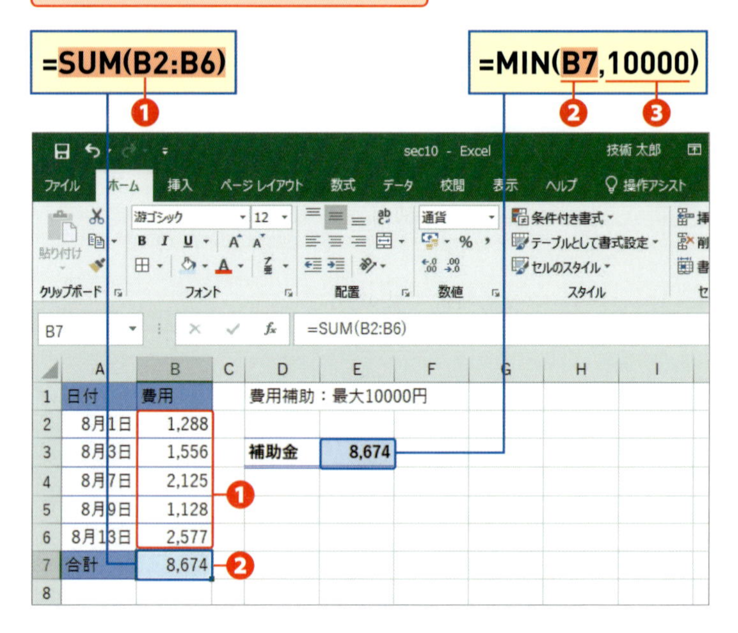

❶ SUM関数で費用のセル範囲［B2:B6］の合計を求めています。

❷ MIN関数で、SUM関数を入力したセル［B7］を参照しています。

❸ 費用補助の上限「10000」を指定しています。セル［B7］の値と「10000」を比較し、少ないほうを表示しています。

外側の関数の引数に内側の関数をコピーして代入します。

セル［B7］=SUM(B2:B6)

セル［E3］=MIN(B7,10000)

1 セル［B7］の数式バーで「=」の後ろから関数をドラッグし、

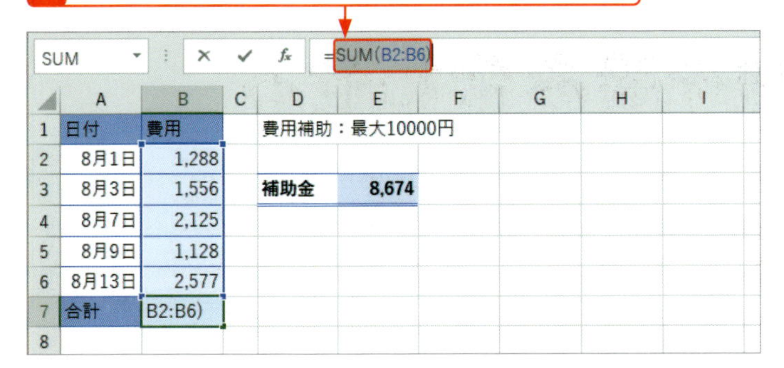

2 Ctrl を押しながら C を押してコピーします。

3 Esc を押して選択を解除します。

4 セル［E3］の数式バーで、「B7」をドラッグします。

	A	B	C	D	E
1	日付	費用		費用補助：最大10000円	
2	8月1日	1,288			
3	8月3日	1,556		補助金	10000)
4	8月7日	2,125			

=MIN(B7,10000)

5 Ctrl を押しながら V を押して貼り付けると、

6 セル［B7］の関数が代入されます。

	A	B	C	D	E
1	日付	費用		費用補助：最大10000円	
2	8月1日	1,288			
3	8月3日	1,556		補助金	B2:B6),
4	8月7日	2,125			

=MIN(SUM(B2:B6),10000)

7 Enter を押して関数を確定し直します。

8 MIN関数の内側にSUM関数が代入され、組み合わせが完成します。

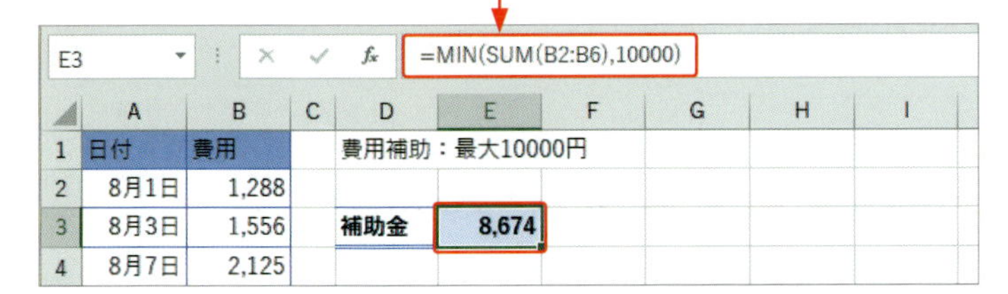

メモ 関数のコピーと選択解除はセットで行う

SUM関数をコピーするときは、<ホーム>タブの<コピー>をクリックするか、Ctrl を押しながら C を押します。コピー後は、Esc を押して選択を解除するのを忘れないようにします。

メモ 関数の貼り付け

SUM関数の貼り付けは、<ホーム>タブの<貼り付け>をクリックするか、Ctrl を押しながら V を押します。

Section 11

エラーを修正する

覚えておきたいキーワード
- ☑ エラー値
- ☑ 循環参照

セルに数式や関数を入力すると、エラーになる場合があります。Excelでは、エラーの原因に応じて8種類のエラー値を表示します。また、数式や関数の引数に、数式入力中の自身のセルを参照すると、循環参照が発生します。ここでは、エラーとエラーの原因、および、エラーの修正方法について解説します。

1 エラー値[#####]を修正する

サンプル sec11_1

列幅を修正してエラーを解消します。

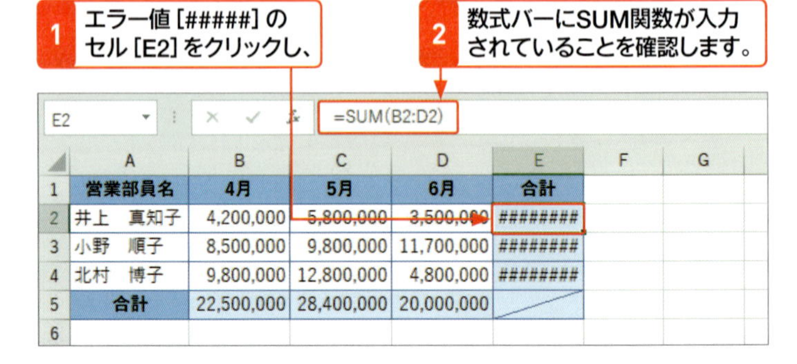

	A	B	C	D	E	F	G
1	営業部員名	4月	5月	6月	合計		
2	井上　真知子	4,200,000	5,800,000	3,500,000	########		
3	小野　順子	8,500,000	9,800,000	11,700,000	########		
4	北村　博子	9,800,000	12,800,000	4,800,000	########		
5	合計	22,500,000	28,400,000	20,000,000			
6							

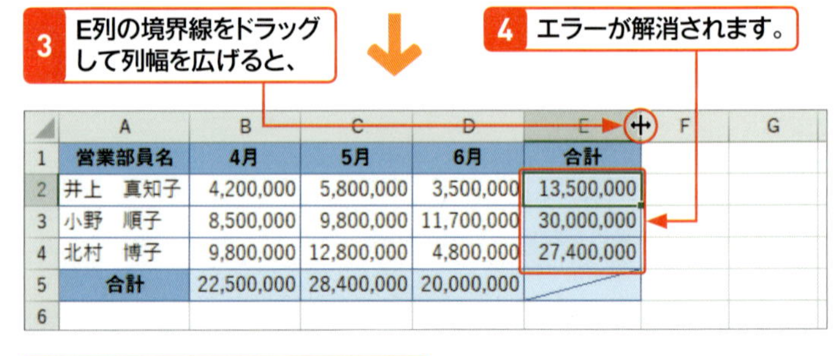

	A	B	C	D	E	F	G
1	営業部員名	4月	5月	6月	合計		
2	井上　真知子	4,200,000	5,800,000	3,500,000	13,500,000		
3	小野　順子	8,500,000	9,800,000	11,700,000	30,000,000		
4	北村　博子	9,800,000	12,800,000	4,800,000	27,400,000		
5	合計	22,500,000	28,400,000	20,000,000			
6							

サンプル sec11_2

時刻を修正してエラーを解消します。

1 エラー値[#####]のセル[D6]をクリックし、

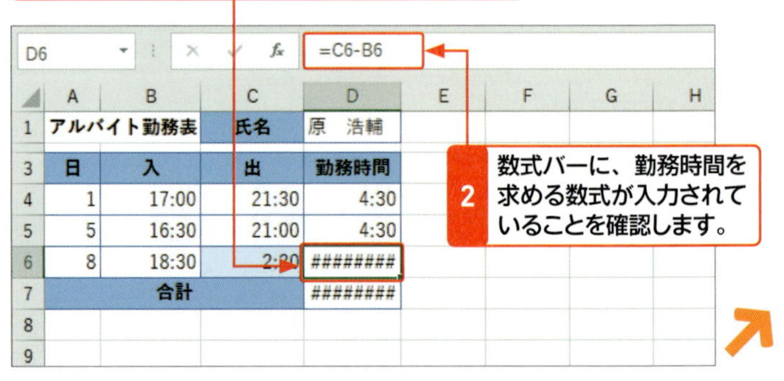

	A	B	C	D	E	F	G	H
1	アルバイト勤務表		氏名	原　浩輔				
2								
3	日	入	出	勤務時間				
4	1	17:00	21:30	4:30				
5	5	16:30	21:00	4:30				
6	8	18:30	2:30	########				
7		合計		########				
8								
9								

キーワード エラー値[#####]

エラー値[#####]は、2つの原因があります。1つは、セルの幅が狭く、値を表示しきれない場合です。セルの幅が狭いときは、列幅を広げると解消できます。もう1つは、日付や時刻の計算結果がマイナスになる場合です。時刻を正しく入力し直すか、数式そのものを見直す必要があります。ここでは、時刻を入力し直して解消しています。

C6 | 21:30:00

	A	B	C	D
1	アルバイト勤務表		氏名	原　浩輔
2				
3	日	入	出	勤務時間
4	1	17:00	21:30	4:30
5	5	16:30	21:00	4:30
6	8	18:30	21:30	3:00
7	合計			12:00
8				

4 勤務時間が正の値になり、エラーが解消されます。

2 エラー値[#VALUE!]を修正する

値を修正してエラーを解消します。

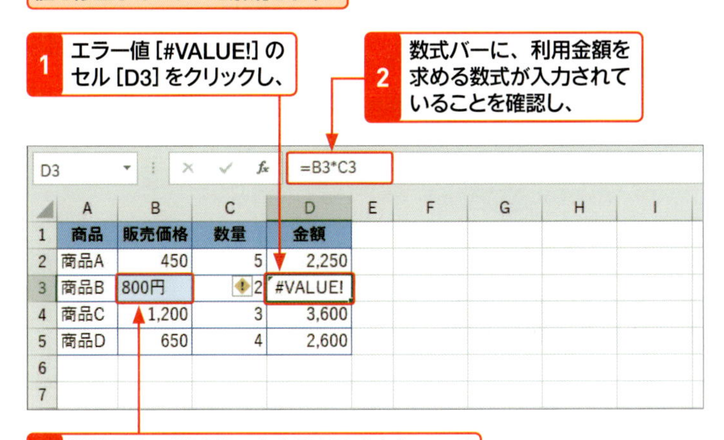

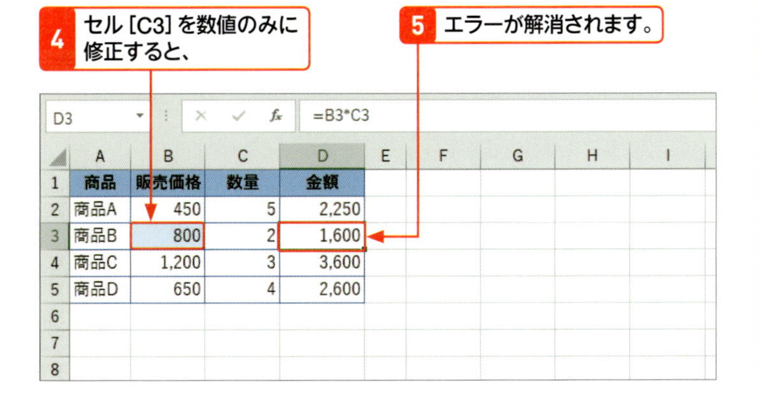

サンプル sec11_3

キーワード エラー値[#VALUE!]

エラー値[#VALUE!]は、いわゆる「文法エラー」です。数値を指定すべきところを文字列にしたり、1つのセルを指定すべきところをセル範囲にしたりといった「間違い」をすると表示されます。[#VALUE!]エラーが発生した場合は、数式と数式に入力する値の種類、関数の引数に指定する内容を確認します。

3 エラー値[#NAME?]を修正する

サンプル sec11_4

キーワード エラー値[#NAME?]

エラー値[#NAME?]は、認識できない値があるときに発生します。関数名の入力ミス、セル範囲に付けた名前(Sec.07)の入力ミス、文字列が「"(ダブルクォーテーション)」で囲まれていないといった入力ミスが原因です。

関数名を修正してエラーを解消します。

1 エラー値[#NAME?]のセル[D7]をクリックし、

D7　=SAM(D4:D6)

	A	B	C	D	E	F	G	H
1	アルバイト勤務表		氏名	原　浩輔				
3	日	入	出	勤務時間				
4	1	17:00	21:30	4:30				
5	5	16:30	21:00	4:30				
6	8	18:30	21:30	3:00				
7		合計		#NAME?				
8								

2 関数名が「SAM」と入力されていることを確認します。

3 関数名を「SUM」に入力し直すと、

D7　=SUM(D4:D6)

	A	B	C	D	E	F	G	H
1	アルバイト勤務表		氏名	原　浩輔				
3	日	入	出	勤務時間				
4	1	17:00	21:30	4:30				
5	5	16:30	21:00	4:30				
6	8	18:30	21:30	3:00				
7		合計		12:00				
8								

4 エラーが解消されます。

4 エラー値[#DIV/0!]を修正する

サンプル sec11_5

キーワード エラー値[#DIV/0!]

エラー値[#DIV/0!]は、割り算の除数(分母)が「0」、または、空白セルの場合に表示されます。除数を「0」以外の値にするか、割り算の数式を見直します。ここでは、割り算の除数が常にセル[E6]を参照するように数式を修正しています。

数式を修正してエラーを解消します。

1 エラー値[#DIV/0!]のセル[F4]をクリックして、

2 割り算の数式が入力されていることを確認し、

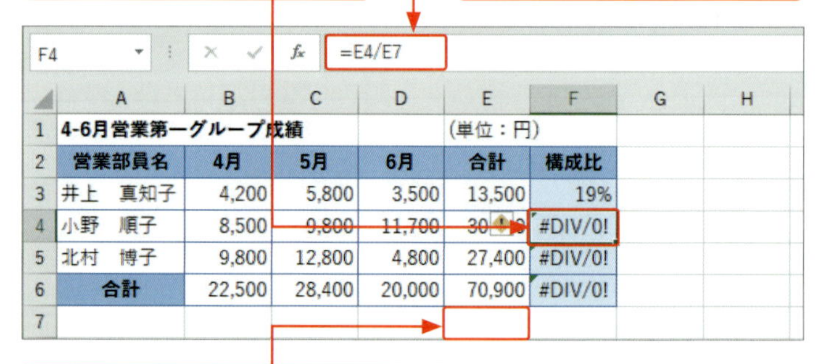

F4　=E4/E7

	A	B	C	D	E	F	G	H
1	4-6月営業第一グループ成績				(単位：円)			
2	営業部員名	4月	5月	6月	合計	構成比		
3	井上　真知子	4,200	5,800	3,500	13,500	19%		
4	小野　順子	8,500	9,800	11,700	30,000	#DIV/0!		
5	北村　博子	9,800	12,800	4,800	27,400	#DIV/0!		
6	合計	22,500	28,400	20,000	70,900	#DIV/0!		
7								

3 割り算の分母が空白セルを参照していることを確認します。

4 エラーの原因となったセル[F3]の数式を修正し、

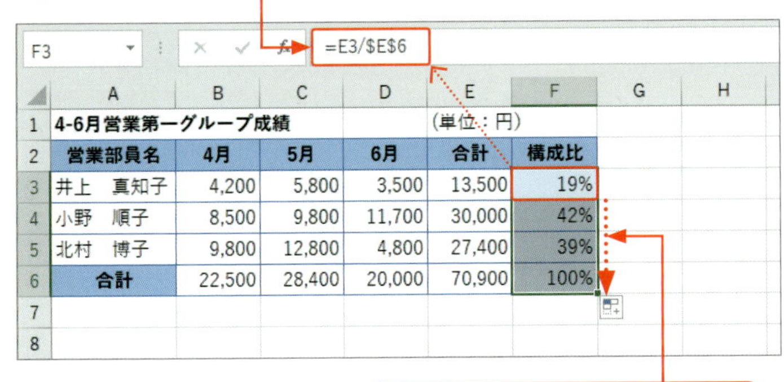

F3 =E3/$E$6

	A	B	C	D	E	F
1	4-6月営業第一グループ成績				(単位：円)	
2	営業部員名	4月	5月	6月	合計	構成比
3	井上　真知子	4,200	5,800	3,500	13,500	19%
4	小野　順子	8,500	9,800	11,700	30,000	42%
5	北村　博子	9,800	12,800	4,800	27,400	39%
6	合計	22,500	28,400	20,000	70,900	100%

5 オートフィルで数式をコピーし直すと、エラーが解消されます。

5 エラー値[#N/A]を修正する

値を入力してエラーを解消します。

1 エラー値[#N/A]のセル[B5]をクリックし、

2 VLOOKUP関数(Sec.72)が入力されていることを確認します。

B5 =VLOOKUP(A5,商品リスト!$A$2:$C$11,2,FALSE)

	A	B	C	D	E
1	品番	商品名	単価	数量	金額
2	A01	押入れラック	3,800	2	7,600
3	K01	水切りラック（40cm～65cm）	3,980	1	3,980
4	B05	タイルカーペット（グリーン）	1,500	15	22,500
5		#N/A	#N/A		#N/A

3 VLOOKUP関数の[検索値]を参照するセルが空欄であることを確認します。

4 セル[A6]に検索値を入力すると(ここでは商品リストにある品番の「A02」)、

B5 =VLOOKUP(A5,商品リスト!$A$2:$C$11,2,FALSE)

	A	B	C	D	E
1	品番	商品名	単価	数量	金額
2	A01	押入れラック	3,800	2	7,600
3	K01	水切りラック（40cm～65cm）	3,980	1	3,980
4	B05	タイルカーペット（グリーン）	1,500	15	22,500
5	A02	クローゼット用チェスト	7,800		0

5 エラーが解消されます。

サンプル sec11_6

キーワード エラー値[#N/A]

エラー値[#N/A]は、指定する値を間違えている、または、値を指定していないなど、使える値がないときに表示されます。ここでは、VLOOKUP関数の[検索値]に何も指定されていないためにエラーが発生しているので、[検索値]を参照しているセルに正しい値を入力することでエラーを解消しています。

6 エラー値 [#REF!] を修正する

サンプル sec11_7

キーワード エラー値 [#REF!]

[#REF!] エラーは、数式や関数の引数に利用されているセル、または、そのセルが含まれる行や列を削除してしまい、数式や関数の引数で参照するセルがなくなった場合に表示されます。[#REF!] エラーが出た場合は、すぐに<クイックアクセスツールバー>の<元に戻す>をクリックし、操作を戻すことでエラーを解消します。

メモ 表の見栄えを整えるには

右図のC列の値は、D列に結果を求める途中の作業用セルのため、表には関係ありません。しかし、削除すると [#REF!] エラーになります。[#REF!] エラーを引き起こさず、C列が見えないようにするには、C列で右クリックし、<非表示>をクリックします。非表示にした列は、印刷もされないので、表の見栄えを保つことができます。

操作をもとに戻してエラーを解消します。

1 LEFT関数（Sec.88）を使って、住所から指定した文字数を取り出しています。

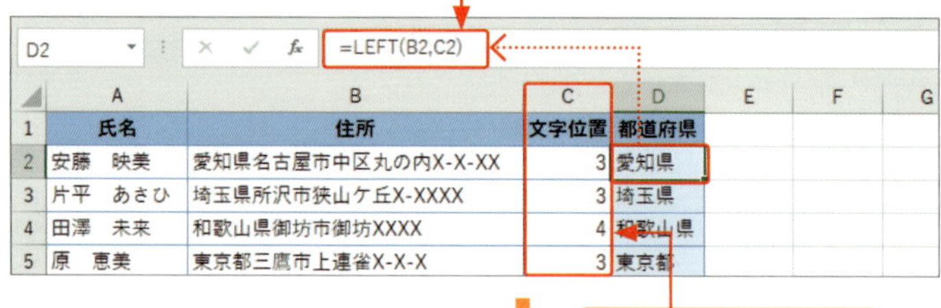

2 C列を削除すると、

3 [#REF!] エラーが表示されます。

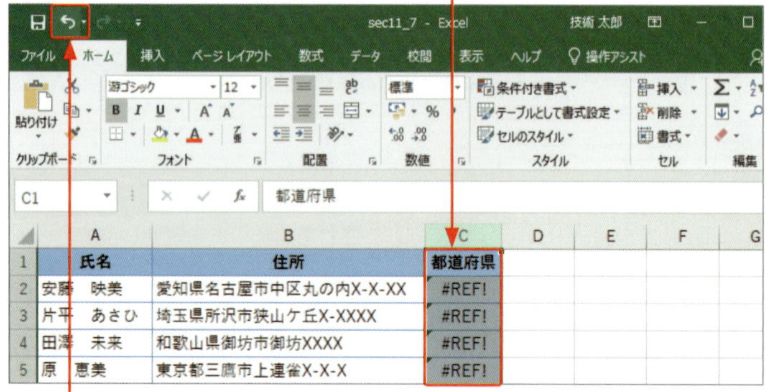

4 <元に戻す>をクリックすると、

5 エラーが解消されます。

	A	B	C	D
1	氏名	住所	文字位置	都道府県
2	安藤　映美	愛知県名古屋市中区丸の内X-X-XX	3	愛知県
3	片平　あさひ	埼玉県所沢市狭山ケ丘X-XXXX	3	埼玉県
4	田澤　未来	和歌山県御坊市御坊XXXX	4	和歌山県
5	原　恵美	東京都三鷹市上連雀X-X-X	3	東京都

7 エラー値 [#NUM!] を修正する

サンプル sec11_8

有効な値に修正してエラーを解消します。

1 エラー値 [#NUM!] のセル [E3] をクリックし、

2 LARGE関数（Sec.43）が入力されていることを確認します。

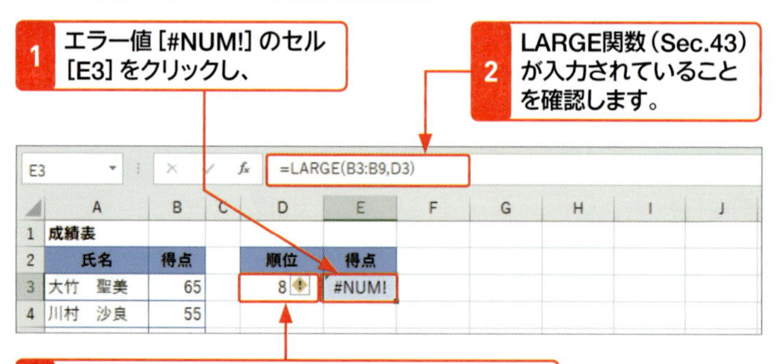

3 順位を指定するセル [D3] に、存在しない順位が指定されていることを確認します。

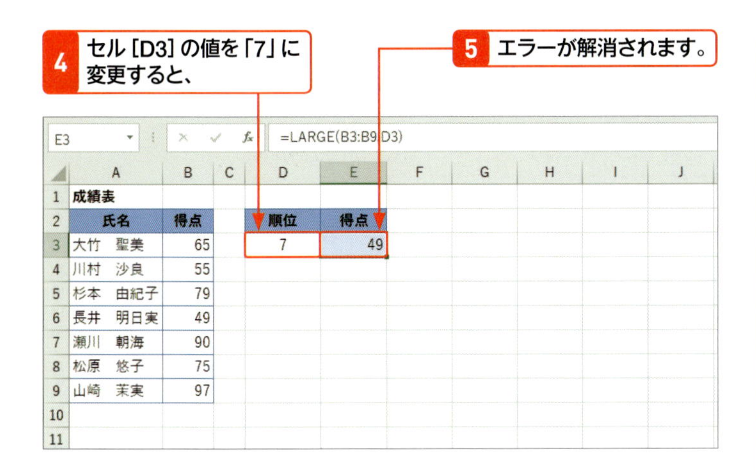

	A	B	C	D	E
1	成績表				
2	氏名	得点		順位	得点
3	大竹　聖美	65		7	49
4	川村　沙良	55			
5	杉本　由紀子	79			
6	長井　明日実	49			
7	瀬川　朝海	90			
8	松原　悠子	75			
9	山崎　茉実	97			

キーワード エラー値[#NUM!]

[#NUM!]エラーは、関数の引数に指定する数値を間違えているときに表示されます。右図では、成績表の人数が7人であるのに、8位を指定したため、エラーが発生しています。セル[D3]には、1～7のいずれかを指定すると、解消できます。[#NUM!]エラーは、右図の場合だけでなく、反復計算する関数で答えが見つからない場合や、Excelで処理できる数値の範囲を超えた場合にも表示されます。

8 エラー値[#NULL!]を修正する

セル範囲になるよう「:(コロン)」を入力します。

1 エラー値[#NULL!]のセル[D7]をクリックし、

D7　=SUM(D2 D6)

	A	B	C	D
1	商品	販売価格	数量	金額
2	商品A	450	5	2,250
3	商品B	800	2	1,600
4	商品C	1,200	3	3,600
5	商品D	650	4	2,600
6	商品E	500	5	2,500
7	合計金額			#NULL!

2 SUM関数の引数のセル範囲[D2:D6]の「:(コロン)」が抜けていることを確認します。

3 「:(コロン)」を入力してセル範囲に修正すると、

D7　=SUM(D2:D6)

	A	B	C	D
1	商品	販売価格	数量	金額
2	商品A	450	5	2,250
3	商品B	800	2	1,600
4	商品C	1,200	3	3,600
5	商品D	650	4	2,600
6	商品E	500	5	2,500
7	合計金額			12,550

4 エラーが解消されます。

サンプル sec11_9

キーワード エラー値[#NULL!]

[#NULL!]エラーは、指定した複数のセルやセル範囲に共通部分がないときに表示されます。左図では、セル[D2]とセル[D6]には共通するセルがないと判断されてエラーが発生しています。セルとセルの間に「:(コロン)」を入力して、セル範囲[D2:D6]となるように入力すれば解消します。

9 <エラーチェックオプション>を利用して修正する

サンプル sec11_10

メモ <エラーチェックオプション>の一覧

<エラーチェックオプション>は、エラーが発生したセルに表示され、エラーの原因を調べる方法が用意されています。一覧から選択できる機能は次のとおりです。

①**<このエラーに関するヘルプ>**
表示されたエラー値のヘルプ画面を表示します。

②**<計算の過程を表示>**
<数式の検証>ダイアログボックスが開き、数式の検証が行えます。詳細な検証方法は、Sec.12で解説しています。

③**<エラーを無視する>**
エラーを無視して、エラーインジケータを非表示にします。

④**<数式バーで編集>**
数式バーで数式を編集できる状態にします。

⑤**<エラーチェックオプション>**
エラーの表示に関する設定画面が表示されます。

数式の過程を表示します。

1 <エラーチェックオプション>をクリックして、

2 <計算の過程を表示>をクリックすると、

3 数式に入力されている値が表示され、文字列「"800円"」が掛け算の式に利用されていることがわかります。

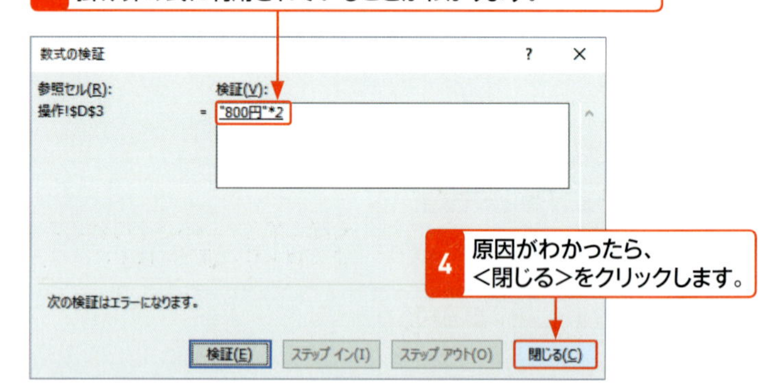

4 原因がわかったら、<閉じる>をクリックします。

10 循環参照を修正する

サンプル sec11_11

キーワード 循環参照

循環参照は、計算結果を表示するセルを計算にも使っている（数式内で参照している）状態のことです。

関数を入力したセルの数式に存在する、自身へのセル参照を解消します。

1 セル［D6］にSUM関数を入力し、その引数にセル［D6］（自身のセル）が指定されている状態で、

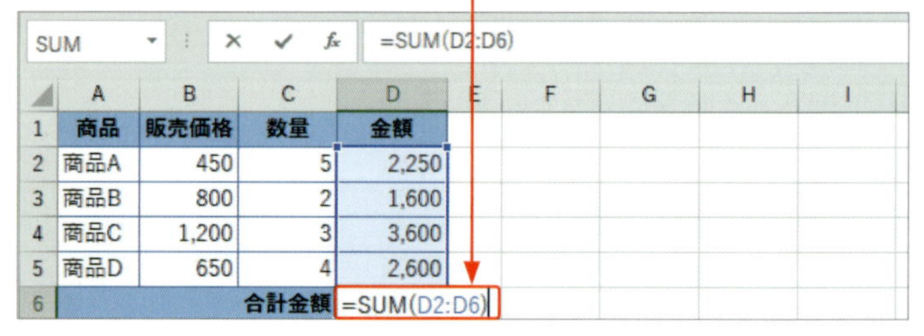

2 Enter を押して確定すると、

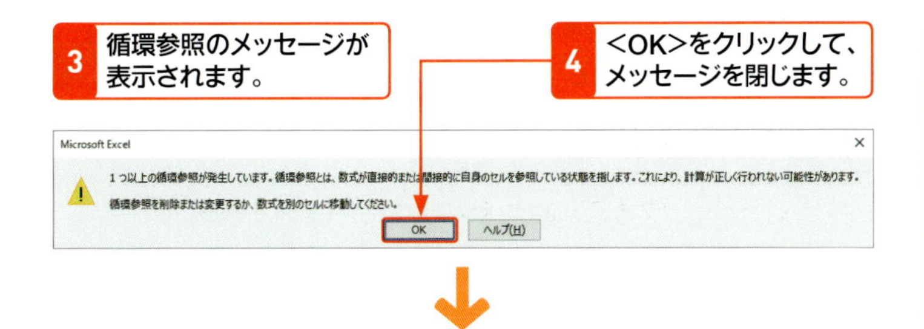

3 循環参照のメッセージが表示されます。

4 <OK>をクリックして、メッセージを閉じます。

5 <数式>タブの<エラーチェック>の▼をクリックし、

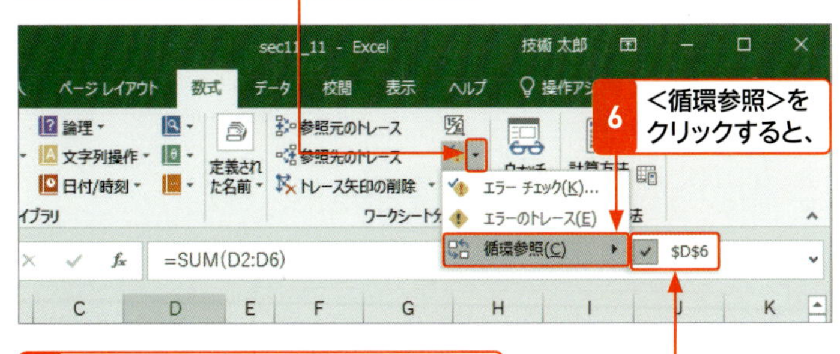

6 <循環参照>をクリックすると、

7 循環参照しているセルが確認できます。

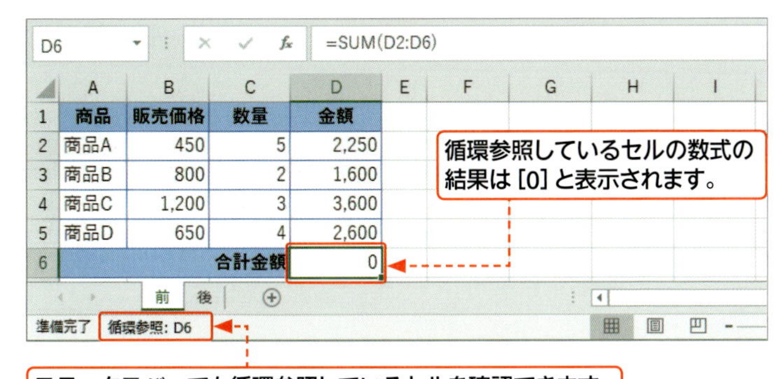

D6 =SUM(D2:D6)

	A	B	C	D
1	商品	販売価格	数量	金額
2	商品A	450	5	2,250
3	商品B	800	2	1,600
4	商品C	1,200	3	3,600
5	商品D	650	4	2,600
6			合計金額	0

循環参照しているセルの数式の結果は [0] と表示されます。

ステータスバーでも循環参照しているセルを確認できます。

8 引数のセル範囲を [D2:D5] に修正すると、

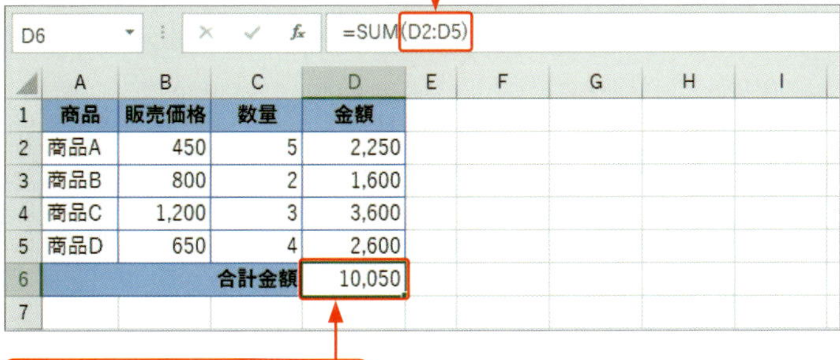

D6 =SUM(D2:D5)

	A	B	C	D
1	商品	販売価格	数量	金額
2	商品A	450	5	2,250
3	商品B	800	2	1,600
4	商品C	1,200	3	3,600
5	商品D	650	4	2,600
6			合計金額	10,050
7				

9 循環参照が解消されます。

Section 12 数式を検証する

覚えておきたいキーワード
- 数式の表示
- 数式の検証
- トレース

通常、数式や関数はセル参照を使って作成しますが、数式が複雑になると、数式内のセルを目で追うだけでは数式の詳細を把握しきれない場合があります。Excelには、セルに入力されている数式を表示したり、数式の計算過程を表示したりするサポート機能が用意されています。

1 セルに入力した数式を表示する

サンプル sec12_1

メモ 数式以外の値の表示

<数式の表示>をクリックすると、数式以外のセルの値は、表示形式が解除された状態になります。右図では、<桁区切りスタイル>が解除されています。<パーセントスタイル>は小数表示で、日付はシリアル値で表示されます。

メモ FORMULATEXT関数の利用

Excel 2013以降、セルに入力された数式を表示するFORMURATEXT関数が追加されています。

1 セル[A6]に「=FORMULA TEXT(A1)」と入力し、オートフィルでセル[E9]までコピーします。

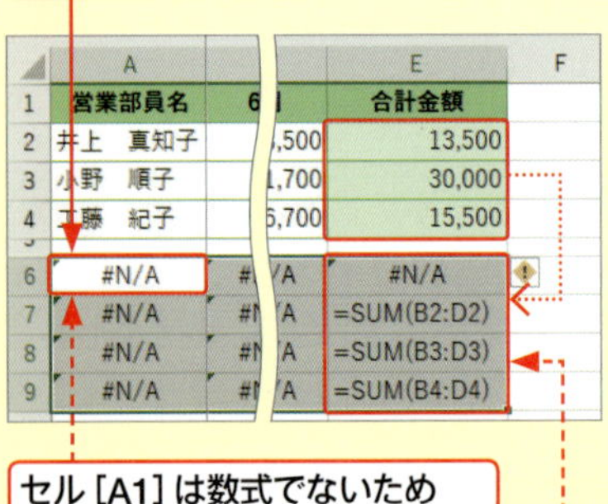

セル[A1]は数式でないため[#N/A]エラーが表示されます。

数式の入ったセルは数式が表示されます。

表に入力されている数式をセルに表示します。

1 <数式>タブの<数式の表示>をクリックすると、

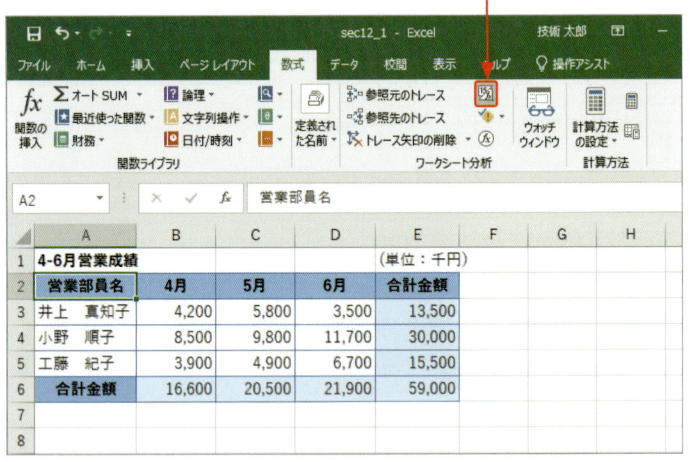

	A	B	C	D	E
2	営業部員名	4月	5月	6月	合計金額
3	井上 真知子	4,200	5,800	3,500	13,500
4	小野 順子	8,500	9,800	11,700	30,000
5	工藤 紀子	3,900	4,900	6,700	15,500
6	合計金額	16,600	20,500	21,900	59,000

2 セルに入力されている数式が表示されます。

	B	C	D	E
1				(単位：千円)
2	4月	5月	6月	合計金額
3	4200	5800	3500	=SUM(B3:D3)
4	8500	9800	11700	=SUM(B4:D4)
5	3900	4900	6700	=SUM(B5:D5)
6	=SUM(B3:B5)	=SUM(C3:C5)	=SUM(D3:D5)	=SUM(E3:E5)

3 元の表示に戻すには、再度<数式の表示>をクリックします。

2 数式を検証する

数式の計算過程を確認します。

キーワード 数式の検証

数式の検証を実行すると、数式や関数の計算過程を1ステップごとに表示することができます。数式の結果がエラーになる場合に利用すると、どの段階でエラーが発生したのかを調べることができます。

1 数式を検証するセルをクリックし、

2 <数式>タブの<数式の検証>をクリックすると、

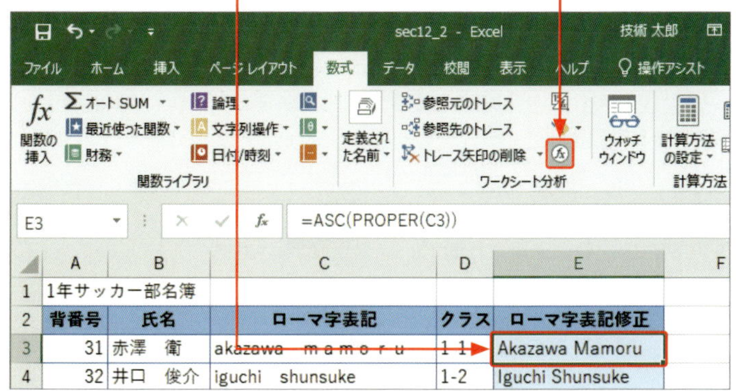

3 <数式の検証>ダイアログボックスに検証する数式が表示されます。

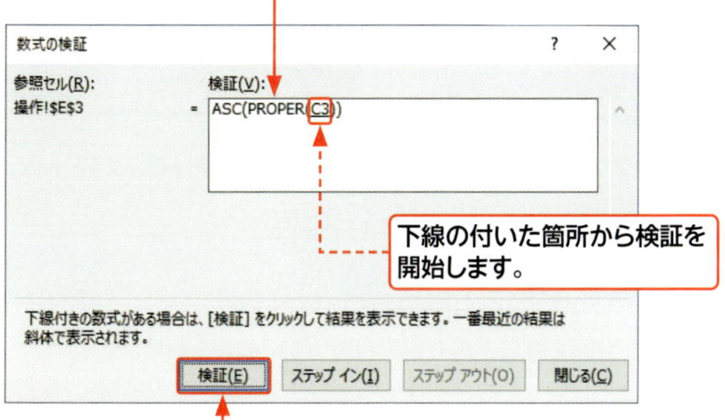

4 <検証>をクリックすると、

5 セル[C3]の値が表示されます。

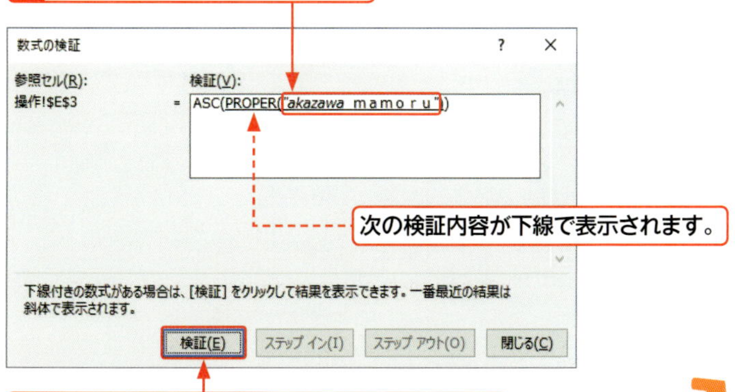

6 内容を確認し、再度<検証>をクリックすると、

メモ 検証に使った数式

左図の検証する数式は、ASC関数とPROPER関数が組み合わされたものです。PROPER関数で英字の先頭を大文字に揃え、ASC関数で半角文字に揃えています。

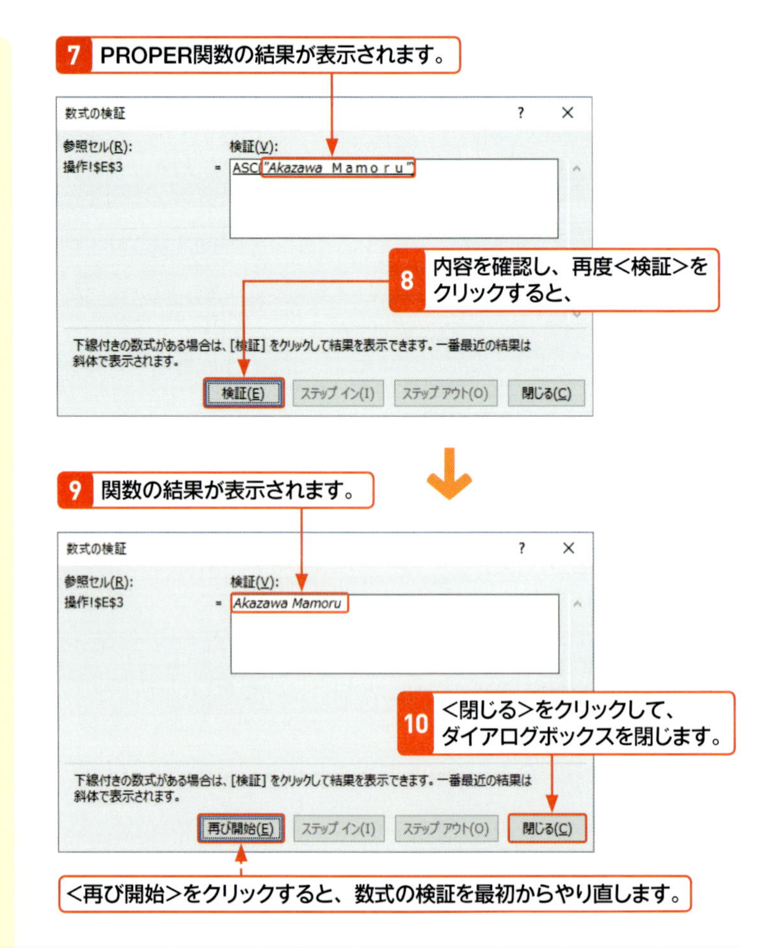

3 セルの参照元とセルの参照先をトレースする

サンプル sec12_3

キーワード 参照元のトレース

数式の入ったセルで数式に使っているセルを調べることを、参照元のトレースといいます。<参照元のトレース>は複数回クリックすると、間接的に使っているセルも調べられます。

関数を入力したセル [E5] はどのセルを利用しているかを表示します。

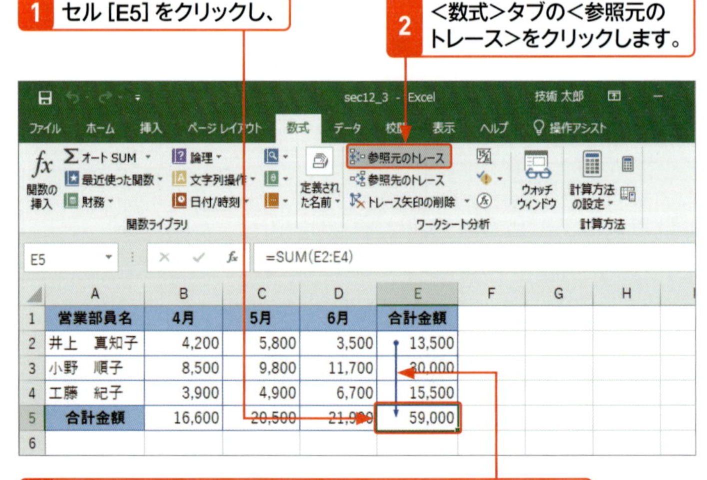

	A	B	C	D	E
1	営業部員名	4月	5月	6月	合計金額
2	井上　真知子	4,200	5,800	3,500	13,500
3	小野　順子	8,500	9,800	11,700	30,000
4	工藤　紀子	3,900	4,900	6,700	15,500
5	合計金額	16,600	20,500	21,900	59,000

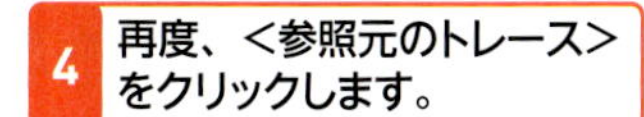

4 再度、<参照元のトレース>をクリックします。

5 間接的に参照しているセルからのトレース線が表示されます。

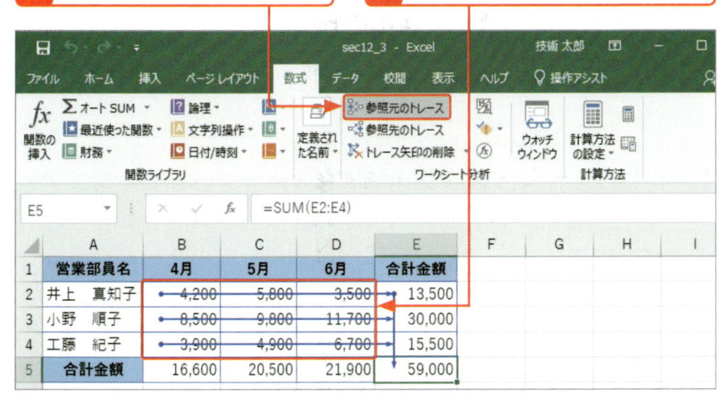

値を入力したセル [B2] はどの数式に使われているかを調べます。

1 セル [B2] をクリックし、

2 <数式>タブの<参照先のトレース>をクリックします。

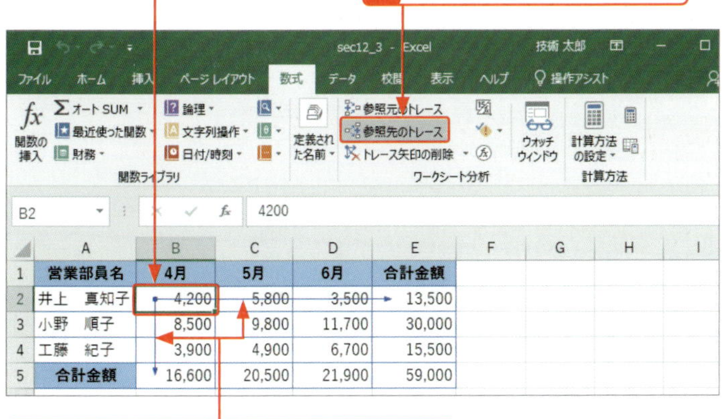

3 セル [B2] を利用しているセルに向かってトレース矢印が表示されます。

4 再度、<参照先のトレース>をクリックします。

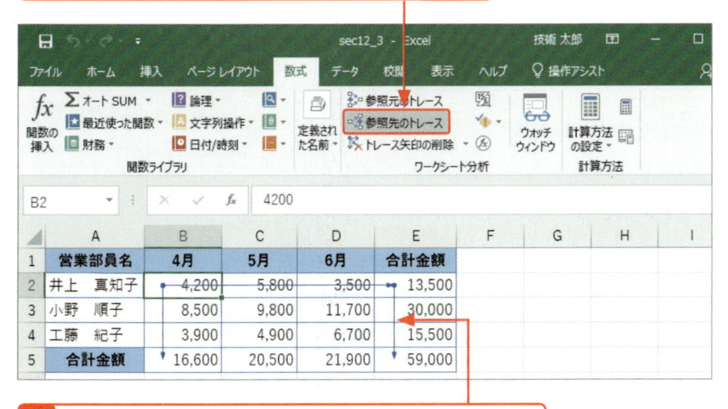

5 セル [B2] を間接的に利用しているセルに向かってトレース矢印が表示されます。

サンプル sec12_4

キーワード 参照先のトレース

指定したセルがどの数式に使われているのかを調べることを参照先のトレースといいます。<参照先のトレース>は複数回クリックすると、間接的に利用されているセルも調べられます。

キーワード トレース矢印のクリア

青のトレース矢印線をクリアするには、<数式>タブの<トレース矢印の削除>をクリックします。

<トレース矢印の削除>をクリックすると、

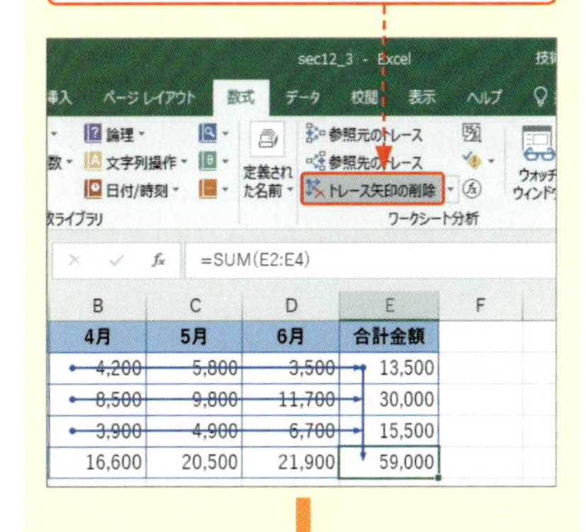

B	C	D	E	F	G
4月	5月	6月	合計金額		
4,200	5,800	3,500	13,500		
8,500	9,800	11,700	30,000		
3,900	4,900	6,700	15,500		
16,600	20,500	21,900	59,000		

トレース矢印はまとめてクリアされます。

Section 13

日付や時刻を扱う

覚えておきたいキーワード
- シリアル値
- <ユーザー定義>の表示形式

Excelでは、日付や時刻をシリアル値という数値で管理しています。シリアル値があることで、○日後の日付、日付と日付の間の期間などの計算を行うことができます。時刻も同様です。ここでは、日付や時刻の計算の土台となるシリアル値と、シリアル値を利用した日付や時刻の計算について解説します。

第1章 関数の基礎

■日付のシリアル値

日付のシリアル値は、1900年1月1日を「1」、翌日を「2」というように日付ごとに割り当てた整数の通し番号です。日付のシリアル値は、9999年12月31日まで用意されています。日付順に通し番号が割り当てられているので、日付の計算の際、月末が30日か31日か、うるう年かどうかなどを一切気にする必要がありません。

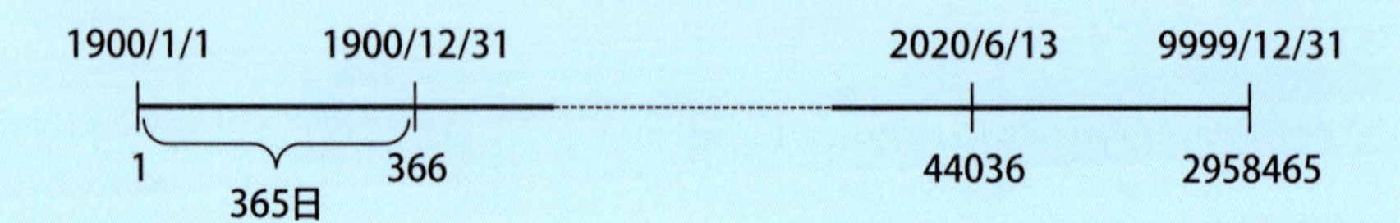

■時刻のシリアル値

時刻のシリアル値は、24時間で1.0になるように割り当てた小数です。当日の午前0時0分0秒の「0.0」に始まり、翌日の午前0時0分0秒で「1.0」になります。「1.0」の整数部「1」は1日（いちにち）、つまり、日単位への繰り上げを意味します。

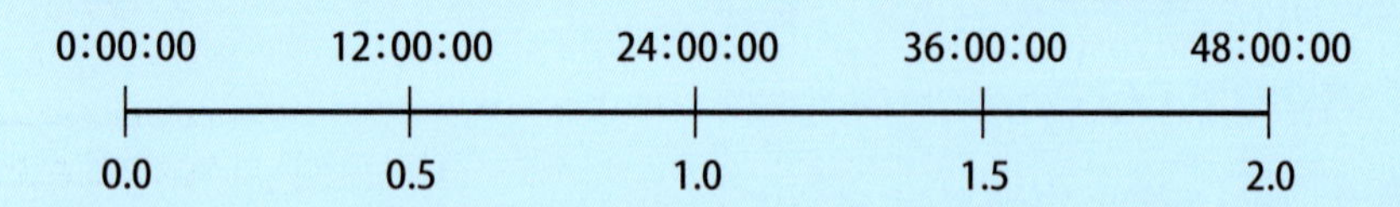

上図に示すように、24時間ごとに整数部に1日ずつ繰り上がり、時刻は「0.0」にリセットされます。

メモ 日付と認識される値

Excelでは、「/（スラッシュ）」、「-（ハイフン）」、「年月日」、「.（ピリオド）」を利用して入力すると、日付と認識されますが、入力した形式とは異なる形式で表示される場合があります。なお、日を省略して年月のみ入力すると1日が設定され、年を省略して月日のみを入力すると入力時の年が設定されます。

	A	B	C
1	セル入力	セル確定後の表示	
2	2018/10/15	2018/10/15	
3	2018-10-15	2018/10/15	
4	10/15	10月15日	
5	10-15	10月15日	
6	2018年10月	2018年10月	
7	平成30年10月15日	平成30年10月15日	
8	2018年10月15日	2018年10月15日	
9	H30.10.15	H30.10.15	
10	15-Oct-2018	15-Oct-18	
11	2018-10	Oct-18	
12	15-Oct	15-Oct	

1 指定日数後の日付を求める

2週間後の日付を求めます。

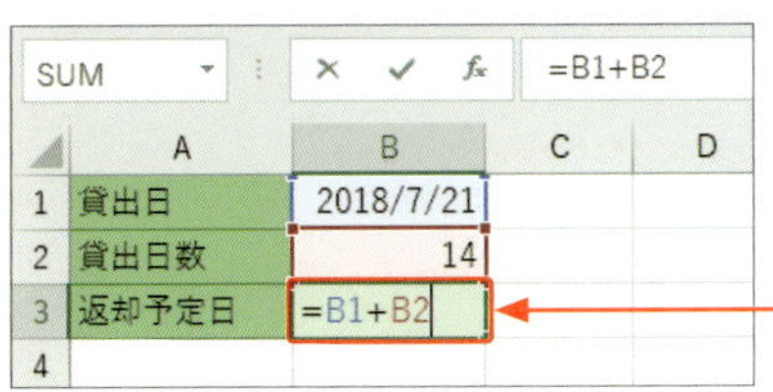

1 セル[B3]をクリックし、「=B1+B2」と入力して Enter を押すと、

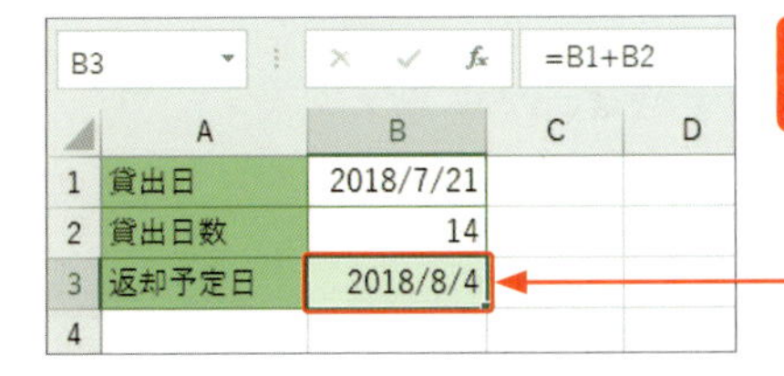

2 14日後の日付が表示されます。

サンプル sec13_1

メモ 月末を気にする必要がない

日付の計算は、日付に割り当てられたシリアル値で計算をしています。ここでは、「2018/7/21」のシリアル値「43302」に「14」を加えて「43316」とし、「43316」に対応する「2018/8/4」を求めています。日付は西暦9999年まで連番で管理されているので、月末までの日数を気にする必要がありません。

2 日付間の日数を求める

返却予定日までの残り日数を求めます。

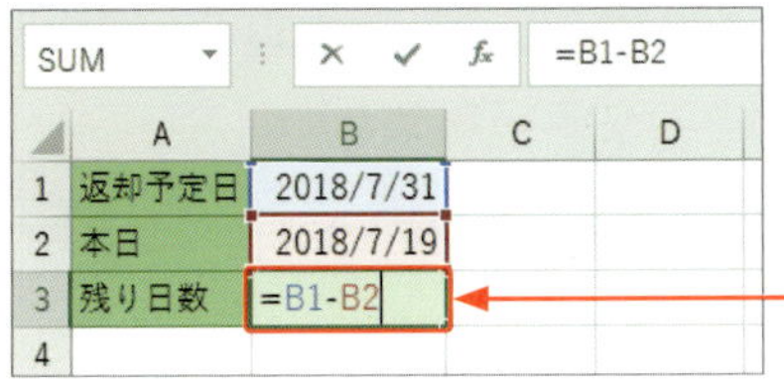

1 セル[B3]をクリックし、「=B1-B2」と入力して Enter を押すと、

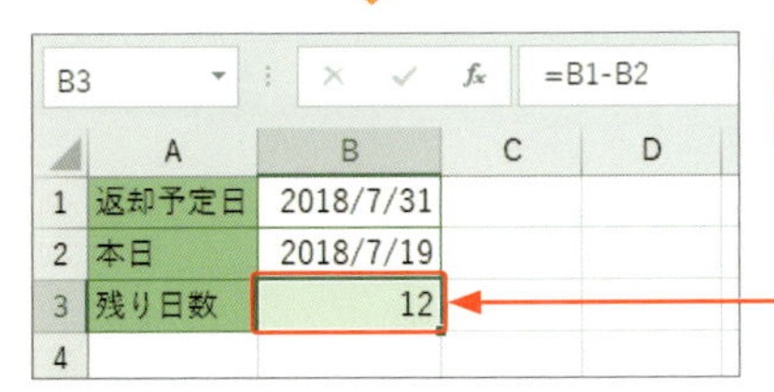

2 返却まで残り12日間と表示されます。

サンプル sec13_2

日付の計算はシリアル値で行われていますが、シリアル値がセルに表示されることはあまりありません。基本的に、シリアル値を意識せずに日付の計算ができるようになっているため、日付の計算結果の多くは日付形式で表示されます。ただし、一部、シリアル値で表示する関数もあります。

メモ 時刻と認識される値

Excelでは、「:(コロン)」、「時分秒」、「am(AM)」「pm(PM)」を利用して入力すると、時刻と認識されます。秒を省略して時分を入力すると0秒に設定されます。

	A	B	C
1	セル入力	セル確定後の表示	
2	10時15分	10時15分	
3	10時15分30秒	10時15分30秒	
4	10:15:30	10:15:30	
5	10:15 am	10:15 AM	
6	10:15 pm	10:15 PM	
7			
8			

3 指定時間後の時刻を求める

サンプル sec13_3

メモ セルの整数は「日」と判断される

セルに入力された「3」という値は「3日」と判断されます。
下図のように、「=B1＋B2」と単純に足し算すると、3日足され、3日後の10時（セルには時刻のみ表示）となってしまいます。

B3 =B1+B2

	A	B	C	D
1	開始時刻	10:00		
2	利用時間	3		
3	終了時刻	10:00		

3時間後の時刻を求めます。

1 セル［B3］をクリックし、「=B1+B2/24」と入力して Enter を押すと、

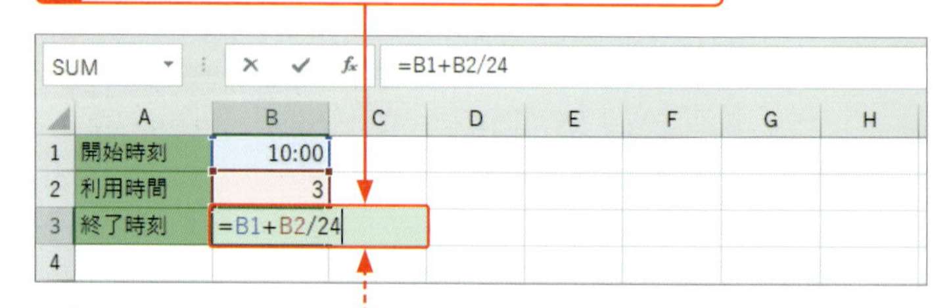

時間に相当するシリアル値に変換するため24で割ります。

2 3時間後の時刻が表示されます。

B3 =B1+B2/24

	A	B	C	D	E	F	G	H
1	開始時刻	10:00						
2	利用時間	3						
3	終了時刻	13:00						
4								

4 経過時間を求める

サンプル sec13_4

メモ 時刻の引き算

時刻を引き算する場合は、大きい値から小さい値を引きます。逆にすると、[#####]エラーになるので注意します。

出社時刻から退社時刻までの在社時間を求めます。

1 セル［B3］をクリックし、「=B2-B1」と入力して Enter を押すと、

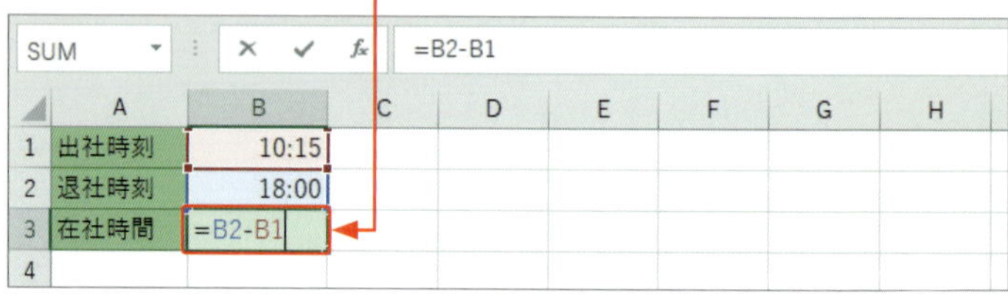

2 在社時間が表示されます。

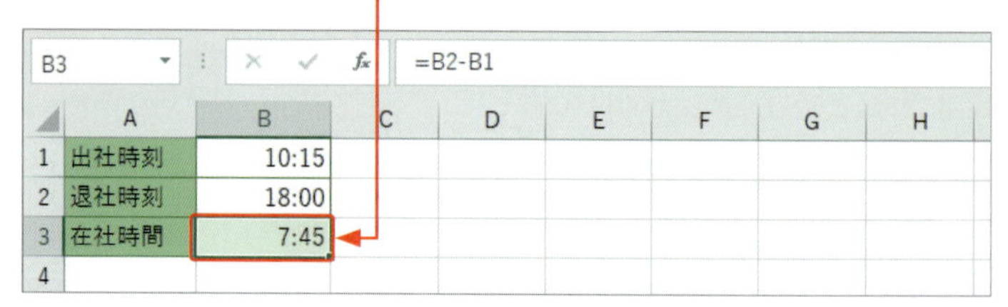

5 24時間を超える経過時間を表示する

3日間の在社時間の合計を求めます。

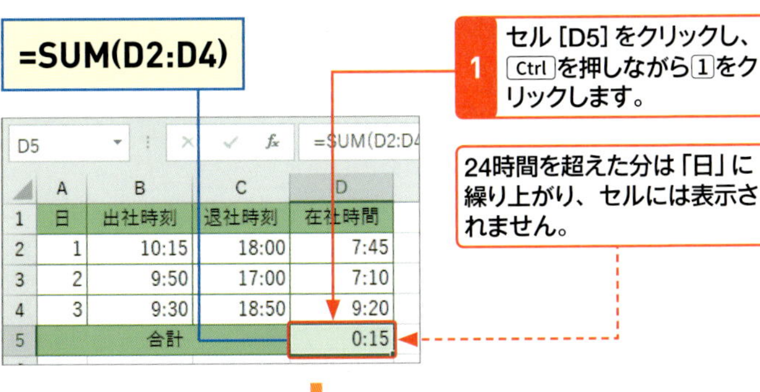

	A	B	C	D
1	日	出社時刻	退社時刻	在社時間
2	1	10:15	18:00	7:45
3	2	9:50	17:00	7:10
4	3	9:30	18:50	9:20
5	合計			0:15

1 セル［D5］をクリックし、Ctrlを押しながら1をクリックします。

24時間を超えた分は「日」に繰り上がり、セルには表示されません。

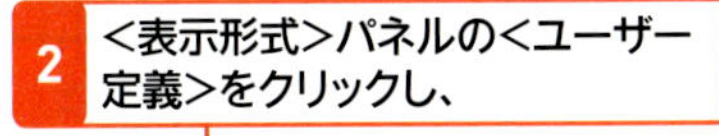

2 <表示形式>パネルの<ユーザー定義>をクリックし、

3 <種類>に「[h]:mm」と入力して、

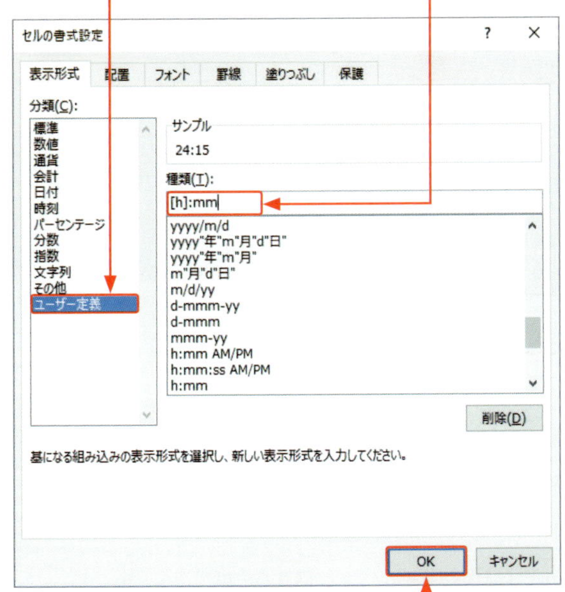

4 <OK>をクリックすると、

5 日に繰り上がった分の24時間が足されて表示されます。

D5 =SUM(D2:D4)

	A	B	C	D	E	F	G	H
1	日	出社時刻	退社時刻	在社時間				
2	1	10:15	18:00	7:45				
3	2	9:50	17:00	7:10				
4	3	9:30	18:50	9:20				
5	合計			24:15				
6								

サンプル sec13_5

メモ セルの表示形式

左の計算結果の「0:15」は、一見間違えているように見えますが、計算はできていて、24時間で0に戻っているだけです。24時間を超える経過時間を表示するには、セルの表示形式を変更します。

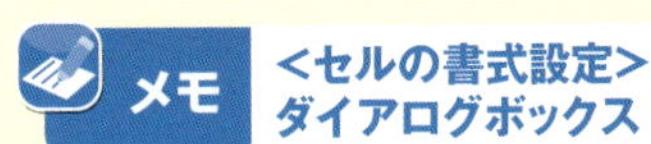

メモ <セルの書式設定>ダイアログボックス

<セルの書式設定>ダイアログボックスを表示するには、<ホーム>タブ、右クリック、ショートカットキーによる方法があります。頻繁に利用するため、どの方法でも表示できるようにしたいダイアログボックスです（Sec.14、15でも紹介しています）。

Section 14

セルの表示形式を設定する

覚えておきたいキーワード
- ☑ <セルの書式設定>ダイアログボックス
- ☑ セルの表示形式

セルに表示される計算結果や、セルに入力した値は、セルの書式設定を行うことで、目的に合った表示形式に変更できます。変更したら数式バーも見ましょう。セルの見た目が変わるだけでセルの中身は変わらないことを確認します。ここでは、よく使うセルの表示形式の設定方法について解説します。

1 数値を3桁区切りで表示する

サンプル sec14_1

メモ　セルの表示形式の確認方法

<ホーム>タブの<数値の書式>で現在のセルの表示形式を確認できます。<桁区切りスタイル>を設定したセルは、<通貨>であることがわかります。

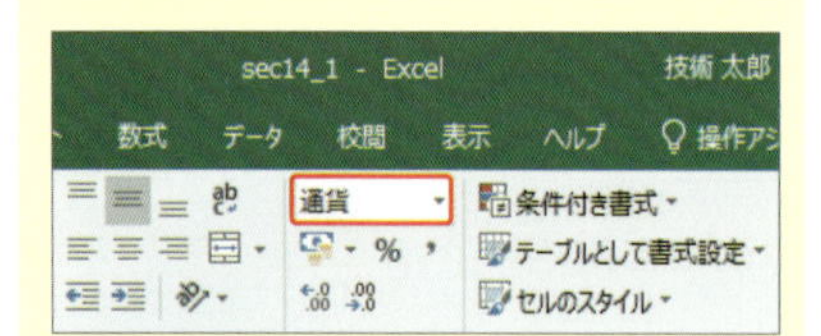

ヒント　通貨記号を付けて表示する

<ホーム>タブの<通貨表示形式>をクリックすると、3桁区切りに加えて、数値の先頭に「¥」記号を付けて表示されます。

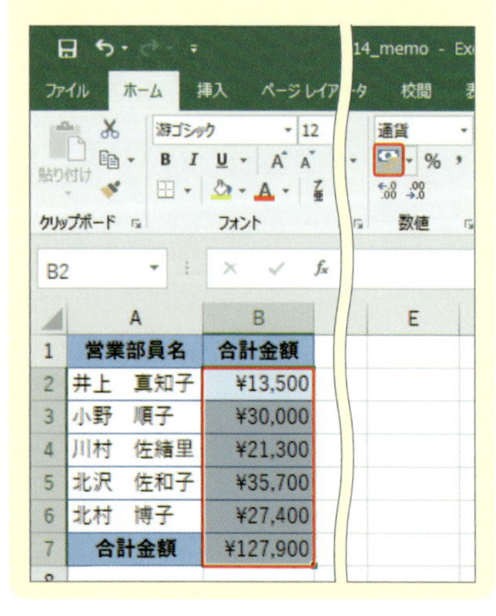

数値に桁区切りを付けて表示します。

1 表示形式を設定したいセル範囲［B2:E7］をドラッグし、

2 <ホーム>タブの<桁区切りスタイル>をクリックすると、

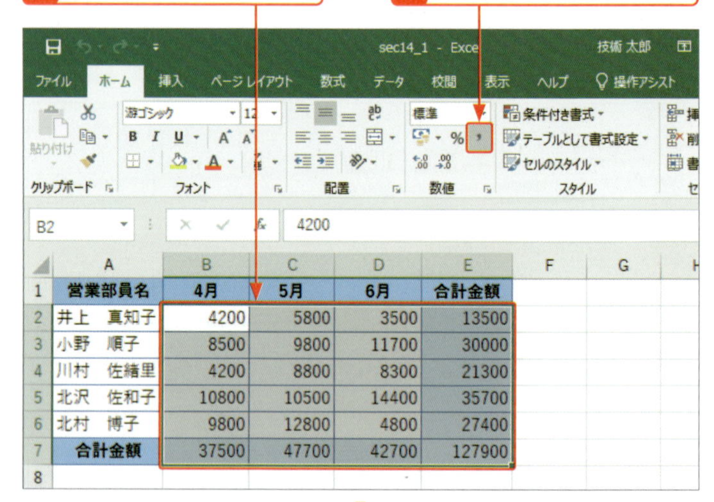

3 数値が3桁ごとに「,（カンマ）」で区切られて表示されます。

数式バーは数値のままです。

B2　4200

	A	B	C	D	E
1	営業部員名	4月	5月	6月	合計金額
2	井上　真知子	4,200	5,800	3,500	13,500
3	小野　順子	8,500	9,800	11,700	30,000
4	川村　佐緒里	4,200	8,800	8,300	21,300
5	北沢　佐和子	10,800	10,500	14,400	35,700
6	北村　博子	9,800	12,800	4,800	27,400
7	合計金額	37,500	47,700	42,700	127,900
8					

2 数値をパーセントで表示する

構成比をパーセント表示します。

1 構成比のセル範囲［F2:F7］をドラッグし、

2 ＜ホーム＞タブの＜パーセントスタイル＞をクリックすると、

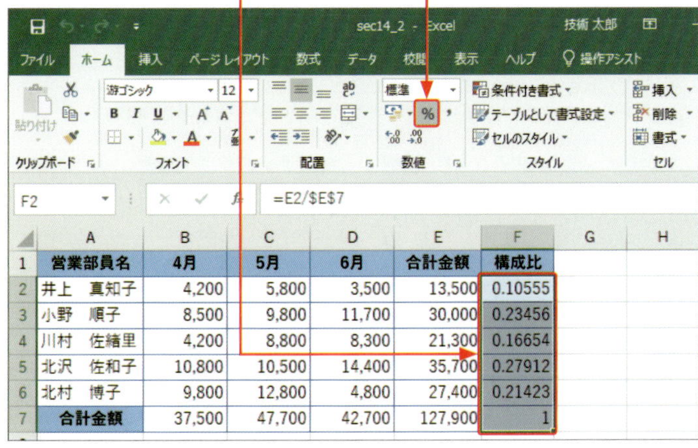

3 数値がパーセント表示になります。

4 ＜ホーム＞タブの＜小数点以下の表示桁数を増やす＞をクリックすると、

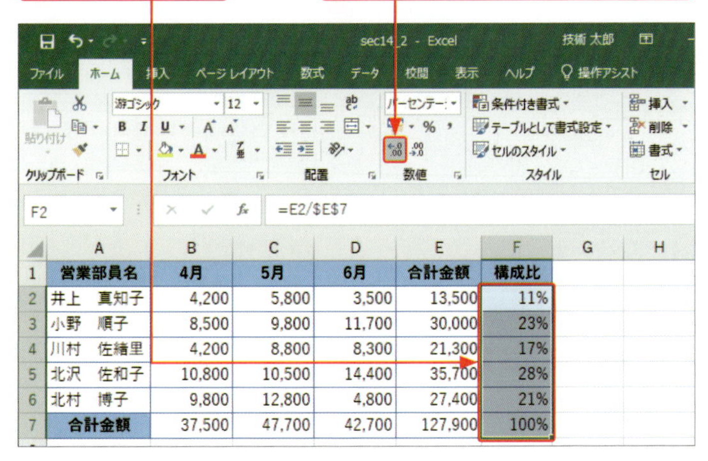

5 パーセント表示が、小数第1位までの表示になります。

	A	B	C	D	E	F	G	H
1	営業部員名	4月	5月	6月	合計金額	構成比		
2	井上 真知子	4,200	5,800	3,500	13,500	10.6%		
3	小野 順子	8,500	9,800	11,700	30,000	23.5%		
4	川村 佐緒里	4,200	8,800	8,300	21,300	16.7%		
5	北沢 佐和子	10,800	10,500	14,400	35,700	27.9%		
6	北村 博子	9,800	12,800	4,800	27,400	21.4%		
7	合計金額	37,500	47,700	42,700	127,900	100.0%		

sec14_2

ヒント 小数点以下の表示桁数を変更するには

＜パーセントスタイル＞をクリックすると、小数点以下が四捨五入されたパーセント表示になります。表示桁数は＜小数点以下の表示桁数を増やす＞、または、＜小数点以下の表示桁数を減らす＞で調整します。1回クリックするたびに小数点以下の桁数が1桁ずつ増減します。

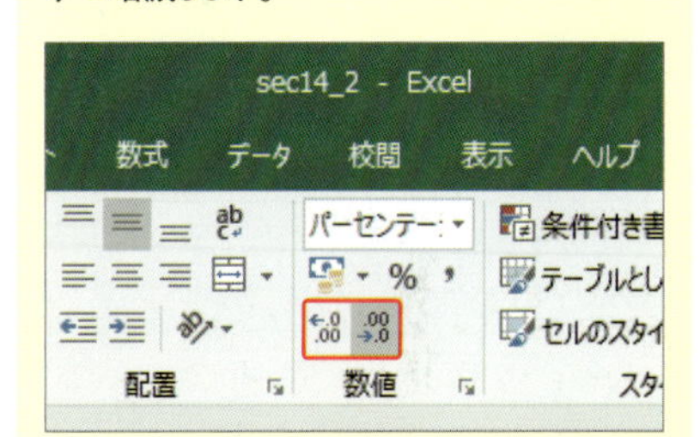

3 数値をもとの表示形式に戻す

サンプル sec14_3

ヒント ダイアログボックスで表示形式を<標準>に戻す

<セルの書式設定>ダイアログボックスを使って、表示形式を<標準>に戻すことができます。

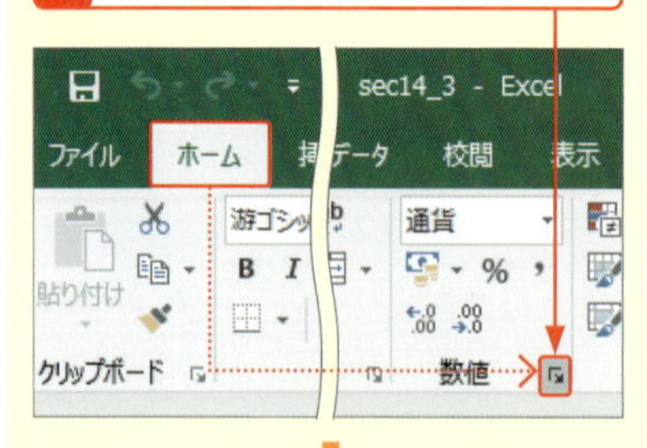

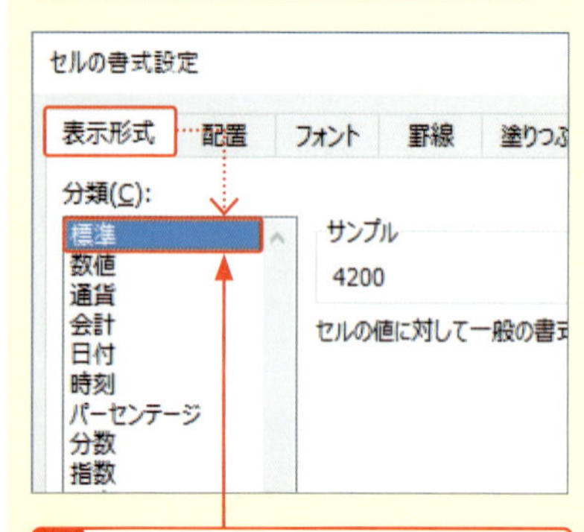

3 <表示形式>パネルから、<標準>をクリックし、<OK>をクリックします。

セルに設定した表示形式を<標準>に戻します。

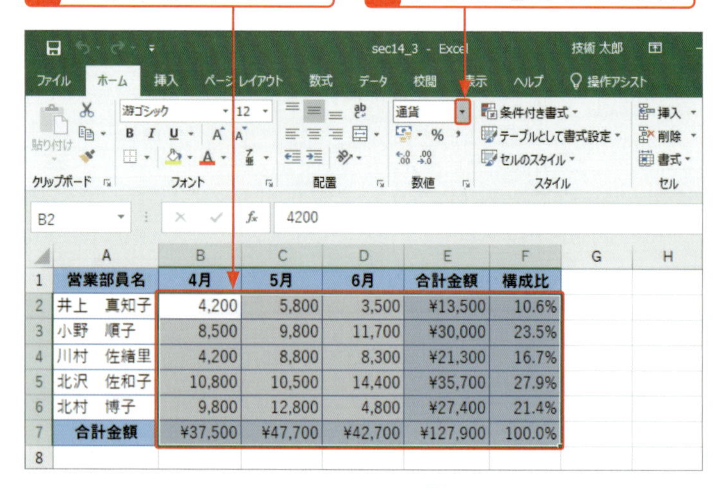

	A	B	C	D	E	F
1	営業部員名	4月	5月	6月	合計金額	構成比
2	井上 真知子	4,200	5,800	3,500	¥13,500	10.6%
3	小野 順子	8,500	9,800	11,700	¥30,000	23.5%
4	川村 佐緒里	4,200	8,800	8,300	¥21,300	16.7%
5	北沢 佐和子	10,800	10,500	14,400	¥35,700	27.9%
6	北村 博子	9,800	12,800	4,800	¥27,400	21.4%
7	合計金額	¥37,500	¥47,700	¥42,700	¥127,900	100.0%

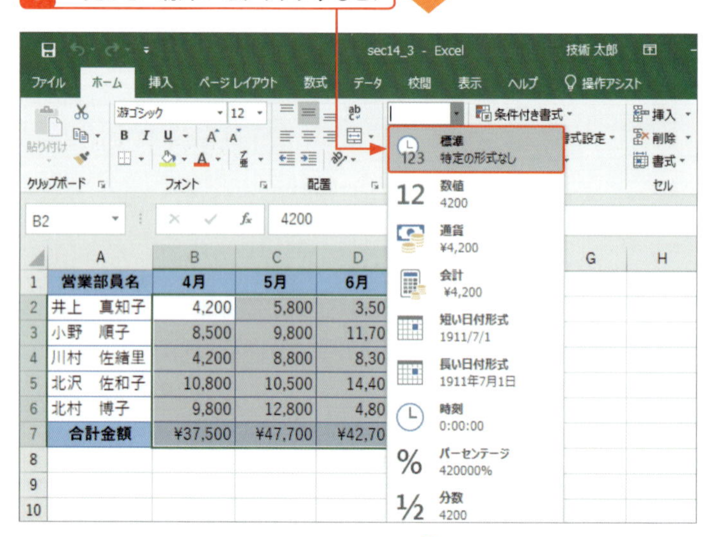

4 表示形式が解除されます。

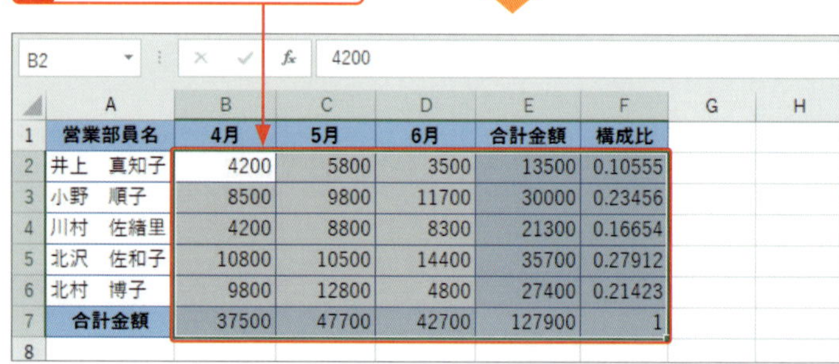

	A	B	C	D	E	F
1	営業部員名	4月	5月	6月	合計金額	構成比
2	井上 真知子	4200	5800	3500	13500	0.10555
3	小野 順子	8500	9800	11700	30000	0.23456
4	川村 佐緒里	4200	8800	8300	21300	0.16654
5	北沢 佐和子	10800	10500	14400	35700	0.27912
6	北村 博子	9800	12800	4800	27400	0.21423
7	合計金額	37500	47700	42700	127900	1

4 日付を和暦で表示する

西暦で表示された生年月日を和暦で表示します。

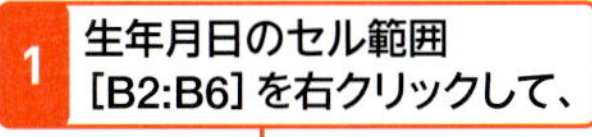

1 生年月日のセル範囲[B2:B6]を右クリックして、

2 一覧から<セルの書式設定>をクリックします。

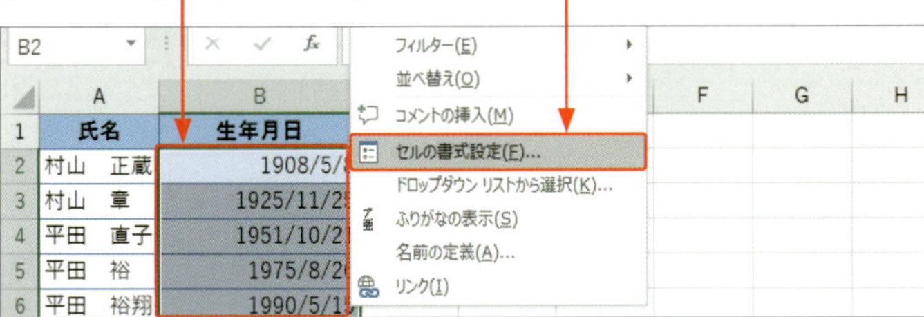

3 <セルの表示形式>ダイアログボックスが表示されます。

4 <表示形式>パネルの<日付>をクリックし、

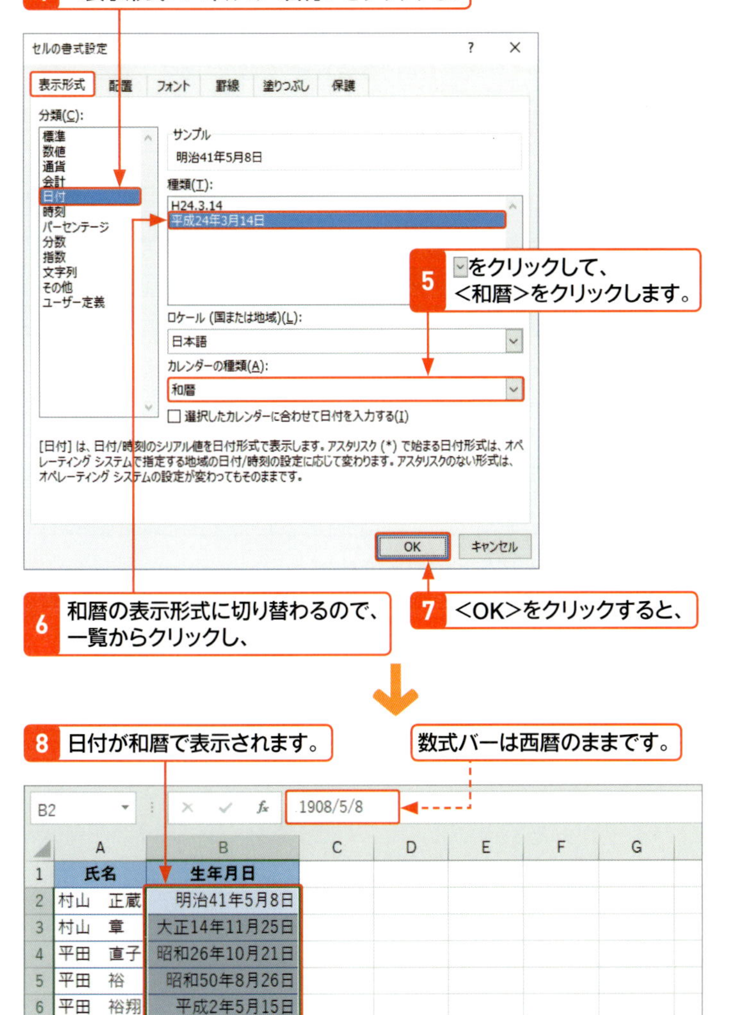

5 をクリックして、<和暦>をクリックします。

6 和暦の表示形式に切り替わるので、一覧からクリックし、

7 <OK>をクリックすると、

8 日付が和暦で表示されます。

数式バーは西暦のままです。

サンプル sec14_4

ヒント 日付を<標準>に戻したときの表示

セルに日付を入力すると、自動的にセルの表示形式が<日付>になります。日付の入ったセルを<標準>に戻すと、シリアル値が表示されます（下図参照）。シリアル値とは1900年1月1日を1とする通し番号のことです（Sec.13）。

B2　3051

	A	B
1	氏名	生年月日
2	村山　正蔵	3051
3	村山　章	9461
4	平田　直子	18922
5	平田　裕	27632
6	平田　裕翔	33008

Section 15 セルの表示形式を編集する

覚えておきたいキーワード
- ☑ セルの表示形式
- ☑ ユーザー定義
- ☑ 書式記号

セルの表示形式は、書式記号と呼ばれる英数字や記号の組み合わせで定義されています。書式記号を使えば、独自の表示形式を作って表示することができます。ここでは、セルの表示形式がどのような書式記号で管理されているのかを確認し、書式記号を編集して独自の表示形式を作ります。

■セルの表示形式と書式記号

＜ホーム＞タブのボタンで設定できる表示形式も、実際には、書式記号で管理されています。以下に主な書式記号を示します。知っておくと便利な書式記号は、数値が「0」のときにセルに何も表示しない「#」や曜日を表わす「aaa」です。

▼書式記号

記号	書式記号の意味	記号	書式記号の意味
#	数値を表示。数値が「#」の数より少ない場合、0で補わない	0	数値を表示。数値が「0」の数より少ない場合、0で補う
,	千単位の桁区切り	.	小数点
yyyy	西暦を4桁で表示	e	和暦の年を表示
ee	和暦の年を2桁で表示	g	和暦の元号を英字で表示
gg	和暦の元号を漢字1字で表示	ggg	和暦の元号を表示
m	月数を表示	d	日数を表示
mm	月数を2桁で表示。1～9月は0を補う	dd	日数を2桁で表示。1～9日は0を補う
aaa	曜日を漢字1字で表示	aaaa	曜日を「○曜日」と表示
@	文字列を表示	"	この記号で囲まれた文字を表示

▼書式記号の利用例

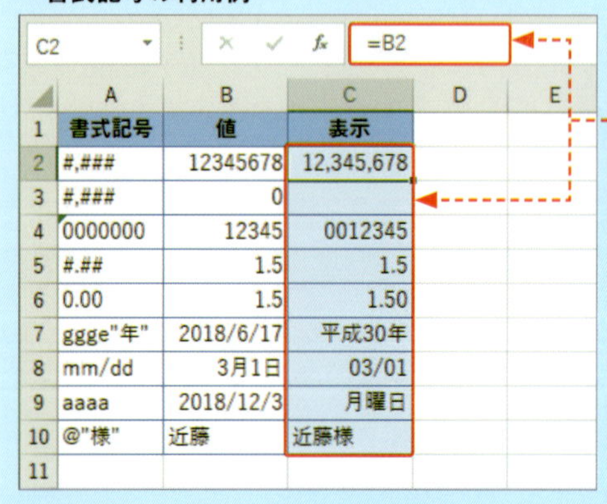

C2 =B2

	A	B	C	D	E
1	書式記号	値	表示		
2	#,###	12345678	12,345,678		
3	#,###	0			
4	0000000	12345	0012345		
5	#.##	1.5	1.5		
6	0.00	1.5	1.50		
7	ggge"年"	2018/6/17	平成30年		
8	mm/dd	3月1日	03/01		
9	aaaa	2018/12/3	月曜日		
10	@"様"	近藤	近藤様		
11					

C列はB列の値を参照し、A列の書式記号を使って、セルの表示形式を設定しています。

1 表示形式の書式記号を確認する

和暦の書式記号を確認します。

1 表示形式を確認したいセル範囲[B2:B6]を右クリックして、

2 一覧から、<セルの書式設定>をクリックすると、

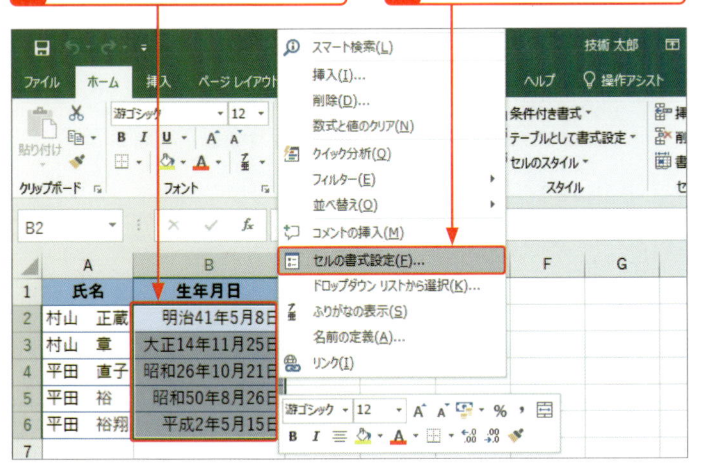

3 <セルの書式設定>ダイアログボックスが表示されます。

4 <表示形式>パネルの<ユーザー定義>をクリックすると、

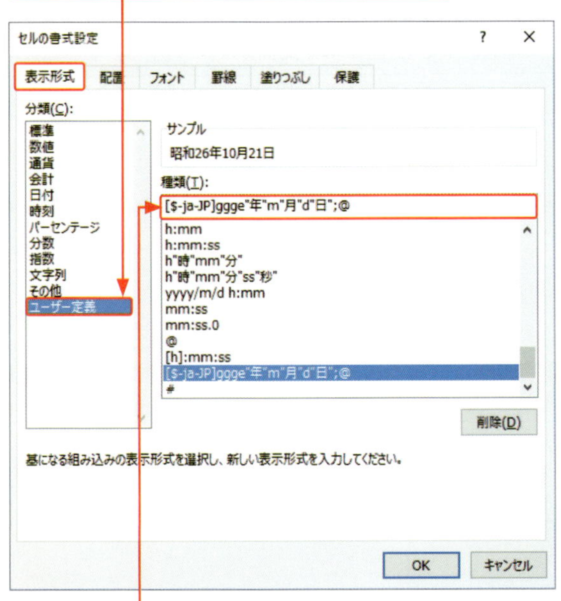

5 指定したセルの書式記号を確認できます。

 sec15_1

メモ 日付の和暦表示

日付を和暦で表示する方法は、Sec.14の4を参照してください。

ヒント [$-ja-JP]ggge"年"m"月"d"日";@ の[$-ja-JP]と「;」について

[$-ja-JP](Excel 2013以前は[$-411])は、「日本語の」という意味で、和暦にすると自動的に付加される記号です。[$-ja-JP]([$-411])は、付けなくても差し支えありません。また末尾の「;@」の「;(セミコロン)」は書式記号の区切りです。セルに入力された値の種類によって、表示形式を場合分けするときに利用します。入力する値の種類が決まっている場合、書式記号の区切りは不要です。

2 表示形式の書式記号を編集する

サンプル sec15_2

メモ 文字数を合わせる

生年月日の表示形式を「平成○○年○○月○○日」となるように編集することで、セル内の文字数を揃え、見栄えを整えています。

1桁の年、月、日は、0を補い、2桁の年、月、日で表示します。

1 表示形式を編集するセル範囲[B2:B6]を右クリックして、

2 <セルの書式設定>をクリックし、

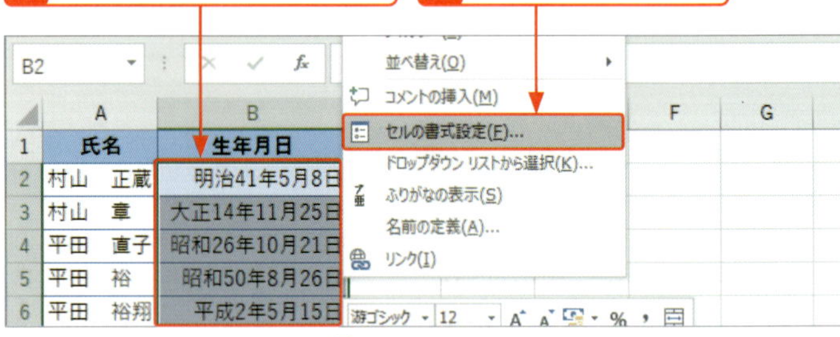

3 <表示形式>パネルの<ユーザー定義>をクリックし、

4 <種類>をクリックし、「ggge」を「gggee」に、「m」「d」を「mm」「dd」に変更して、

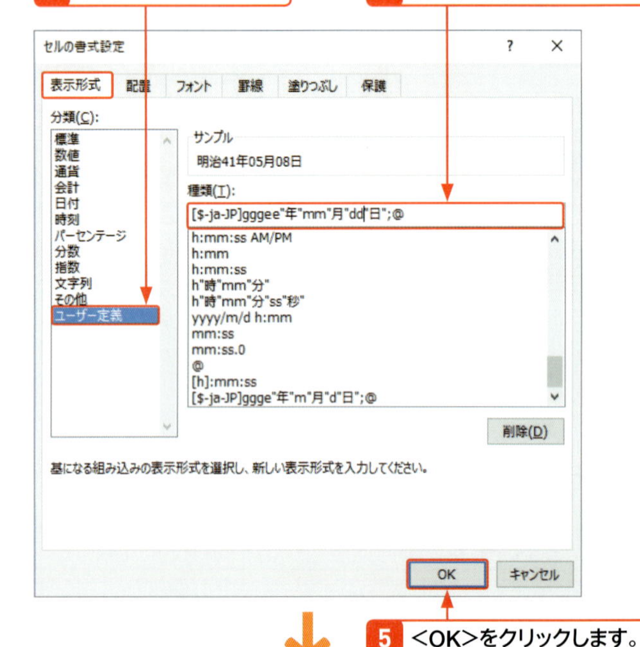

5 <OK>をクリックします。

6 年月日が2桁表示に変更されます。

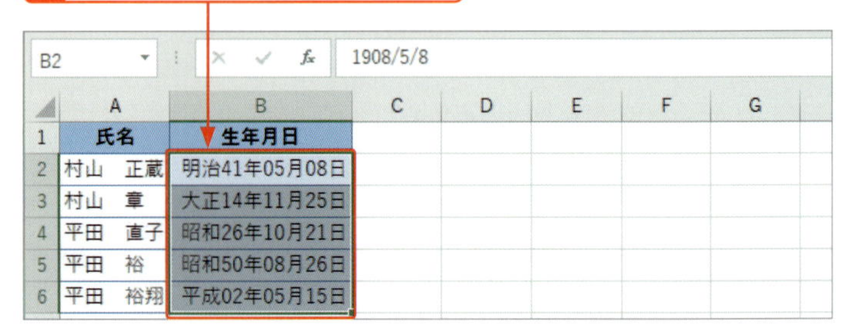

ヒント 独自に作成した表示形式を削除するには

独自に作成した表示形式は削除することができます。表示形式を削除するには、<セルの表示形式>ダイアログボックスの<表示形式>パネルの<ユーザー定義>を表示し、<種類>の一覧から不要になった表示形式を選択して、<削除>をクリックします。なお、Excelに組み込まれている（最初から表示されていた）表示形式は削除できません。

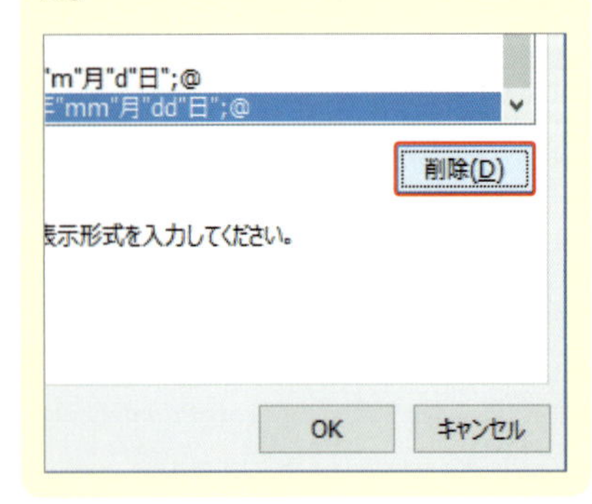

3 日付を曜日で表示する

生年月日の日付の曜日を表示します。

サンプル sec15_3

1 セル[C2]に「=B2」と入力します。

2 オートフィルでセル[C6]までコピーします。

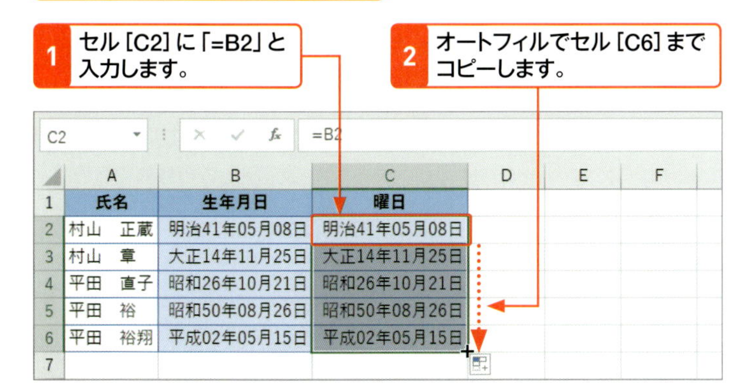

3 セル範囲[C2:C6]が選択された状態で Ctrl を押しながら 1 を押します。

4 <表示形式>パネルの<ユーザー定義>をクリックし、

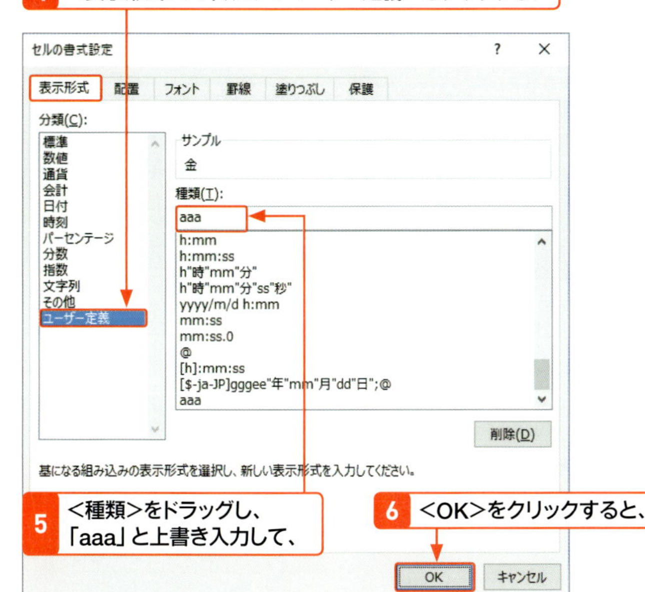

5 <種類>をドラッグし、「aaa」と上書き入力して、

6 <OK>をクリックすると、

7 日付が1文字の曜日で表示されます。

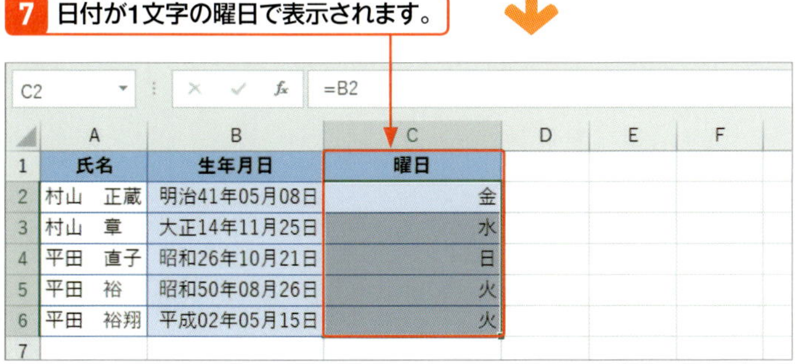

ヒント <セルの書式設定>ダイアログボックスの表示方法

セルやセル範囲を選択したあと、<セルの書式設定>ダイアログボックスを表示するには、3通りあります。

①指定したセルを右クリックし、表示された一覧から<セルの書式設定>をクリックします。

②<ホーム>タブの<数値>グループの<ダイアログボックス起動ツール>をクリックします。

③ Ctrl を押しながら 1 を押します。

メモ 「曜日」を付けて表示する

手順4の<種類>に「aaaa」と入力すると、「曜日」を付けた形式になります。

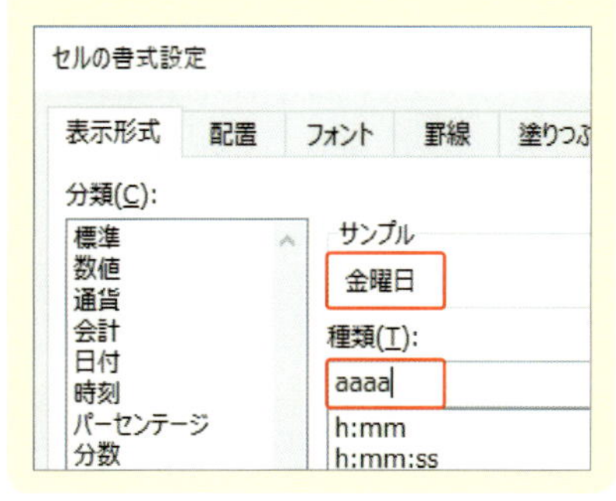

4 数値に任意の文字を付けて表示する

サンプル sec15_4

ヒント 数値に単位を付けて計算する

数値に単位を付けて入力すると、文字列になるため計算に利用できなくなります。数値に単位を付けて計算するには、表示形式を変更し、単位が表示される数値にします。セルの見た目は単位が付いていますが、実際は数値のままなので、計算に利用できます。

販売価格に「円」を付けても金額が計算できるようにします。

販売価格に「450円」と入力したため、文字列とみなされています。

	A	B	C	D
1	商品	販売価格	数量	金額
2	商品A	450円	5	#VALUE!
3	商品B	800円	2	#VALUE!
4	商品C	1200円	3	#VALUE!

1 「円」を削除して数値だけにしたら、セル範囲[B2:B4]をドラッグし、Ctrl+1を押します。

	A	B	C	D
1	商品	販売価格	数量	金額
2	商品A	450	5	2,250
3	商品B	800	2	1,600
4	商品C	1,200	3	3,600

2 <表示形式>パネルの<ユーザー定義>をクリックし、

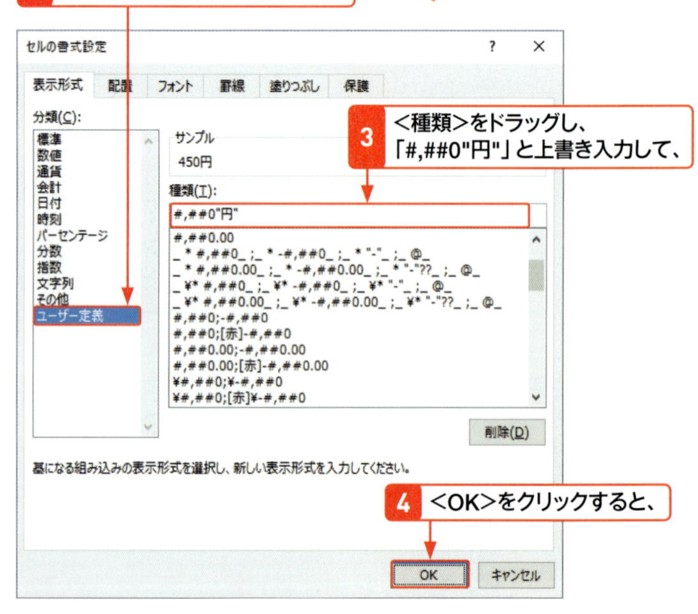

3 <種類>をドラッグし、「#,##0"円"」と上書き入力して、

4 <OK>をクリックすると、

5 販売価格に「円」が付きますが、数式バーは数値のままです。

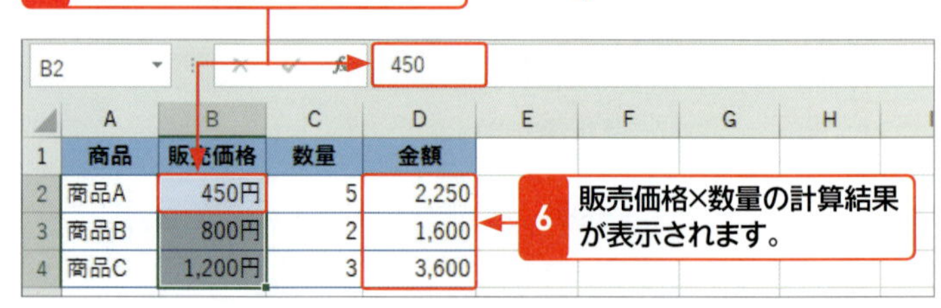

	A	B	C	D
1	商品	販売価格	数量	金額
2	商品A	450円	5	2,250
3	商品B	800円	2	1,600
4	商品C	1,200円	3	3,600

6 販売価格×数量の計算結果が表示されます。

Chapter 02

第2章

数値を計算する

Section 16 数値を合計する

覚えておきたいキーワード
☑ SUM
☑ 3-D 参照
☑ 串刺し集計

売上や費用の合計など、数値を合計するにはSUM関数を使います。いわゆる足し算をする関数ですが､表の所々にある小計を自動的に見分けて合計したり、シートをまたがって合計したりすることができます。

分類 数学 / 三角　対応バージョン 2010 2013 2016 2019

書式 SUM(数値1[,数値2]・・・)

引数

[数値] 数値や数値の入ったセル、セル範囲を指定します。合計したい数値のセルが離れている場合は、「,(カンマ)」で区切りながら指定します。セルやセル範囲に含まれる空白セルや文字列、論理値は無視されます。

キーワード SUM

SUM関数は、引数に指定した数値やセル、セル範囲の合計値を求めます。使用頻度の高い関数であることから、<ホーム>タブと<数式>タブに<オートSUM>が用意されています(Sec.01 参照)。

利用例 1 総計を求める　SUM

 sec16_1

水道光熱費と通信費の小計を合計し、経費の合計を求めます。

=SUM(C11,C6)

❶

C12　=SUM(C11,C6)

	A	B	C	D	E	F
1	経費管理表					
2	科目	費目	4月	5月	6月	
3	水道光熱費	電気	10,000	12,800	13,500	
4		水道	3,000		2,850	
5		ガス	2,000	3,200	2,650	
6		小計	15,000	16,000	19,000	
7	通信費	電話・インターネット	13,000	11,500	12,800	
8		はがき	6,000	0	2,400	
9		切手	400	40	820	
10		郵送費	17,000	15,500	20,800	
11		小計	36,400	27,040	36,820	
12		総計	51,400	43,040	55,820	

❶ 総計のセル[C12]をクリックし、<ホーム>タブまたは<数式>タブの<オートSUM>をクリックすると、小計のセル[C6]と[C11]を自動的に認識して合計します。

キーワード 小計

小計は部分的な合計値です。通常、小計行は表の途中にあり、別の数値やほかの小計との合算に利用されます。

ヒント 小計は総計の前に数式かSUM関数で求めておく

小計は総計より先に足し算の数式かSUM関数で求めておきます。小計のセルが空白、または、数値の場合は、小計と認識できないためです。自動認識できない場合には、カンマで区切りながら、小計のセルを指定します。

利用例 2 売上累計を求める　SUM

部門別売上高から売上高と構成比を累計します。

=SUM(B$3:B3)　=SUM(C$3:C3)

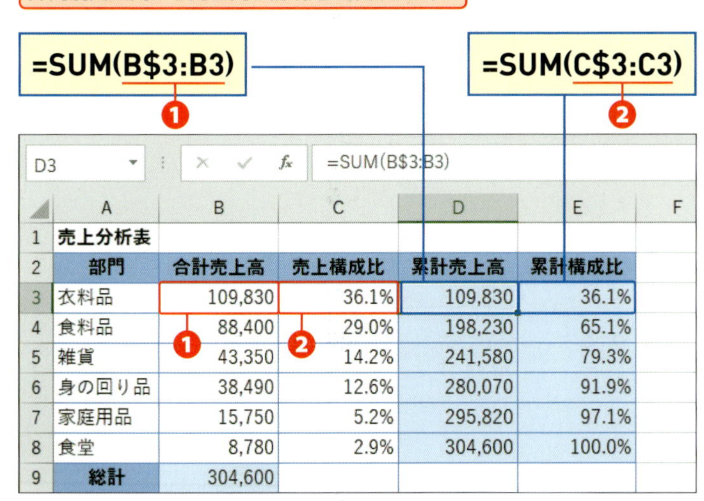

	A	B	C	D	E	F
1	売上分析表					
2	部門	合計売上高	売上構成比	累計売上高	累計構成比	
3	衣料品	109,830	36.1%	109,830	36.1%	
4	食料品	88,400	29.0%	198,230	65.1%	
5	雑貨	43,350	14.2%	241,580	79.3%	
6	身の回り品	38,490	12.6%	280,070	91.9%	
7	家庭用品	15,750	5.2%	295,820	97.1%	
8	食堂	8,780	2.9%	304,600	100.0%	
9	総計	304,600				

❶ [数値1] にセル範囲 [B$3:B3] と指定し、オートフィルで下方向にコピーしたときに、セル範囲の先頭を固定したまま、末尾のセルが1行ずつ下に移動し、セル範囲が拡張するようにします。

❷ 売上構成比の累計も同様です。セル範囲 [C$3:C3] と指定します。

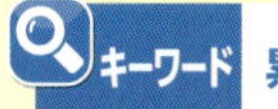

サンプル sec16_2

キーワード 累計

累計は、小計に数値を順次合計した値です。最初の数値からスタートし、最初の数値に2番目の数値を足して小計を求めます。続いて、最初から2番目までの小計に3番目の数値を足して3番目までの小計を求めます。表の末尾まで繰り返すと、総計に一致します（下のグラフ参照）。

ヒント 小計、累計、総計の関係

下のグラフに示すように、累計は、1つずつ数値が積み上がり、表の末尾まで累計すると総計に一致します。累計に使う小計は、最初の数値から2番目まで、3番目までというように、最初の数値から1つずつ拡張していることもわかります。

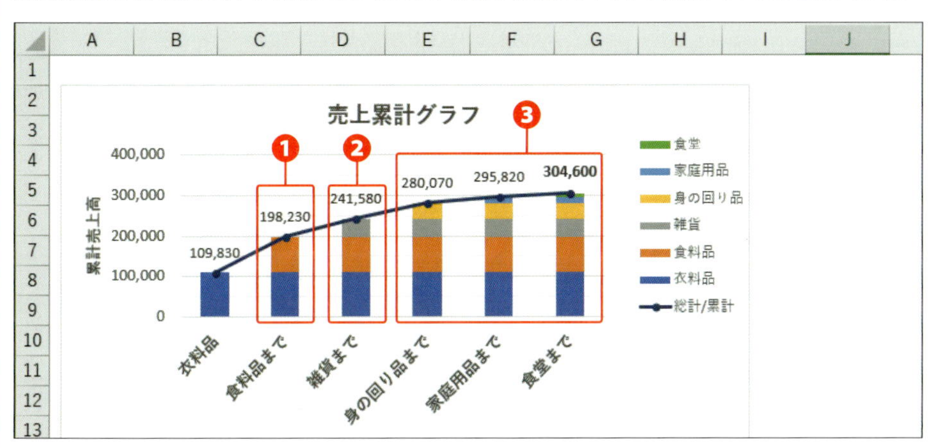

❶ 衣料品から食料品までの小計です。

❷ 雑貨を足して、衣料品から雑貨までの累計になります。

❸ 数値が1つずつ積み上がるのは、セル範囲が1つずつ拡張するのと同じです。

利用例 3 シートをまたいで合計する SUM

サンプル sec16_3

メモ 3-D参照と串刺し集計

シートをまたいでセル参照することを3-D参照といいます。3-D参照のうち、連続する複数シートの同じセルの数値を合計することを、串刺し集計と呼びます。

ヒント 小計、合計、総計の違い

いずれもSUM関数を使って求める集計値ですが、小計は一部分の合計値、合計は小計の合計値、総計は全体の合計値です。ただし合計は、2つ以上の数値を合わせた値という意味もあるので、小計や総計の総称として利用できます。だからといって、小計を「合計」にするとわかりにくいので、「○○の合計」など、一部を合計したことがわかるようにします。

ヒント 迷ったら合計とするのが無難

利用例2のように、総計は最終的な集計表に使うとよいですが、合計と記載されていても表の意味は損なわれないので、合計との使い分けをあまり気にする必要はありません。また、右の図の「集計」シートは3店舗の合計を求めていますが、3店舗の合計が小計となって別の集計表に使われる可能性もあります。そうした場合に備え、迷ったら「合計」としておくのが無難です。

各シートの同じセルの数値を合計し、3店の売上を集計します。

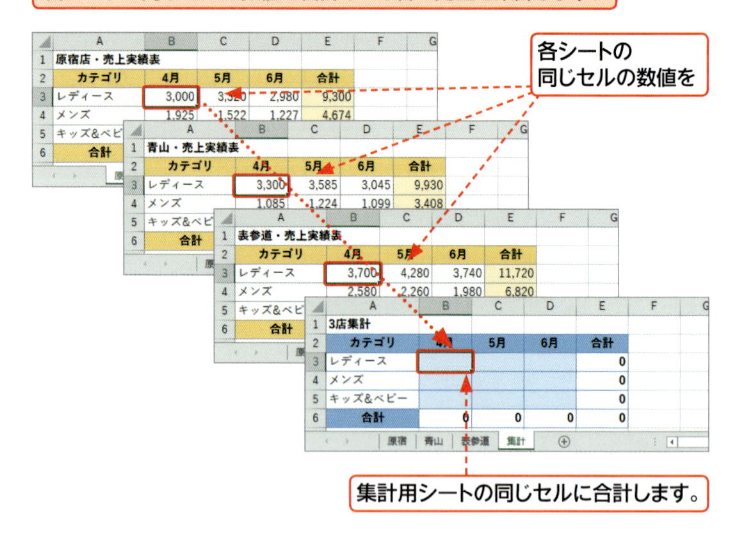

=SUM(原宿:表参道!B3)

B3 =SUM(原宿:表参道!B3)

	A	B	C	D	E
1	3店集計				
2	カテゴリ	4月	5月	6月	合計
3	レディース	10,000			10,000
4	メンズ				0
5	キッズ&ベビー				0
6	合計	10,000	0	0	10,000

原宿 | 青山 | 表参道 | 集計

❶ 「原宿」シートから「表参道」シートまでのセル[B3]を[数値]に指定します。

串刺し集計を行います。

1 「集計」シートのセル[B3]に「=sum(」と入力し、

SUM =sum(

	A	B	C	D	E
1	3店集計				
2	カテゴリ	4月	5月	6月	合計
3	レディース	=sum(			10,000
4	メンズ	SUM(数値1, [数値2], ...)			0
5	キッズ&ベビー				0
6	合計	10,000	0	0	10,000

原宿 | 青山 | 表参道 | 集計

2 先頭のワークシートのシート見出し「原宿」シートをクリックして、

3 「原宿」シートのセル[B3](「集計」シートと同じ位置のセル)をクリックします。

B3 =sum(原宿!B3

	A	B	C	D	E	F	G	H
1	原宿店・売上実績表							
2	カテゴリ	4月	5月	6月	合計			
3	レディース	3,000	3,320	2,980	9,300			
4	メンズ	1,925	1,522	1,227	4,674			
5	キッズ&ベビー	SUM(数値1, [数値2], ...)		1,145	3,525			
6	合計	6,055	6,092	5,352	17,499			

原宿 | 青山 | 表参道 | 集計

4 Shiftキーを押しながら末尾のワークシートのシート見出し「表参道」シートをクリックすると、

5 先頭から末尾までのシートが選択されます。

6 引数が入力されたことを確認してから、「)(閉じ括弧)」を入力して Enter キーを押します。

A1 =sum('原宿:表参道'!B3)

	A	B	C	D	E	F	G	H
1	原宿店・売上実績表							
2	カテゴリ	4月	5月	6月	合計			
3	レディース	3,000	3,320	2,980	9,300			
4	メンズ	1,925	1,522	1,227	4,674			
5	キッズ&ベビー	1,130	1,250	1,145	3,525			
6	合計	6,055	6,092	5,352	17,499			

原宿 | 青山 | 表参道 | 集計

7 「集計」シートのセル[B3]に合計が表示されます。

B3 =SUM(原宿:表参道!B3)

	A	B	C	D	E	F	G	H
1	3店集計							
2	カテゴリ	4月	5月	6月	合計			
3	レディース	10,000	11,185	9,765	30,950			
4	メンズ	5,590	5,006	4,306	14,902			
5	キッズ&ベビー	5,568	4,570	4,483	14,621			
6	合計	21,158	20,761	18,554	60,473			

原宿 | 青山 | 表参道 | 集計

8 セル[B3]を起点に、セル[D5]までオートフィルで数式をコピーします。

メモ 連続する複数のワークシートの選択

連続するワークシートを選択するには、先頭のシート見出しをクリックし、Shift を押しながら末尾のシート見出しをクリックします。

メモ 串刺し集計するシートは連続で並べておく

串刺し集計では、不連続のシートをまたいで集計することはできません(たとえば、「原宿」シートと「表参道」シート)。「不連続のシートは串が通らない」とイメージし、串刺し集計を行う場合は、集計前にワークシートを連続して並べておきます。

メモ 串刺し集計の表構成

串刺し集計を行うには、各シートの表の構成だけでなく、見出しと、見出しの順番も揃っていることが条件です。たとえば、「原宿」シートのセル[B3]は「4月のレディース」の売上なのに、「青山」シートのセル[B3]は「4月のメンズ」の売上になっていると、集計しても意味がないためです。

Section 17

条件を満たす数値を合計する

覚えておきたいキーワード
- SUMIF
- 比較演算子
- ワイルドカード

表内の数値を合計するにはSUM関数(Sec.16参照)を使いますが、SUMIF関数は、表の中から一定の条件に合う数値を拾って合計します。たとえば、表の中の指定したキーワードに合う数値だけを合計したり、一定の値以上(以下)の数値だけを合計したりすることができます。

分類 数学/三角　対応バージョン 2010 2013 2016 2019

書式 **SUMIF(範囲,検索条件[,合計範囲])**

キーワード SUMIF

SUMIF関数は、指定した[範囲]で[検索条件]に一致する値を検索し、検索に一致した値に対応する[合計範囲]の数値を合計します。SUMIF関数に指定できる条件の数は1つです。複数の条件を付けたい場合は、SUMIFS関数(Sec.18参照)やDSUM関数(Sec.19参照)を利用します。

メモ 範囲の取り方に注意

[範囲]と[合計範囲]は、それぞれのセルが1対1に対応するようにします。ただし、[範囲]と[合計範囲]が互いに対応できなくてもエラーになりません。エラーよる注意喚起がない分、誤った合計値を見過ごすことがあるため、セル範囲の取り方には注意が必要です。

引数

[範囲] [検索条件]に指定された条件を検索するセル範囲や、セル範囲の代わりに付けた名前を指定します。

[検索条件] 合計対象を絞るための条件を指定します。条件には、数値、文字列、比較式、ワイルドカード、もしくは、条件が入ったセルを指定します。数値以外の条件を直接引数に指定する場合は、条件の前後を「"(ダブルクォーテーション)」で囲みます。

[合計範囲] 合計対象のセル範囲や名前を指定します。引数を省略した場合は、[検索条件]に合う[範囲]の数値が合計されます。合計範囲に含まれる文字列や空白セル、論理値は無視されます。

■SUMIF関数の記述例

合計内容

備考に「○」が付いた箇所の金額を合計する

記述例

=SUMIF(備考,"○",金額) ➡ 800

金額	備考
500	○
1,500	
300	○

備考に「○」の付いた金額「500」と「300」を合計します。

利用例 1 分類ごとに合計する SUMIF

費目ごとに費用を合計します。

 sec17_1

=SUMIF(B:B,G2,E:E)

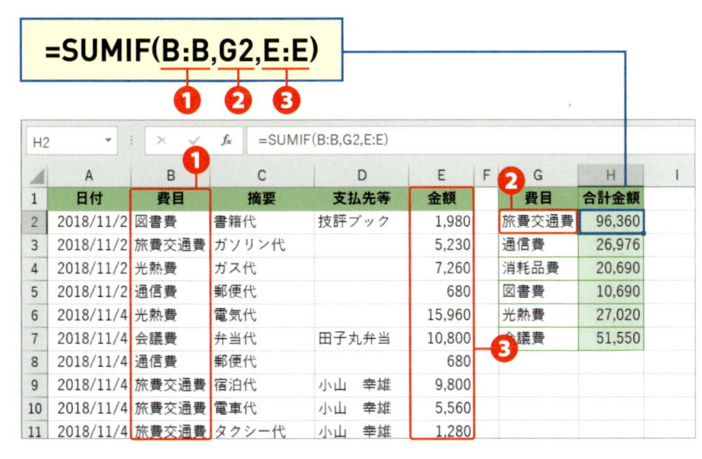

	A	B	C	D	E
1	日付	費目	摘要	支払先等	金額
2	2018/11/2	図書費	書籍代	技評ブック	1,980
3	2018/11/2	旅費交通費	ガソリン代		5,230
4	2018/11/2	光熱費	ガス代		7,260
5	2018/11/2	通信費	郵便代		680
6	2018/11/4	光熱費	電気代		15,960
7	2018/11/4	会議費	弁当代	田子丸弁当	10,800
8	2018/11/4	通信費	郵便代		680
9	2018/11/4	旅費交通費	宿泊代	小山　幸雄	9,800
10	2018/11/4	旅費交通費	電車代	小山　幸雄	5,560
11	2018/11/4	旅費交通費	タクシー代	小山　幸雄	1,280

❶ 条件「旅費交通費」を「費目」で検索するので、「費目」の列番号［B］をクリックしてB列全体を［範囲］に指定します。列番号をクリックすると、［B:B］のように表示されます。

❷ 条件を入力したセル［G2］を［検索条件］に指定します。

❸ 合計を求める「金額」は、列番号［E］をクリックしてE列全体を［合計範囲］に指定します。

メモ 列全体を選択して明細行の増加に備える

頻繁にデータが追加される表の場合は、［範囲］と［合計範囲］に列を指定すると、データが追加されるたびに範囲を取り直す手間がなくなります。先頭行の項目名は不要ですが、含まれていても集計の妨げになりません。［範囲］は指定した条件に一致しませんし、［合計範囲］も文字列は無視されるためです。

ヒント SUMIF関数の［合計範囲］を省略する場合

SUMIF関数では、条件を検索するセル範囲と合計を求めるセル範囲が共通の場合は、引数の［合計範囲］を省略してもよいことになっています。下図は、金額が10,000未満のセルを対象にした合計です。金額が10,000円未満かどうかを検索する範囲と合計金額を求める範囲は、どちらもE列になるため、［合計範囲］の省略が可能です（セル［H3］）。
ただし、省略が可能なだけであって、無理に省略する必要はありません（セル［H4］）。SUMIF関数は、条件と条件を検索する範囲と合計を求める範囲の3つの引数を指定するのが一般的ですので、3つ指定しておいたほうが読みやすくなります。

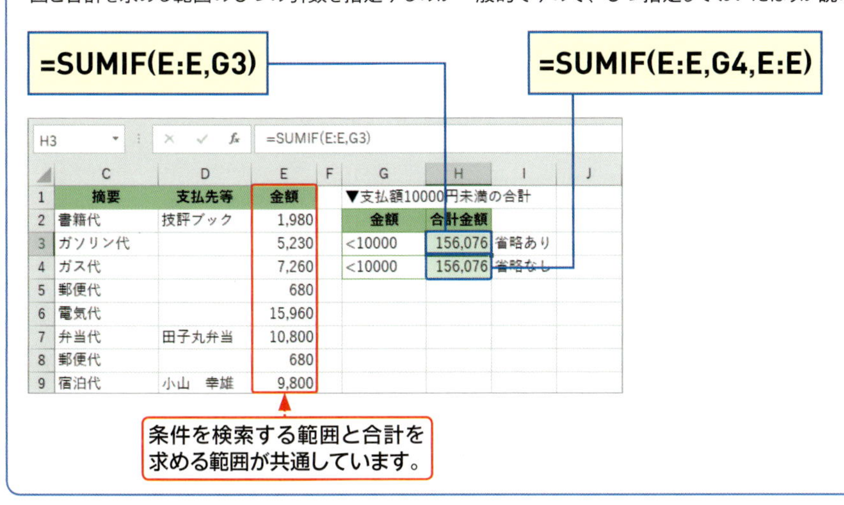

	C	D	E
1	摘要	支払先等	金額
2	書籍代	技評ブック	1,980
3	ガソリン代		5,230
4	ガス代		7,260
5	郵便代		680
6	電気代		15,960
7	弁当代	田子丸弁当	10,800
8	郵便代		680
9	宿泊代	小山　幸雄	9,800

条件を検索する範囲と合計を求める範囲が共通しています。

利用例 2 指定日以前の売上金額を合計する SUMIF

サンプル sec17_2

各指定日以前の費用の合計を求め、1週間ごとの費用の推移を表示します。

=SUMIF(A:A,G2,E:E)

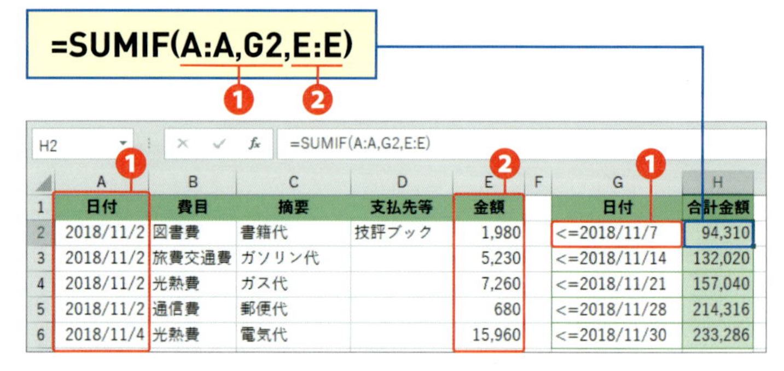

❶「2018/11/7以前」かどうかを検索するため、「日付」のA列を［範囲］、セル［G2］を［検索条件］に指定します。

❷「金額」のE列を［合計範囲］に指定し、条件に合う金額が合計されます。

メモ ［検索条件］のセルに比較演算子を含める

［検索条件］に指定するセルには、比較演算子を含めた条件全体を入力しておくことができます。セルの見栄えを重視する場合は、数値や数式に文字列を連結する文字列演算子「&」を使った指定を行います。

左 = 右	左と右が等しい
左 <> 右	左と右は等しくない
左 >= 右	左は右以上
左 <= 右	左は右以下
左 > 右	左は右より大きい
左 < 右	左は右より小さい

サンプル sec17_3

比較演算子を引数に直接指定し、指定した日付までの費用を合計します。

=SUMIF(A:A,"<="&G2,E:E)

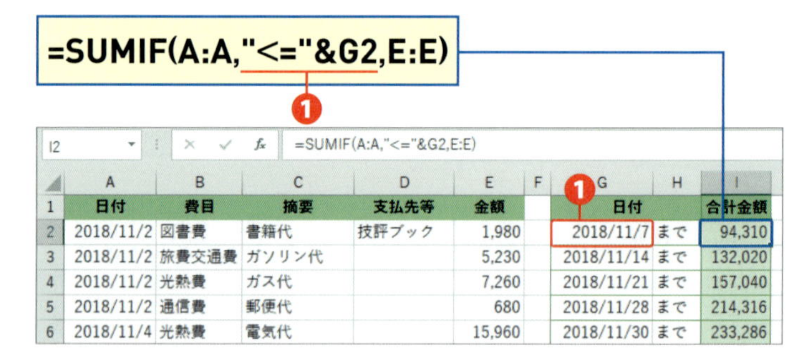

❶［検索条件］に「"<="&G2」と指定し、2018/11/7以前を合計の条件にしています。

ヒント 日付を追った推移を調べる

セル［G3］の「2018/11/14以前」は、前のセルで求めた「2018/11/7以前」を含みます。他のセルも同様です。利用例 2 では、1週間単位の費用の累計を求めることにより、日数の経過に対する費用の推移がわかります。右図では、SUMIF関数で求めた結果にデータバーを設定して、費用の推移をわかりやすくしています。データバーを設定するには、セル範囲［I2:I6］をドラッグし、<ホーム>タブの<条件付き書式>をクリックして、<データバー>から任意の色をクリックします。

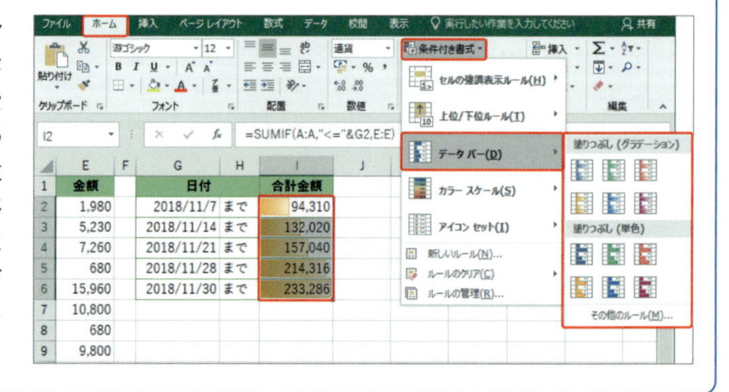

利用例 3 番号の一部が一致する注文数を合計する SUMIF

商品IDの上5桁を商品分類とし、商品分類別の合計注文数を求めます。

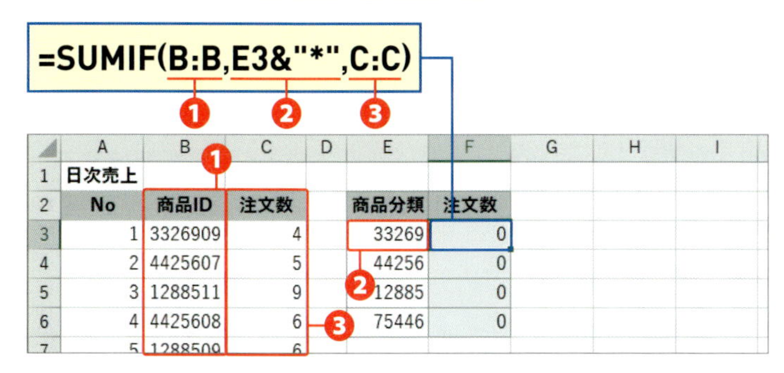

❶ 商品IDの上5桁の数値「33269」で始まる商品分類を検索するため、B列の「商品ID」を［範囲］に指定します。

❷［検索条件］に「E3&"*"」と指定します。「"*"」は、任意の文字列を表すため、ここでは「33269で始まる文字列」を検索することになります。

❸ 注文数の列［C］を［合計範囲］に指定します。

この表では、数値のセル範囲で文字列を検索することになるため、注文数は合計できませんでした。

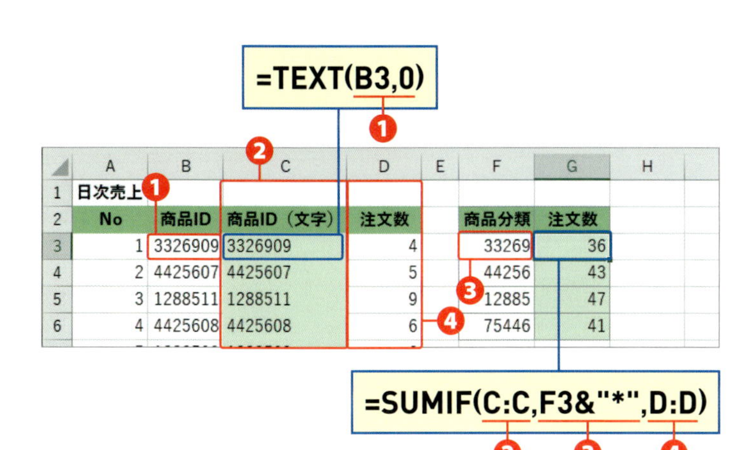

❶ 数値で入力された商品IDのセル［B3］をTEXT関数により、文字列に変換しています。

❷ SUMIF関数の［範囲］には、文字列に変換した「商品ID（文字）」のC列を指定します。

❸［検索条件］に「F3&"*"」と指定し、「33269で始まる文字列」を検索条件にします。

❹「注文数」のD列を［合計範囲］に指定します。

この表では、文字列の検索条件を文字列に変換した商品IDで検索することにより、注文数が合計されました。

 sec17_4

メモ ワイルドカード利用時の注意

ワイルドカードは文字列の代わりであって、数値の代わりではありません。利用例3の検索条件「33269&"*"」は、ワイルドカードを使った時点で文字列です。よって、数値のセル範囲で検索しても探せません。ワイルドカードを使うときは、検索範囲のセルの表示形式にも注意します。

キーワード ワイルドカード

文字の代わりに使う記号です。任意の文字を「*」、任意の1文字を「?」で代用します。「*」は任意なので、「*」の位置に文字がなくてもかまいません。

山	山が付く
山*	山で始まる
*山	山で終わる
?山	2文字目が山
山??	山で始まる3文字

メモ 後から表示形式を変更しても正しく集計できない

B列に商品IDを入力した後で、セルの表示形式を＜文字列＞に変更しても、SUMIF関数の集計は更新されません。＜文字列＞形式の状態で商品IDを入力し直せば、SUMIF関数の結果が更新されますが、1件ずつデータを入力し直すのは手間がかかります。ここでは、TEXT関数（Sec.80参照）を利用して、数値を文字列に変換しています。

Section 18

すべての条件に一致する数値を合計する

覚えておきたいキーワード
- SUMIFS
- AND 条件

複数の条件をすべて満たす数値に絞って合計するには、SUMIFS関数を使います。SUMIFS関数を使うと、一覧表から縦横に項目名のある集計表を作成できます。縦横の項目名がSUMIFS関数で合計を求めるための条件として使えるためです。

分類 数学 / 三角　対応バージョン 2010 2013 2016 2019

書式 **SUMIFS(合計対象範囲,条件範囲1,条件1[,条件範囲2,条件2]・・・)**

キーワード SUMIFS

SUMIFS関数は、[条件範囲]から[条件]に一致する値を検索し、条件を満たす値に対応する[合計対象範囲]の数値を合計します。条件は、複数付けることが可能で、すべての条件を満たす数値が合計対象になります。よって、条件を付けるほど、合計対象が絞られます。

引数

[合計対象範囲] 合計対象のセル範囲や名前を指定します。

[条件範囲] [条件]に指定された条件を検索するセル範囲や名前を指定します。

[条件] 合計対象を絞るための条件を指定します。条件には、数値、文字列、比較式、ワイルドカード、もしくは、条件が入ったセルを指定します。数値以外の条件を直接引数に指定する場合は、「"(ダブルクォーテーション)」で囲みます。

利用例 1 指定した範囲の合計を求める　SUMIFS

 sec18_1

メモ [合計対象範囲]と[条件範囲]

[合計対象範囲]と[条件範囲]に指定するセル範囲は、行数と列数を同じにする必要があります。ここでは、ともに1列を指定しています。

メモ 列を指定する理由

Sec.17のメモ「列全体を選択して明細行の増加に備える」(P.85参照)と同様です。また、セル範囲で指定するよりも関数が読みやすくなります。

指定した期間の合計金額を求めます。

=SUMIFS(E:E,A:A,">="&G3,A:A,"<="&H3)

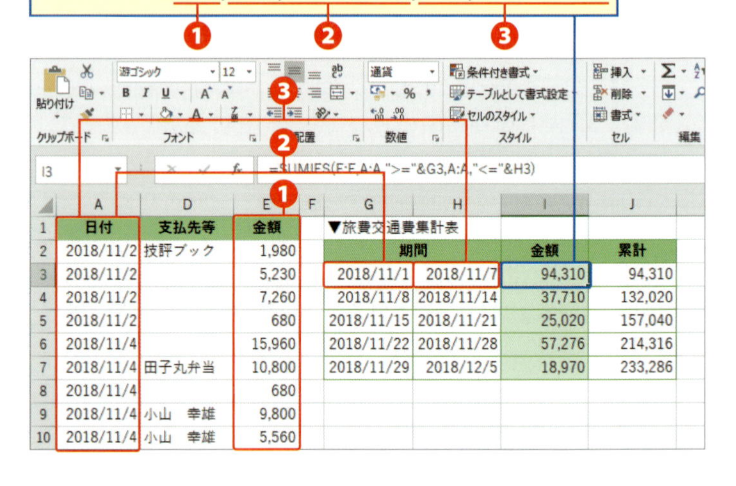

❶「金額」の列番号 [E] をクリックして、列全体を [合計対象範囲] に指定します。

❷「日付」のA列を [条件範囲1]、「">="&G3」を [条件1] に指定して「2018/11/1以降」を条件に、A列の「日付」を検索します。

❸「日付」のA列を [条件範囲2]、「"<="&H3」を [条件2] に指定して「2018/11/7以前」を条件に、A列の「日付」を検索します。

❷❸の条件範囲はともに「日付」のA列ですが、[条件範囲] と [条件] は必ずペアで指定するため、省略はできません。

ヒント SUMIF関数との比較

左の図の金額の累計は、Sec.17利用例 2 の「指定した日付までの合計」に一致します。SUMIFS関数は複数の条件を指定できるので、期間ごとの合計が可能です。

ヒント AND条件

複数の条件をすべて満たすことをAND条件と言います。ANDは「かつ」と言い換えられます。

利用例 2 課員別に旅費交通費を合計する SUMIFS

旅費交通費に分類される各項目を課員別に集計します。

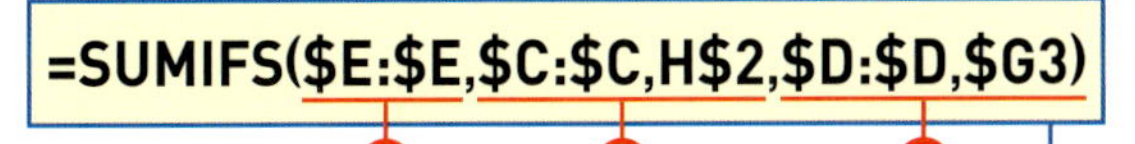
=SUMIFS($E:$E,$C:$C,H$2,$D:$D,$G3)

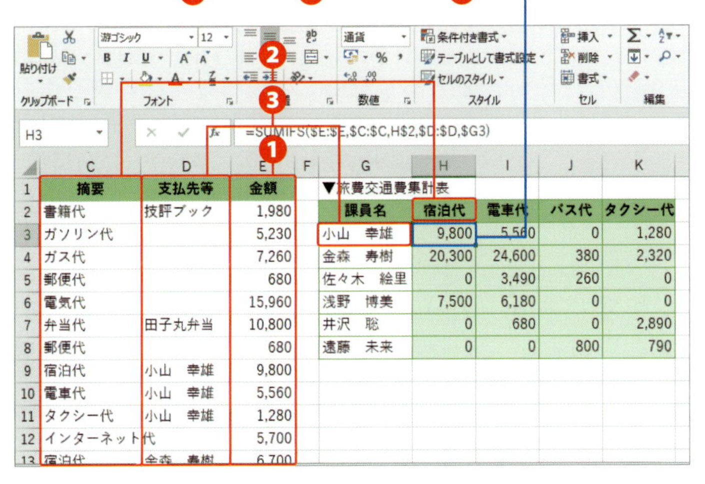

	C	D	E
1	摘要	支払先等	金額
2	書籍代	技評ブック	1,980
3	ガソリン代		5,230
4	ガス代		7,260
5	郵便代		680
6	電気代		15,960
7	弁当代	田子丸弁当	10,800
8	郵便代		680
9	宿泊代	小山　幸雄	9,800
10	電車代	小山　幸雄	5,560
11	タクシー代	小山　幸雄	1,280
12	インターネット代		5,700
13	宿泊代	金森　寿樹	6,700

▼旅費交通費集計表

課員名	宿泊代	電車代	バス代	タクシー代
小山　幸雄	9,800	5,560	0	1,280
金森　寿樹	20,300	24,600	380	2,320
佐々木　絵里	0	3,490	260	0
浅野　博美	7,500	6,180	0	0
井沢　聡	0	680	0	2,890
遠藤　未来	0	0	800	790

❶「金額」のE列を [合計対象範囲] に指定します。

❷「宿泊代」など、集計表の横項目を「摘要」で検索します。「摘要」のC列を [条件範囲1]、「宿泊代」のセル [H2] を [条件1] に指定します。

❸「小山　幸雄」など、集計表の縦項目を「支払先等」で検索します。「支払先等」のD列を [条件範囲2]、「小山　幸雄」のセル [G3] を [条件2] に指定します。

オートフィルで関数をコピーできるように、一覧表の「金額」「摘要」「支払先等」は絶対参照で指定し（列を指定しているので見た目は列のみ絶対参照です）、集計表の横項目は行のみ絶対参照、縦項目は列のみ絶対参照を指定します。

サンプル sec18_2

ヒント クロス集計表

表の縦項目と横項目の交点を集計した表です。縦項目と横項目が集計の条件となります。SUMIFS関数に対応させると、集計表の交点の数値が [合計対象範囲]、縦項目と横項目が [条件] です。[条件] は、条件を検索する [条件範囲] がペアとなります。

Section 19

複数の条件を付けて数値を合計する

覚えておきたいキーワード
- DSUM
- AND/OR 条件
- 条件表

複数の条件付けは、「すべての条件に合う」ときばかりでなく、「どれか1つの条件が合えばよい」ときにも利用します。また、「条件Aかつ条件B、または、条件Cかつ条件D」など、「かつ」と「または」が混ざった条件もあります。さまざまな種類の条件に対応する数値を合計するには、DSUM関数を使います。

分類 データベース　対応バージョン 2010 2013 2016 2019

書式 **DSUM(データベース,フィールド,条件)**

引数

[データベース] 一覧表のセル範囲を列見出しも含めて指定します。また、一覧表のセル範囲に付けた名前を指定することも可能です。

[フィールド] 合計したい列見出しのセルを指定します。

[条件] [データベース]で指定する一覧表の列見出しと同じ見出し名を付けた条件表を作成し、表内に条件を入力します。引数には、条件表のセル範囲を指定します。条件には、数値や数式、文字列、比較式、ワイルドカードが指定できます。

■条件表

条件表は、一覧表形式の列見出しと同じ見出し名を利用して、見出し名のすぐ下に条件を入力します。複数の条件を同じ行に入力すると、すべての条件を満たすデータ行が合計対象になります(AND条件)。異なる行に条件を入力すると、いずれか1つの条件を満たすデータ行が合計対象になります(OR条件)。

同じ見出し名を付け、必要な見出しは複数利用できます。条件を付けない見出しは省略可能です。

	A	B	C	D	E	F	G	H
1	▼経費一覧表					▼条件表		
2	日付	費目	摘要	金額		日付	日付	費目
3	11/2	図書費	書籍代	1,980		>=11/1	<=11/7	旅費交通費
4	11/2	旅費交通費	ガソリン代	5,230				
5	11/2	光熱費	ガス代	7,260		合計金額	40,450	
6	11/2	通信費	郵便代	680				

キーワード DSUM

DSUM関数は、一覧表から[条件]に一致する値を検索して合計対象のデータ行を絞り込みます。そして、[フィールド]に指定した列の数値を合計します。

キーワード データベース関数

「D」で始まるデータベース関数は、集計方法により12種類用意されています。条件表や引数の指定方法は共通です。

関数名	集計方法
DSUM	条件付き合計値
DAVERAGE	条件付き平均値
DCOUNT	条件付き数値の個数
DCOUNTA	条件付きデータの個数
DMAX	条件付き最大値
DMIN	条件付き最小値
DVAR	条件付き不偏分散
DVARP	条件付き分散
DSTDEV	条件付き標本標準偏差
DSTDEVP	条件付き標準偏差
DPRODUCT	条件付き掛け算の値
DGET	条件に合う唯一の値

利用例 1 OR条件を満たす数値を合計する DSUM

残業時の主作業が「回覧物の閲覧」または「週報作成」の場合の残業時間を合計します。

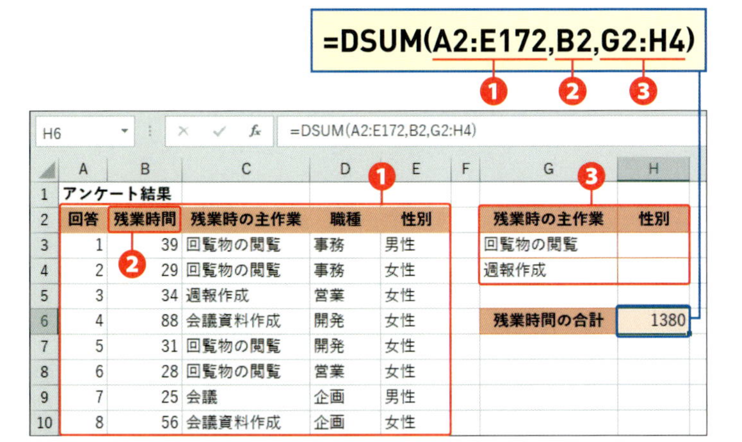

	A	B	C	D	E	F	G	H
1	アンケート結果							
2	回答	残業時間	残業時の主作業	職種	性別		残業時の主作業	性別
3	1	39	回覧物の閲覧	事務	男性		回覧物の閲覧	
4	2	29	回覧物の閲覧	事務	女性		週報作成	
5	3	34	週報作成	営業	女性			
6	4	88	会議資料作成	開発	女性		残業時間の合計	1380
7	5	31	回覧物の閲覧	開発	女性			
8	6	28	回覧物の閲覧	営業	女性			
9	7	25	会議	企画	男性			
10	8	56	会議資料作成	企画	女性			

❶ アンケート結果のセル範囲[A2:E172]を[データベース]に指定します。

❷ 「残業時間」を合計するので、セル[B2]を[フィールド]に指定します。

❸ セル範囲[G2:H4]を[条件]に指定します。ここでは、セル[G2]に「回覧物の閲覧」、セル[G3]に「週報作成」と入力しています。

サンプル sec19_1

メモ OR条件は行を分けて入力する

複数の条件のうち、いずれか1つを満たすことを「OR条件」と言います。OR条件を指定する場合は、条件表の行を分けて入力します。

メモ 条件表の空欄の意味

左の図の「性別」は条件欄が空欄です。これは、「性別は条件がない」という意味です。また、一覧表にあって条件表にない「回答」「残業時間」「職種」も条件がないことを意味しています。

利用例 2 AND条件とOR条件が混在する条件で合計する DSUM

女性回答者のうち、残業時の主作業が「回覧物の閲覧」または「週報作成」の場合の残業時間を合計します。

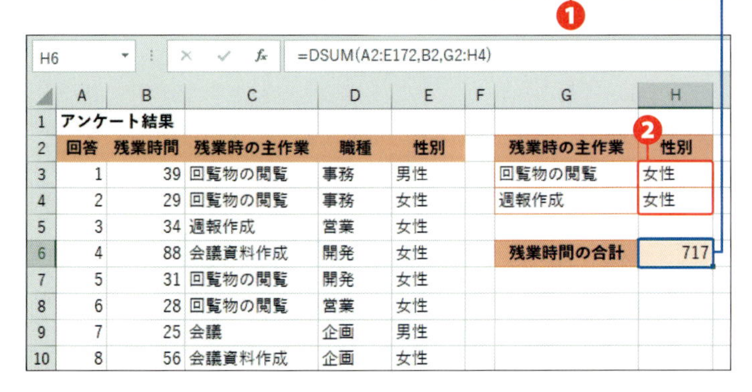

	A	B	C	D	E	F	G	H
1	アンケート結果							
2	回答	残業時間	残業時の主作業	職種	性別		残業時の主作業	性別
3	1	39	回覧物の閲覧	事務	男性		回覧物の閲覧	女性
4	2	29	回覧物の閲覧	事務	女性		週報作成	女性
5	3	34	週報作成	営業	女性			
6	4	88	会議資料作成	開発	女性		残業時間の合計	717
7	5	31	回覧物の閲覧	開発	女性			
8	6	28	回覧物の閲覧	営業	女性			
9	7	25	会議	企画	男性			
10	8	56	会議資料作成	企画	女性			

❶ 関数の引数の指定に変更はありません。

❷ セル[H3]と[H4]に「女性」と入力し、「性別」に条件を追加しています。

サンプル sec19_2

メモ AND条件とOR条件が混合する条件の入力

「女性回答者のうち、回覧物の閲覧または週報作成」とは、「性別が女性、かつ、残業時の主作業が回覧物の閲覧、または、性別が女性、かつ、残業時の主作業が週報作成」という意味です。

Section 20 非表示行を除外して合計する

覚えておきたいキーワード
- SUBTOTAL
- フィルター

一覧表形式の表にフィルターを設定すると、フィルターの条件に合うデータ行が抽出され、条件に合わないデータ行は折りたたまれて非表示になります。非表示行を除外して、抽出したデータを対象に集計したい場合は、SUBTOTAL関数を使います。

分類 数学／三角　対応バージョン 2010 2013 2016 2019

書式 **SUBTOTAL(集計方法,参照1 [,参照2]・・・)**

キーワード SUBTOTAL

指定したセル範囲の値を、指定した集計方法で集計します。集計方法は11種類ありますが、ここでは、合計の集計方法「9」と「109」を取り上げます。フィルター機能を組み合わせて使う場合は、「9」でも「109」でも同様ですが、行番号を指定して<非表示>にした場合は、関数の動作が変わります（下の解説参照）。

引数

[集計方法]　集計内容に対応する番号を指定します（Sec.41参照）。ここでは、合計の「9」または「109」を指定します。

[参照]　集計対象のセル範囲を指定します。

■SUBTOTAL関数の非表示行に対する戻り値

集計対象の値に非表示行が発生するケースは2通りあります。1つは<フィルター>を使ってデータを抽出した場合、もう1つは、行番号を選択して<非表示>にした場合です。行の<非表示>を利用している場合は、集計方法を「109」にしないと、非表示行を除外して合計されません。

▼集計元データ

=SUBTOTAL(9,C5:C9)

	A	B	C	D	E
1	数量集計		70	9	
2			70	109	
3					
4	No	品番	数量	担当	
5	1	A001	12	浅見	
6	2	P021	28	岡田	
7	3	A001	6	浅見	
8	4	B123	9	岡田	
9	5	B123	15	浅見	
10					
11					

▼<フィルター>で抽出の場合

=SUBTOTAL(109,C5:C9)

	A	B	C	D	E
1	数量集計		46	9	
2			46	109	
3					
4	No	品番	数量	担当	
5	1	A001	12	浅見	
6	2	P021	28	岡田	
7	3	A001	6	浅見	
10					
11					
12					
13					

▼選択した行を<非表示>にした場合

集計方法「9」は非表示行も合計

	A	B	C	D	E
1	数量集計		70	9	
2			46	109	
3					
4	No	品番	数量	担当	
5	1	A001	12	浅見	
6	2	P021	28	岡田	
7	3	A001	6	浅見	
10					
11					
12					
13					

利用例 1 フィルターに応じて合計を求める SUBTOTAL

抽出した数値を合計するため、フィルターを準備します。

1 先頭のセル［A3］をクリックし、Shift と Ctrl を押しながら → を押して、表の右端まで選択します。

	A	B	C	D	E	F	G
1	合計金額						
2							
3	日付	費目	摘要	支払先等	金額		
4	2018/11/2	図書費	書籍代	技評ブック	1,980		
5	2018/11/2	旅費交通費	ガソリン代		5,230		
6	2018/11/2	光熱費	ガス代		7,260		
7	2018/11/2	通信費	郵便代		680		
8	2018/11/4	光熱費	電気代		15,960		

2 Shift と Ctrl を押しながら ↓ を押して、表の下端まで選択します。

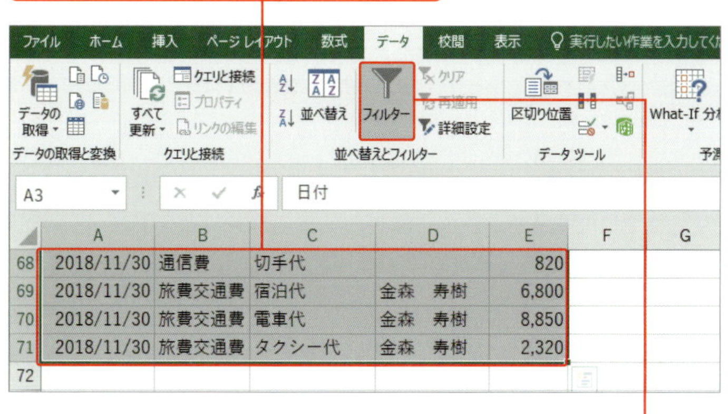

	A	B	C	D	E	F	G
68	2018/11/30	通信費	切手代		820		
69	2018/11/30	旅費交通費	宿泊代	金森　寿樹	6,800		
70	2018/11/30	旅費交通費	電車代	金森　寿樹	8,850		
71	2018/11/30	旅費交通費	タクシー代	金森　寿樹	2,320		
72							

3 <データ>タブの<フィルター>をクリックします。

4 フィルターが設定され、各列項目にフィルターボタンが表示されました。

	A	B	C	D	E	F	G
3	日付 ▼	費目 ▼	摘要 ▼	支払先等 ▼	金額 ▼		
4	2018/11/2	図書費	書籍代	技評ブック	1,980		
5	2018/11/2	旅費交通費	ガソリン代		5,230		
6	2018/11/2	光熱費	ガス代		7,260		
7	2018/11/2	通信費	郵便代		680		
8	2018/11/4	光熱費	電気代		15,960		
9	2018/11/4	会議費	弁当代	田子丸弁当	10,800		
10	2018/11/4	通信費	郵便代		680		
11	2018/11/4	旅費交通費	宿泊代	小山　幸雄	9,800		
12	2018/11/4	旅費交通費	電車代	小山　幸雄	5,560		
13	2018/11/4	旅費交通費	タクシー代	小山　幸雄	1,280		
14	2018/11/5	通信費	インターネット代		5,700		
15	2018/11/5	旅費交通費	宿泊代	金森　寿樹	6,700		

前　後

サンプル sec20

メモ 表の選択方法

フィルターを設定する場合、表の中の任意のセルを1箇所だけ選択すれば、Excelが表の範囲を自動認識しますが、正しい範囲を認識するとは限りません。左図の方法以外に、マウスを使う選択方法もあります。表の左上角（先頭）のセルをクリックし、表の末尾までスクロールで移動して表の右下隅（末尾）のセルで Shift を押しながらクリックします。

メモ SUBTOTAL関数の入力位置

SUBTOTAL関数は、表の上に入力します。表の左右に入力すると、フィルターの設定によっては非表示になり、集計値が見えなくなります。また、表の下もデータが追加される可能性があるため、好ましくありません。表の上に空きがない場合は、行番号[1]から数行をドラッグし、右クリックして＜挿入＞をクリックします。

メモ 参照に指定する範囲

セル[E1][E2]に日付など、数値と見なすデータが入っていなければ、列番号[E]をクリックしてE列を指定することもできます。

ヒント さまざまなフィルター設定

手順3では、「図書費」のほかに「消耗品費」もオンにすると「費目」の「図書費または消耗品費」とすることができます。また、「費目」以外の列のフィルターも設定すると、集計対象が絞られます。たとえば、「摘要」の「書籍代」も抽出すると、「図書費かつ書籍代」となります。

金額の合計を求めるため、SUBTOTAL関数を入力します。

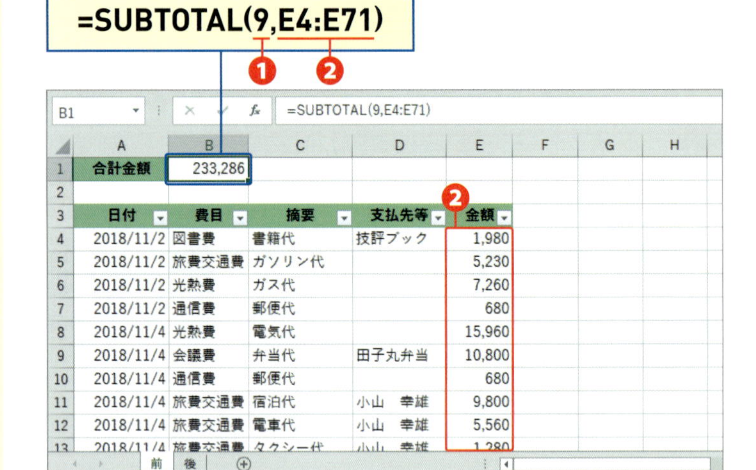

❶ ［集計方法］に「9」と入力し、指定した範囲の合計を求めます。「109」を入力することもできます。

❷ ［参照1］に「金額」のセル範囲［E4:E71］を指定します。

フィルターを設定し、集計値の変化を見ます。

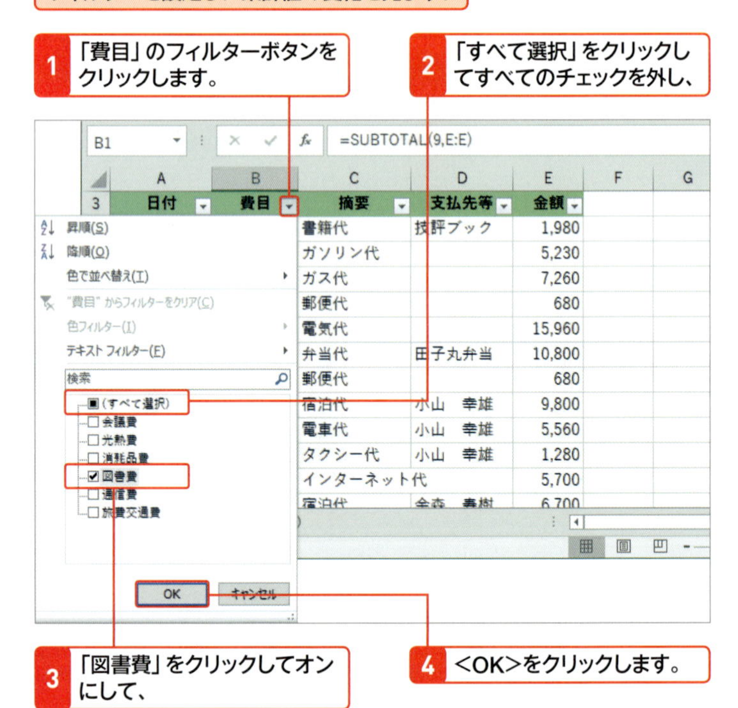

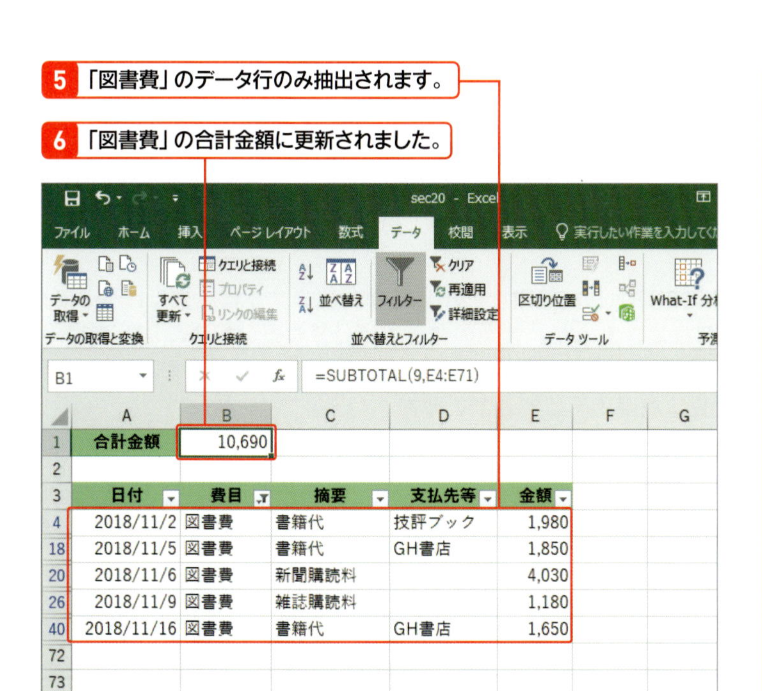

ヒント フィルターをクリア、解除する

設定したフィルターをすべてクリアするには、<データ>タブの<クリア>をクリックします。また、フィルターそのものを解除したい場合は、<データ>タブの<フィルター>をクリックします。

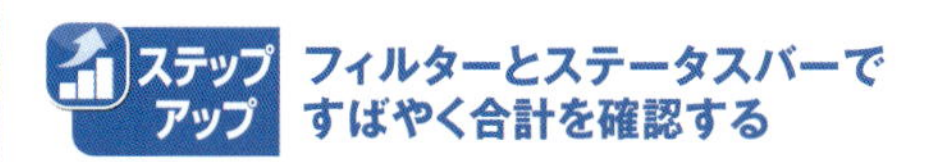

ステップアップ フィルターとステータスバーですばやく合計を確認する

関数を入力するまでもなく、一時的に、合計だけ確認できればいいときは、フィルターとステータスバーで済ませることができます。ステータスバーに集計値が表示されない場合は、ステータスバーで右クリックして一覧から「合計」などの集計項目をクリックしてください。

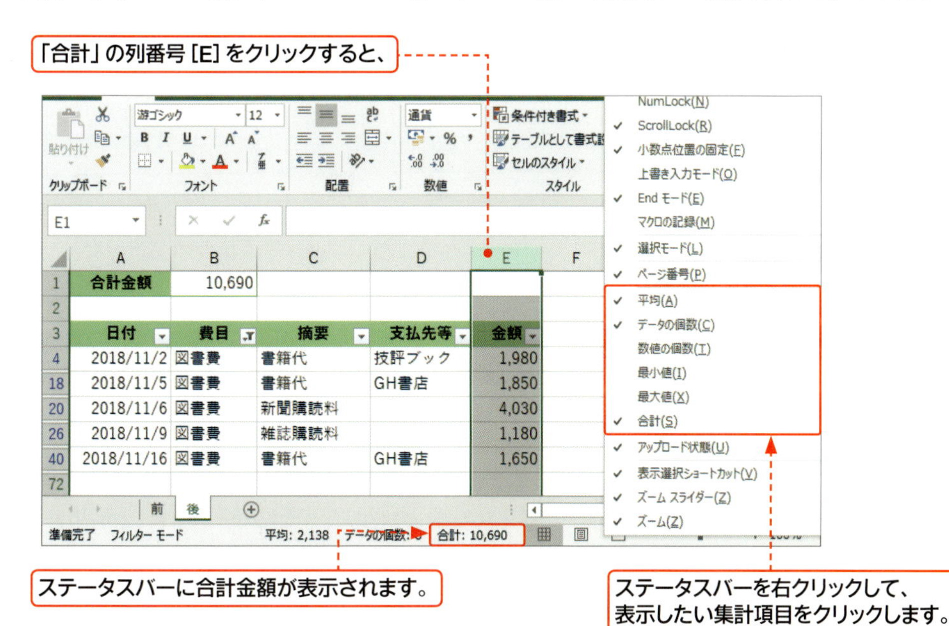

Section 21 数値を掛け算する

覚えておきたいキーワード
- PRODUCT
- 掛け算

PRODUCT関数を使うと、数値同士の掛け算が行えます。掛け算は、「=3*5」のように「*」で計算できますが、複数の数値を掛け算したい場合にはセル範囲が指定できるPRODUCT関数が便利です。また、0は何を掛けても0になる性質を使って、判定に利用することもできます。

分類 数学 / 三角　対応バージョン 2010 2013 2016 2019

書式 PRODUCT(数値1[,数値2]・・・)

キーワード PRODUCT

PRODUCT関数は、引数に指定した数値や、セルまたはセル範囲の数値の積を求めます。積とは、掛け算して得られる値のことです。

引数

[数値] 数値や数値の入ったセル、セル範囲を指定します。複数のセルを個別に選択する場合は、「,(カンマ)」で区切りながら指定します。セルやセル範囲に含まれる空白セルや文字列、論理値は無視されます。

利用例 1 各商品の割引後の小計を求める PRODUCT

サンプル sec21_1

単価、数量、割引率から商品ごとの小計を求めます。

=PRODUCT(D5:E5,1-F5)

❶ D5:E5　❷ 1-F5

G5　=PRODUCT(D5:E5,1-F5)

	A	B	C	D	E	F	G	H
4	No	商品名	サイズ	本体価格	数量	割引率	小計	
5	1	ウォーマー（上・下）	M	15,800	30	15%	402,900	
6	2	ウォーマー（上・下）	L	15,800	15	15%	201,450	
7	3	ソックス（赤）	26-28	1,600	42	[illegible]%	63,840	
8	4	ソックス（白）	26-28	1,600	28	5%	42,560	
9	5	半袖ポロシャツ	M	7,800	12	8%	86,112	
10	6	半袖ポロシャツ	L	7,800	25	8%	179,400	
11	7	ネーム		300	82	50%	12,300	
12						税込合計金額	1,067,647	
13					(内・消費税)	8%		
14								
15								

❶ 「本体価格」と「数量」のセル範囲[D5:E5]を[数値1]に指定します。

❷ 「割引率」のセル[F5]は「1－割引率」として、[数値2]に指定します。

利用例 2 会員名簿の重複をチェックする PRODUCT

列ごとに調べた重複数をもとに、名簿の重複をチェックします。

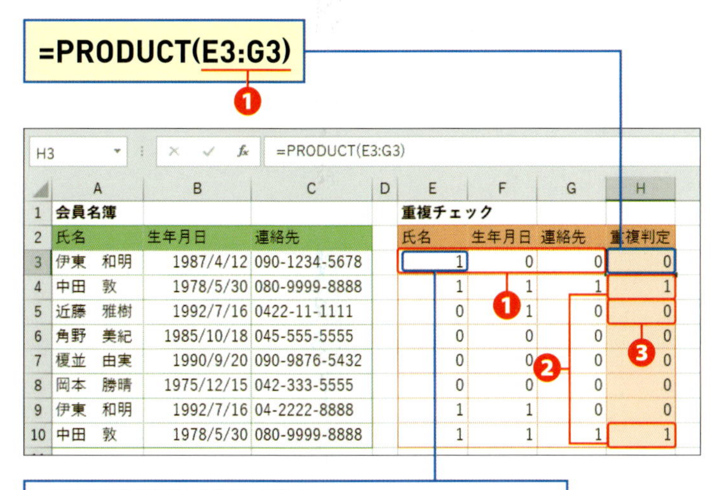

=PRODUCT(E3:G3)

H3 =PRODUCT(E3:G3)

	A	B	C	D	E	F	G	H
1	会員名簿				重複チェック			
2	氏名	生年月日	連絡先		氏名	生年月日	連絡先	重複判定
3	伊東　和明	1987/4/12	090-1234-5678		1	0	0	0
4	中田　敦	1978/5/30	080-9999-8888		1	1	1	1
5	近藤　雅樹	1992/7/16	0422-11-1111		0	1	0	0
6	角野　美紀	1985/10/18	045-555-5555		0	0	0	0
7	榎並　由実	1990/9/20	090-9876-5432		0	0	0	0
8	岡本　勝晴	1975/12/15	042-333-5555		0	0	0	0
9	伊東　和明	1992/7/16	04-2222-8888		1	1	0	0
10	中田　敦	1978/5/30	080-9999-8888		1	1	1	1

=COUNTIF(A$3:A$10,A3)-1
「氏名」に含まれる「伊東　和明」をカウントし、重複がなく、1件の場合は0になるように1を引いています。

❶ 「氏名」「生年月日」「連絡先」の重複チェックのセル範囲[E3:G3]を[数値1]に指定します。

❷ 「氏名」「生年月日」「連絡先」のすべてに重複がある場合だけ「1」以上になります。

❸ 「生年月日」が重複していますが、「氏名」や「連絡先」は異なるので「0」になります。

sec21_2

メモ 1以上か0で判定する

利用例2は、列ごとの重複データ数を使って、同じ行で「氏名」「生年月日」「連絡先」を掛け算しています。同姓同名や生年月日が同じでも連絡先が異なれば、掛け算の結果は0になります。0は何を掛けても0になる性質を使って重複行の有無を調べています。

ステップアップ 条件を付けて掛け算するには

条件付きの掛け算を行うには、DPRODUCT関数を使います。使い方は、DSUM関数(Sec.19参照)と同じです。ここでは、テストの得点が80点以上の生徒が全員朝ごはんを食べてきたかどうかを判定してます。なお、「朝食」の列データは、朝ごはんを食べた場合は1、食べていない場合は0としています。朝食の有無を掛け算した結果、80点以上の生徒は全員朝ごはんを食べてきたことを示しています。

❶ セル範囲[A1:C31]を[データベース]に指定します

❷ 「朝食」を掛け算するので、セル[C1]を[フィールド]に指定します。

❸ セル範囲[E1:E2]を[条件]に指定します。ここでは、得点が80点以上であることを条件にしています。

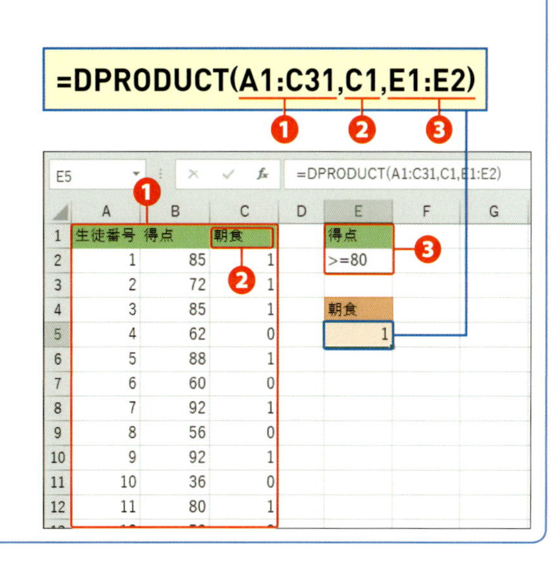

=DPRODUCT(A1:C31,C1,E1:E2)

E5 =DPRODUCT(A1:C31,C1,E1:E2)

	A	B	C	D	E	F	G
1	生徒番号	得点	朝食		得点		
2	1	85	1		>=80		
3	2	72	1				
4	3	85	1		朝食		
5	4	62	0		1		
6	5	88	1				
7	6	60	0				
8	7	92	1				
9	8	56	0				
10	9	92	1				
11	10	36	0				
12	11	80	1				

Section 22 数値同士を掛けてさらに合計する

覚えておきたいキーワード
- SUMPRODUCT
- 配列

総計を求めるには、通常、各項目で小計を計算し、求めた小計を合計する、という2段階の集計が必要です。SUMPRODUCT関数を使うと、小計の算出を省いて一気に総計が求められます。

分類 数学／三角　対応バージョン 2010 2013 2016 2019

書式 SUMPRODUCT(配列1[,配列2][,配列3]・・・)

キーワード SUMPRODUCT

SUMPRODUCT関数は、各セル範囲の相対的に同じ位置にあるセル同士を掛け算し、さらに、掛けた値を合計します。「掛けて、足す」という2つの集計を一度に行う関数です。

キーワード 配列

一般に、配列とは同じ型の箱にデータを連続的に並べたときのデータのひと塊を指します。箱に入った個々のデータを配列の要素といいます。都合のよいことに、Excelのセルは配列の要素と見立てることができ、セル範囲は配列として扱うことができます。

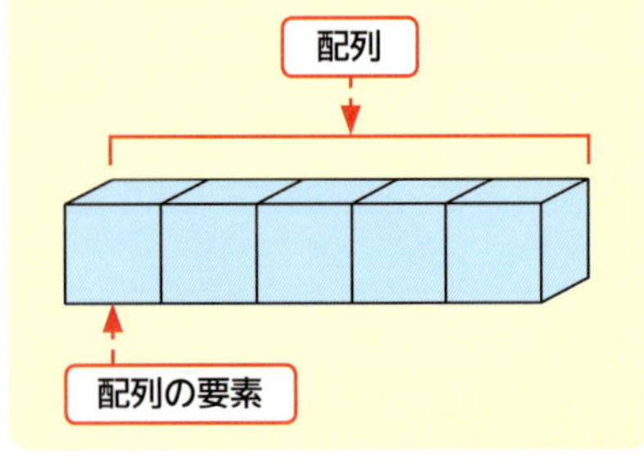

引数

[配列] セル範囲や名前を指定します。各配列は、同じ行数と列数から構成されている必要があります。
[配列1]のみ指定した場合は、SUM関数（Sec.16参照）と同様です。

■SUMPRODUCT関数のしくみ

引数の[配列]は、セル範囲と考えて差し支えありません。[配列]に指定するセル範囲はいずれも同じ形をしている必要があります。SUMPRODUCT関数は、各セル範囲について、相対的に同じ位置にあるセル同士を掛け算するためです。以下の例では、配列Aと配列Cのみ正しく計算できます。その他の組み合わせは、すべて[#VALUE!]エラーになります。

	A	B	C	D	E	F	G	H	I	J
1	配列A			配列B		配列C			配列D	
2	1	4		11		10	40		11	
3	2	5		12		20	50		12	
4	3	6		13		30	60		13	
5									14	
6										
7	▼配列A×配列B			▼配列A×配列C			▼配列B×配列D			
8	#VALUE!			910			#VALUE!			
9										

=SUMPRODUCT(A2:B4,F2:G4)
[配列]はいずれも2列3行同士です。

利用例 1 くじ1本あたりの金額を求める SUMPRODUCT

各賞の価格と当たり本数からくじ1枚あたりの金額を求めます。

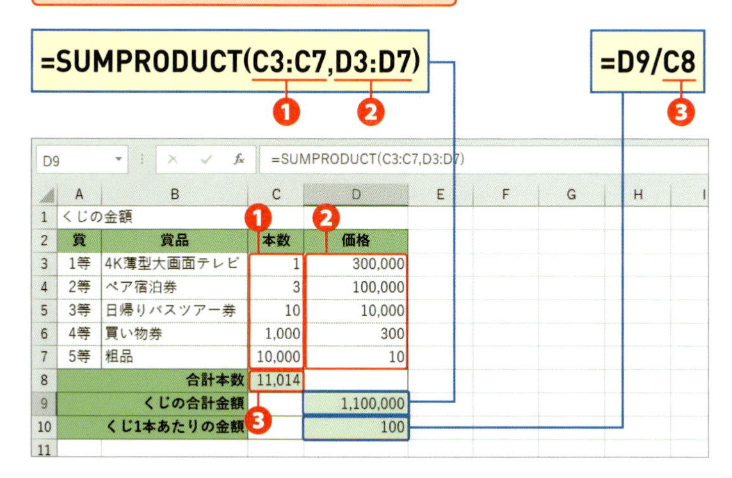

	A	B	C	D
1	くじの金額			
2	賞	賞品	本数	価格
3	1等	4K薄型大画面テレビ	1	300,000
4	2等	ペア宿泊券	3	100,000
5	3等	日帰りバスツアー券	10	10,000
6	4等	買い物券	1,000	300
7	5等	粗品	10,000	10
8		合計本数	11,014	
9		くじの合計金額		1,100,000
10		くじ1本あたりの金額		100
11				

❶「本数」のセル範囲 [C3:C7] を [配列1] に指定します。

❷「価格」のセル範囲 [D3:D7] を [配列2] に指定します。

❸ ❷で求めたくじの合計金額を合計本数で割って、くじ1本あたりの金額を求めています。

サンプル sec22_1

ヒント くじの期待値

くじ1本あたりの金額とは、くじ1本の平均金額です。くじは引いてみるまで何等になるかわかりませんが、何度も繰り返し引くと、だんだんと平均金額に近付きます。この平均金額を期待値といいます。仮に、早期に高額当選したなら、そこでやめておくべきでしょう。利用例 1 の場合、1回目で10万円分当たったなら、くじ1本の価値は10万円です。しかし、これを機にもっと当たるのではと期待して、繰り返しくじを引くと、くじの価値は下がり、ついには100円になることを示しています。

利用例 2 割引後の合計金額を求める SUMPRODUCT

商品ごとに割引率が設定されているときの割引後の合計金額を求めます。

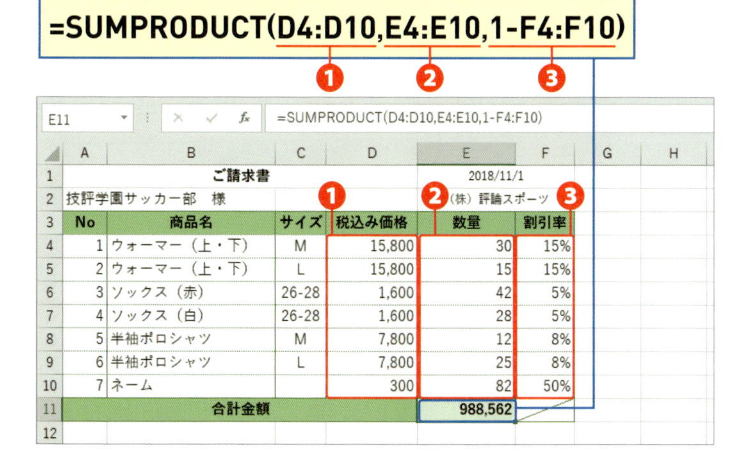

	A	B	C	D	E	F
1		ご請求書			2018/11/1	
2	技評学園サッカー部 様				(株) 評論スポーツ	
3	No	商品名	サイズ	税込み価格	数量	割引率
4	1	ウォーマー（上・下）	M	15,800	30	15%
5	2	ウォーマー（上・下）	L	15,800	15	15%
6	3	ソックス（赤）	26-28	1,600	42	5%
7	4	ソックス（白）	26-28	1,600	28	5%
8	5	半袖ポロシャツ	M	7,800	12	8%
9	6	半袖ポロシャツ	L	7,800	25	8%
10	7	ネーム		300	82	50%
11		合計金額			988,562	
12						

❶「税込み価格」のセル範囲 [D4:D10] を [配列1] に指定します。

❷「数量」のセル範囲 [E4:E10] を [配列2] に指定します。

❸「割引率」のセル範囲 [F4:F10] を使って、税込み価格と数量に掛ける「1－割引率」を [配列3] に指定します。

サンプル sec22_2

メモ 割引後の金額

1個100円の商品2個の、20%引き後の金額は「100×2×(1−20%)」と計算します。第3引数の「1－F4:F10」は、違和感のある記述ですが、要素に分解すると、「1－F4」「1－F5」…「1－F10」となります。SUMPRODUCT関数では、「D4*E4*(1－F4)」から「D10*E10*(1－F10)」を計算して合計しています。

Section 23

数値を割り算する

覚えておきたいキーワード
- QUOTIENT
- MOD
- 整数の割り算

食事会の割り勘、物品の均等配布、経費の現金精算等での金種計算など、整数の割り算は日常的に行われています。ここでは、整数商（割り算の整数の答え）を求めるQUOTIENT関数と、余りを求めるMOD関数を利用して、整数の割り算を行います。

分類 数学／三角　対応バージョン 2010 2013 2016 2019

書式

QUOTIENT(分子,分母)
MOD(数値,除数)

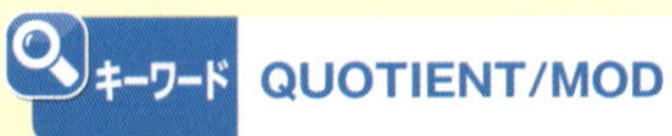

キーワード QUOTIENT/MOD

QUOTIENT関数は割り算の整数商、MOD関数は整数商の余りを求めます。

引数

[分子][数値]　割られる数となる数値やセルを指定します。

[分母][除数]　割る数となる数値やセルを指定します。

利用例 1 必要なテーブル数を求める　QUOTIENT/MOD

サンプル sec23_1

ヒント 四則演算子の「/」で割り算する場合

四則演算子の「/」を使って、「=B3/B1」と入力して割り算をすることもできます。割り算の結果は「9.6」となり、小数点以下が含まれます。小数点以下をカットするには、INT関数の利用が可能です（Sec.25参照）。

人数に応じたテーブル数を求めます。

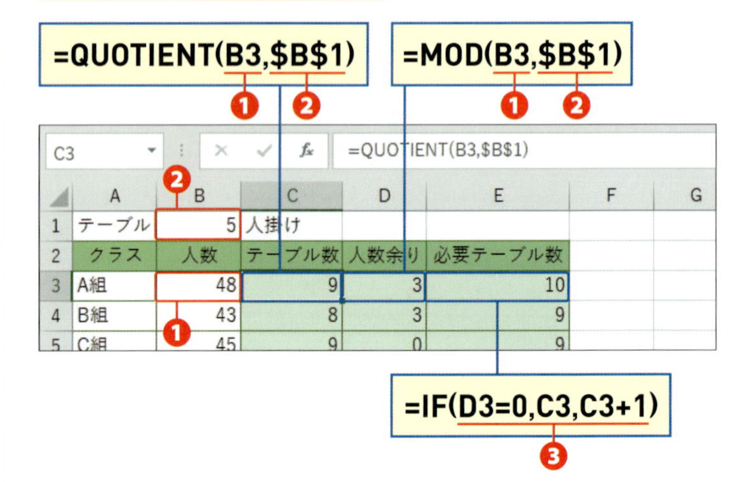

❶ 割られる数の「人数」のセル[B3]をQUOTIENT関数の[分子]、MOD関数の[数値]に指定します。

❷ 割る数のセル[B1]をQUOTIENT関数の[分母]、MOD関数の[除数]に絶対参照で指定します。

❸ 「人数余り」のセル[D3]が0の場合は、❶❷で求めたテーブル数を表示し、0以外の場合はテーブル数を1つ足します。

利用例 2 金種ごとに必要数を求める QUOTIENT/MOD

精算金額に必要な金種とその枚数を求めます。

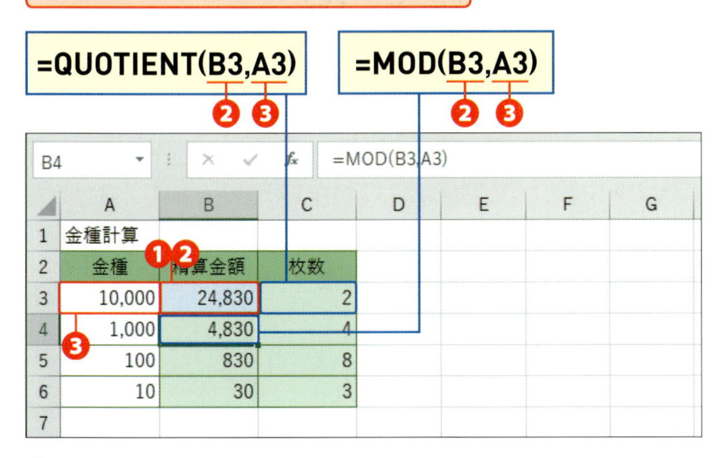

❶ セル[B3]に精算金額を入力します。

❷ 割られる数の「精算金額」のセル[B3]をQUOTIENT関数の[分子]、MOD関数の[数値]に指定します。

❸ 割る数の「金種」のセル[A3]をQUOTIENT関数の[分母]、MOD関数の[除数]に指定します。

sec23_2

ヒント 金種計算

金種計算は、大きい金種から枚数を求めます。金種で割り切れない分は、残額となり、求めた残額を次の金種で割って枚数を求めます。最小の金種まで繰り返すことにより、金種ごとに必要な枚数が求められます。

ステップアップ IMDIV関数で割り算を行う

IMDIV関数を使うと、「10÷4=2.5」のように、小数点以下も含めた割り算ができます。ただし、戻り値が文字列となります。Excelでは、文字列扱いの数字に1を掛けると計算可能な数値になります。

書式

IMDIV(複素数1,複素数2)

引数

[複素数1] 割られる数を指定します。
[複素数2] 割る数を指定します。

複素数とは、「実数+虚数i」の形式で表される値です。たとえば、引数に「"5+3i"」のように指定しますが、虚数を指定せず、実数(通常の数値)のみ指定できます。その場合は、「"」で囲む必要はありません。

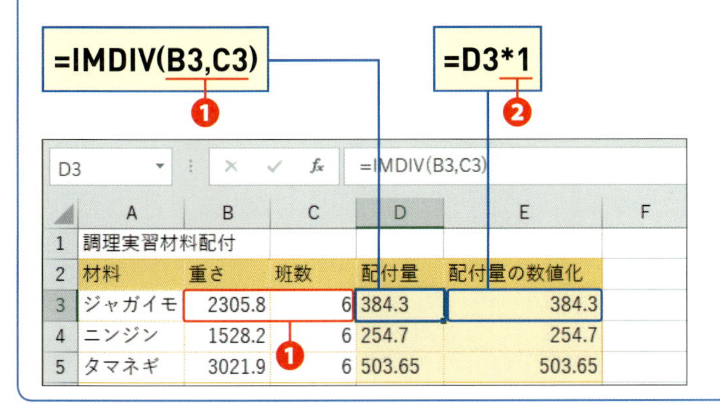

❶ 割られる数に「重さ」のセル[B3]、割る数に「班数」のセル[C3]を指定し、「=B3/C3」と同様の計算を行っています。

❷ 1を掛けて数値化しています。

Section 24

数値の端数を四捨五入／切り上げ／切り捨てる

覚えておきたいキーワード
- ROUND
- ROUNDUP
- ROUNDDOWN

1円単位は細かいので千円単位にしたい、小数点以下の桁が多いので小数点第1位に揃えたいなど、数値の端数を処理して桁を揃えるには、端数を処理する関数を使います。端数処理は主に、四捨五入、切り上げ、切り捨ての3つの方法があります。

分類 数学／三角　対応バージョン 2010 2013 2016 2019

書式

ROUND(数値,桁数)
ROUNDUP(数値,桁数)
ROUNDDOWN(数値,桁数)

キーワード ROUND/ROUNDUP/ROUNDDOWN

ROUND関数は、数値の四捨五入、ROUNDUP関数は、数値の切り上げ、ROUNDDOWN関数は、数値の切り捨てに利用します。3つの関数とも、引数の指定方法は同じです。

ヒント 表示だけ変更すればいい場合

セルの表示のみ変更すればいい場合は、関数を使わずに<ホーム>タブの<小数点以下の表示桁数を減らす> <小数点以下の表示桁数を増やす> が利用できます。ボタンを押すたびに、小数点以下の末尾の桁を四捨五入した値で表示されます。

引 数

[数値] 数値や数値の入ったセルを指定します。

[桁数] 端数を処理する桁に対応する値を指定します。

■ [桁数] の設定

端数を処理する桁は、[桁数] に指定します。[桁数] は、小数点の位置を「0」とし、整数部はマイナス、小数部はプラスの値が対応しています。
小数部の端数を処理する場合は、端数処理後の桁を [桁数] に指定します。これに対して、整数部の端数を処理する場合は、端数を処理する桁を [桁数] に指定します。

▼[桁数] と桁位置の対応関係

桁	整数部				小数点	小数部		
	千の位	百の位	十の位	一の位		第一位	第二位	第三位
[桁数]	-4	-3	-2	-1	0	1	2	3
数値例			1	2	.	3	5	

例1　12.35を小数点第1位に四捨五入する場合
=ROUND(12.35,1) ➡ 12.4

例2　12.35を一の位を四捨五入する場合
=ROUND(12.35,-1) ➡ 10

第2章 数値を計算する

利用例 1 数値を小数点第1位に四捨五入する ROUND

体重と身長からBMIを求めて小数点第1位に四捨五入します。

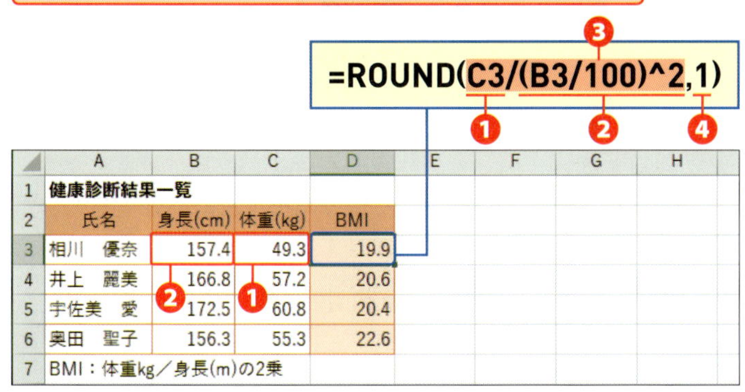

=ROUND(C3/(B3/100)^2,1)

	A	B	C	D
1	健康診断結果一覧			
2	氏名	身長(cm)	体重(kg)	BMI
3	相川　優奈	157.4	49.3	19.9
4	井上　麗美	166.8	57.2	20.6
5	宇佐美　愛	172.5	60.8	20.4
6	奥田　聖子	156.3	55.3	22.6
7	BMI：体重kg／身長(m)の2乗			

❶「体重」のセル［C3］を指定します。

❷「身長」のセル［B3］を100で割って、身長の単位を「m」（メートル）に換算し、換算した身長を2乗しています。

❸ 体重を身長の2乗で割ったBMIを求める式を［数値］に指定します。

❹［桁数］に「1」を指定し、小数点第1位に四捨五入しています。

サンプル sec24_1

メモ 引数には数式や関数を指定できる

割り算の結果は数値です。［数値］は、数値が得られるようになっていればよいので、数式や関数の指定も可能です。

利用例 2 ポイント数を求める ROUNDUP/ROUNDDOWN

10円単位に切り上げたポイント対象金額と千円単位のポイント数を求めます。

サンプル sec24_2

=ROUNDUP(E11,-1)

	A	B	C	D	E	F
3	No	商品名	サイズ	税込み価格	数量	割引率
4	1	ウォーマー（上・下）	M	15,800	30	15%
5	2	ウォーマー（上・下）	L	15,800	15	15%
6	3	ソックス（赤）	26-28	1,600	42	5%
7	4	ソックス（白）	26-28	1,600	28	5%
8	5	半袖ポロシャツ	M	7,800	12	8%
9	6	半袖ポロシャツ	L	7,800	25	8%
10	7	ネーム		300	82	50%
11	税込合計金額				988,562	
12	ポイント対象金額(10円単位切り上げ)				988,570	
13	今回ポイント数（1000円で1ポイント）				988	

=ROUNDDOWN(E12,-3)/1000

❶［数値］に「税込合計金額」のセル［E11］、［桁数］に「－1」を指定し、一の位を切り上げて10円単位にしています。

❷ ❶で求めたポイント対象金額の百の位を切り捨て千円単位にし、1000で割ってポイント数を求めています。

Section 25 数値を整数化する

覚えておきたいキーワード
- INT
- TRUNC

INT関数とTRUNC関数は数値の小数点以下を切り捨てます。割り算の余りが小数部になることを利用すると、割り算の整数商を求めることができます。また、もとの数値を100や1000などで割って、数値の桁を右に移動すると、数値の上位桁だけ取り出すといった使い方もできます。

書式　分類 数学 / 三角　対応バージョン 2010 2013 2016 2019

INT(数値)
TRUNC(数値[,桁数])

キーワード INT

INT関数は、数値の小数点以下を切り捨てます。切り捨て後の数値はもとの数値より小さくなります。

キーワード TRUNC

TRUNC関数は、数値を指定した桁数に切り捨てます。正の数を切り捨てる場合は、INT関数と同じになり、[桁数]を指定して切り捨てる場合は、ROUNDDOWN関数と同じになります。

引数

[数値]　数値や数値の入ったセルを指定します。

[桁数]　TRUNC関数で使います。端数を処理する桁に対応する値を指定します(Sec.24参照)。省略すると、小数点以下を切り捨てます。

■INT関数とTRUNC関数の戻り値

INT関数と[桁数]を省略したTRUNC関数は、いずれも小数点以下を切り捨てて整数にします。指定した数値が正の数の場合はどちらの関数を利用しても同じ結果になりますが、負の数を指定した場合は異なります。INT関数では、切り捨てられた数値はもとの数値より小さくなりますが、TRUNC関数では、もとの数値の符号に関係なく小数点以下が切り捨てられます。よって、TRUNC関数の場合、負の数の小数点以下を切り捨てると、切り捨てられた数値のほうがもとの数値より大きくなります。

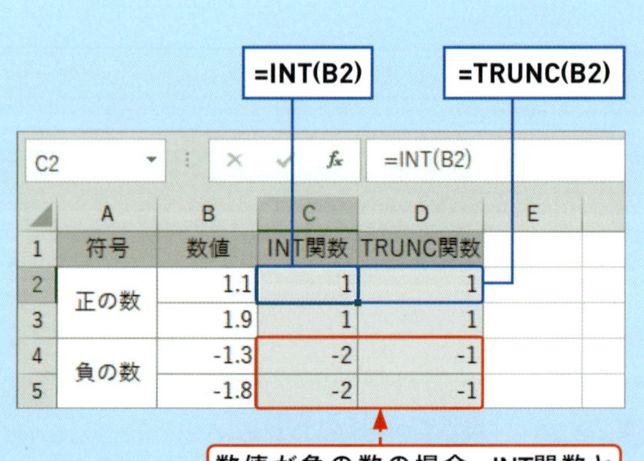

	A	B	C	D	E
1	符号	数値	INT関数	TRUNC関数	
2	正の数	1.1	1	1	
3		1.9	1	1	
4	負の数	-1.3	-2	-1	
5		-1.8	-2	-1	

利用例 1 購入可能数とおつりを求める INT

店舗ごとに売価が異なる商品の購入可能数とおつりを求めます。

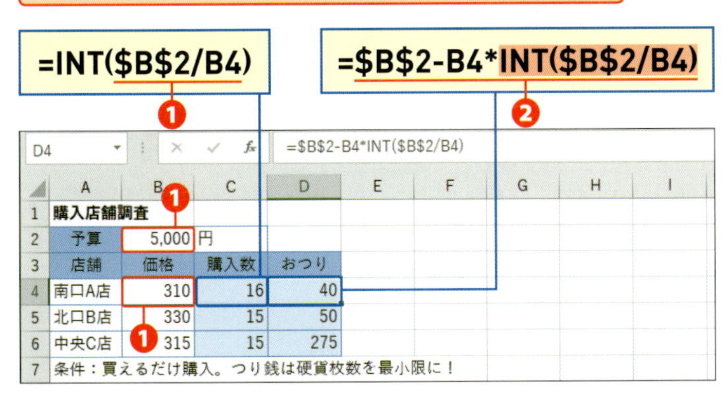

❶ [数値] に「$B$2/B4」を指定し、「予算」を南口A店の「価格」で割ります。割り切れない分は小数点以下になって切り捨てられるので、購入数が求められます。

❷ おつりは、「予算－価格×購入数」で求められます。購入数は❶のINT関数をそのまま指定しています。

sec25_1

割り算の整数商と余り

割り算では、割り切れない分が小数部に表示されます。たとえば、「10÷4=2 余り2」は「10÷4=2.5」となります。よって、INT関数を使って、割り算をした値の小数点以下を切り捨てれば整数商になります。余りは「もとの数値－整数商×割る数」で求められます。

メモ QUOTIENT関数とMOD関数

QUOTIENT関数とMOD関数を利用して、整数商と余りを求めることができます（Sec.23参照）。

利用例 2 連続入力された日付を年月日に分ける TRUNC

「／」や「－」なしで連続入力された日付を年月日に分解します。

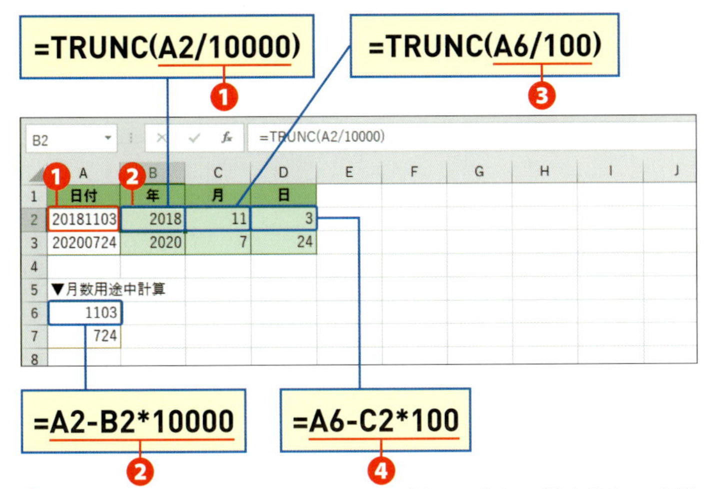

❶ 8桁の数値のセル [A2] を10000で割って右に4桁ずらし、小数点以下を切り捨てて、上4桁を年数として取り出しています。

❷ もとの数値のセル [A2] から❶で求めた年数×10000を引き、整数商の余りを求めています。

❸ ❷で求めた下4桁の値を100で割って右に2桁ずらし、小数点以下を切り捨てて、上2桁を月数として取り出しています。

❹ セル [A6] から月数×100を引いた余りは日数になります。

sec25_2

メモ 日付の分解

利用例 2 のセル [A1] と [A2] は、上4桁を年、途中の2桁を月、下2桁を日として入力しています。日付を意図して入力していますが、Excelでは単なる数値として扱われています。そこで、整数商と余りを利用し、年を取り出すのに、下4桁が小数点以下になるように10000で割っています。そして10000で割った余りが下4桁になるので、同様に月数を求め、最後に残った余りを日数としています。

INT関数でも同じ結果になる

利用例 2 は正の数のため、TRUNC関数をINT関数に変更しても同様の結果になります。

Section 26

数値を指定した倍数に切り上げ／切り捨てる

覚えておきたいキーワード
- CEILING／FLOOR
- CEILING.MATH
- FLOOR.MATH

商品の購入等で、7個必要なところ5個単位でしか注文できないときは、5の倍数の10個に切り上げて注文するか、5個の注文に留めるかのどちらかです。CEILING.MATH関数やFLOOR.MATH関数を使うと、半端な数値を指定した単位の倍数で切り上げたり、切り捨てたりすることができます。

分類	数学／三角	対応バージョン				
		CEILING/FLOOR	2010	2013	2016	2019
		CEILING.MATH/FLOOR.MATH	2010	2013	2016	2019

書式

CEILING(数値,基準値)
CEILING.MATH(数値[,基準値][,モード])
FLOOR(数値,基準値)
FLOOR.MATH(数値[,基準値][,モード])

キーワード CEILING／FLOOR

CEILNG関数は、数値を、指定した基準値の倍数に切り上げ、FLOOR関数は、数値を、指定した基準値の倍数に切り捨てます。

引数

[数値] 数値や数値の入ったセルを指定します。

[基準値] 倍数の基準になる数値や数値の入ったセルを指定します。

[モード] [数値]が負の数のときに、[モード]に何らかの数値を指定すると、端数処理の方法が変わります（右ページ参照）。

■指定した倍数に切り上げる関数と切り捨てる関数

右の図では、正負のパターンを変えて、100を3の倍数に切り上げたり、切り捨てたりしています。[数値]と[基準値]の符号によって、戻り値が異なるケースがあります。CEILING関数とFLOOR関数では、[数値]が正の数、[基準値]が負の数の場合に[#NUM!]エラーになります。

E3 =CEILING.MATH(B3,C3)

	A	B	C	D	E	F
1	▼数値と基準値に対するCEILING関数の戻り値					
2	数値，基準値	数値	基準値	CEILING	CEILING.MATH	
3	正，正	100	3	102	102	
4	負，負	-100	-3	-102	-99	
5	負，正	-100	3	-99	-99	
6	正，負	100	-3	#NUM!	102	
7						
8	▼数値と基準値に対するFLOOR関数の戻り値					
9	数値，基準値	数値	基準値	FLOOR	FLOOR.MATH	
10	正，正	100	3	99	99	
11	負，負	-100	-3	-99	-102	
12	負，正	-100	3	-102	-102	
13	正，負	100	-3	#NUM!	99	
14						
15						

■CEILING.MATH関数とFLOOR.MATH関数の［モード］

下の図は、正負のパターンと［モード］の値を変えて、100を3の倍数に切り上げたり、切り捨てたりしています。［数値］が正の数の場合は、［モード］の正負、省略にかかわらず、CEILING.MATH関数は「102」、FLOOR.MATH関数は「99」になります。これより、［数値］が正の数の場合は、［モード］は何も機能しないことがわかります（下の図のNo.1～No.6）。

	A	B	C	D	E	F	G	H	I
1	No	数値，基準値，モード	数値	基準値	モード	CEILING.MATH	FLOOR.MATH		
2	1	正，正，（省略，0）	100	3		102	99		
3	2	正，正，正	100	3	100	102	99		
4	3	正，正，負	100	3	-1	102	99		
5	4	正，負，（省略，0）	100	-3		102	99		
6	5	正，負，正	100	-3	1	102	99		
7	6	正，負，負	100	-3	-1000	102	99		
8	7	負，正，（省略，0）	-100	3		-99	-102		
9	8	負，正，正	-100	3	123	-102	-99		
10	9	負，正，負	-100	3	-123	-102	-99		
11	10	負，負，（省略，0）	-100	-3		-99	-102		
12	11	負，負，正	-100	-3	0.123	-102	-99		
13	12	負，負，負	-100	-3	-0.123	-102	-99		
14									
15									

［数値］が負の数の場合は、戻り値に変化が生じますが、［モード］の符号や値には依存していないことがわかります（上の図のNo.7～No.12）。［モード］を使いたい場合は、省略と同様に扱われる「0」以外の数値で、自分で決めた定数を指定するようにすると、わかりやすくなります。

利用例 1 購入数を購入単位に切り捨てる　FLOOR.MATH

申請数を購入単位に切り捨てます。

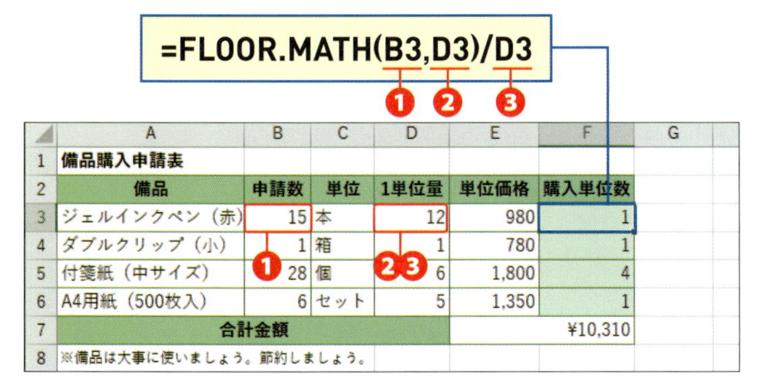

=FLOOR.MATH(B3,D3)/D3

	A	B	C	D	E	F	G
1	備品購入申請表						
2	備品	申請数	単位	1単位量	単位価格	購入単位数	
3	ジェルインクペン（赤）	15	本	12	980	1	
4	ダブルクリップ（小）	1	箱	1	780	1	
5	付箋紙（中サイズ）	28	個	6	1,800	4	
6	A4用紙（500枚入）	6	セット	5	1,350	1	
7	合計金額				¥10,310		
8	※備品は大事に使いましょう。節約しましょう。						

❶「申請数」のセル［B3］を［数値］に指定します。

❷「1単位量」のセル［D3］を［基準値］に指定します。

❸ ❶❷で切り捨てられた値を1単位量で割って、購入単位数を求めています。

サンプル sec26_1

キーワード CEILING.MATH／FLOOR.MATH

CEILNG関数とFLOOR関数の機能を拡張した関数です。［基準値］を省略すると、数値の正負によって「1」または「-1」にみなされますが、関数の読みやすさやわかりやすさの観点から省略しないようにします。

メモ FLOOR.MATH関数は購入単位に達するまで待つ

FLOOR.MATH／FLOOR関数は、必要数が購入単位数に満たない場合、購入単位数に達するまで待って購入する場面で利用します。

利用例 2 購入数を購入単位で切り上げる CEILING.MATH

サンプル sec26_2

メモ CEILING.MATH関数は余ってもよい場合に利用する

CEILING.MATH／CEILING関数は、必要数が購入単位数に満たない場合、購入単位数に達するまで待たずに切り上げて購入する場面で利用します。

ヒント 関数の置き換え

利用例1 2では、[数値][基準値]とも正の数のため、CEILING.MATH関数とCEILING関数、FLOOR.MATH関数とFLOOR関数は互いに置き換えて利用可能です。ただし、Excel 2010でファイルを開く可能性がある場合は、CEILING関数／FLOOR関数を利用するようにします。

申請数を購入単位に切り上げます。

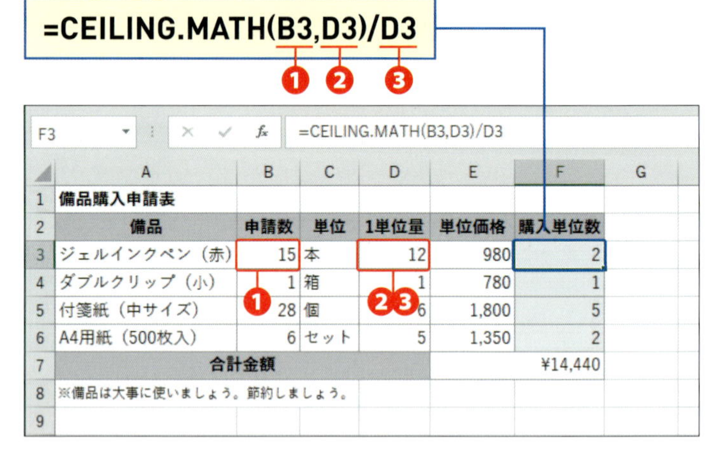

	A	B	C	D	E	F	G
1	備品購入申請表						
2	備品	申請数	単位	1単位量	単位価格	購入単位数	
3	ジェルインクペン（赤）	15	本	12	980	2	
4	ダブルクリップ（小）	1	箱	1	780	1	
5	付箋紙（中サイズ）	28	個	6	1,800	5	
6	A4用紙（500枚入）	6	セット	5	1,350	2	
7	合計金額					¥14,440	
8	※備品は大事に使いましょう。節約しましょう。						
9							

❶「申請数」のセル[B3]を[数値]に指定します。

❷「1単位量」のセル[D3]を[基準値]に指定します。

❸ ❶❷で切り上げられた値を1単位量で割って、購入単位数を求めています。

利用例 3 利用時間を切り上げる CEILING.MATH

サンプル sec26_3

メモ 時刻文字列

「"時:分"」や「"時:分:秒"」のように「"（ダブルクォーテーション）」で囲んだ値を時刻文字列といいます。関数の引数に直接時間を指定するときに利用できます。「"0:15"」は15分と認識されます。

利用時間を15分単位に切り上げます。

=CEILING.MATH(E3,"0:15")

	A	B	C	D	E	F	G
1	利用時間管理表						
2	施設名	利用責任者	入室	退室	利用時間	調整利用時間	
3	学習室	木下　有希	9:15	11:48	2:33	2:45	
4	和室（8畳）	山田　聡美	9:50	11:25	1:35	1:45	
5	多目的室	堀川　潤	8:35	10:50	2:15	2:15	
6	会議室	安居　智巳	13:00	14:00	1:00	1:15	
7	和室（20畳）	門倉　由利	14:20	17:18	2:58	3:00	
8							

❶「利用時間」のセル[E3]を15分単位に切り上げています。

❷「利用時間」が15分単位の「1:00」にもかかわらず、「1:15」に切り上げられています。

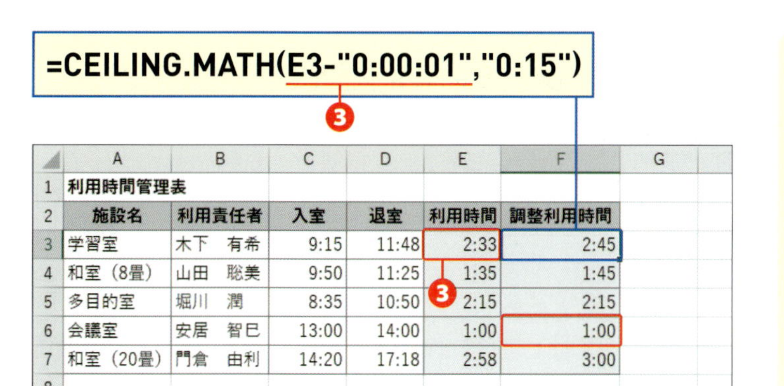

=CEILING.MATH(E3-"0:00:01","0:15")

	A	B	C	D	E	F	G
1	利用時間管理表						
2	施設名	利用責任者	入室	退室	利用時間	調整利用時間	
3	学習室	木下　有希	9:15	11:48	2:33	2:45	
4	和室（8畳）	山田　聡美	9:50	11:25	1:35	1:45	
5	多目的室	堀川　潤	8:35	10:50	2:15	2:15	
6	会議室	安居　智巳	13:00	14:00	1:00	1:00	
7	和室（20畳）	門倉　由利	14:20	17:18	2:58	3:00	
8							

❸ 誤差によって切り上げが生じないように、1秒を利用時間から引いています。セル[F6]を確認すると、計算誤差が解消され、「1:00」と表示されています。

利用例 4 勤務時間を切り捨てる　FLOOR.MATH

勤務時間を10分単位に切り捨てます。

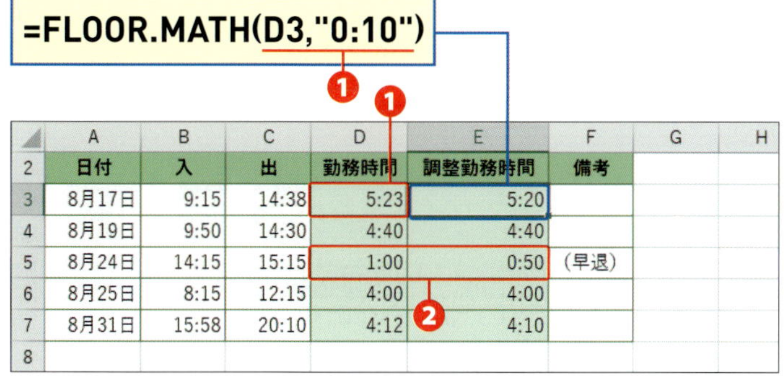

=FLOOR.MATH(D3,"0:10")

	A	B	C	D	E	F	G	H
2	日付	入	出	勤務時間	調整勤務時間	備考		
3	8月17日	9:15	14:38	5:23	5:20			
4	8月19日	9:50	14:30	4:40	4:40			
5	8月24日	14:15	15:15	1:00	0:50	（早退）		
6	8月25日	8:15	12:15	4:00	4:00			
7	8月31日	15:58	20:10	4:12	4:10			
8								

❶ 勤務時間のセル[D3]を10分単位に切り捨てています。

❷ 勤務時間が10分単位の「1:00」にもかかわらず、「0:50」に切り捨てられています。

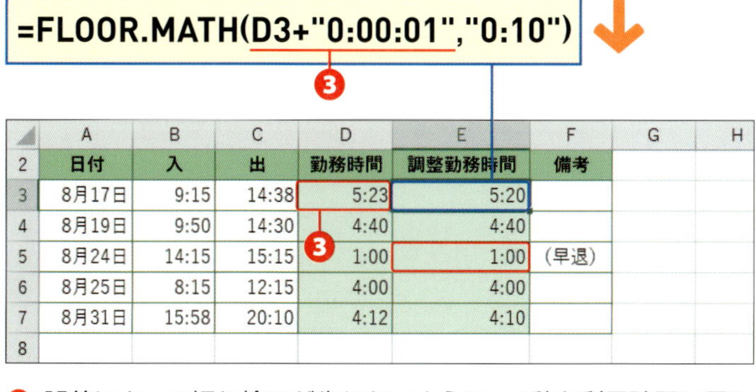

=FLOOR.MATH(D3+"0:00:01","0:10")

	A	B	C	D	E	F	G	H
2	日付	入	出	勤務時間	調整勤務時間	備考		
3	8月17日	9:15	14:38	5:23	5:20			
4	8月19日	9:50	14:30	4:40	4:40			
5	8月24日	14:15	15:15	1:00	1:00	（早退）		
6	8月25日	8:15	12:15	4:00	4:00			
7	8月31日	15:58	20:10	4:12	4:10			
8								

❸ 誤差によって切り捨てが生じないように、1秒を利用時間に足しています。セル[E5]を確認すると、計算誤差が解消され、「1:00」と表示されています。

メモ　CEILING.MATH関数の計算誤差

CEILING.MATH／CEILING関数では、まれに計算誤差が発生し、利用例3のように切り上げる必要のないセルで切り上げが発生することがあります。そこで、もとの数値から1秒を引き算し、切り上げにならないようにします。なお、Excelのバージョンにかかわらず、執筆時点で計算誤差の問題は解決していません。

サンプル sec26_4

メモ　FLOOR関数の計算誤差

FLOOR関数やFLOOR.MATH関数では、まれに計算誤差が発生し、利用例4のように切り捨てる必要のないセルで切り捨てが発生することがあります。原因は、関数内で「1:00:00－1秒未満の微小値」（つまり1:00未満）と認識されたためです。そこで、もとの数値に1秒を足し算し、切り捨てにならないようにしています。なお、Excelのバージョンにかかわらず、執筆時点で計算誤差の問題は解決していません。

ヒント　1秒の指定方法

1秒を指定するときは「"時:分:秒"」とします。「"分:秒"」の指定はできません。「"時:分"」と認識されます。「時」「分」「秒」は、それぞれ2桁まで指定できます。「"0:0:1"」や「"00:00:01"」と指定できます。また、左図のように、1桁と2桁の混在も可能です。

Section 27 数値を指定した倍数に四捨五入する

覚えておきたいキーワード
- MROUND

MROUND関数はCEILING.MATH関数とFLOOR.MATH関数（Sec.26参照）の中間の機能を持ちます。数値を倍数で割った余りが指定した倍数の半分以上ならCEILING.MATH関数と同様に数値を切り上げ、半分未満ならFLOOR.MATH関数と同様に切り捨てます。

分類 数学／三角　対応バージョン 2010 2013 2016 2019

書式 **MROUND(数値,倍数)**

キーワード MROUND

指定した数値が倍数の半分以上の場合は数値の倍数に切り上げ、半分未満の場合は数値の倍数に切り捨てます。

引数

[数値] 数値や数値の入ったセルを指定します。

[倍数] 倍数の基準になる数値や数値の入ったセルを指定します。

利用例 1 購入数を購入単位に切り上げたり切り捨てたりする MROUND

サンプル sec27

購入数に応じて購入単位に切り上げたり切り捨てたりします。

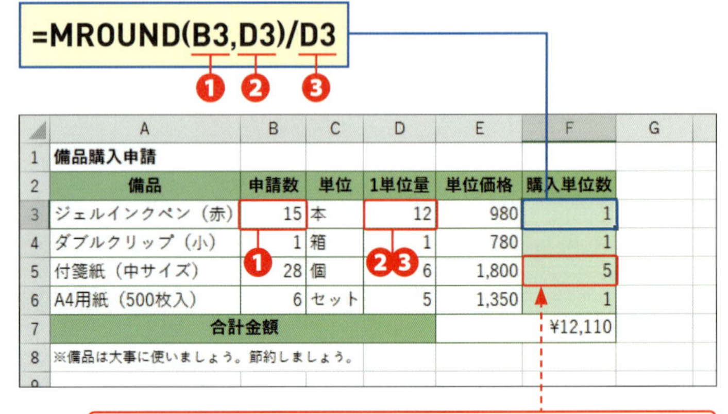

	A	B	C	D	E	F	G
1	備品購入申請						
2	備品	申請数	単位	1単位量	単位価格	購入単位数	
3	ジェルインクペン（赤）	15	本	12	980	1	
4	ダブルクリップ（小）	1	箱	1	780	1	
5	付箋紙（中サイズ）	28	個	6	1,800	5	
6	A4用紙（500枚入）	6	セット	5	1,350	1	
7	合計金額					¥12,110	
8	※備品は大事に使いましょう。節約しましょう。						

必要数28個は「6×4+4」であり、端数の「4」が1単位6個の半分「3」を超えているので、CEILING.MATH関数と同様に切り上げます。

❶「申請数」のセル[B3]を[数値]に指定します。

❷「1単位量」のセル[D3]を[倍数]に指定します。

❸ ❶❷で切り上げ、または、切り捨てられた値を1単位量で割って、購入単位数を求めています。

Chapter 03

第3章

データを集計する

Section 28

データ内の数値や空白以外の値を数える

覚えておきたいキーワード
- COUNT
- COUNTA

表内の日付を数えて受付数を求めたり、氏名を数えて人数を求めたりするように、内容によって数える対象が変わります。数値や日付／時刻の個数はCOUNT関数、文字列などの空白以外の値の個数はCOUNTA関数を使うと、用途に応じた個数を求めることができます。

分類 統計　対応バージョン 2010 2013 2016 2019

書式

COUNT(値1[,値2]･･･)
COUNTA(値1[,値2]･･･)

キーワード COUNT／COUNTA

引数に指定したセル範囲や値のうち、COUNT関数は、数値と日付／時刻の個数を求め、COUNTA関数は、空白以外の値の個数を求めます。

引数

[値]　任意の値やセル、セル範囲を指定します。

■COUNT関数とCOUNTA関数が数える値

下図のとおり、B列の値は数値のため、COUNT/COUNTA関数とも同じ結果になります。一方、D列の値では、セル範囲[D2:D4]の3箇所が数値と見なされます。セル[D2]、セル[D6]のように、いっけん空白に見えるセルを数える場合は注意が必要です（P.115のヒントを参照）。

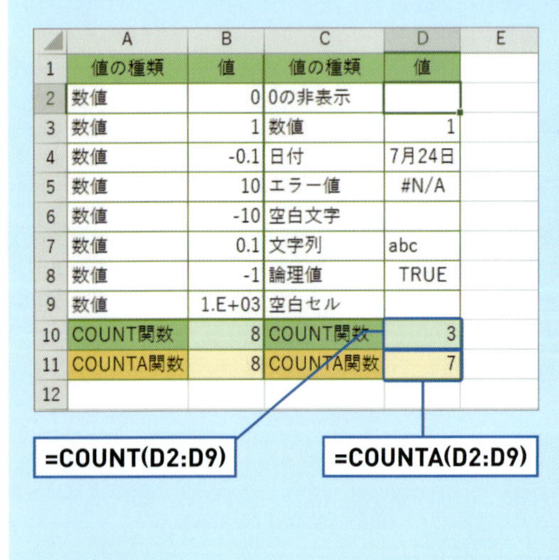

	A	B	C	D	E
1	値の種類	値	値の種類	値	
2	数値	0	0の非表示		
3	数値	1	数値	1	
4	数値	-0.1	日付	7月24日	
5	数値	10	エラー値	#N/A	
6	数値	-10	空白文字		
7	数値	0.1	文字列	abc	
8	数値	-1	論理値	TRUE	
9	数値	1.E+03	空白セル		
10	COUNT関数	8	COUNT関数	3	
11	COUNTA関数	8	COUNTA関数	7	
12					

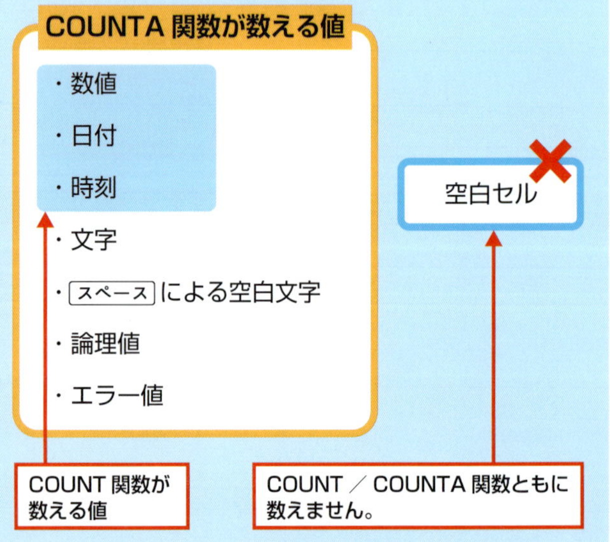

利用例 1 さまざまな人数を求める COUNTA/COUNT

氏名を数えて対象者数を求めます。

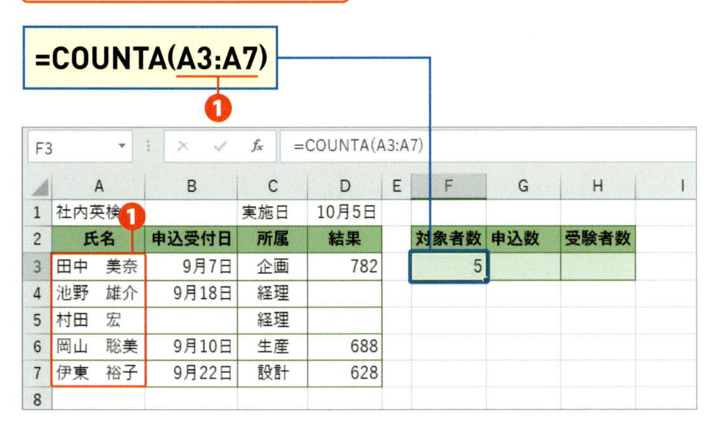

	A	B	C	D	E	F	G	H	I
1	社内英検		実施日	10月5日					
2	氏名	申込受付日	所属	結果		対象者数	申込数	受験者数	
3	田中　美奈	9月7日	企画	782		5			
4	池野　雄介	9月18日	経理						
5	村田　宏		経理						
6	岡山　聡美	9月10日	生産	688					
7	伊東　裕子	9月22日	設計	628					
8									

❶ 氏名のセル範囲［A3:A7］をCOUNTA関数の［値］に指定し、対象者数を求めています。

対象者数の関数を利用して、申込数と受験者数を求めます。

F3　=COUNTA(A3:A7)

	A	B	C	D	E	F	G	H	I
1	社内英検		実施日	10月5日					
2	氏名	申込受付日	所属	結果		対象者数	申込数	受験者数	
3	田中　美奈	9月7日	企画	782		5	4	5	
4	池野　雄介	9月18日	経理						
5	村田　宏		経理						
6	岡山　聡美	9月10日	生産	688					
7	伊東　裕子	9月22日	設計	628					
8									

1 セル［F3］のフィルハンドルをドラッグし、セル［H3］までオートフィルでコピーします。

2 セル［G3］をダブルクリックし、関数名の「A」を削除して「COUNT」に変更します。

SUM　=COUNT(B3:B7)

	A	B	C	D	E	F	G	H	I
1	社内英検		実施日	10月5日					
2	氏名	申込受付日	所属	結果		対象者数	申込数	受験者数	
3	田中　美奈	9月7日	企画	782		5	=COUNT(B3:B7)		
4	池野　雄介	9月18日	経理				COUNT(値1, [値2], ...)		
5	村田　宏		経理						
6	岡山　聡美	9月10日	生産	688					
7	伊東　裕子	9月22日	設計	628					
8									

3 引数はセル範囲［B3:B7］であることを確認して、Enter を押します。

サンプル sec28_1

メモ ＜オートSUM＞の利用

COUNT関数は、＜ホーム＞タブ、または、＜数式＞タブ→＜オートSUM＞の＜数値の個数＞から入力することもできます（P.23）。

メモ 入力した関数を再利用する

利用例 1 は、数える範囲は異なりますが、ほぼ同様の関数を3箇所に入力する例です。このようなときは、個々に関数を入力するのではなく、どれか1つ関数を入力し、あとはコピーと修正で対応します。ここで利用している関数以外の機能は、数式のコピー（Sec.05）、色枠の移動（Sec.04）、関数名の修正（Sec.04）です。

COUNT関数を使う理由

利用例[1]は、すべてCOUNTA関数を使っても求めることができるので、COUNT関数に修正する必要がないように思えます。しかし、空白セル以外何でも数えてしまうCOUNTA関数は、余計なセルを数える危険もあるのです。日付のセルだけ、数値の入ったセルだけを確実に数えるにはCOUNT関数が有効です。

4 セル[H3]をダブルクリックし、関数名の「A」を削除して「COUNT」に変更します。

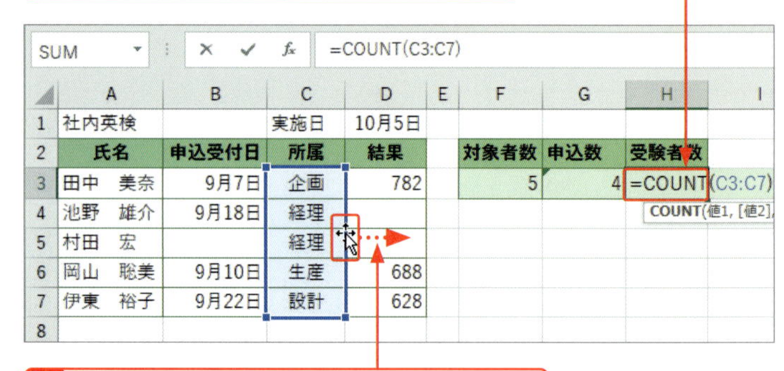

5 色枠の境界線にマウスポインターを合わせ、右のE列に平行移動するようにドラッグします。

6 引数のセル範囲が[D3:D7]に修正されたことを確認して Enter を押します。

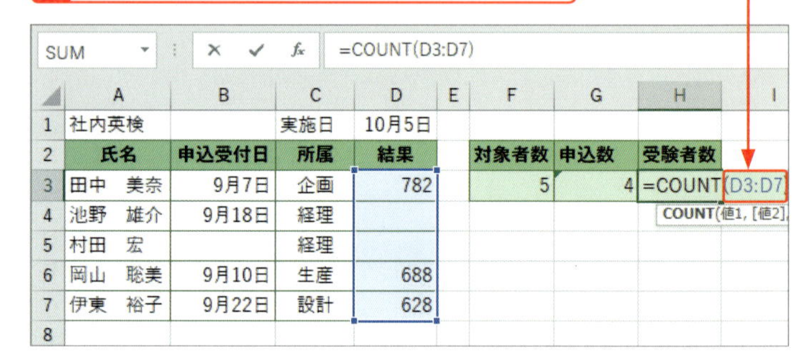

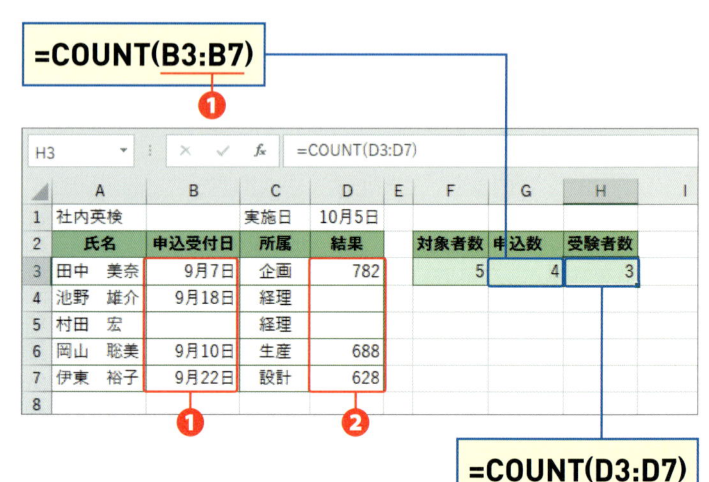

❶ 申込受付日のセル範囲[B3:B7]をCOUNT関数の[値]に指定し、申込数を求めています。

❷ 結果のセル範囲[D3:D7]をCOUNT関数の[値]に指定し、受験者数を求めています。

利用例 2 自動更新する連番を振る COUNT

受付日をもとに連番を振ります。

=COUNT($B$3:B3)

A3 =COUNT($B$3:B

	A	B	C	D	E
1	案内資料請求状況				
2	No	受付日	氏名	学年	
3	1	2018/9/1	江戸川　未来	中3	
4	2	2018/9/1	川俣　裕翔	中1	
5	3	2018/9/1	秋野 聡史	中2	
6	4	2018/9/2	杉本　亜美	中3	
7	5	2018/9/2	北川　美野里	中3	
8	6	2018/9/3	榎本　勇樹	中3	
9					

❶［値1］にセル範囲［$B$3:B3］と指定し、オートフィルで下方向にコピーしたときに、セル範囲が1つずつ拡張するようにします。

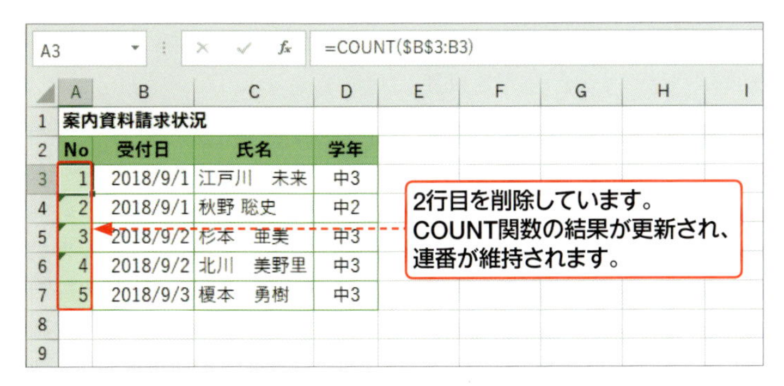

ヒント 空白に見えるセルに注意する

空白セルに見えても、「0」を非表示にしている場合や スペース で空白文字を入力している場合があります。セルの内容の確認方法は次のとおりです。いずれも空白に見えるセルを選択して確認します。

①F2 を押してカーソルの位置を見る
カーソルが左端にない場合は、空白文字が入力されています。文字列なので、COUNT関数は無視しますが、COUNTA関数は数えます。

②数式バーに「0」と表示されている
セルに「0」を表示しない設定になっています。セルには数値の「0」が入力されているので、COUNT関数、COUNTA関数ともに数えます。

③数式バーに値が表示されている
セル内のフォントの色がセルの色と同じになっているため、空白に見えます。フォントの色を変えると値が表示されます。値の種類に関わらず、COUNTA関数は数えます。

サンプル sec28_2

メモ 空白にならない項目を数える

利用例2は、COUNTA関数を使って連番を振ることもできます。ただし、空白セルは、COUNT／COUNTA関数ともに数えないので、空白セルが生じる可能性のある項目のデータは選ばないようにします。なお、Sec.81でも別の関数を使った連番の方法を紹介しています。

ヒント エラーインジケータは無視する

Excelでは、エラーが疑われるセルに緑のエラーインジケータを表示します。ここでは、COUNT関数の引数はセル範囲［B3:B7］が正しいと判断されたためにエラーが疑われていますが、利用例2は数える範囲を1つずつ拡張したいので修正の必要はありません。

ここをクリックして、

	No	受付日	氏名	学年
3	1	2018/9/1	江戸川　未来	中3
4	2	18/9/1	秋野 聡史	中2

数式は隣接したセルを使用していません
数式を更新してセルを含める(U)
このエラーに関するヘルプ(H)
エラーを無視する(I)
数式バーで編集(F)
エラー チェック オプション(O)...

<エラーを無視する>をクリックします。

Section 29

条件に一致する値を数える

覚えておきたいキーワード
- COUNTIF
- 比較演算子
- ワイルドカード

指定した範囲の値を数えるにはCOUNTA関数（Sec.28）を使いますが、指定した範囲のうち、条件に合う値を数えるにはCOUNTIF関数を使います。たとえば、キーワードに合う値だけを数えたり、指定の値以上（以下）の値を数えたりするときに利用します。

分類 統計　対応バージョン 2010 2013 2016 2019

書式

COUNTIF(範囲,検索条件)

キーワード COUNTIF

COUNTIF関数は、[範囲]から[検索条件]に一致する値を数えます。COUNTIF関数に指定できる条件の数は1つです。条件が複数になる場合は、COUNTIFS関数（Sec.30）やDCOUNTA関数（Sec.31）を利用します。

引数

[範囲]　[検索条件]に指定された条件を検索するセル範囲を指定します。セル範囲に付けた名前を指定することもできます。

[検索条件]　数える対象を絞るための条件を指定します。条件には、数値、文字列、比較式、ワイルドカード、もしくは、条件が入ったセルを指定します。数値以外の条件を直接引数に指定する場合は、条件の前後を「"（ダブルクォーテーション）」で囲みます。

■COUNTIF関数の記述例

集計内容

備考に「○」が付いた箇所を数える

記述例

＝COUNTIF(備考,"○")　➡　2

金額	備考
800	○
2,500	×
880	○

数える対称

利用例 1 アンケートを集計する COUNTIF

指定した主作業を行っていると回答した人数を求めます。

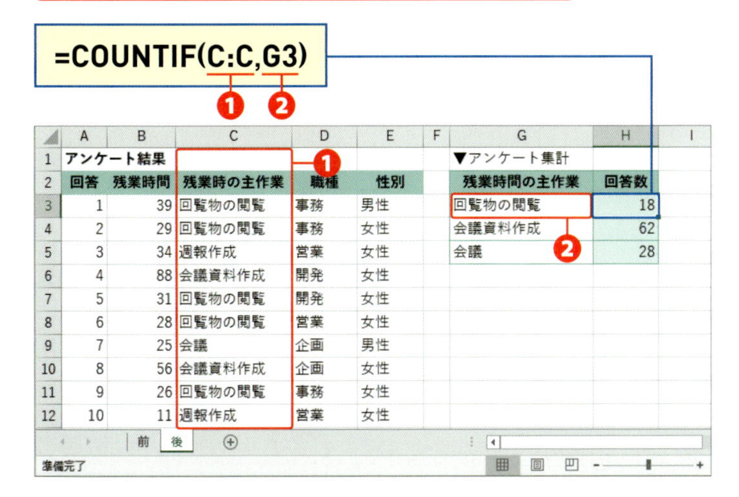

	A	B	C	D	E	F	G	H
1	アンケート結果						▼アンケート集計	
2	回答	残業時間	残業時の主作業	職種	性別		残業時間の主作業	回答数
3	1	39	回覧物の閲覧	事務	男性		回覧物の閲覧	18
4	2	29	回覧物の閲覧	事務	女性		会議資料作成	62
5	3	34	週報作成	営業	女性		会議	28
6	4	88	会議資料作成	開発	女性			
7	5	31	回覧物の閲覧	開発	女性			
8	6	28	回覧物の閲覧	営業	女性			
9	7	25	会議	企画	男性			
10	8	56	会議資料作成	企画	女性			
11	9	26	回覧物の閲覧	事務	女性			
12	10	11	週報作成	営業	女性			

❶ 残業時の主作業が入力されている列番号［C］をクリックし、［C:C］を［範囲］に指定します。

❷ 残業時間の主作業を入力したセル［G3］を［検索条件］に指定します。

残業時間別の人数を求めます。

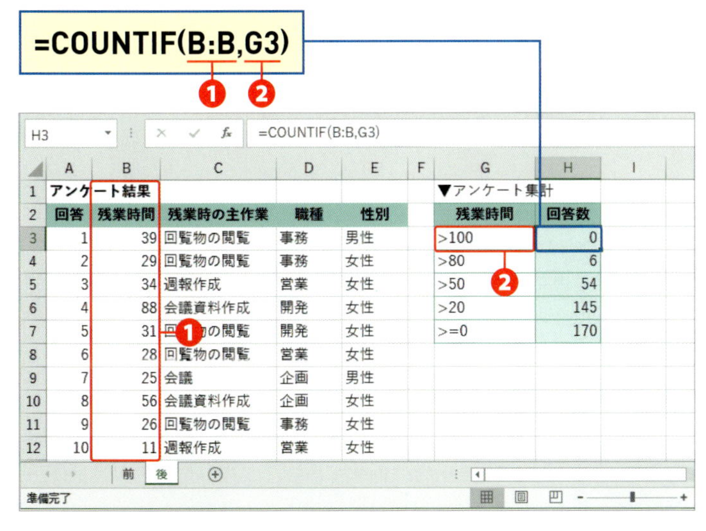

	A	B	C	D	E	F	G	H
1	アンケート結果						▼アンケート集計	
2	回答	残業時間	残業時の主作業	職種	性別		残業時間	回答数
3	1	39	回覧物の閲覧	事務	男性		>100	0
4	2	29	回覧物の閲覧	事務	女性		>80	6
5	3	34	週報作成	営業	女性		>50	54
6	4	88	会議資料作成	開発	女性		>20	145
7	5	31	回覧物の閲覧	開発	女性		>=0	170
8	6	28	回覧物の閲覧	営業	女性			
9	7	25	会議	企画	男性			
10	8	56	会議資料作成	企画	女性			
11	9	26	回覧物の閲覧	事務	女性			
12	10	11	週報作成	営業	女性			

❶ 残業時間が入力されている列番号［B］をクリックし、［B:B］を［範囲］に指定します。

❷ 残業時間を入力したセル［G3］を［検索条件］に指定します。ここでは、100時間超はいなかったものの、80時間超が6名いることがわかります。

サンプル sec29_1

ヒント アンケート集計

アンケートの集計は「○○と回答した人数」のように○○の部分を条件とする値を数えるため、COUNTIF関数が適しています。

メモ 列単位で選択する理由

列単位にするのは、関数の引数がシンプルになって見やすくなることと、データ行が追加された場合でも範囲を取り直す必要がないためです。ただし、各列には、それぞれの列項目に無関係な値は入らないことを前提にしています。よって、前提が崩れるような値、たとえば、残業時間とは無関係な数値が同じ列内に混ざるといった可能性がある場合は、列単位での指定はやめてセル範囲を指定します。なお、各列の項目名や表タイトルは［検索条件］に一致しないので、数えることはありません（列単位で選択できない例はSec.37の利用例 1 参照）。

サンプル sec29_2

ヒント 比較演算子を引数で指定する場合

セルに直接「>100」と入力せずに、比較演算子は引数内で指定したいときは、文字列演算子「&」と組み合わせて「">"&G3」と指定します。

=COUNTIF(B:B,">"&G3)

=COUNTIF(B:B,">"&G3)

F	G	H
	▼アンケート集計	
	残業時間	回答数
	100	0
	80	6
	50	54
	20	145
	0	170

利用例 2 検索内容の一部が一致する個数を求める COUNTIF

サンプル sec29_3

利用例2は、商品名が「バター」で終わる商品名を検索するので、商品名の前に、任意の文字の代わりになる「*（アスタリスク）」を指定します。「*」には文字数の縛りはなく、指定した箇所に文字があってもなくてもかまいません。したがって、セル[C3]のように、「*」がある箇所に何も文字がない「バター」も検索対象になります。

商品名が「バター」で終わる売上件数を求めます。

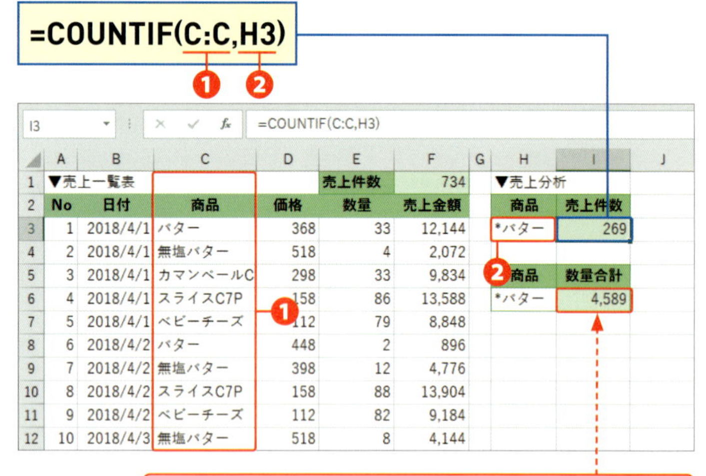

	A	B	C	D	E	F	G	H	I
1	▼売上一覧表				売上件数	734		▼売上分析	
2	No	日付	商品	価格	数量	売上金額		商品	売上件数
3	1	2018/4/1	バター	368	33	12,144		*バター	269
4	2	2018/4/1	無塩バター	518	4	2,072			
5	3	2018/4/1	カマンベールC	298	33	9,834		商品	数量合計
6	4	2018/4/1	スライスC7P	158	86	13,588		*バター	4,589
7	5	2018/4/1	ベビーチーズ	112	79	8,848			
8	6	2018/4/2	バター	448	2	896			
9	7	2018/4/2	無塩バター	398	12	4,776			
10	8	2018/4/2	スライスC7P	158	88	13,904			
11	9	2018/4/2	ベビーチーズ	112	82	9,184			
12	10	2018/4/3	無塩バター	518	8	4,144			

「=SUMIF(C:C,H6,E:E)」と入力し、バターで終わる商品の売上数量を合計しています（SUMIF関数はSec.17参照）

❶ 商品のC列を[範囲]に指定します。

❷ [検索条件]にセル[H3]を指定します。

利用例 3 販売価格に対する販売日数を求める COUNTIF

サンプル sec29_4

COUNTIF関数とSUMIF関数の関係

COUNTIF関数とSUMIF関数は、[検索条件]を[範囲]で検索する部分は共通です。COUNTIF関数に合計機能を加えた関数がSUMIF関数になります。

SUMIF関数を利用して、販売価格に対する販売日数を求めます。

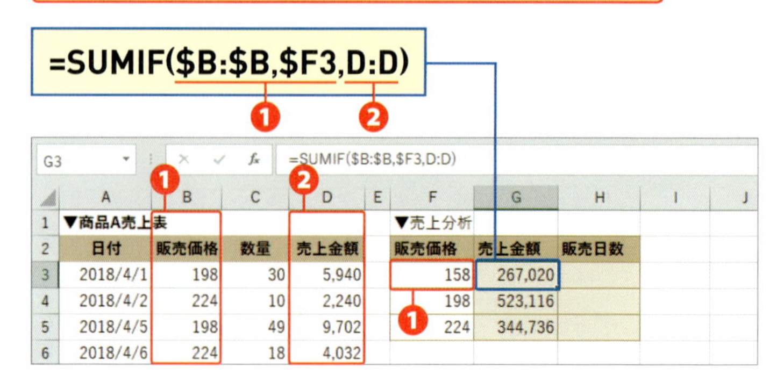

	A	B	C	D	E	F	G	H
1	▼商品A売上表					▼売上分析		
2	日付	販売価格	数量	売上金額		販売価格	売上金額	販売日数
3	2018/4/1	198	30	5,940		158	267,020	
4	2018/4/2	224	10	2,240		198	523,116	
5	2018/4/5	198	49	9,702		224	344,736	
6	2018/4/6	224	18	4,032				

❶ 販売価格のセル[F3]をB列で検索し、販売価格158円を、売上表の販売価格で検索しています。ここまでは、COUNTIF関数と同じです。

❷ [合計範囲]にD列を指定し、❶の検索に一致した行の売上金額を合計しています。

B列とセル[F3]は、SUMIF関数をオートフィルで右方向にコピーしても、[範囲]と[検索条件]が移動しないように列のみ絶対参照を指定しています。

セル [G3] をコピーして、販売日数になるように変更します。

1 セル [G3] のフィルハンドルをドラッグし、セル [H3] までオートフィルでコピーします。

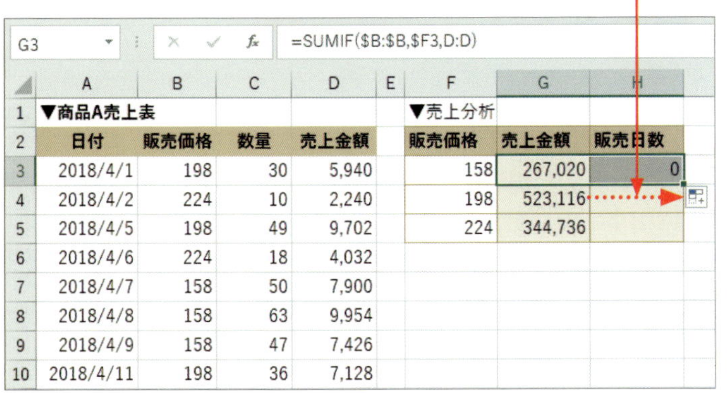

2 セル [H3] をダブルクリックし、関数名の「SUM」をドラッグして「COUNT」に変更します。

	A	B	C	D	E	F	G	H	I	J
1	▼商品A売上表					▼売上分析				
2	日付	販売価格	数量	売上金額		販売価格	売上金額	販売日数		
3	2018/4/1	198	30	5,940		158	267,020	SUMIF($B:$B,$F3,E:E)		
4	2018/4/2	224	10	2,240		198	523,116	SUMIF(範囲, 検索条件, [合計範囲		
5	2018/4/5	198	49	9,702		224	344,736			
6	2018/4/6	224	18	4,032						
7	2018/4/7	158	50	7,900						
8	2018/4/8	158	63	9,954						
9	2018/4/9	158	47	7,426						

3 「,E:E」をドラッグし、Delete を押して削除して、Enter を押します。

=COUNTIF($B:$B,$F3)

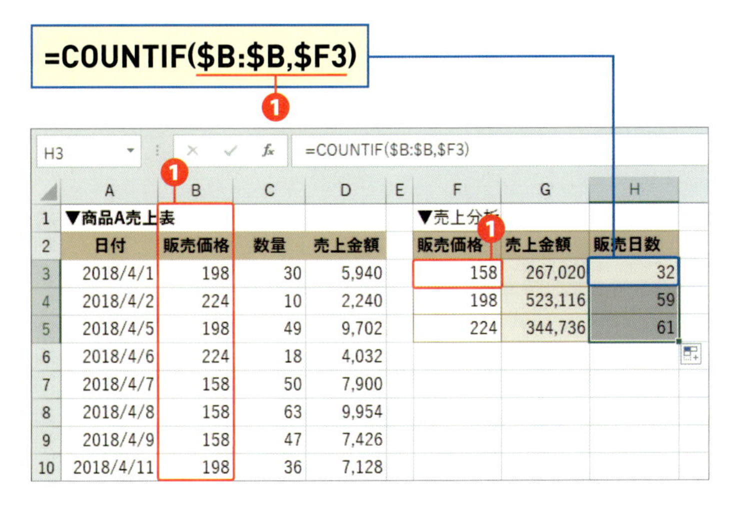

❶ セル [F3] を [検索条件]、B列を [範囲] に指定して、販売価格158円を売上表の販売価格で検索し、158円の販売日数を求めています。

ヒント 一時的に集計を確認したい場合

その場で一時的に売上金額や販売日数が知りたい場合は、<フィルター>でデータを抽出し、ステータスバーで集計値を確認できます（<フィルターの設定方法はP.93参照）。

販売価格の「158円」を抽出すると、

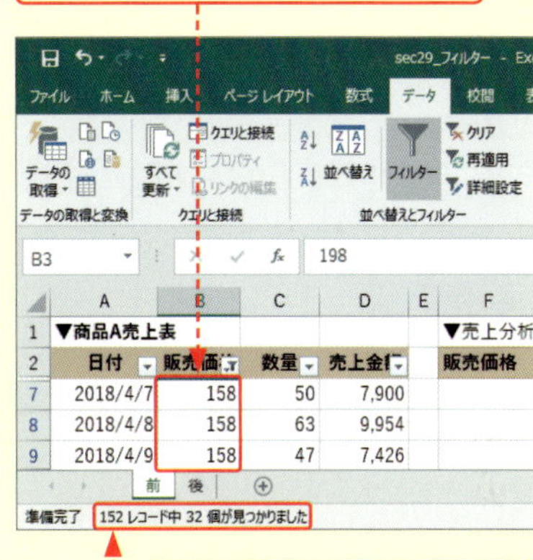

32件あることがわかります。

Section 30 すべての条件に一致する値を数える

覚えておきたいキーワード
- COUNTIFS
- AND 条件

複数の条件をすべて満たす値を数えるCOUNTIFS関数は、売上明細などの一覧表から、縦横に項目のある集計表を作成するのに役立ちます。集計表は、縦横の項目名の交点に集計値が入りますが、集計値を求めるセルにCOUNTIFS関数を入力すれば、縦横の2つの項目名がデータ内の値を数える際の条件になります。

分類 統計　対応バージョン 2010 2013 2016 2019

書式 COUNTIFS(検索条件範囲,条件1[,検索条件範囲2,条件2]･･･)

キーワード COUNTIFS

COUNTIFS関数は、[検索条件範囲]から[条件]に一致する値を数えます。複数の条件を付けられますが、すべての条件を満たす値が数える対象になります。よって、条件を付けるほど、数える対象が絞られます。

引数

[検索条件範囲] 条件を検索するセル範囲を指定します。セル範囲に付けた名前を指定することもできます。

[条件] 数える値を絞るための条件を指定します。条件には、数値、文字列、比較式、ワイルドカード、もしくは、条件が入ったセルを指定します。数値以外の条件を直接引数に指定する場合は、「"(ダブルクォーテーション)」で囲みます。

[検索条件範囲]と[条件]はペアで指定します。また、複数の[検索条件範囲]は、いずれも行数と列数を同じにする必要があります。

利用例 1 職種別残業時間構成表を作成する COUNTIFS

サンプル sec30_1

メモ [検索条件範囲]と[条件]

[検索条件範囲]と[条件]は必ずペアで指定します。たとえば、残業時間が20時間以上30時間以下の回答件数を求めたい場合、20時間以上と30時間以下の2つの条件は、ともにB列の「残業時間」で検索しますが、[検索条件範囲]の省略はできません。

アンケート回答者の職種と残業時間に分類した人数を求めます。

=COUNTIFS($D:$D,$G3,$B:B,H2)

❶ $D:$D　❷ $G3　❸ $B:$B　❹ H$2

H3 =COUNTIFS($D:$D,$G3,$B:B,H2)

	A	B	C	D	E	F	G	H	I
1	アンケート結果						▼職種別残業時間		
2	回答	残業時間	残業時の主作業	職種	性別		職種/残業	>20	<=20
3	1	39	回覧物の閲覧	事務	男性		営業	21	3
4	2	29	回覧物の閲覧	事務	女性		企画	31	7
5	3	34	週報作成	営業	女性		開発	34	1
6	4	88	会議資料作成	開発	女性		事務	24	8
7	5	31	回覧物の閲覧	開発	女性		経理	35	6
8	6	28	回覧物の閲覧	営業	女性		合計	145	25
9	7	25	会議	企画	男性				
10	8	56	会議資料作成	企画	女性				
11	9	26	回覧物の閲覧	事務	女性				
12	10	11	週報作成	営業	女性				

❶❷ 集計表の縦項目「営業」を、アンケート結果の「職種」で検索します。したがって、[検索条件範囲1] にD列を指定し、[条件1] にセル [G3] を指定します。列単位で指定する場合は、列番号をクリックします。ここでは、列番号 [D] をクリックすると、引数に [D:D] と表示されます。

❸❹ 集計表の横項目「>20」を、アンケート結果の「残業時間」で検索します。したがって、[検索条件範囲2] にB列を指定し、[条件2] にセル [H2] を指定します。

❺ 関数をオートフィルでコピーできるように、[検索条件範囲] は、絶対参照を指定します（列単位で指定のため、実質、列のみ絶対参照）。また、縦項目は列のみ絶対参照、横項目は行のみ絶対参照を指定します（複合参照はSec.06参照）。

ヒント COUNTIF関数との関係

Sec.29の利用例 1 では、残業時間別の人数を求めており、20時間超の「>20」を条件にした人数は145人です。この人数は、左ページ下の図のセル [H8] と一致します。ここでは、COUNTIFS関数を使って、145人を職種という視点で分解したことになります。

利用例 2 各月の土日の日数を求める COUNTIFS

各月に土曜日と日曜日が何日ずつあるかを求めます。

=COUNTIFS($B:$B,$E3,$C:C,F2)

❶ $B:$B,$E3　❷ $C:$C,F$2

F3　=COUNTIFS($B:$B,$E3,$C:C,F2)

	A	B	C	D	E	F	G
1	▼2020年カレンダー				▼土日の日数		
2	日付	月	曜日		月/曜日	土	日
3	2020/1/1	1	水		1	4	4
4	2020/1/2	1	木		2	5	4
5	2020/1/3	1	金		3	4	5
6	2020/1/4	1	土		4	4	4
7	2020/1/5	1	日		5	5	5
8	2020/1/6	1	月		6	4	4
9	2020/1/7	1	火		7	4	4
10	2020/1/8	1	水		8	5	5
11	2020/1/9	1	木		9	4	4
12	2020/1/10	1	金		10	5	4
13	2020/1/11	1	土		11	4	5
14	2020/1/12	1	日		12	4	4

❶ E列の各月を、カレンダーの「月」項目で検索するため、[検索条件範囲1] にB列を指定し、[条件1] にセル [E3] を指定します。

❷ 土曜日をカレンダーの「曜日」項目で検索するため、[検索条件範囲2] にC列を指定し、[条件2] にセル [F2] を指定します。

❸ 関数をオートフィルでコピーできるように、[検索条件範囲] のB列とC列は絶対参照（列単位で指定しているので、実質、列のみ絶対参照）、E列の1「月」～12「月」は列のみ絶対参照、横項目の「土」「日」は行のみ絶対参照を設定します。

サンプル sec30_2

キーワード AND条件

すべての条件項目をもれなく満たすことを「AND条件」といいます。AND条件は、条件が多くなるほど、対象データが絞り込まれます。

ヒント 列単位で指定する理由と注意点

Sec.29 P.117のメモ、およびSec.37の利用例 1 を参照してください。

ヒント 稼働日数を求める

利用例 2 では、求めた各月の土日の日数を使って毎月の稼働日数を求めることができます。たとえば、年間を通して土日だけ休日の場合は、各月の日数から土日の日数を引けば稼働日数が求められます。

Section 31

複数の条件に該当する値を数える

覚えておきたいキーワード
- DCOUNTA
- OR 条件
- AND 条件

その場で条件を変えながら件数を調べるには、DCOUNTA関数が適しています。DCOUNTA関数では、条件欄がワークシート上に作成されるため、フレキシブルな条件設定が可能です。

分類 データベース　対応バージョン 2010 2013 2016 2019

書式 **DCOUNTA(データベース,フィールド,条件)**

キーワード DCOUNTA

DCOUNTA関数は、一覧表から[条件]に一致する値を検索して、数える対象のデータ行を絞り込み、絞り込んだデータ行を対象に、[フィールド]に指定した列の値の個数を求めます。

引数

[データベース] 一覧表のセル範囲を、列見出しも含めて指定します。また、一覧表に付けた名前を指定することも可能です。

[フィールド] 数えたい列見出しのセルを指定します。

[条件] [データベース]で指定する一覧表の列見出しと同じ見出し名を付けた条件表(Sec.19参照)を作成し、表内に条件を入力します。引数には、条件表のセル範囲を指定します。条件には、数値や数式、文字列、比較式、ワイルドカードが指定できます。

利用例 1 いずれかの条件に該当する件数を求める　DCOUNTA

sec31_1

メモ 条件設定の表現を正しく読み替える

利用例1は、「光熱費『と』通信費に該当する」と記載され、あたかも両方の条件を満たすような表現ですが、横並びのAND条件にすると、「費目が光熱費であり通信費でもある」というあり得ない設定になります。ここは、「費目が光熱費『または』通信費に該当する」と読み替え、OR条件を設定します。

光熱費と通信費に該当する件数を求めます。

=DCOUNTA(A2:E70,A2,G2:H4)

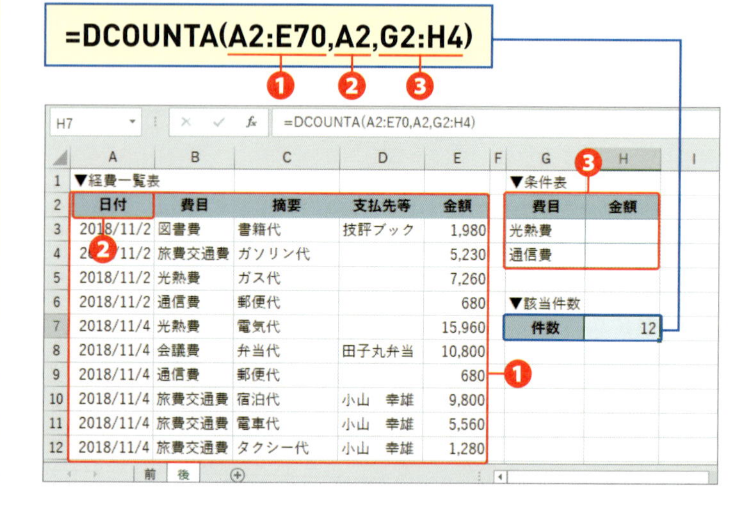

❶ 経費一覧表のセル範囲[A2:E70]を[データベース]に指定します。

❷ 数える対象にする列見出しのセル[A2]を[フィールド]に指定します。

❸「費目」のセル[G3]に「光熱費」、セル[G4]に「通信費」と入力し、条件欄のセル範囲[G2:H4]を[条件]に指定します。「金額」には何も指定がないので、条件はありません。また、条件表にない「日付」「摘要」「支払先等」も条件がないのと同じです。

ヒント [フィールド]に指定するセル

一覧表には、1行に1件のデータが入っているので、どの列見出しを選んでも数えられますが、空欄が生じる列は選べません。また、一般に、入力漏れをゼロにするのは難しいので、どの列にも空欄が生じる可能性のある場合は、通し番号などの空欄のない列を作って[フィールド]に指定します。

ヒント DCOUNT関数も利用できる

利用例 2 は、[フィールド]に「日付」を指定しているので、条件に合う数値を数えるDCOUNT関数も利用できます。

利用例 2 指定した2項目に該当する件数を求める DCOUNTA

光熱費と通信費がいずれも1万円以上の件数を求めます。

=DCOUNTA(A2:E70,A2,G2:H4)

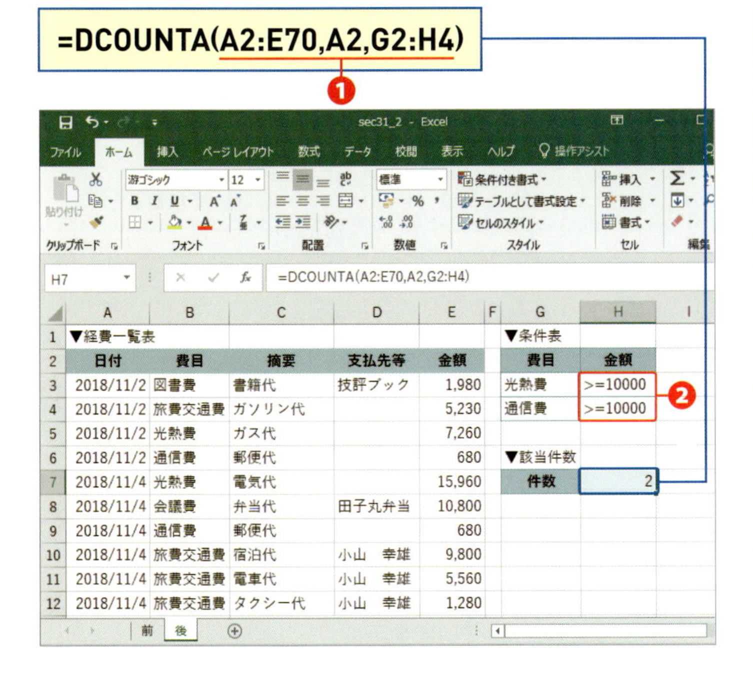

	A	B	C	D	E	F	G	H
1	▼経費一覧表						▼条件表	
2	日付	費目	摘要	支払先等	金額		費目	金額
3	2018/11/2	図書費	書籍代	技評ブック	1,980		光熱費	>=10000
4	2018/11/2	旅費交通費	ガソリン代		5,230		通信費	>=10000
5	2018/11/2	光熱費	ガス代		7,260			
6	2018/11/2	通信費	郵便代		680		▼該当件数	
7	2018/11/4	光熱費	電気代		15,960		件数	2
8	2018/11/4	会議費	弁当代	田子丸弁当	10,800			
9	2018/11/4	通信費	郵便代		680			
10	2018/11/4	旅費交通費	宿泊代	小山　幸雄	9,800			
11	2018/11/4	旅費交通費	電車代	小山　幸雄	5,560			
12	2018/11/4	旅費交通費	タクシー代	小山　幸雄	1,280			

❶ 関数の引数は利用例 1 と同じです。

❷ セル[H3]と[H4]に「>=10000」と入力し、「金額」が「10000」円以上の条件を追加しています。

サンプル sec31_2

ヒント DSUM関数との比較

Sec.19のDSUM関数と比較すると、使い方がまったく同じであることがわかります。[条件]や[フィールド]が同じであれば、関数名を変更するだけで、複数の集計値を求めることができます。

ヒント COUNTIFS関数との比較

Sec.30のCOUNTIFS関数は、複数の条件をすべて満たすAND条件のカウントです。ここで紹介した利用例のように、OR条件を含んだカウントを行う場合はDCOUNTA関数を利用します。

Section 32

空白セルを数える

覚えておきたいキーワード
- COUNTBLANK
- COUNTA
- 長さ0の文字列

COUNTBLANK関数は「BLANK（空白）」から連想されるように、空白セルを数えます。COUNTBLANK関数とペアで紹介されるのが、空白以外のセルを数えるCOUNTA関数です（Sec.28）。しかし、セルの状態によっては、ペアにならないケースがあります。

分類 統計　対応バージョン 2010 2013 2016 2019

書式 **COUNTBLANK(範囲)**

キーワード COUNTBLANK

指定した範囲の空白セルを数えます。見た目の空白セルは数えません（Sec.28 P.115参照）。「""」と入力された長さ0の文字列は、COUNTBLANK関数の計数対象です。

引数

［範囲］　セル範囲を指定します。範囲は1箇所だけです。複数の範囲を同時に選択することはできません。

利用例 1 未提出者数を求める　COUNTBLANK

サンプル sec32_1

メモ 提出確認が文字列の場合

利用例1では、提出確認欄に日付が入力されているため、COUNT関数を利用していますが、提出確認欄に「提出済み」「○」などの文字列が入っている場合は、COUNTA関数を利用します。なお、日付の場合でもCOUNTA関数は利用できますが、日付だけ数えることを明確にするためにCOUNT関数にしています。

提出確認の空白セルを数えて未提出者数を求めます。

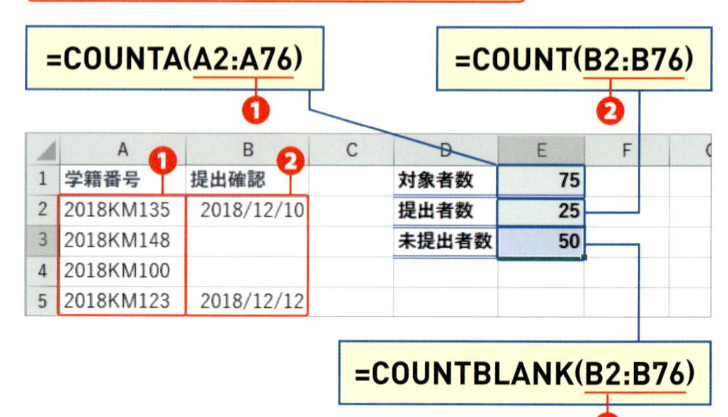

	A	B	C	D	E	F
1	学籍番号	提出確認		対象者数	75	
2	2018KM135	2018/12/10		提出者数	25	
3	2018KM148			未提出者数	50	
4	2018KM100					
5	2018KM123	2018/12/12				

❶「学籍番号」のセル範囲［A2:A76］をCOUNTA関数の［値］に指定し、対象者数を求めています。

❷「提出確認」のセル範囲［B2:B76］をCOUNT関数の［値］に指定し、提出者数を求めています。また、COUNTBLANK関数の［範囲］に指定して未提出者数を求めています。

3つの関数の結果は、「対象者数＝提出者数＋未提出者数」の関係を示しています。

利用例 2 スケジュールの空きを求める　COUNTBLANK

予定欄の空白からスケジュールの空き日数を求めます。

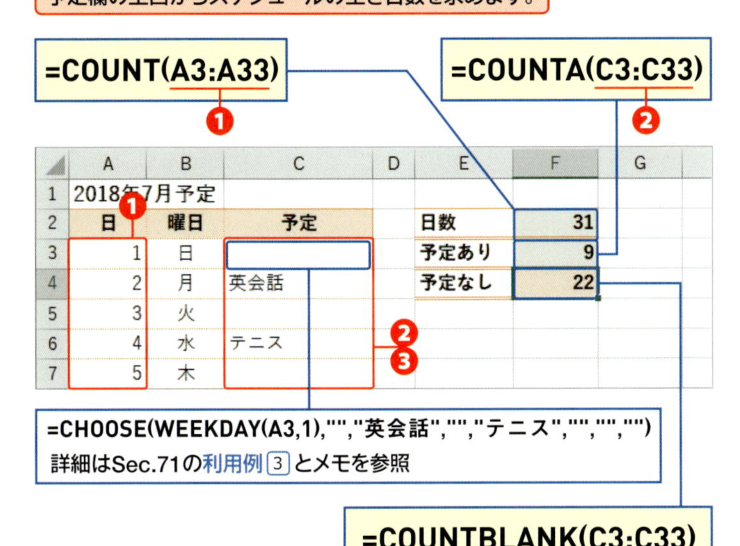

❶「日」のセル範囲[A3:A33]をCOUNT関数の[値]に指定し、その月の日数(ここでは、7月の日数)を求めています。

❷「予定」のセル範囲[C3:C33]をCOUNTA関数の[値]に指定し、空白以外の予定が入っているセルを数えています。

❸「予定」のセル範囲[C3:C33]をCOUNTBLANK関数の[範囲]に指定し、空白セルを数え、予定なしの日数を求めています。

3つの関数の結果は、「日数=予定あり+予定なし」の関係が示せていません。原因は、C列の「予定」に入力されている「""」(長さ0の文字列)を含む式です。COUNTA関数では、「""」を空白でないと認識して数え、COUNTBLANK関数では「""」を空白と認識して数えるのです。両関数とも「""」はカウントするため、上図のような矛盾が生じます。

=F2-F4

F3　=F2-F4

	A	B	C	D	E	F	G
1	2018年7月予定						
2	日	曜日	予定		日数	31	
3	1	日			予定あり	9	
4	2	月	英会話		予定なし	22	
5	3	火					

❹「""」(長さ0の文字列)によってセルを空白にした場合は、COUNTA関数は利用せずに、引き算で対応します。

サンプル sec32_2

ヒント 「予定」に入力されている関数の処理

「予定」に入力された関数は、曜日に対応する予定を表示しています。予定のない曜日は何も表示しないように「""」(長さ0の文字列)で処理しています。毎週決まった予定があるときに使うと便利な関数です。

ヒント 長さ0の文字列

Sec.01のP.21で確認したとおり、文字の前後を「""」(半角ダブルクォーテーション)で囲むのが関数全体の約束事です。「"いろは"」は3文字ですが、表現を変えて「長さ3の文字列」という言い方をします。このとき、セルには「いろは」と表示されます。同様に当てはめると、「""」は「長さ0の文字列」になり、セルには文字がないので何も表示されません。「""」はセルを空白にするときによく使う処理方法です。

Section 33 度数を求める

覚えておきたいキーワード
- ☑ FREQUENCY
- ☑ 度数分布表

大量のデータを個別に確認するのは困難です。そこで、一定間隔のデータ区間を設け、データを該当する区間に振り分けます。データ区間に集まった値の個数を見ることで、データの分布状態を捉えることができます。一般に、区間に集まった値の数を度数といい、各度数をまとめた表を度数分布表といいます。

分類 統計　対応バージョン 2010 2013 2016 2019

書式 FREQUENCY(データ配列,区間配列)

キーワード FREQUENCY

データを指定した区間に振り分け、それぞれの区間に振り分けられた数値の個数を求めます。配列数式で入力すると、各区間の度数が求められます（配列数式はSec.08参照）。

引　数

[データ配列] 度数を把握したいデータをセル範囲で指定します。指定した範囲に含まれる文字列、論理値、空白セルは無視されます。

[区間配列] データ区間のセル範囲を指定します。データ区間の数値は、区間の上限値を指定します。

■引数に指定するセル範囲の取り方

FREQUENCY関数では、[区間配列] の末尾を空白にした場合は、度数を求める範囲を [区間配列] より1つ多く取ることができます。

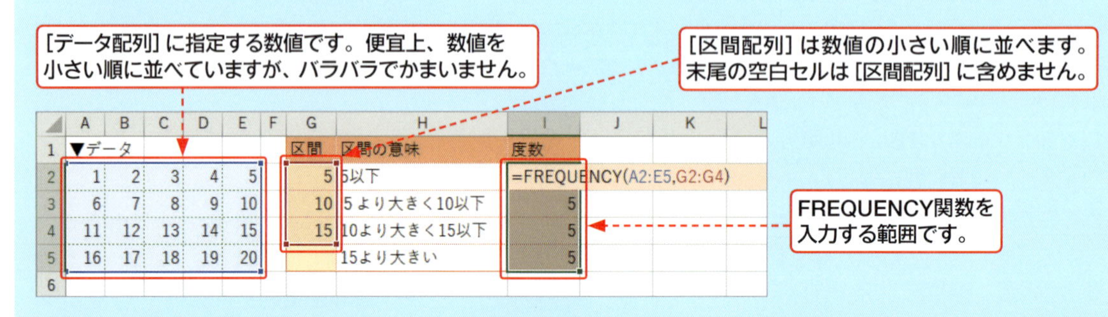

[区間配列] の末尾は必ずしも空白にする必要はありません。[データ配列] に指定したすべての値が、必ずどこかの区間に入ればよいです。[区間配列] の末尾に値を入れた場合は、末尾のセルまで [区間配列] に指定します。

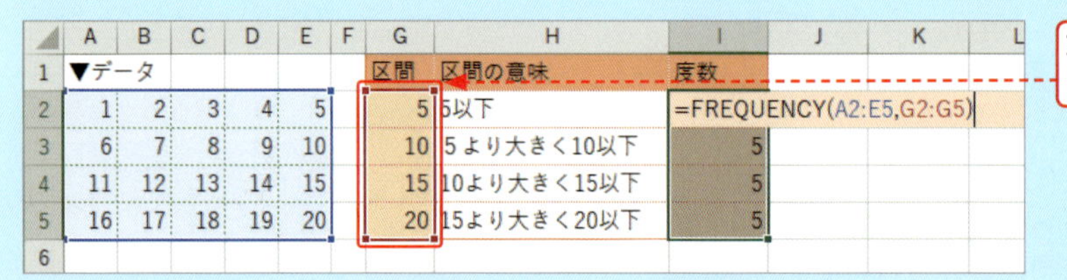

末尾まで区間を指定した場合は、[区間配列] に指定します。

利用例 1 成績の得点分布を調べる FREQUENCY/COUNTIFS

100点満点の成績を10点刻みの区間に分け、度数を求めます。

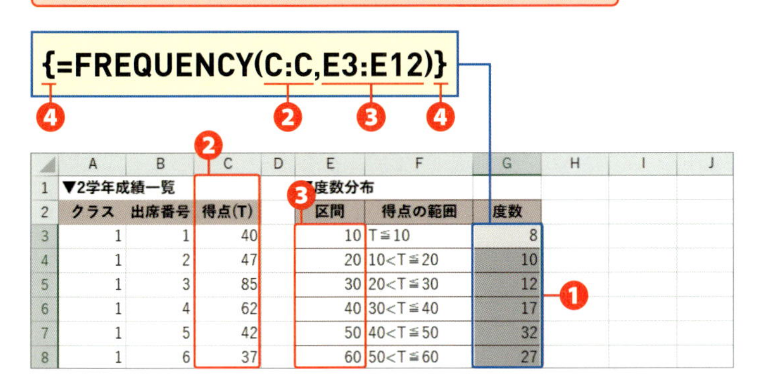

❶ 度数を求めるセル範囲［G3:G12］をドラッグして選択します。

❷ 「得点」のC列を［データ配列］に指定します。列番号［C］をクリックすると、［C:C］と入力されます。

❸ 得点の区間を表すセル範囲［E3:E12］を［区間配列］に指定し、Ctrl と Shift を押しながら Enter を押して、配列数式で入力します。

❹ 配列数式で入力すると、関数の前後が{ }（中括弧）で囲まれます。

サンプル sec33_1

ヒント FREQUENCY関数を修正したい場合

配列数式で入力したFREQUENCY関数を修正したい場合は、配列数式を入力した範囲を選択する必要があります。利用例 1 の場合は、セル範囲［G3:G12］を範囲選択してから数式バーをクリックし、関数を修正します。修正後は、再び、Ctrl と Shift を押しながら Enter を押します（配列数式の修正方法はSec.08 P.49参照）。

FREQUENCY関数の代わりにCOUNTIFS関数で度数を求めます。

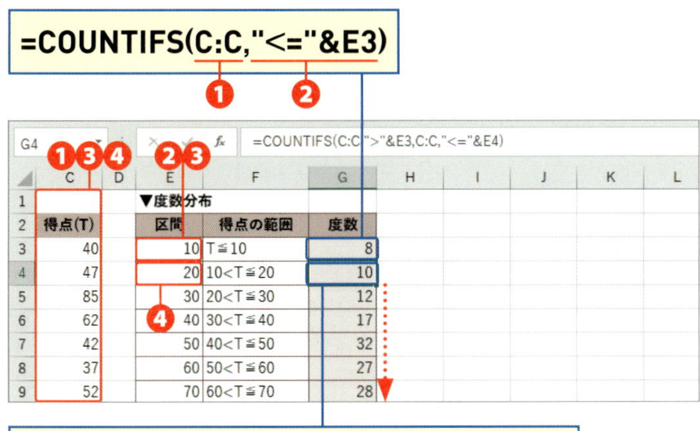

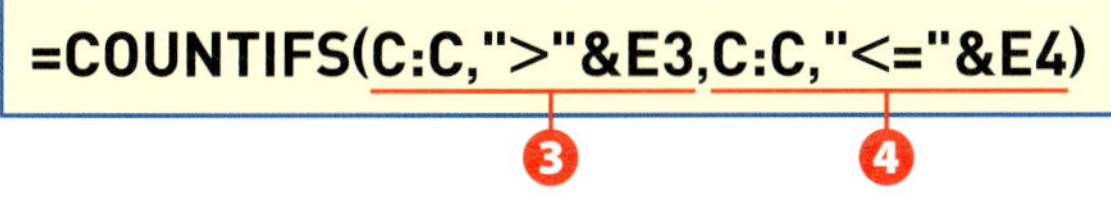

❶ 「得点」のC列を［検索条件範囲］に指定します。

❷ ［検索条件］に「"<="&E3」と入力し、「得点が10以下」を条件とします。10点以下の個数が求められます。

❸❹ 「得点」のC列を［検索条件範囲］に指定します。「">"&E3」は「10より大きい」、「"<="&E4」は「20以下」です。よって、得点が10より大きく20以下の得点が検索されます。

サンプル sec33_2

メモ COUNTIFS関数で度数を求める

［検索条件範囲］と［検索条件］はペアで指定します。同じ範囲を検索する場合でも省略はできません。COUNTIFS関数では、「10より大きく20以下」などの区間は［検索条件］に指定できるので、配列数式にする必要がありません。オートフィルで度数が求められます。

利用例 2 成績の累積度数を求める FREQUENCY

サンプル sec33_3

キーワード 累積度数

度数の累計です。累積度数の末尾の値は、[データ配列]に指定した数値の個数に一致します。

ヒント 累積度数はSUM関数でも求められる

累積度数は度数の累計です。Sec.16の利用例 2 と同様に、SUM関数で累積度数を求めることができます。式は「=SUM($F$3:F3)」です。

100点満点の成績を10点刻みの区間に分けたときの累積度数を求めます。

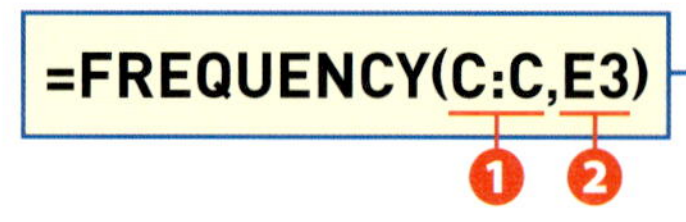

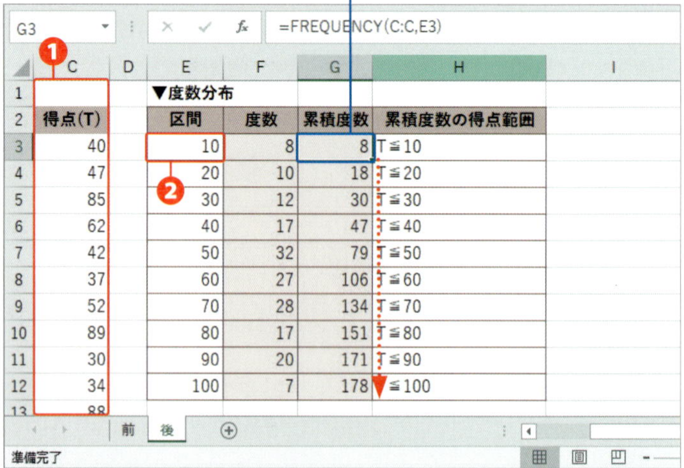

	C	D	E	F	G	H
1			▼度数分布			
2	得点(T)		区間	度数	累積度数	累積度数の得点範囲
3	40		10	8	8	T≦10
4	47		20	10	18	T≦20
5	85		30	12	30	T≦30
6	62		40	17	47	T≦40
7	42		50	32	79	T≦50
8	37		60	27	106	T≦60
9	52		70	28	134	T≦70
10	89		80	17	151	T≦80
11	30		90	20	171	T≦90
12	34		100	7	178	T≦100

❶ セル[G3]にFREQUENCY関数を入力します。[データ配列]に得点の列Cを指定します。

❷ [区間配列]にセル[E3]を指定し、「10以下」の度数を求めています。オートフィルでコピーすると、[区間配列]のセルが相対的に1つずつずれます。[区間配列]は区間の上限値なので、オートフィルでコピーするたびに、「20以下」「30以下」となり、度数を求める範囲が10ずつ拡張されます。

ヒント 整数のデータを「～以上～未満」で分けたい場合

度数を求めたいデータが整数の場合は、区間配列に指定する数値をそれぞれ1減らせば「～以上～未満」にできます。

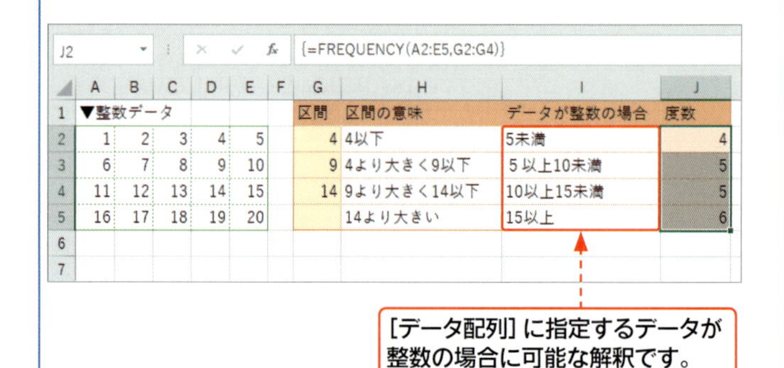

	A	B	C	D	E	F	G	H	I	J
1	▼整数データ						区間	区間の意味	データが整数の場合	度数
2	1	2	3	4	5		4	4以下	5未満	4
3	6	7	8	9	10		9	4より大きく9以下	5以上10未満	5
4	11	12	13	14	15		14	9より大きく14以下	10以上15未満	5
5	16	17	18	19	20			14より大きい	15以上	6

ヒント 度数分布表をグラフで視覚化する

FREQUENCY関数で得られた度数分布表をもとに、グラフを作成すると、データ分布が視覚的にわかります。度数分布表をもとにしたグラフはヒストグラムといいます。ヒストグラムの特徴は、区間が連続的に変化しているため、縦棒の間隔がぴったりとくっつくことです。

ヒストグラムを作成するには、集合縦棒グラフを挿入したあと、データ系列の要素の間隔（棒と棒の間隔）を狭くする設定を行います。

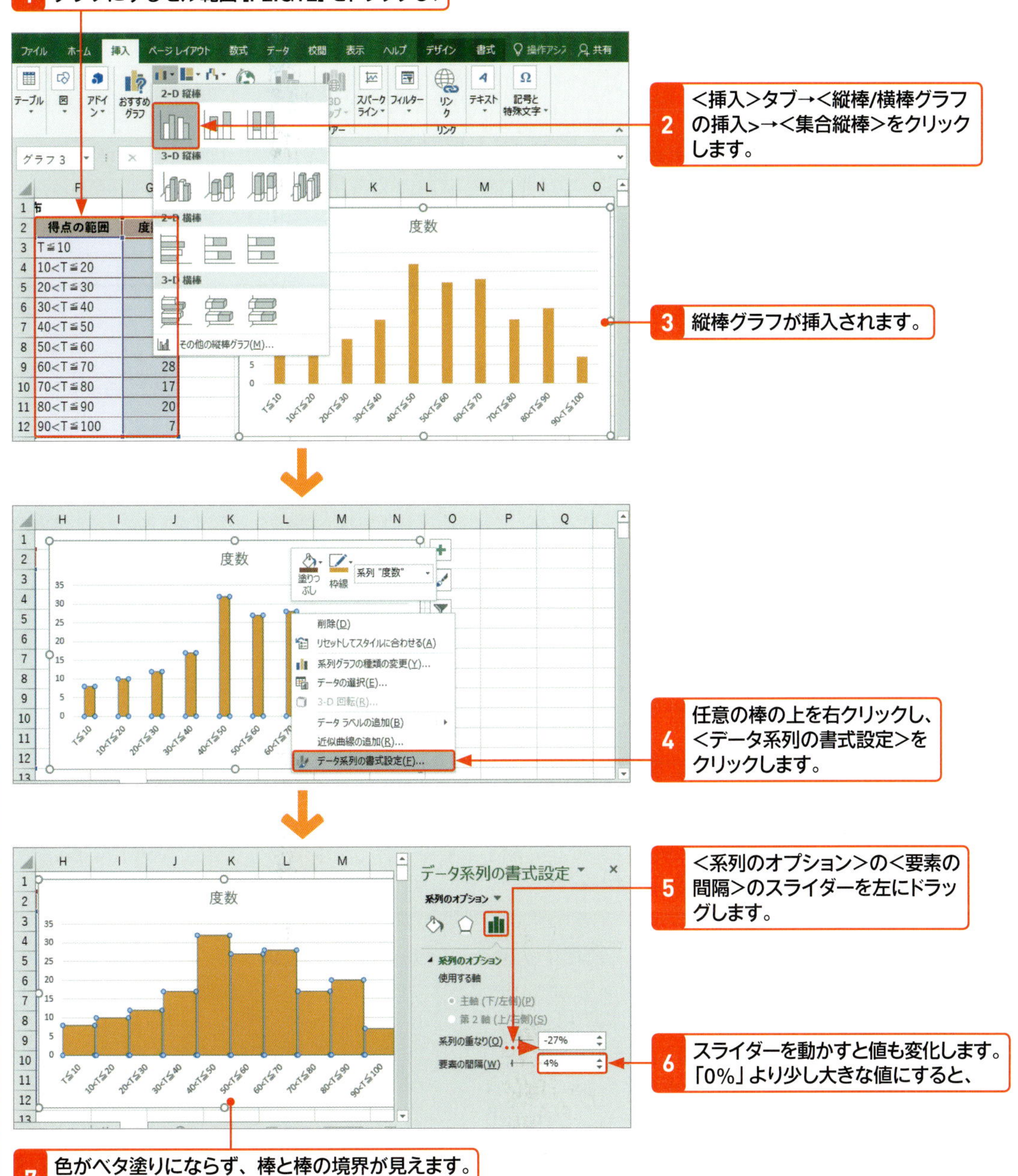

Section 34 数値を平均する

覚えておきたいキーワード
- AVERAGE
- AVERAGEA

一般に、平均値とは、個々の数値を全部足して数値の個数で割った値です。関数で平均値を求めるには、通常、AVERAGE関数を利用しますが、何を基準に平均するのかによっては、AVERAGE関数は利用できない場合もあります。ここでは、AVERAGE関数を利用する平均と利用しない平均を紹介します。

分類 統計　対応バージョン 2010 2013 2016 2019

書式

AVERAGE(数値1[,数値2]・・・)

AVERAGEA(値1[,値2]・・・)

AVERAGE/AVEAGEA

AVERAGE関数は、指定したセル範囲にある数値を計算対象とし、数値の平均値を求めます。AVERAGEA関数は、空白以外の値の平均値を求めます。AVERAGE関数は、<オートフィル>の<平均>でも入力できます(Sec.01参照)。

メモ 値の種類が混在する場合の戻り値の違い

セル範囲[D2:D7]のうち、AVERAGE関数の計算対象は、セル[D2]の1のみです。よって、平均値は数値「1」÷数値の数「1」=1です。AVERAGEA関数は、セル[D7]の空白セル以外の5個が計算対象です。このうち、数値と論理値「TRUE」が1で合計2、残りは0です。よって、平均値は2÷5=0.4になります。

引数

[数値] 数値、または、数値のセルやセル範囲を指定します。

[値] 任意の値、セルやセル範囲を指定します。

■AVERAGE関数とAVERAGEA関数の計算対象

データが数値だけの場合は、AVERAGE/AVERAGEA関数とも同じです。データに複数の値の種類が混在する場合、AVERAGE関数は、数値のみを計算対象とします。AVERAGEA関数では、文字列、スペース を押して入力した空白文字、FALSEを「0」、TRUEを「1」として計算します。両関数とも空白セルは無視します。

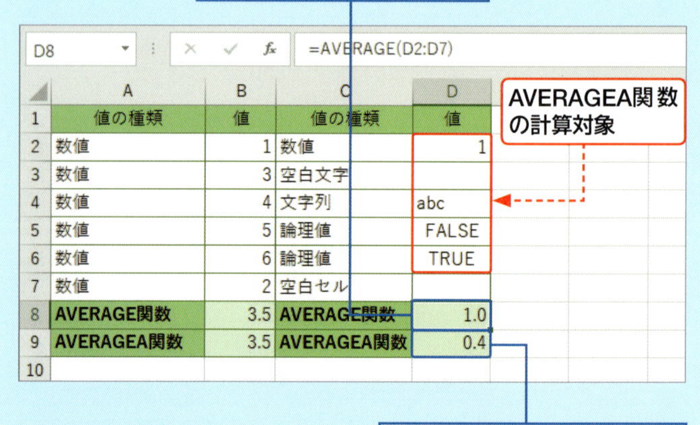

	A	B	C	D
1	値の種類	値	値の種類	値
2	数値	1	数値	1
3	数値	3	空白文字	
4	数値	4	文字列	abc
5	数値	5	論理値	FALSE
6	数値	6	論理値	TRUE
7	数値	2	空白セル	
8	AVERAGE関数	3.5	AVERAGE関数	1.0
9	AVERAGEA関数	3.5	AVERAGEA関数	0.4
10				

利用例 1 売上日あたりの平均販売価格を求める AVERAGE

バターの売上日あたりの平均販売価格を求めます。

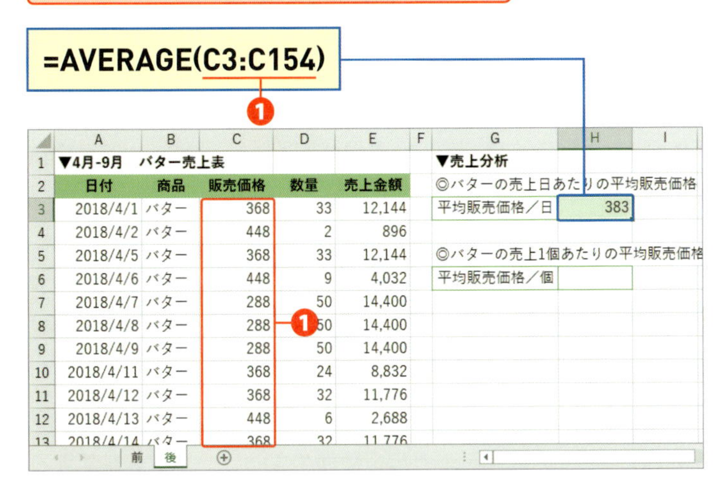

	A	B	C	D	E	F	G	H	I
1	▼4月-9月	バター売上表					▼売上分析		
2	日付	商品	販売価格	数量	売上金額		◎バターの売上日あたりの平均販売価格		
3	2018/4/1	バター	368	33	12,144		平均販売価格／日	383	
4	2018/4/2	バター	448	2	896				
5	2018/4/5	バター	368	33	12,144		◎バターの売上1個あたりの平均販売価格		
6	2018/4/6	バター	448	9	4,032		平均販売価格／個		
7	2018/4/7	バター	288	50	14,400				
8	2018/4/8	バター	288	50	14,400				
9	2018/4/9	バター	288	50	14,400				
10	2018/4/11	バター	368	24	8,832				
11	2018/4/12	バター	368	32	11,776				
12	2018/4/13	バター	448	6	2,688				
13	2018/4/14	バター	368	32	11,776				

❶「販売価格」のセル範囲［C3:C154］を［数値］に指定します。「販売価格」の列に「販売価格」に無関係な数値が入らない場合は、列番号［C］をクリックして、C列全体を［数値］に指定することもできます。

 sec34_1

メモ 1行あたりの平均はAVERAGE関数を使う

利用例1は、日付単位で売上データが入力されています。つまり、売上日あたりの平均販売価格は、1件あたりの平均値であり、AVERAGE関数で求める例です。

ヒント 小数点以下の表示をセルの表示形式で整える

平均値は往々にして小数点以下に数値が並びます。小数点以下の数値を厳密に扱わないと、その後の処理や分析に影響が出る場合は別として、およその値が把握できればよいのであれば、セルの表示形式を整えるだけで十分です。利用例1では、<ホーム>タブの<桁区切りスタイル>を設定して通貨の表示にしています。

利用例 2 売上1個あたりの平均販売価格を求める SUM

バターの売上1個あたりの平均販売価格を求めます。

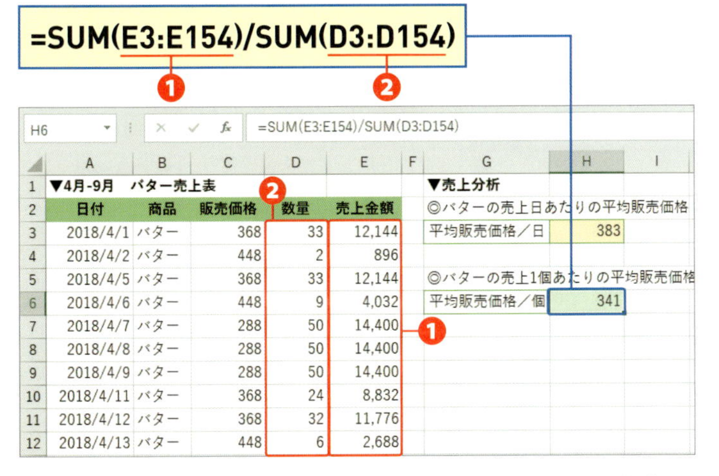

	A	B	C	D	E	F	G	H	I
1	▼4月-9月	バター売上表					▼売上分析		
2	日付	商品	販売価格	数量	売上金額		◎バターの売上日あたりの平均販売価格		
3	2018/4/1	バター	368	33	12,144		平均販売価格／日	383	
4	2018/4/2	バター	448	2	896				
5	2018/4/5	バター	368	33	12,144		◎バターの売上1個あたりの平均販売価格		
6	2018/4/6	バター	448	9	4,032		平均販売価格／個	341	
7	2018/4/7	バター	288	50	14,400				
8	2018/4/8	バター	288	50	14,400				
9	2018/4/9	バター	288	50	14,400				
10	2018/4/11	バター	368	24	8,832				
11	2018/4/12	バター	368	32	11,776				
12	2018/4/13	バター	448	6	2,688				

❶「売上金額」のセル範囲［E3:E154］をSUM関数の［数値］に指定し、売上金額の合計を求めます。

❷「数量」のセル範囲［D3:D154］をSUM関数の［数値］に指定し、数量の合計を求めます。❶を❷で割って、1個あたりの平均販売価格を求めています。

サンプル sec34_2

メモ AVERAGE関数が利用できない平均

バター売上表は、日付単位の表のため、数量1個あたりの平均にAVERAGE関数を使うことはできません。そこで、「販売価格＝売上金額÷数量」の関係から、売上金額の合計を数量の合計で割って、1個あたりの販売価格を求めています。

ヒント 2つの平均の意味

売上日あたりの販売価格よりも1個あたりの販売価格が安いということは、販売価格の安い日を狙って多く購入されていることがわかります。

Section 35

比率の平均値を求める

覚えておきたいキーワード
- GEOMEAN
- 幾何平均
- 比率の平均

平均値には複数の種類があり、Sec.34で紹介したAVERAGE関数による平均値は、正式には相加平均（算術平均）といいます。ここでは、GEOMEAN関数を使った幾何平均について解説します。「MEAN」には平均という意味があります。

分類 統計　対応バージョン 2010 2013 2016 2019

書式 **GEOMEAN(数値1[,数値2]・・・)**

引数

[数値] 0以上の数値、または、数値の入ったセルやセル範囲を指定します。負の数は指定できません。

キーワード **GEOMEAN**

数値の幾何平均を求めます。単独の数値ではなく、前期比や伸び率など、数値同士の関係性を示すような値の平均を求めたいときに使います。

利用例 1 資産の平均伸び率を比較する　GEOMEAN

サンプル sec35_1

ヒント **騰落率**

騰落率とは、一定期間の投資に対する変化率です。利用例1のファンドXでは、第2期の資産「990」は第1期の資産「1000」より10目減りしていますが、第1期の資産を基準にすると「−10」は「1000」の「−1%」です。これを式にすると、「（今期−前期）／前期」ですが、式を変形して「（今期／前期）−1」としています。

ファンドXで資産運用した場合の資産の平均伸び率を求めます。

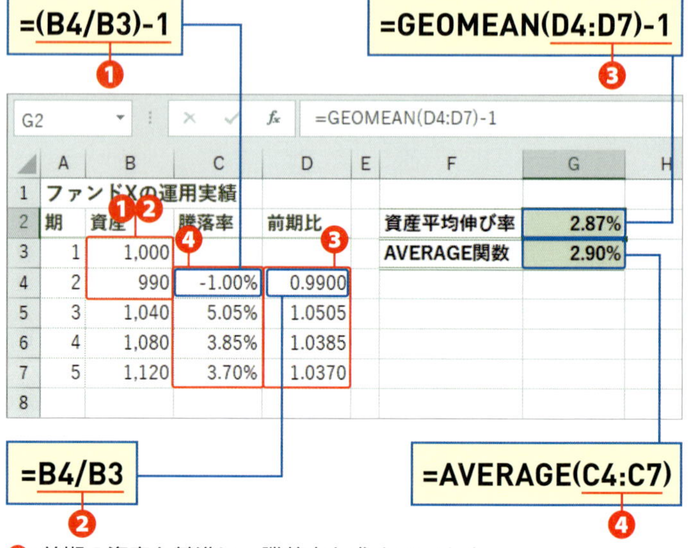

❶ 前期の資産を基準に、騰落率を求めています。

❷ GEOMEAN関数には負の数を指定できないため、今期の資産を前期の資産で割った前期比を使います。

第3章 データを集計する

❸ GEOMEAN関数の［数値］に、前期比のセル範囲［D4:D7］を指定し、騰落率に合わせるため、1を引いています。

❹ AVERAGE関数は［数値］に負の数を指定できるので、騰落率のセル範囲［C4:C7］を指定します。

ファンドZで資産運用した場合の資産の平均伸び率を求めます。

G2　=GEOMEAN(D4:D7)-1

	A	B	C	D	E	F	G	H
1	ファンドZの運用実績							
2	期	資産	騰落率	前期比		資産平均伸び率	2.87%	
3	1	1,000				AVERAGE関数	3.89%	
4	2	1,150	15.00%	1.1500				
5	3	980	-14.78%	0.8522				
6	4	1,180	20.41%	1.2041				
7	5	1,120	-5.08%	0.9492				
8								

❶ 関数は同じです。ファンドXに比べて、GEOMEAN関数とAVERAGE関数の値の差が大きくなっています。

❷ 全体的にファンドXよりファンドZの騰落率が大きいです。

sec35_2

ヒント 相加平均は騰落率のばらつきに影響される

ファンドXもファンドZも資産1000から始めて第5期で1120ですが、ファンドZはファンドXより、資産の変化が大きいです。資産の振れ幅が大きくなるほど、騰落率の数値が大きくなるので、AVERAGE関数による平均値も大きくなります。反対に、数値の変化が小さいほど、GEOMEAN関数とAVERAGE関数の結果は近づきます。

ヒント 比率の平均値はGEOMEAN関数を使う

資産の振れ幅が大きいファンドZについて、GEOMEAN関数の平均伸び率とAVERAGE関数の相加平均を使って第2期以降の資産を計算すると次のようになります。平均伸び率は第5期の資産と一致しますが、相加平均とは一致しません。比率の平均値を求めるのにAVERAGE関数は適さないことがわかります。

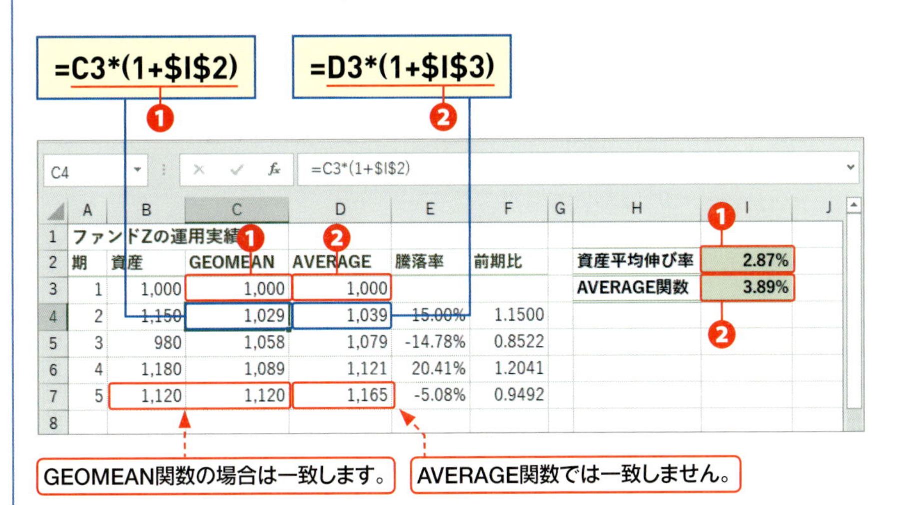

	A	B	C	D	E	F	G	H	I	J
1	ファンドZの運用実績									
2	期	資産	GEOMEAN	AVERAGE	騰落率	前期比		資産平均伸び率	2.87%	
3	1	1,000	1,000	1,000				AVERAGE関数	3.89%	
4	2	1,150	1,029	1,039	15.00%	1.1500				
5	3	980	1,058	1,079	-14.78%	0.8522				
6	4	1,180	1,089	1,121	20.41%	1.2041				
7	5	1,120	1,120	1,165	-5.08%	0.9492				
8										

❶ 各期の資産は、前期の資産より平均伸び率分だけ成長するので、今期の資産は「前期資産×(1+資産平均伸び率)」で計算できます。第2期から見た前期資産はセル［C3］、資産平均伸び率はセル［I2］です。オートフィルでコピーしても資産平均伸び率が移動しないよう、セル［I2］は絶対参照を指定します。

❷ 計算式は❶と同様です。資産平均伸び率の代わりにセル［I3］の相加平均を利用しています。

Section 36

数値の調和平均を求める

覚えておきたいキーワード
- HARMEAN
- 調和平均

行きの時速80km、帰りの時速20kmの場合、平均時速を（80+20）÷2＝50kmとするのは間違いです。道のりが80kmなら、行きは1時間、帰りは4時間かかるので、往復160kmを5時間で割った32kmが平均時速です。これを調和平均といい、HARMEAN関数で求めることができます。

分類　統計　対応バージョン　2010　2013　2016　2019

書式　**HARMEAN(数値1[,数値2]・・・)**

キーワード　HARMEAN

数値の調和平均を求めます。往復の平均時速を求めるために、速さと逆数の関係にある時間に換算して計算したように、逆数を利用して平均値を求めるときに利用します。

引数

[範囲]　0以上の数値、または、数値の入ったセルやセル範囲を指定します。負の数は指定できません。

利用例 1　平均買付価格を求める　HARMEAN

サンプル　sec36_1

ヒント　一口あたりの平均買付価額

Sec.34の利用例2と同様、AVERAGE関数が使えない平均です。口数に端数が出ても拠出金分を買い付けるときの平均買付価額は調和平均になります。拠出金＝買付価額×口数より、買付価額と口数は逆数の関係にあります。

買付価額が変動する金融商品を毎期一定額買い付けるときの一口あたりの平均買付価格を求めます。

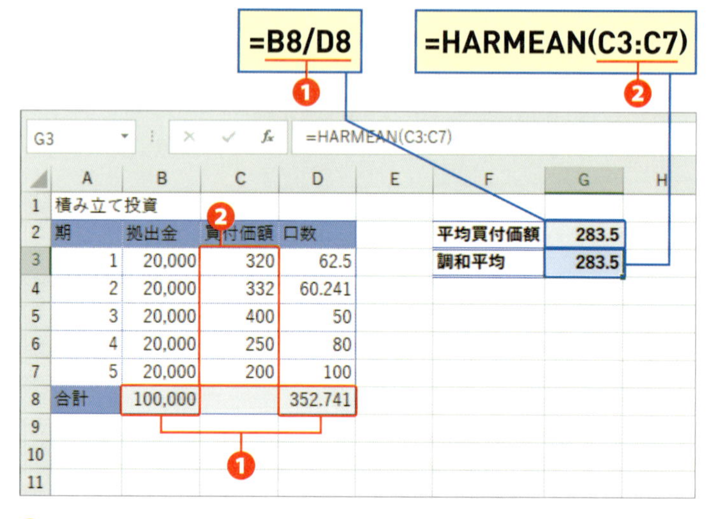

	A	B	C	D
1	積み立て投資			
2	期	拠出金	買付価額	口数
3	1	20,000	320	62.5
4	2	20,000	332	60.241
5	3	20,000	400	50
6	4	20,000	250	80
7	5	20,000	200	100
8	合計	100,000		352.741

❶ 拠出金の合計額を合計口数で割り、一口あたりの平均買付価額を求めています。

❷ 買付価額のセル範囲［C3:C7］をHARMEANの［数値］に指定し、調和平均を求めています。毎月一定金額の投資では、買付価額の平均は調和平均になります。

利用例 2 協同で作業するときの所要時間を求める HARMEAN

業務A,B,Cを協同で行った場合の所要時間を求めます。

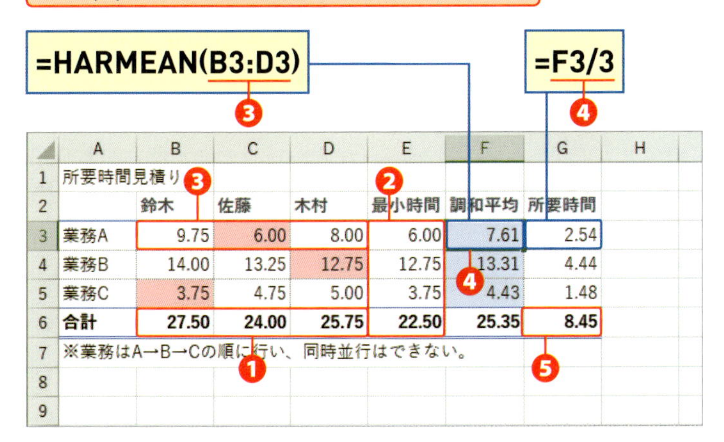

	A	B	C	D	E	F	G	H
1	所要時間見積り							
2		鈴木	佐藤	木村	最小時間	調和平均	所要時間	
3	業務A	9.75	6.00	8.00	6.00	7.61	2.54	
4	業務B	14.00	13.25	12.75	12.75	13.31	4.44	
5	業務C	3.75	4.75	5.00	3.75	4.43	1.48	
6	合計	27.50	24.00	25.75	22.50	25.35	8.45	
7	※業務はA→B→Cの順に行い、同時並行はできない。							
8								
9								

上図は、各担当者が業務A，B，Cを1人で行うのにかかる時間です。たとえば、佐藤は業務Aに6時間かかります。

❶ 業務A～Cを1人で行った場合の合計所要時間です。佐藤1人にすべて任せれば24時間で終了します。

❷ 各業務にかかる時間が最も早い人にそれぞれ業務を割り当てたときの所要時間です。

❸ 業務Aの所要時間のセル範囲［B3:D3］を［数値］に指定し、調和平均を求めています。これは、鈴木、佐藤、木村の平均的な業務処理能力を持つ人が業務Aを作業すれば7.61時間かかるという意味です。

❹ 3人協同で同じ業務にあたるので、調和平均を3で割っています。

❺ 3人で協力して業務を行うと、8.45時間で終わることを示しています。

サンプル sec36_2

ヒント 時間とコストは別

3人で協力すれば、1人で行ったり、得意な業務を3人で手分けするよりも早く終わりますが、3人を投入しているので、コストは「8.45時間×3人×1人当たりの費用」となります。仮に1人あたりの時給1,000円とすると、協同で行った場合のコストは「25,350」円です。コスト重視なら、得意な業務を3人で手分けしたほうが安く済みます。

ヒント 全員同じなら、調和平均は相加平均に一致する

仮に、鈴木、佐藤、木村がすべて同じ所要時間の場合は、AVERAGE関数による相加平均とHARMEAN関数による調和平均は同じ結果になります。一般に相加平均と調和平均は、相加平均≧調和平均の関係があります。

F3 =AVERAGE(B3:D3)

	A	B	C	D	E	F	G	H
1	所要時間見積り							
2		鈴木	佐藤	木村	調和平均	AVERAGE	所要時間	
3	業務A	6.00	6.00	6.00	6.00	6.00	2.00	
4	業務B	13.25	13.25	13.25	13.25	13.25	4.42	
5	業務C	4.75	4.75	4.75	4.75	4.75	1.58	
6	合計	24.00	24.00	24.00	24.00	24.00	8.00	
7								

佐藤が3人いてくれたら8時間で済むのに、という結果を表わしています。

Section 37 条件に一致する数値を平均する

覚えておきたいキーワード
- ☑ AVERAGEIF
- ☑ 比較演算子

平均値は、データ内の極端に離れた数値に影響を受けます。たとえば、{3,2,5,110}の平均値は「30」ですが、「110」につられています。離れた数値の影響を防ぐには、データに条件を付け、一定の値以下のデータを対象に平均値を求めます。ここでは、条件に合う数値の平均値を求めます。

分類 統計　対応バージョン 2010 2013 2016 2019

書式 AVERAGEIF(範囲,検索条件[,平均対象範囲])

引　数

[範囲] 条件を検索するセル範囲を指定します。セル範囲に付けた名前を指定することもできます。

[検索条件] 平均を求める対象を絞るための条件を指定します。条件には、数値、文字列、比較式、ワイルドカード、もしくは、条件が入ったセルを指定します。数値以外の条件を直接引数に指定する場合は、条件の前後を「"(ダブルクォーテーション)」で囲みます。

[平均対象範囲] 平均を求めるセル範囲や名前を指定します。省略した場合は、[検索条件]に合う[範囲]の数値データで平均されます。

利用例 1 安い金額を除いた平均回答価格を求める　AVERAGEIF

サンプル sec37_1

メモ 列単位で指定できない場合

通常は、表タイトルや項目名などがあっても条件に一致しないため、列単位で指定しても問題になりません。ところが、利用例1では、価格と同じ列に、数値と見なされる日付があり、しかも、価格を条件にしたために、日付が平均対象になってしまいました。「2018/7/21」は、「43302」と見なされます(Sec.13参照)。300以上という条件に日付が一致し、平均価格を吊り上げる原因となりました。

300円未満の回答者を除外した平均回答価格を求めます(誤りの例)。

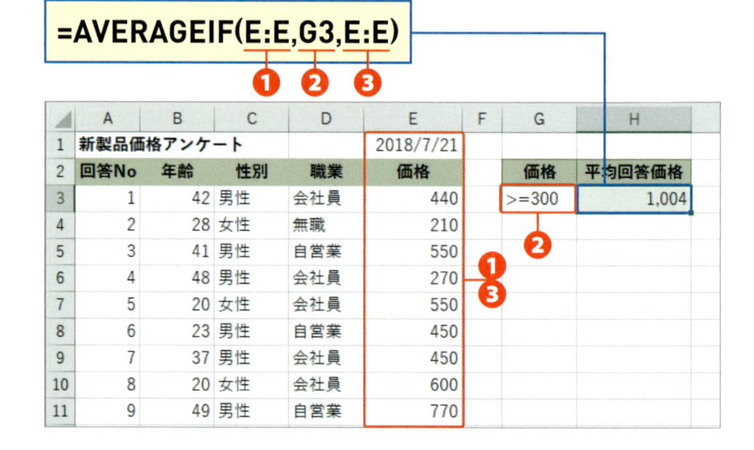

	A	B	C	D	E	F	G	H
1	新製品価格アンケート				2018/7/21			
2	回答No	年齢	性別	職業	価格		価格	平均回答価格
3	1	42	男性	会社員	440		>=300	1,004
4	2	28	女性	無職	210			
5	3	41	男性	自営業	550			
6	4	48	男性	会社員	270			
7	5	20	女性	会社員	550			
8	6	23	男性	自営業	450			
9	7	37	男性	会社員	450			
10	8	20	女性	会社員	600			
11	9	49	男性	自営業	770			

①② セル［G3］の「>=300」を「価格」で検索します。ここでは、価格の列番号［E］をクリックし、列単位で［範囲］に指定します。

③「価格」のE列を［平均対象範囲］に指定します。

回答価格に1000以上がないのに、平均が1000円以上になるのはおかしいです。原因は、セル［E1］の日付です。

300円未満の回答者を除外した平均回答価格を求めます。

=AVERAGEIF(E3:E102,G3,E3:E102)

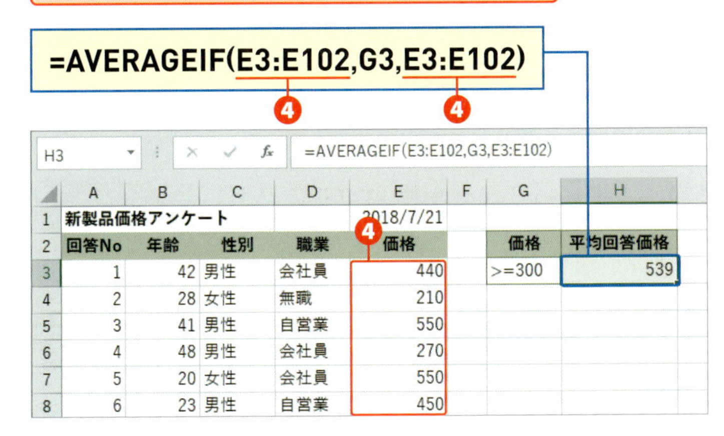

H3　=AVERAGEIF(E3:E102,G3,E3:E102)

	A	B	C	D	E	F	G	H
1	新製品価格アンケート				2018/7/21			
2	回答No	年齢	性別	職業	価格		価格	平均回答価格
3	1	42	男性	会社員	440		>=300	539
4	2	28	女性	無職	210			
5	3	41	男性	自営業	550			
6	4	48	男性	会社員	270			
7	5	20	女性	会社員	550			
8	6	23	男性	自営業	450			

④［範囲］と［平均対象範囲］を、列単位からセル範囲［E3:E102］に変更します。日付が除外され、300円以上の回答者を対象とした平均回答価格が求められます。

ヒント　列単位で指定できるようにするには

列単位で指定する利点は、式がシンプルになることと、データが追加されても範囲を取り直す必要がないことです。列単位で指定できるようにするには、表に隣接するセルに紛らわしい値を入力しないことです。とくに数値と見なされる日付や時刻は注意です。

利用例 2　平均販売価格を境界に平均販売個数を求める　AVERAGEIF

サンプル　sec37_2

平均販売価格以上、未満で売れた平均個数を求めます。

=AVERAGEIF(C:C,">="&$H$3,D:D)

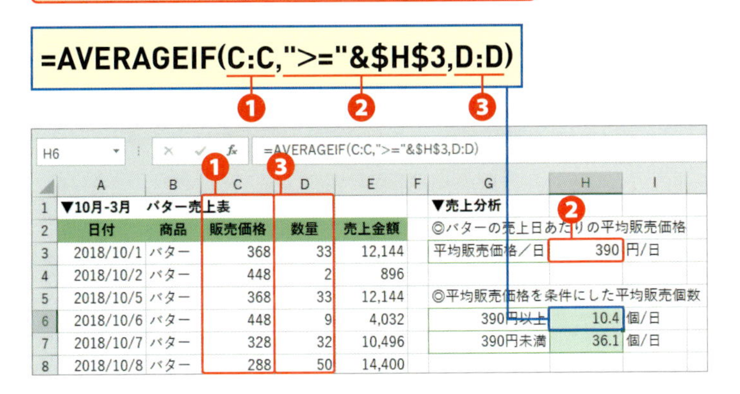

H6　=AVERAGEIF(C:C,">="&$H$3,D:D)

	A	B	C	D	E	F	G	H	I
1	▼10月-3月	バター売上表					▼売上分析		
2	日付	商品	販売価格	数量	売上金額		◎バターの売上日あたりの平均販売価格		
3	2018/10/1	バター	368	33	12,144		平均販売価格／日	390	円/日
4	2018/10/2	バター	448	2	896				
5	2018/10/5	バター	368	33	12,144		◎平均販売価格を条件にした平均販売個数		
6	2018/10/6	バター	448	9	4,032		390円以上	10.4	個/日
7	2018/10/7	バター	328	32	10,496		390円未満	36.1	個/日
8	2018/10/8	バター	288	50	14,400				

①「販売価格」のC列を［範囲］に指定します。

② 1日あたりの平均販売価格390円以上を条件にするため、「">="&$H$3」を［検索条件］に指定します。

③「数量」のD列を［平均対象範囲］に指定します。セル［H7］は、セル［H6］の式をコピーし、390円未満の条件「"<"&$H$3」に変更します。

ヒント　平均販売価格と数量の関係

利用例 2 の結果から、390円以上で売れるのは1日あたり約10個に対し、390円未満になると、1日あたり約36個売れることがわかります。

Section 38 複数の条件をすべて満たす数値を平均する

覚えておきたいキーワード
- AVERAGEIFS
- AND 条件

COUNTIFS関数（Sec.30）と同様に、AVERAGEIFS関数は、一覧表から縦横に項目名がある集計表を作成するのに役立ちます。集計値は一覧表のデータ行あたりの平均値です。たとえば、日付単位で入力されているデータは1日あたりの平均値になります。

分類 統計　対応バージョン 2010 2013 2016 2019

書式 AVERAGEIFS(平均対象範囲,条件範囲,条件1[,条件範囲2,条件2]・・・)

キーワード AVERAGEIFS

AVERAGEIFS関数は、[条件範囲]から[条件]に一致するデータを検索し、条件を満たすデータに対応する[平均対象範囲]の数値を平均します。条件は、複数付けられますが、すべての条件を満たすデータが計算対象です。よって、条件を付けるほど、計算対象が絞られます。

引数

[平均対象範囲] 計算対象のセル範囲や名前を指定します。

[条件範囲] 条件を検索するセル範囲を指定します。セル範囲に付けた名前を指定することもできます。

[条件] 計算対象を絞るための条件を指定します。条件には、数値、文字列、比較式、ワイルドカード、もしくは、条件が入ったセルを指定します。数値以外の条件を直接引数に指定する場合は、条件の前後を「"（ダブルクォーテーション）」で囲みます

利用例 1 年代と職業別に平均価格を分類する　AVERAGEIFS

サンプル sec38_1

メモ [条件範囲]と[条件]

[条件範囲]と[条件]は必ずペアで指定します。たとえば、年齢が20才以上30才未満と条件を付けたい場合、2つの条件は、いずれも「年齢」の範囲で検索しますが、[条件範囲]の省略はできません。

年代別、職業別に平均回答価格を求めます。

=AVERAGEIFS($F:$F,$C:$C,$H3,$E:E,I2)

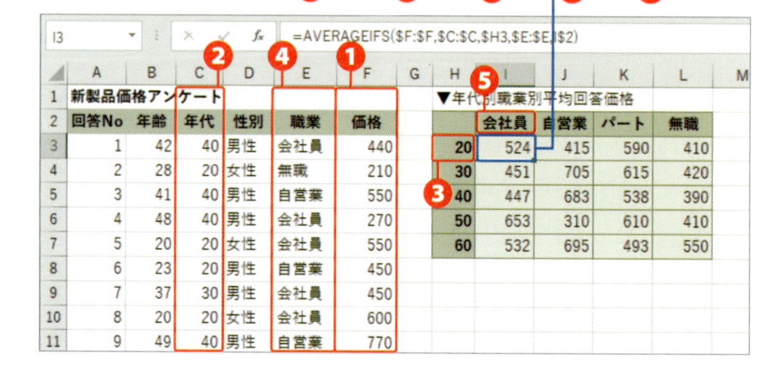

	A	B	C	D	E	F	G	H	I	J	K	L
1	新製品価格アンケート							▼年代別職業別平均回答価格				
2	回答No	年齢	年代	性別	職業	価格			会社員	自営業	パート	無職
3	1	42	40	男性	会社員	440		20	524	415	590	410
4	2	28	20	女性	無職	210		30	451	705	615	420
5	3	41	40	男性	自営業	550		40	447	683	538	390
6	4	48	40	男性	会社員	270		50	653	310	610	410
7	5	20	20	女性	会社員	550		60	532	695	493	550
8	6	23	20	男性	自営業	450						
9	7	37	30	男性	会社員	450						
10	8	20	20	女性	会社員	600						
11	9	49	40	男性	自営業	770						

❶ 平均価格を求めるため、列番号 [F] をクリックし、列単位で [平均対象範囲] に指定します。

❷❸「20」代を「年代」で検索します。「年代」のC列を [条件範囲1] に指定し、セル [H3] を [条件1] に指定します。

❹❺「会社員」を「職業」で検索します。「職業」のE列を [条件範囲2] に指定し、セル [I2] を [条件2] に指定します。

オートフィルで他のセルの集計値を求めるため、[平均対象範囲] [条件範囲] は、絶対参照を指定します（列単位で選択しているので、実質、列のみ絶対参照です）。また、縦項目は列のみ絶対参照、横項目は行のみ絶対参照を指定します。

メモ [平均対象範囲] と [条件範囲]

[平均対象範囲] と [条件範囲] に指定するセル範囲は、行数と列数を同じにする必要があります。ここでは、列単位で指定しています。

利用例 2 名前を利用して平均販売個数を求める AVERAGEIFS

バターとベビーチーズの月別平均販売個数を求めます。

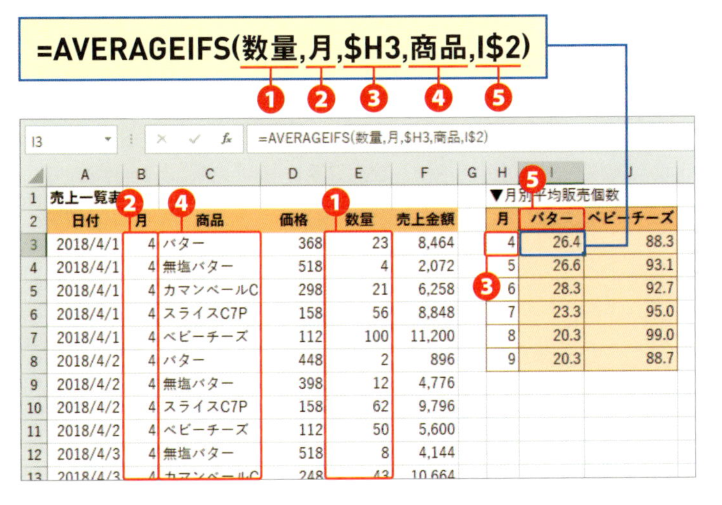

=AVERAGEIFS(数量,月,$H3,商品,I$2)

❶ ❷ ❸ ❹ ❺

I3 =AVERAGEIFS(数量,月,$H3,商品,I$2)

	A	B	C	D	E	F
1	売上一覧表					
2	日付	月	商品	価格	数量	売上金額
3	2018/4/1	4	バター	368	23	8,464
4	2018/4/1	4	無塩バター	518	4	2,072
5	2018/4/1	4	カマンベールC	298	21	6,258
6	2018/4/1	4	スライスC7P	158	56	8,848
7	2018/4/1	4	ベビーチーズ	112	100	11,200
8	2018/4/2	4	バター	448	2	896
9	2018/4/2	4	無塩バター	398	12	4,776
10	2018/4/2	4	スライスC7P	158	62	9,796
11	2018/4/2	4	ベビーチーズ	112	50	5,600
12	2018/4/3	4	無塩バター	518	8	4,144
13	2018/4/3	4	カマンベールC	248	43	10,664

▼月別平均販売個数

月	バター	ベビーチーズ
4	26.4	88.3
5	26.6	93.1
6	28.3	92.7
7	23.3	95.0
8	20.3	99.0
9	20.3	88.7

❶ セル範囲 [E3:E736] に付けた名前「数量」を [平均対象範囲] に指定します。

❷❸「4」月を「月」で検索します。セル範囲 [B3:B736] の代わりに名付けた「月」を [条件範囲1] に指定し、セル [H3] を [条件1] に指定します。

❹❺「バター」を「商品」で検索します。セル範囲 [C3:C736] の代わりに名付けた「商品」を [条件範囲2] に指定し、セル [I2] を [条件2] に指定します。

オートフィルで他のセルの集計値を求めるため、縦項目は列のみ絶対参照、横項目は行のみ絶対参照を指定します。

サンプル sec38_2

メモ 名前の利用

利用例 2 は、セル範囲に付けた名前を利用しています（名前の設定方法はP.42）。オートフィルで関数をコピーするため、絶対参照や複合参照で数式が長くなりがちですが、名前を利用すると、数式が短くなってわかりやすくなります。なお、利用例 2 のように、名前は日本語で付けられますが、関数入力時に日本語入力のオン、オフを伴います。入力モードを変えたくないときは、半角英数字で名前を付けます（名前はSec.07参照）。

キーワード AND条件

集計表は、縦項目と横項目の交点に集計されます。つまり、縦の項目名と横の項目名は平均値を求める条件であり、両方とも同時に満たすべき条件です。同時に複数の条件を満たすことをAND条件といいます。

Section 39

データの両端を取り除いて平均する

覚えておきたいキーワード
- TRIMMEAN
- 刈り込み平均

数値を順に並べると、最大値や最小値は両端に並びます。TRIMMEAN関数を使うと、データの両端から指定した割合の値を除外した平均が求められます。データの端を切り取るので刈り込み平均といいます。最高点と最低点をカットした平均や、極端に離れた数値を除外した平均が求められます。

分類 統計　対応バージョン 2010 2013 2016 2019

書式

TRIMMEAN(配列,割合)

引数

[配列] 数値や数値の入ったセル範囲を指定します。

[割合] [配列]で指定したデータのうち、計算対象から除外するデータの割合を0以上1未満の小数で指定します。

キーワード TRIMMEAN

TRIMMEAN関数は、[配列]の最大値と最小値から一定の[割合]をカットした残りのデータで平均値を求めます。[配列]内の値は大きい順や小さい順に並べておく必要はありません。

■TRIMMEAN関数で除外される値

TRIMMEAN関数で除外される値の数は、[配列]に指定した値の個数に[割合]を掛けた値です。掛けた値は、偶数になるように切り捨てられます。偶数にするのは、データの両端から同じ数ずつカットするためです。下の図では、25個の数値データから「0.2」、すなわち、20%分をカットしています。この場合、25×0.2＝5となりますが、4個に切り捨てられて、データの両端から2個ずつカットされます。

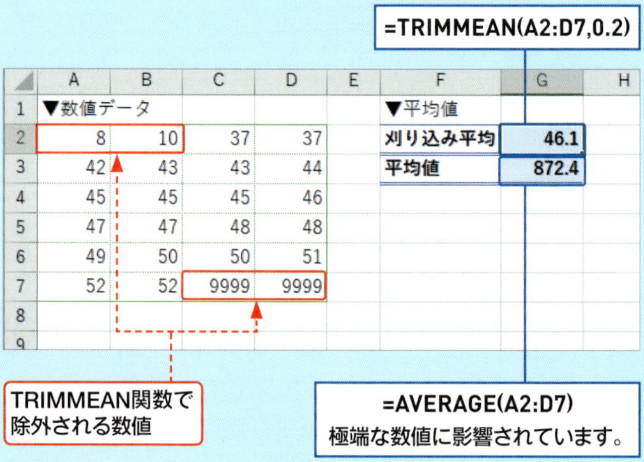

=TRIMMEAN(A2:D7,0.2)

	A	B	C	D	E	F	G	H
1	▼数値データ					▼平均値		
2	8	10	37	37		刈り込み平均	46.1	
3	42	43	43	44		平均値	872.4	
4	45	45	45	46				
5	47	47	48	48				
6	49	50	50	51				
7	52	52	9999	9999				
8								
9								

TRIMMEAN関数で除外される数値

=AVERAGE(A2:D7)
極端な数値に影響されています。

利用例 1 最高点と最低点をカットした平均を求める TRIMMEAN

5人の審判の採点から最高点と最低点をカットした平均値を求めます。

=TRIMMEAN(B3:F3,0.4)

G3 =TRIMMEAN(B3:F3,0.4)

	A	B	C	D	E	F	G
1	得点表						
2	チーム	審判1	審判2	審判3	審判4	審判5	得点
3	A	4	5	2	8	5	4.7
4	B	9	7	4	6	6	6.3
5	C	8	4	3	6	7	5.7
6	D	9	8	8	10	6	8.3
7							
8							

❶ 審判の採点のセル範囲[B3:F3]を[配列]に指定します。

❷ [割合]に「0.4」を指定します。5個のデータの4割は、2個です。したがって、5人の審判の採点を順に並べたときの両端から1個ずつ切り取った平均値が求められます。

サンプル sec39_1

ヒント カットする数値を指定できないときに便利

条件に合う数値を平均するには、AVERAGEIFS関数が使えますが、除外する数値を知らないと条件設定できません。利用例1では、指定した範囲の最大値と最小値がチームごとに異なるので、同じ条件にすることもできません。TRIMMEAN関数は、カットしたい数値を指定する必要がない点が便利です。

利用例 2 上下2.5%ずつカットした平均値を求める TRIMMEAN

上下2.5%ずつカットした平均回答価格を求めます。

=TRIMMEAN(F3:F102,5%)

I2 =TRIMMEAN(F3:F102,5%)

	A	B	C	D	E	F	G	H	I
1	新製品価格アンケート							▼上下2.5%をカット	
2	回答No	年齢	年代	性別	職業	価格		平均回答価格	513.9
3	1	42	40	男性	会社員	440			
4	2	28	20	女性	無職	210			
5	3	41	40	男性	自営業	550			
6	4	48	40	男性	会社員	270			
7	5	20	20	女性	会社員	550			
8	6	23	20	男性	自営業	450			
9	7	37	30	男性	会社員	450			
10	8	20	20	女性	会社員	600			
11	9	49	40	男性	自営業	770			
12	10	27	20	男性	会社員	430			
13	11	58	50	女性	無職	320			

前 後

❶ 価格のセル範囲[F3:F102]を[配列]に指定します。

❷ [割合]に「5%」と指定し、価格を順に並べたときの両端から2.5%ずつカットされるようにします。

サンプル sec39_2

メモ パーセントスタイルで指定できる

[割合]に指定する値は、100%未満のパーセントスタイルで指定することもできます。

Section 40 複数の条件に該当する数値を平均する

覚えておきたいキーワード
- DAVERAGE
- AND 条件
- OR 条件

AND条件、OR条件、もしくは、AND条件とOR条件の組み合わせといった複数の条件に該当する数値の平均値を求めるには、DAVERAGE関数を利用します。先頭にDが付くデータベース関数の使い方は共通のため、関数名を変えるだけで集計方法を変更することができます。

分類 データベース　**対応バージョン** 2010 2013 2016 2019

書式 DAVERAGE(データベース,フィールド,条件)

キーワード DAVERAGE

DAVERAGE関数は、一覧表から[条件]に一致する値を検索して平均値を求める対象のデータ行を絞り込みます。絞り込んだデータ行を対象に、[フィールド]に指定した列の平均値を求めます。

引数

[データベース] 一覧表のセル範囲を列見出しも含めて指定します。また、一覧表に付いた名前を指定することも可能です。

[フィールド] 平均値を求めたい列見出しのセルを指定します。

[条件] [データベース]で指定する一覧表の列見出しと同じ見出し名を付けた条件表(Sec.19)を作成し、表内に条件を入力します。引数には、条件表のセル範囲を指定します。条件には、数値や数式、文字列、比較式、ワイルドカードが指定できます。

利用例 1 一覧表から指定した条件に合う平均値を求める DAVERAGE

サンプル sec40_1

メモ 条件を言い換える

「4月の無塩バター」とありますが、「4月、かつ、無塩バター」と言い換えてAND条件を設定します。

売上一覧表から4月の無塩バターの平均販売量を求めます。

=DAVERAGE($A$2:$F$736,$E$2,$H$2:$J$3)

❶ ❷ ❸

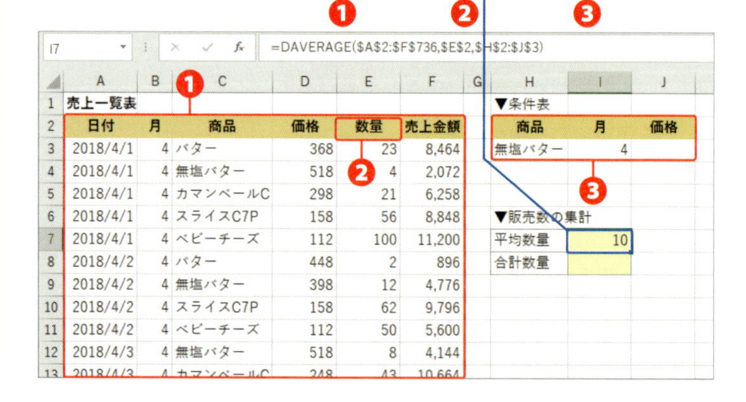

I7　=DAVERAGE($A$2:$F$736,$E$2,$H$2:$J$3)

	A	B	C	D	E	F	G	H	I	J
1	売上一覧表							▼条件表		
2	日付	月	商品	価格	数量	売上金額		商品	月	価格
3	2018/4/1	4	バター	368	23	8,464		無塩バター	4	
4	2018/4/1	4	無塩バター	518	4	2,072				
5	2018/4/1	4	カマンベールC	298	21	6,258				
6	2018/4/1	4	スライスC7P	158	56	8,848		▼販売数の集計		
7	2018/4/1	4	ベビーチーズ	112	100	11,200		平均数量	10	
8	2018/4/2	4	バター	448	2	896		合計数量		
9	2018/4/2	4	無塩バター	398	12	4,776				
10	2018/4/2	4	スライスC7P	158	62	9,796				
11	2018/4/2	4	ベビーチーズ	112	50	5,600				
12	2018/4/3	4	無塩バター	518	8	4,144				
13	2018/4/3	4	カマンベールC	248	43	10,664				

第3章 データを集計する

❶ 一覧表のセル範囲［A2:F736］を［データベース］に指定します。

❷ 平均値を求める列見出しのセル［E2］を［フィールド］に指定します。

❸ セル［H3］に「無塩バター」、セル［I3］に4月の「4」を入力します。価格の条件はないので空白のままにし、セル範囲［H2:J3］を［条件］に指定します。

オートフィルでコピーしてもセルやセル範囲が移動しないように、引数はすべて絶対参照を指定します。

集計方法を変更し、4月の無塩バターの合計販売数を求めます。

1 セル［I7］のフィルハンドルをドラッグし、セル［I8］までオートフィルでコピーします。

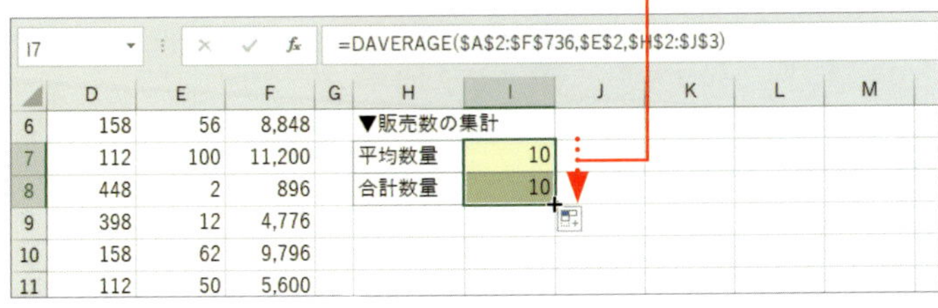

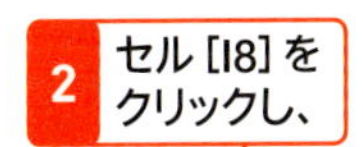

2 セル［I8］をクリックし、

3 数式バーをクリックして、「AVERAGE」を「sum」に上書きします。

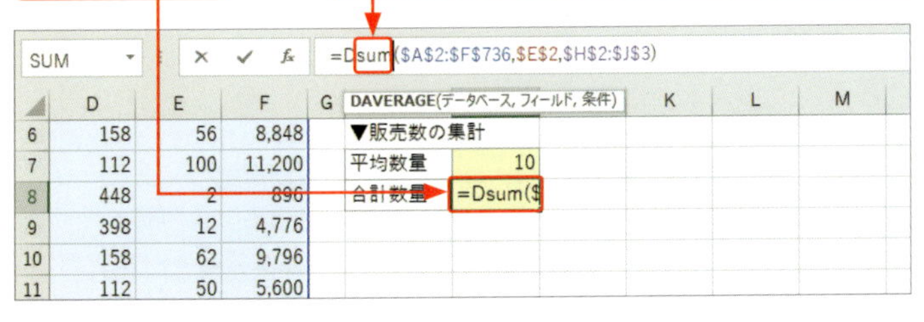

4 Enter を押すと、

5 DSUM関数に変更され、4月の無塩バターの合計販売数が求められます。

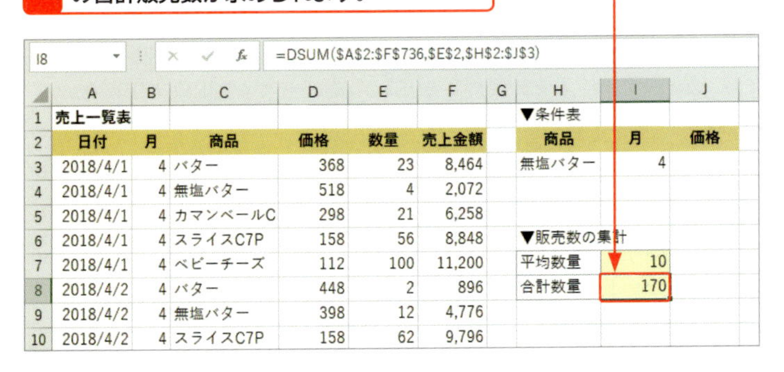

サンプル sec40_2

ヒント データベース関数のメリット

データベース関数を利用するメリットは2つあります。1つは、ワークシートに入力する条件を変更することにより、その場で集計値の変化を観察できることです（Sec.19、Sec.31）。もう1つは、左図のように、関数名を変更して集計方法を変えられる点です。

Section 41

データを集計する

覚えておきたいキーワード
- SUBTOTAL
- AGGREGATE

データ内の数値の個数や合計を求めるなど、データをさまざまな角度で集計したい場合は、SUBTOTAL関数やAGGREGATE関数を使うと便利です。個数や合計などの集計方法を番号で指定すると、それぞれの集計値が求まるので、集計方法に応じた別の関数を使わずに済ませることができます。

分類　数学／三角　対応バージョン　2010　2013　2016　2019

書式

SUBTOTAL(集計方法,参照1[,参照2]…)
AGGREGATE(集計方法,オプション,参照1[,参照2]…)

セル範囲形式

キーワード SUBTOTAL

SUBTOTAL関数は、指定したセル範囲の数値を、指定した集計方法で集計します。集計の種類は11種類です。また、一覧表形式の表を使って集計したい場合、フィルター機能でデータを抽出すると、抽出したデータを対象に集計されます（Sec.20参照）。

キーワード AGGREGATE

AGGREGATE関数は、SUBTOTAL関数の機能を拡張した関数です。セル範囲形式と配列形式の2種類があり、ここではセル範囲形式を紹介します。拡張された機能は、集計の種類が19種類に増えたことです。19種類のうち、セル範囲形式は13種類、配列形式は6種類です。また、[オプション]の指定により、集計条件が指定できるようになっています。

引　数

[集計方法]　集計内容に対応する番号を指定します（下表1参照）。

[参照]　集計対象のセル範囲を指定します。

[オプション]　AGGREGATE関数で指定します。集計条件を番号で指定します（下表2参照）。

▼表1　集計方法　1～11までは共通。()内の数字はSUBTOTAL関数で利用可。12以降はAGGREGATE関数のみ利用可

集計方法	集計内容	対応関数	集計方法	集計内容	対応関数
1(101)	平均	AVERAGE	8(108)	標準偏差	STDEV.P
2(102)	個数	COUNT	9(109)	合計	SUM
3(103)	空白以外の個数	COUNTA	10(110)	不偏分散	VAR.S
4(104)	最大値	MAX	11(111)	分散	VAR.P
5(105)	最小値	MIN	12	中央値	MEDIAN
6(106)	積(掛け算)	PRODUCT	13	最頻値	MODE.SNGL
7(107)	標本標準偏差	STDEV.S			

▼表2　AGGREGATE関数のオプション

オプション	内容
0(省略)	指定する範囲内にSUBTOTAL関数やAGGREGATE関数が存在する場合はこれらの集計値を無視する
1	オプション「0」のほか、非表示行を無視する
2	オプション「0」のほか、エラー値を無視する
3	オプション「0」「1」「2」のすべてを含む
4	何も無視せず、すべて集計対象にする
5	非表示行を無視する
6	エラー値を無視する
7	非表示行とエラー値を無視する

利用例 1 さまざまな集計値を求める SUBTOTAL/AGGREGATE

アンケートの価格データをもとにさまざまな集計値を求めます。

=SUBTOTAL(H3,$E$3:$E$102)

❶ ❷

I3 =SUBTOTAL(H3,$E$3:$E$102)

	A	B	C	D	E	F	G	H	I
1	新製品価格アンケート				2018/7/21		▼集計値		
2	回答No	年齢	性別	職業	価格		集計方法		集計値
3	1	42	男性	会社員	440		回答数	2	100
4	2	28	女性	無職	210		平均	1	513.4
5	3	41	男性	自営業	550		最高値		780
6	4	48	男性	会社員	270		最安値	5	210
7	5	20	女性	会社員	550		標準偏差	7	158.893
8	6	23	男性	自営業	450				
9	7	37	男性	会社員	450				
10	8	20	女性	会社員	600				
11	9	49	男性	自営業	770				
12	10	27	男性	会社員	430				

❶ セル[H3]を[集計方法]に指定します。

❷「価格」のセル範囲[E3:E102]を絶対参照で[参照]に指定します。

アンケートの価格データをもとにさまざまな集計値を求めます。

=AGGREGATE(H3,4,$E$3:$E$102)

❶

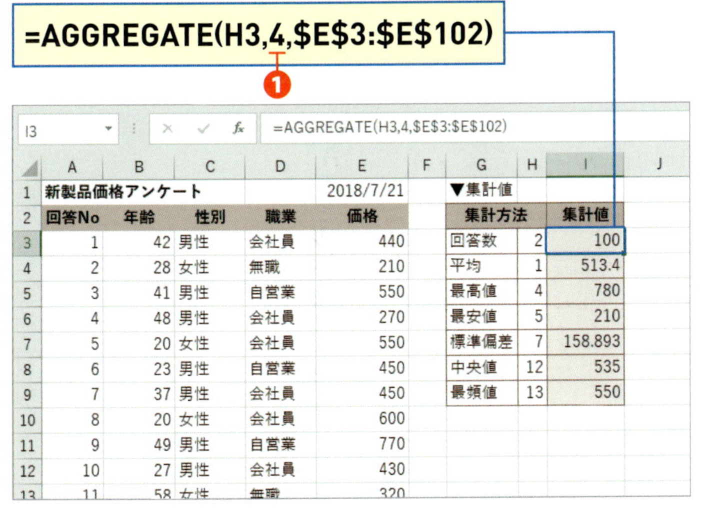

I3 =AGGREGATE(H3,4,$E$3:$E$102)

	A	B	C	D	E	F	G	H	I
1	新製品価格アンケート				2018/7/21		▼集計値		
2	回答No	年齢	性別	職業	価格		集計方法		集計値
3	1	42	男性	会社員	440		回答数	2	100
4	2	28	女性	無職	210		平均	1	513.4
5	3	41	男性	自営業	550		最高値	4	780
6	4	48	男性	会社員	270		最安値	5	210
7	5	20	女性	会社員	550		標準偏差	7	158.893
8	6	23	男性	自営業	450		中央値	12	535
9	7	37	男性	会社員	450		最頻値	13	550
10	8	20	女性	会社員	600				
11	9	49	男性	自営業	770				
12	10	27	男性	会社員	430				
13	11	58	女性	無職	320				

❶ [集計方法]と[参照]はSUBTOTAL関数と同じです。ここでは、[オプション]に「4」を指定し、指定したセル範囲の値を無視しないようにしています。

サンプル sec41_1

メモ 列単位で指定しない理由

利用例1の集計方法は空白セルや文字列を無視するので、[参照]を列単位で指定できそうですが、列単位で指定すると集計値がおかしくなります。一般に、一覧表形式の場合、列項目の内容に無関係な値は入力しないことが原則ですが、現実は表タイトルや作成日などが入ることがあります。ここでは、セル[E1]の日付が数値とみなされるので、集計値に影響を与えてしまいます。また、集計方法を「3」にした場合は、項目名も計数対象になるので、列単位の指定は不向きです。

サンプル sec41_2

メモ オプションは省略せずに指定する

利用例1は、集計する範囲のデータに非表示行や集計行、エラー値が含まれないため、0～7のどれを指定しても同じ結果になります。「0」を指定する場合は、省略も可能ですが、「,」(カンマ)は省略できません。[オプション]を省略して「,」の入力を忘れると、[参照]が第2引数になり、エラーが発生するので注意が必要です。エラーを防ぐためにも、[オプション]は省略せずに指定するようにします。

利用例 2 エラーを無視して集計する AGGREGATE

サンプル sec41_3

メモ エラーを含む集計はエラー値になる

AGGREGATE関数以外の集計関数では、集計するセル範囲内にエラーが含まれている場合、エラーを解消しない限り、集計値もエラーになります。

エラーを無視して合計金額を求めます。

集計範囲にエラーが発生しています。

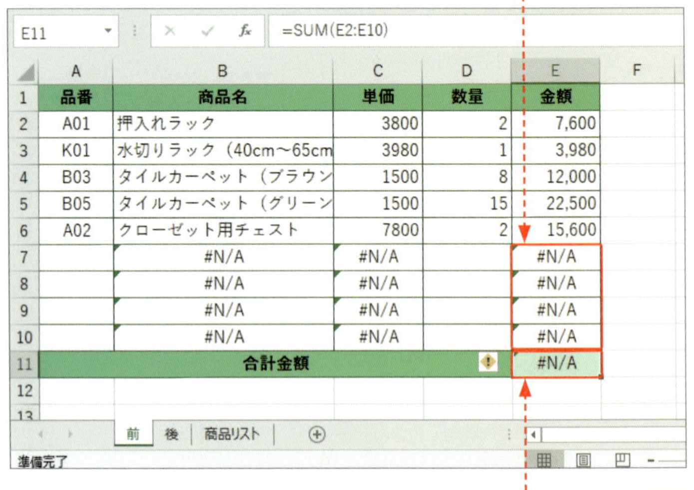

E11 =SUM(E2:E10)

	A	B	C	D	E	F
1	品番	商品名	単価	数量	金額	
2	A01	押入れラック	3800	2	7,600	
3	K01	水切りラック（40cm～65cm	3980	1	3,980	
4	B03	タイルカーペット（ブラウン	1500	8	12,000	
5	B05	タイルカーペット（グリーン	1500	15	22,500	
6	A02	クローゼット用チェスト	7800	2	15,600	
7		#N/A	#N/A		#N/A	
8		#N/A	#N/A		#N/A	
9		#N/A	#N/A		#N/A	
10		#N/A	#N/A		#N/A	
11		合計金額			#N/A	
12						

エラーを含む範囲を集計すると、戻り値もエラーになります。

=AGGREGATE(9,6,E2:E10)

❶ ❷ ❸

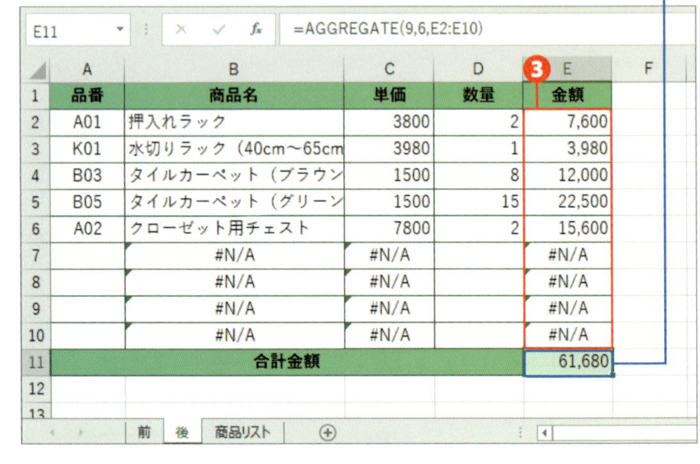

E11 =AGGREGATE(9,6,E2:E10)

	A	B	C	D	E	F
1	品番	商品名	単価	数量	金額	
2	A01	押入れラック	3800	2	7,600	
3	K01	水切りラック（40cm～65cm	3980	1	3,980	
4	B03	タイルカーペット（ブラウン	1500	8	12,000	
5	B05	タイルカーペット（グリーン	1500	15	22,500	
6	A02	クローゼット用チェスト	7800	2	15,600	
7		#N/A	#N/A		#N/A	
8		#N/A	#N/A		#N/A	
9		#N/A	#N/A		#N/A	
10		#N/A	#N/A		#N/A	
11		合計金額			61,680	
12						

❶ [集計方法] に合計の「9」を指定します。

❷ [オプション] に「6」を指定し、集計範囲内に含まれるエラーを無視します。

❸ [参照] に「金額」のセル範囲 [E2:E10] を指定します。

テーブルの集計行を利用する

一覧表形式の表は、テーブルに変換すると、フィルターや集計行の機能が使えます。Sec.20では、フィルターで抽出したデータをSUBTOTAL関数で合計する方法を紹介していますが、テーブルの集計行を使えば、あらかじめSUBTOTAL関数が設定されています。自分で関数を入力することなく、さまざまな集計値を確認できます。
なお、テーブルの集計行はチェックボックスのオン／オフで切り替え可能です。また、一覧表にデータを追加するとテーブルとして認識されるので、範囲を取り直す必要はありません。

一覧表をテーブルに変換します。

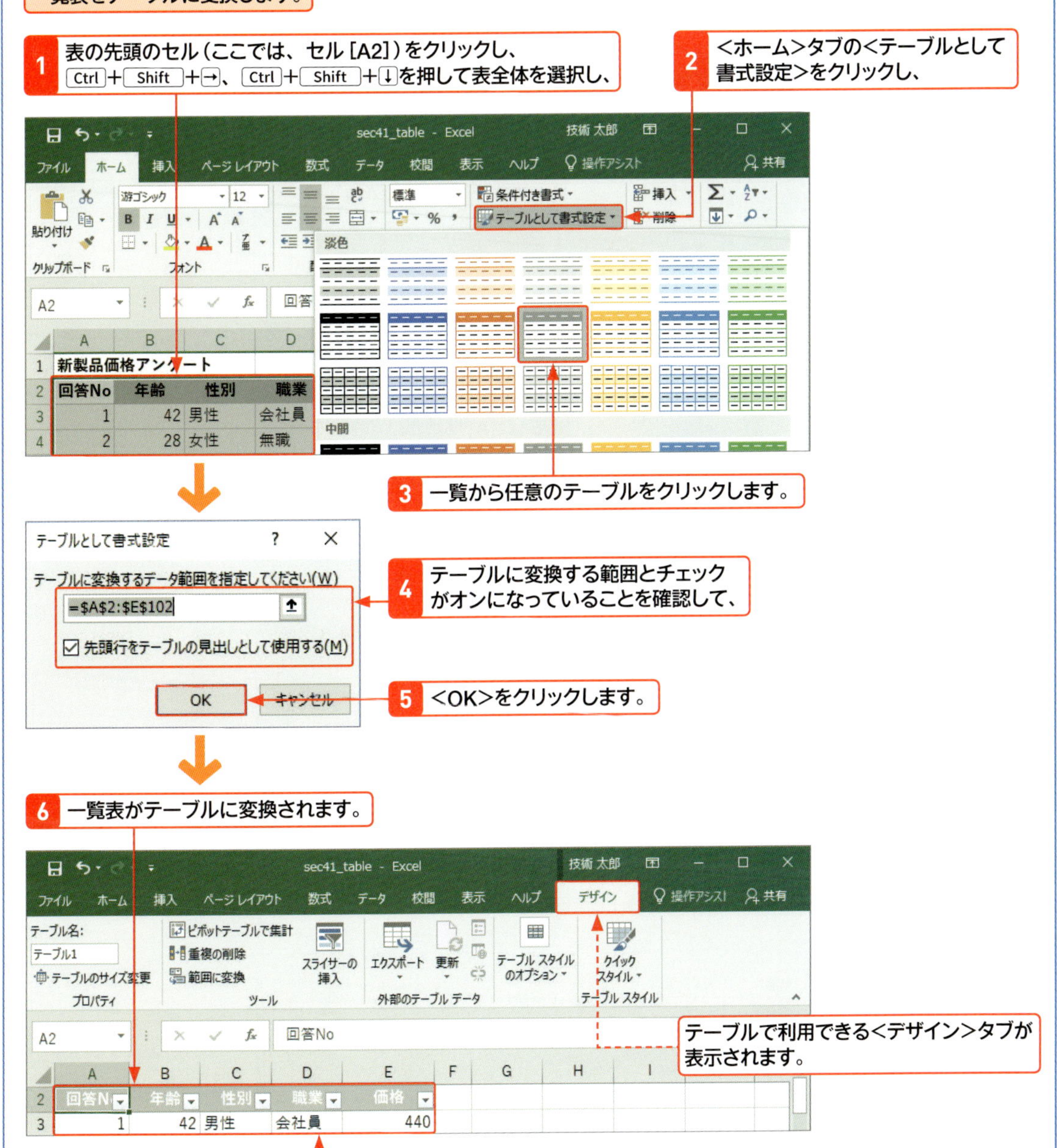

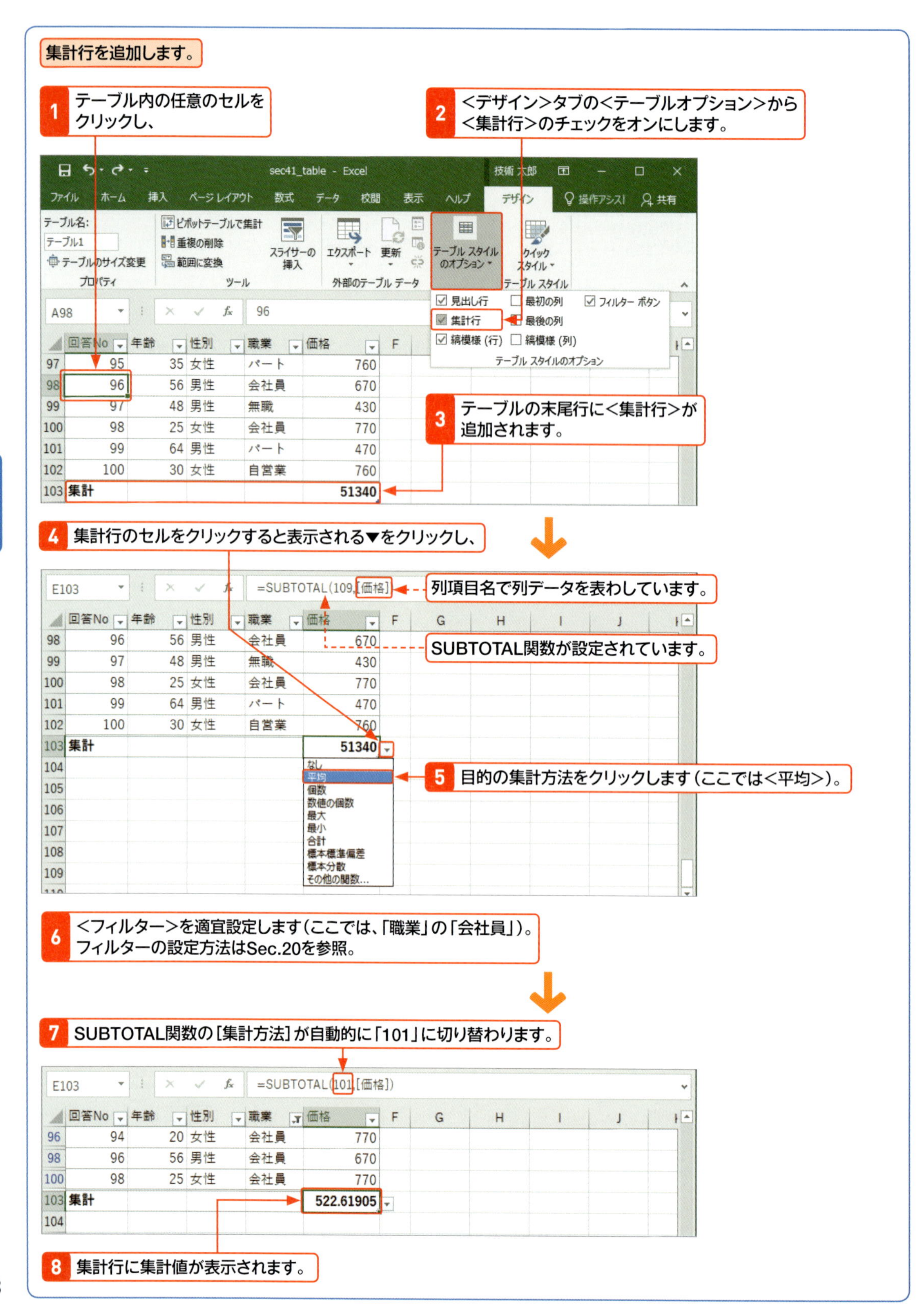
集計行を追加します。
1 テーブル内の任意のセルをクリックし、
2 <デザイン>タブの<テーブルオプション>から<集計行>のチェックをオンにします。
3 テーブルの末尾行に<集計行>が追加されます。
4 集計行のセルをクリックすると表示される▼をクリックし、
列項目名で列データを表わしています。
SUBTOTAL関数が設定されています。
5 目的の集計方法をクリックします（ここでは<平均>）。
6 <フィルター>を適宜設定します（ここでは、「職業」の「会社員」）。フィルターの設定方法はSec.20を参照。
7 SUBTOTAL関数の［集計方法］が自動的に「101」に切り替わります。
8 集計行に集計値が表示されます。
sec41_table - Excel
=SUBTOTAL(109,[価格])
=SUBTOTAL(101,[価格])
51340
522.61905
なし
平均
個数
数値の個数
最大
最小
合計
標本標準偏差
標本分散
その他の関数...

Chapter 04

第4章

データを順位付けする

Section 42

順位を求める

覚えておきたいキーワード
- RANK.EQ
- 順位
- 昇順／降順

順位は、テストの成績、営業成績、スポーツのタイムやスコアなど、さまざまな場面で利用されています。順位の付け方は、値の小さい順で順位付けする方法と値の大きい順で順位付けする方法があります。RANK.EQ関数を使うと、どちらの方法でも順位付けできます。

分類 統計　対応バージョン 2010 2013 2016 2019

書式 **RANK.EQ(数値,参照[,順序])**

キーワード RANK.EQ

指定したセル範囲内の数値が、セル範囲内の何番目に相当するのかという順位を求めます。数値の大きい順、小さい順の2とおりの順位付けができます。

キーワード 昇順／降順

数値の小さい順、文字の50音順（あ→ん）、日付の古い順に並べることを昇順といいます。降順は昇順の反対です。数値の大きい順、50音順の反対（ん→あ）、日付の新しい順になります。

引　数

[数値]　数値や数値の入ったセル、セル範囲を指定します。指定する数値は、[参照]に含まれている必要があります。

[参照]　順位を求める数値のセル範囲を指定します。

[順序]　数値の並べ方を「0」または「1」で指定します。「0」は降順、「1」は昇順で並べ替えられます。なお、「0」は省略可能です。

■同順位の取扱い

順位を求めるデータには、同じ数値が複数存在する場合があります。同じ数値がある場合は、同順位を付け、以降、同順位の数だけ順位が繰り下がります。
下図は、2位が3名いる場合の順位の付け方です。

同順位を表示します。

C2　=RANK.EQ(B2,$B$2:$B$7)

	A	B	C	D	E	F
1	氏名	得点	順位			
2	青山　春樹	80	1			
3	金沢　歩実	65	2			
4	田中　健人	65	2			
5	津村　徹	65	2			
6	富岡　優治	50	5			
7	松尾　拓海	45	6			
8						
9						

2位の3名分を繰り下げて5位になります。

利用例 1 営業成績の順位を求める RANK.EQ

契約金額の高い順に営業成績の順位を求めます。

```
=RANK.EQ(B3,$B$3:$B$9)
```

	A	B	C
1	7月営業成績		(単位：千円)
2	営業部員名	契約金額	順位
3	小野 順子	11,700	2
4	川村 佐緒里	8,300	4
5	北沢 佐和子	14,400	1
6	北村 博子	5,000	7
7	工藤 紀子	6,700	6
8	沢松 紗智子	8,300	4
9	山田 美樹	10,500	3

❶「契約金額」のセル[B3]を[数値]に指定します。

❷ 順位を求める対象のセル範囲[B3:B9]を、絶対参照で[参照]に指定します。

サンプル sec42_1

ヒント 降順の場合は[順序]を省略できる

利用例1は契約金額の高い順に順位を求めるので、降順を指定します。降順の場合は、[順序]の指定を省略することができます。

メモ 絶対参照の設定

他の契約金額の順位も同じ範囲で調べるため、[参照]は絶対参照を設定します。

利用例 2 タイムの早い順に順位を求める RANK.EQ

100メートル走のタイムの早い順に順位を求めます。

```
=RANK.EQ(B3,$B$3:$B$9,1)
```

C3 =RANK.EQ(B3,$B$3:$B$9,1)

	A	B	C
1	100メートル走成績一覧		
2	氏名	タイム	順位
3	江口 順子	15.15	4
4	岡田 佐緒里	17.02	7
5	加藤 教子	16.33	6
6	木下 博美	13.31	1
7	熊谷 阿澄	14.01	3
8	佐藤 朝子	13.79	2
9	田中 茉実	15.18	5

❶「タイム」のセル[B3]を[数値]に指定します。

❷ 順位を求める対象のセル範囲[B3:B9]を、絶対参照で[参照]に指定します。

❸ タイムは早いほど小さい値のため、[順序]に「1」を指定し、昇順で順位付けします。

サンプル sec42_2

ヒント 順位で並べ替える

利用例2の表を順位で並べ替えるには、「順位」内の任意のセルをクリックして、<データ>タブの<昇順>をクリックします。

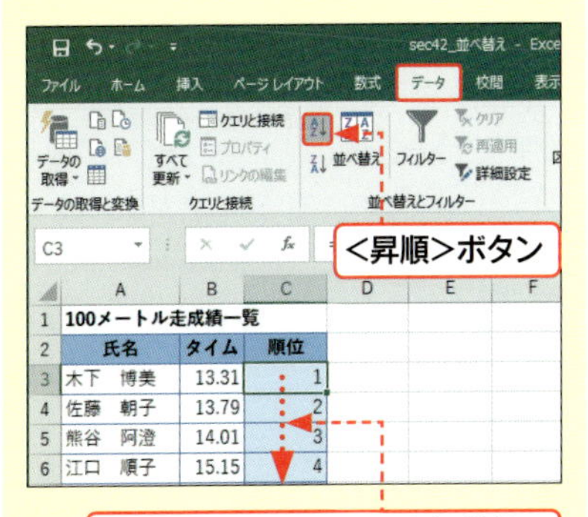

Section 43

指定した順位の値を求める

覚えておきたいキーワード
- LARGE
- SMALL

順位を求めるには、RANK.EQ関数（Sec.42）を使いますが、ここでは、指定した順位に対応する値を求めます。順位は値の大きい順に付けた場合と小さい順に付けた場合があるので、関数も値の並べ方に合わせて2種類あります。

分類　統計　対応バージョン　2010　2013　2016　2019

書式

LARGE(配列,順位)
SMALL(配列,順位)

キーワード LARGE/SMALL

LARGE関数は、［配列］内の値の大きい順に付けた順位を指定し、指定した順位に対応する［配列］の値を求めます。SMALL関数はLARGE関数とは逆に、［配列］内の小さい順に付けた順位を指定し、指定した順位に対応する［配列］の値を求めます。

引数

［配列］　順位のもとになる数値のセル範囲を指定します。
［順位］　順位を表わす数値やセルを指定します。

利用例 1 第5位までの価格を求める　LARGE/SMALL

sec43_1

メモ LARGE/SMALL関数の問題点

LARGE関数とSMALL関数では、指定した［配列］に同じ値が複数ある場合、順位を繰り下げても同じ値が表示されます。利用例1では、770円と回答した人が少なくとも4人います。770円と回答した人数を調べ、調べた人数の次の順位を指定しないと、いつまでたっても770円が表示されることになります。

価格の高いほう、または、低いほうから数えた第5位までの価格を求めます。

=LARGE($E$3:$E$102,G3)

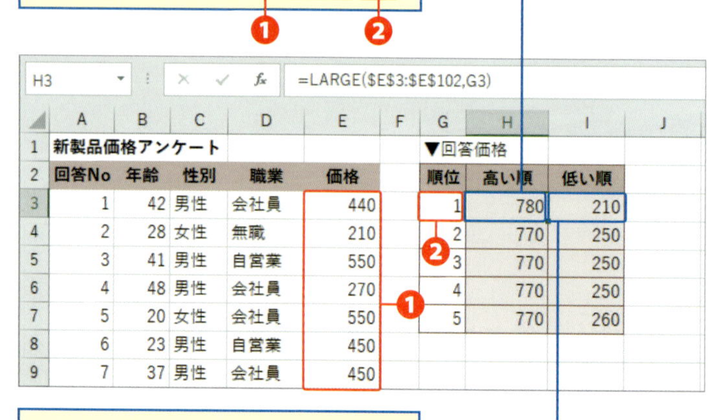

	A	B	C	D	E	F	G	H	I
1	新製品価格アンケート						▼回答価格		
2	回答No	年齢	性別	職業	価格		順位	高い順	低い順
3	1	42	男性	会社員	440		1	780	210
4	2	28	女性	無職	210		2	770	250
5	3	41	男性	自営業	550		3	770	250
6	4	48	男性	会社員	270		4	770	250
7	5	20	女性	会社員	550		5	770	260
8	6	23	男性	自営業	450				
9	7	37	男性	会社員	450				

=SMALL($E$3:$E$102,G3)

❶「価格」のセル範囲 [E3:E102] を、絶対参照で [配列] に指定します。

❷「順位」のセル [G3] を、[順位] に指定します。LARGE関数では、回答価格の高い順、SMALL関数では回答価格の低い順に表示されます。

利用例 2 同じ値が重複しないように第5位までの価格を求める LARGE

価格が重複しないように、高いほうから数えた第5位までの価格を求めます。

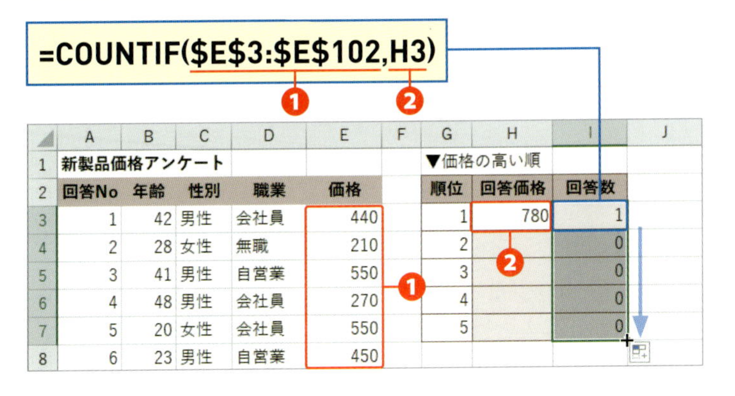

	A	B	C	D	E	F	G	H	I	J
1	新製品価格アンケート						▼価格の高い順			
2	回答No	年齢	性別	職業	価格		順位	回答価格	回答数	
3	1	42	男性	会社員	440		1	780	1	
4	2	28	女性	無職	210		2		0	
5	3	41	男性	自営業	550		3		0	
6	4	48	男性	会社員	270		4		0	
7	5	20	女性	会社員	550		5		0	
8	6	23	男性	自営業	450					

❶ COUNTIF関数を使って、LARGE関数で求めた価格を検索条件に、回答数を求めます。そこで、価格のセル範囲 [E3:E102] を、絶対参照で [範囲] に指定します。

❷ LARGE関数で求めた第1位の回答価格のセル [H3] を、[検索条件] に指定します。関数入力後は、オートフィルでセル [I7] までコピーしておきます。

=LARGE($E$3:$E$102,SUM($I$3:I3)+1)

❸

	A	B	C	D	E	F	G	H	I	J
1	新製品価格アンケート						▼価格の高い順			
2	回答No	年齢	性別	職業	価格		順位	回答価格	回答数	
3	1	42	男性	会社員	440		1	780	1	
4	2	28	女性	無職	210		2	770	4	
5	3	41	男性	自営業	550		3	760	2	
6	4	48	男性	会社員	270		4	750	2	
7	5	20	女性	会社員	550		5	740	1	
8	6	23	男性	自営業	450					

❸ ❹

=LARGE($E$3:$E$102,SUM($I$3:I4)+1)

❹

❸❹ SUM関数を使って（Sec.16 利用例 2）、1つ前の順位までの回答者数の累計を求め、累計人数の次の順位が指定されるように、「1」を足しています。

サンプル sec43_2

メモ 第3位の価格を求めるために指定する順位

同じ価格が何度も表示される問題点を解決するには、同じ価格を回答した人数を調べ、求めたい順位の1つ前の順位までに回答した累計人数の次の順位を指定します。
第3位の場合は、第2位までの累計回答人数の5名（1人+4人）の次の順位、つまり、1を足した6位を指定します。利用例 2 では累計をSUM関数で求めています。

Section 44

パーセンタイル値を求める

覚えておきたいキーワード
- PERCENTILE.INC
- パーセンタイル
- 百分位数

パーセンタイル値とは、値を小さい順に並べて100等分したときの各分割点の位置にある値で、百分位数とも言います。たとえば、成績の上位10%以内に入るのに必要な得点は、下から数えて90%の位置に相当する値であり、これを90パーセンタイル値という言い方をします。

分類 統計　対応バージョン 2010 2013 2016 2019

書式 **PERCENTILE.INC(配列,率)**

キーワード PERCENTILE.INC

PERCENTILE.INC関数は、[配列]に指定した数値を小さいほうから並べたときに、指定した[率]の位置にある「値」を求めます。ここで求められる値は、[配列]内の数値になるとは限りません(下の解説参照)。

引数

[配列] 順位のもとになる数値のセル範囲を指定します。数値以外の空白セル、文字列、論理値は無視されます。

[率] パーセンタイルを0以上1以下の値で指定します。0%～100%と百分率で指定することもできます。

■PERCENTILE.INC関数の戻り値

PERCENTILE.INC関数は、[配列]内の値の小さいほうから数えた順位の値を求めるという点でSMALL関数(Sec.43)に似ています。SMALL関数は指定した順位に対応する[配列]内の値を求めますが、PERCENTILE.INC関数は、[配列]内の値全体を100等分したときの各分割点(パーセンタイル)の位置にある値が計算されます。下の図では、B列に6個の値がありますが、下から数えて50%、ちょうど半分の位置にある値は、3番目「15」と4番目「20」の間にあります。

=PERCENTILE.INC($B$2:$B$7,D2)

=SMALL($B$2:$B$7,A2)

E2 =PERCENTILE.INC($B$2:$B$7,D2)

	A	B	C	D	E	F
1	順位	[配列]		率	パーセンタイル値	SMALL関数
2	1	5		10%	6.5	5
3	2	8		25%	9.75	8
4	3	15		50%	17.5	15
5	4	20		60%	20	20
6	5	30		75%	27.5	30
7	6	100		80%	30	100

PERCENTILE.INC関数は[配列]から[率]の位置に相当する値が計算されます。

SMALL関数は順位に対応する[配列]の値を返します。

利用例 1 上位20%に入る歩数を求める PERCENTILE.INC

ウォーキング記録から上位20%に入る歩数を求めます。

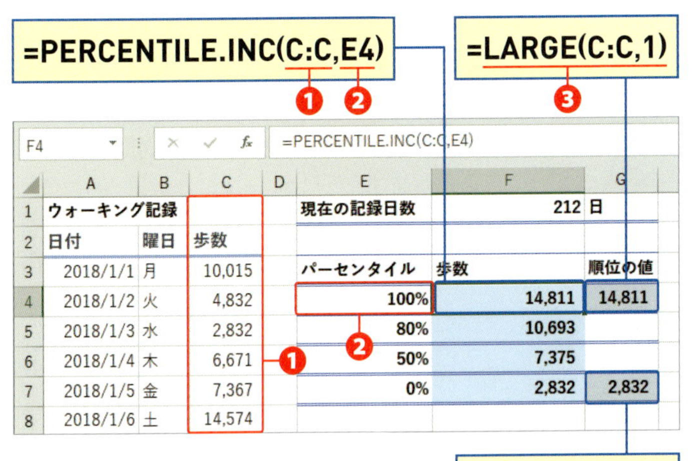

1. 歩数のC列を[配列]に指定します。
2. パーセンタイルのセル[E4]を[率]に指定します。
3. LARGE関数で、歩数の多い順に並べたときの第1位の歩数、つまり、歩数の最大値を求めています。100パーセンタイル値と一致します。
4. SMALL関数で、歩数の少ない順に並べたときの第1位の歩数、つまり、最小値を求めています。0パーセンタイル値と一致します。

サンプル sec44

メモ 上位20%は下位80%と言い換える

PERCENTILE.INC関数は、値を小さい順に並べて数えているため、上位20%は下位80%と言い換えます。利用例1では、80パーセンタイル値が上位20%に入る歩数であり、10693歩と計算されています。

ヒント 売上、成績の目標値に利用できる

利用例1では、ウォーキング記録ですが、売上金額や成績などでも同様です。PERCENTILE.INC関数で上位10%以内に入る売上や成績を計算し、売上目標や合否判定のボーダーラインの目安にすることができます。

ステップアップ [配列]内の値のパーセンタイルを求める

PERCENTILE.INC関数では、指定した[配列]の最小値を0%、最大値を100%としています。そこで、値を小さい順に並べ替え、最小値が0%から始まるように、順位は0番から番号を振ります。便宜上、順位と表現しますが、小さい順に並べた値に0から番号を振っている状況です。次に、順位の比率を求めます。最大値を100%にするには、順位の番号を最下位で割ります。0位から始めているので、最下位は「データ数-1」です。順位の比率がパーセンタイルであり、PERCENTILE.INC関数の[率]に指定すれば、パーセンタイル値は[配列]の値と一致します。

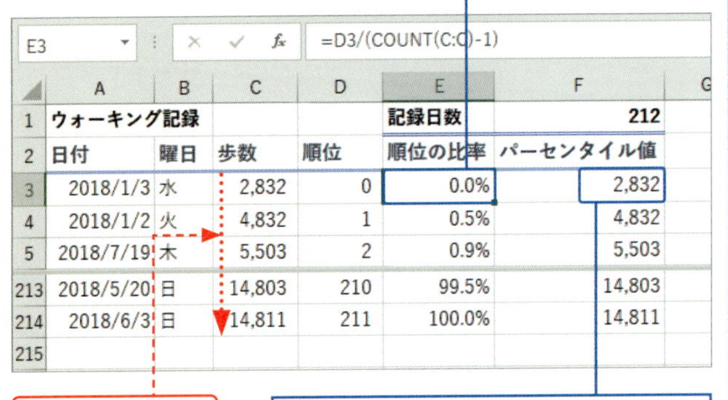

Section 45

四分位数を求める

覚えておきたいキーワード
- QUARTILE.INC
- 四分位数

四分位数とは、値を小さい順に並べて4等分したときの各分割点の位置にある値です。1つ目と3つ目の分割点の位置にある値の幅は四分位範囲と言い、値の散らばり具合を把握するのに利用されます。

分類 統計　対応バージョン 2010 2013 2016 2019

書式 QUARTILE.INC(配列,戻り値)

キーワード QUARTILE.INC

QUARTILE.INC関数は、[配列]に指定した数値を小さいほうから並べたときに、指定した[戻り値]の位置にある値を求めます。PERCENTILE.INC関数(Sec.44)と合わせて確認することをお勧めします。

引　数

[配列] 順位のもとになる数値のセル範囲を指定します。数値以外の空白セル、文字列、論理値は無視されます。

[戻り値] 0、1、2、3、4のいずれかを指定します。

戻り値	データ位置	戻り値	データ位置
0	最小値	3	最小値から75%の位置
1	最小値から25%の位置	4	最大値
2	最小値から50%の位置		

■QUARTILE.INC関数の戻り値

下の図では、3行目の9個の[配列]の値を小さいほうから並べて4等分にしています。四分位数は、値全体を4等分に分割した位置の値です。全体を100%とすると、4等分の分割点は、25%、50%、75%です。この位置はPERCENTILE.INC関数の[率]と同じです。25%、50%、75%のパーセンタイル値は、QUARTILE.INC関数で求める四分位数と一致します。
図では、あたかも分割点に対応する[配列]の値を求めているように見えますが、値の数が「4の倍数＋1」以外は、いずれかの分割点が値と値の合間になり、分割点に位置する四分位数が計算されます。

=PERCENTILE.INC($B$3:$J$3,D4)

	A	B	C	D	E	F	G	H	I	J
1	▼四分位数									
2										
3	[配列]	1	40	45	50	55	60	70	75	100
4	[配列] 内の値の位置	0%	13%	25%	38%	50%	63%	75%	88%	100%
5										
6	▼PERCENTILE.INC関数との関係									
7	戻り値	0		1		2		3		4
8	QUARTILE.INC	1		45		55		70		100
9	PERCENTILE.INC	1	40	45	50	55	60	70	75	100
10										

=QUARTILE.INC($B$3:$J$3,D7)

利用例 1 成績データの四分位数を求める QUARTILE.INC

1組と2組の成績データから四分位数を求めます。

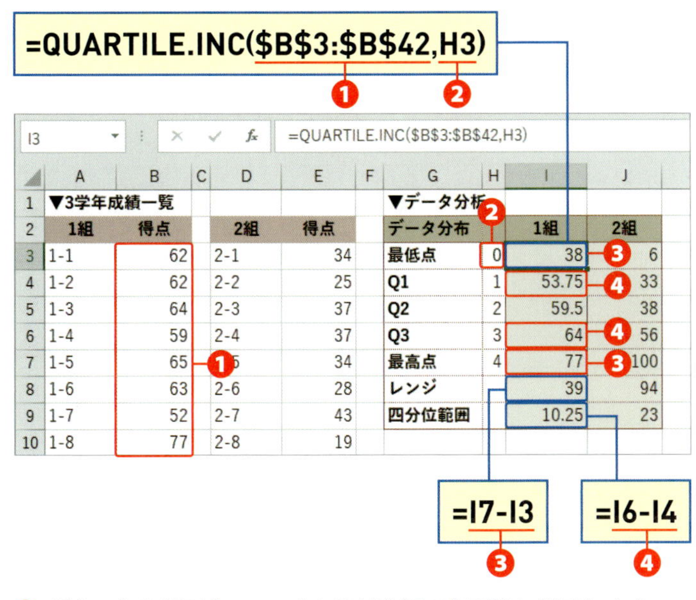

	A	B	C	D	E	F	G	H	I	J
1	▼3学年成績一覧						▼データ分析			
2	1組	得点		2組	得点		データ分布		1組	2組
3	1-1	62		2-1	34		最低点	0	38	6
4	1-2	62		2-2	25		Q1	1	53.75	33
5	1-3	64		2-3	37		Q2	2	59.5	38
6	1-4	59		2-4	37		Q3	3	64	56
7	1-5	65		2-5	34		最高点	4	77	100
8	1-6	63		2-6	28		レンジ		39	94
9	1-7	52		2-7	43		四分位範囲		10.25	23
10	1-8	77		2-8	19					

1. 得点のセル範囲［B3:B42］を絶対参照で［配列］に指定します。
2. セル［H3］を［戻り値］に指定します。
3. 最高点から最低点を引き算し、データのレンジを求めています。
4. 第3四分位数のQ3から第1四分位数のQ1を引き算して、四分位範囲を求めています。

サンプル sec45

メモ 2組も同様に求める

QUARTILE.INC関数の［配列］にセル範囲［E3:E42］を絶対参照で指定し、2組の成績データも1組と同様に四分位数を求めます。

ヒント レンジと四分位範囲

データの最大値と最小値の幅をレンジといいます。また、第1四分位数と第3四分位数の幅を四分位範囲といいます。データの値を小さいほうから並べると、極端に小さな値や大きな値は、並び順の端に寄るため、四分位範囲は極端な値に引きずられにくいという特徴があります。

ヒント 1組と2組の成績分布

1組と2組のレンジと四分位範囲を比べると、いずれも2組の値が1組より大きいです。これは、2組の成績が1組に比べてばらつきが大きいことを示しています。

ヒント 配列を列単位で指定する

得点データのB列やE列に得点データ以外の数値が混入する恐れがない場合は、QUARTILE.INC関数の［配列］に［B:B］または［E:E］と列単位で指定することもできます。

=QUARTILE.INC(B:B,H3)

J3 =QUARTILE.INC(E:E,H3)

	A	B	C	D	E	F	G	H	I	J	K
1	▼3学年成績一覧						▼データ分析				
2	1組	得点		2組	得点		データ分布		1組	2組	
3	1-1	62		2-1	34		最低点	0	38	6	
4	1-2	62		2-2	25		Q1	1	53.75	33	
5	1-3	64		2-3	37		Q2	2	59.5	38	
6	1-4	59		2-4	37		Q3	3	64	56	
7	1-5	65		2-5	34		最高点	4	77	100	
8	1-6	63		2-6	28		レンジ		39	94	
9	1-7	52		2-7	43		四分位範囲		10.25	23	
10	1-8	77		2-8	19						

=QUARTILE.INC(E:E,H3)

Section 46

中央値を求める

覚えておきたいキーワード

☑ MEDIAN

データ内の値を小さい順や大きい順に並べたとき、ちょうど真ん中にくる値を中央値(メジアン)といいます。中央値は、中央の順番にきた値しか見ないので、順番の端の値が極端にかけ離れていても影響ありません。中央値はデータの中に異常値があっても影響を受けにくい特徴があります。

分類 統計　対応バージョン 2010 2013 2016 2019

書式 **MEDIAN(数値1[,数値2]・・・)**

キーワード MEDIAN

指定したセル範囲において、数値の順番が真ん中に相当する値を求めます。セル範囲内の値の個数が偶数個の場合は、中央の2つの値の平均値になります。

引数

[数値] 数値や数値のセル、セル範囲を指定します。指定したセル範囲内にある空白セル、文字列、論理値は無視されます。

■MEDIAN関数の戻り値

数値を順番に並べたときに真ん中の位置に相当する数値を求めます。これは、四分位数でいうところの第2四分位数であり(Sec.44)、百分位数でいうところの50パーセンタイル値と同じです(Sec.43)。データが奇数個の場合は、中央値に対応する値が存在しますが、偶数個の場合は、値と値の中間になります。

	A	B	C	D	E	F	G	H	I	J	K	L
1						中央値						
2												
3	データ	1	40	45	50	55	60	70	75	100		
4	データ位置	0%	13%	25%	38%	50%	63%	75%	88%	100%		
5												
6	MEDIAN	55	=MEDIAN(B3:J3)									
7	QUARTILE.INC	55	=QUARTILE.INC(B3:J3,2)									
8	PERCENTILE.INC	55	=PERCENTILE.INC(B3:J3,50%)									

■MEDIAN関数の特徴

データの中央値は、データ内にある極端に小さな値や大きな値は、並び順の端になるので、中央値はデータに混入した異常値の影響を受けにくいという特徴があります。

	A	B	C	D	E	F
1	▼データ				▼平均値と中央値	
2	-500	10	12		平均値	1066.78
3	14	15	16		中央値	15
4	16	18	10,000			
5						
6						

平均値は離れた数値の影響を受けます。

中央値はデータ内の「-500」や「10000」の影響を受けていません。

利用例 1 データの中央値を求める MEDIAN

1組と2組の得点の平均値と中央値を求めます。

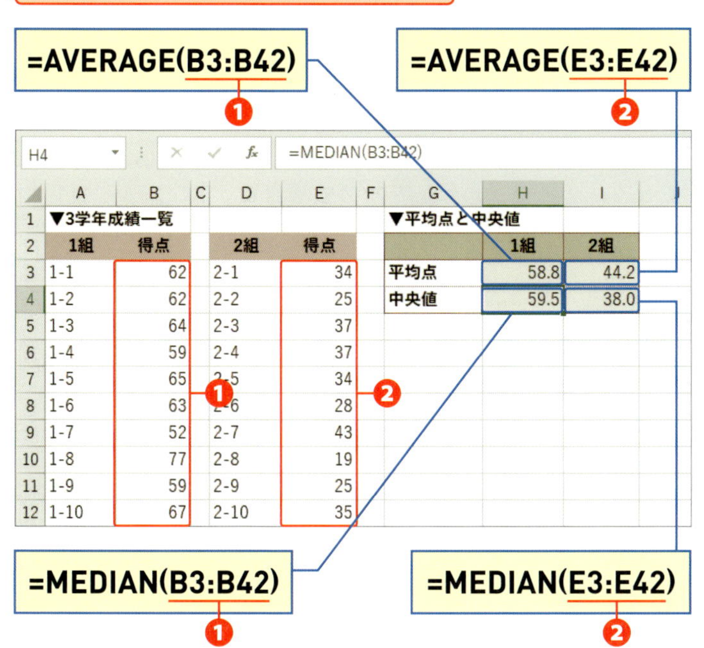

	A	B	C	D	E	F	G	H	I
1	▼3学年成績一覧						▼平均点と中央値		
2	1組	得点		2組	得点			1組	2組
3	1-1	62		2-1	34		平均点	58.8	44.2
4	1-2	62		2-2	25		中央値	59.5	38.0
5	1-3	64		2-3	37				
6	1-4	59		2-4	37				
7	1-5	65		2-5	34				
8	1-6	63		2-6	28				
9	1-7	52		2-7	43				
10	1-8	77		2-8	19				
11	1-9	59		2-9	25				
12	1-10	67		2-10	35				

❶「得点」のセル範囲[B3:B42]を[数値]に指定し、1組の平均点と中央値を求めています。

❷「得点」のセル範囲「E3:E42」を[数値]に指定し、2組の平均点と中央値を求めています。

サンプル sec46

メモ データを並べ替えておく必要はない

MEDIAN関数を利用する際、あらかじめデータを並べ替えておく必要はありません。

ステップアップ TRIMMEAN関数で中央値を求める

TRIMMEAN関数は、データの両端から指定した割合を切り取った残りのデータで平均値を求めます（Sec.39）。割合をどんどん高くしていくと、平均を求める範囲がどんどん狭まり、最後はデータの中央付近の値しか残らないことを利用します。次の図では、データの両端から99%を切り取ったときに中央値と一致しています。

I7 =TRIMMEAN($B$3:$B$42,H7)

	A	B	C	D	E	F	G	H	I	J
1	▼3学年成績一覧						▼中央値と刈り込み平均			
2	1組	得点		2組	得点			割合	1組	2組
3	1-1	62		2-1	34		MEDIAN		59.5	38.0
4	1-2	62		2-2	25		TRIMMEAN	15%	58.7	42.7
5	1-3	64		2-3	37			50%	59.0	39.9
6	1-4	59		2-4	37			85%	59.2	37.8
7	1-5	65		2-5	34			99%	59.5	38.0
8	1-6	63		2-6	28					

=TRIMMEAN($B$3:$B$42,H7)

Section 47

最頻値を求める

覚えておきたいキーワード
- MODE.SNGL
- MODE.MULT

データに含まれる同じ値のうち、最頻出の値を最頻値といいます。たとえば、数字で答えるアンケートの最多回答は最頻値です。ただし、最頻値はデータ内に1つとは限りません。そこで、最頻値を求める場合は、MODE.MULT関数を使うことをお勧めします。

分類 統計　対応バージョン 2010 2013 2016 2019

書式

MODE.SNGL(数値1[,数値2]・・・)
MODE.MULT(数値1[,数値2]・・・)

引数

[数値] 数値や数値の入ったセル、セル範囲を指定します。指定したセル範囲に含まれる文字列や論理値、空白セルは無視されます。

■MODE.SNGL関数とMODE.MULT関数の戻り値

MODE.SNGL関数は、最初に見つかった最頻値を返します。下図の2つのデータは、まったく同じデータですが、並び順が異なります。MODE.SNGL関数の場合は、データの値の並び順次第で最頻値が変わりますが、MODE.MULT関数は、複数の最頻値を同時に求められるので、モレがありません。なお、データの中に最頻値がいくつ含まれているかわからないので、結果を表示するセルは多めに取っておくのがコツです。余ったセルには「#N/A」エラーが表示されます。

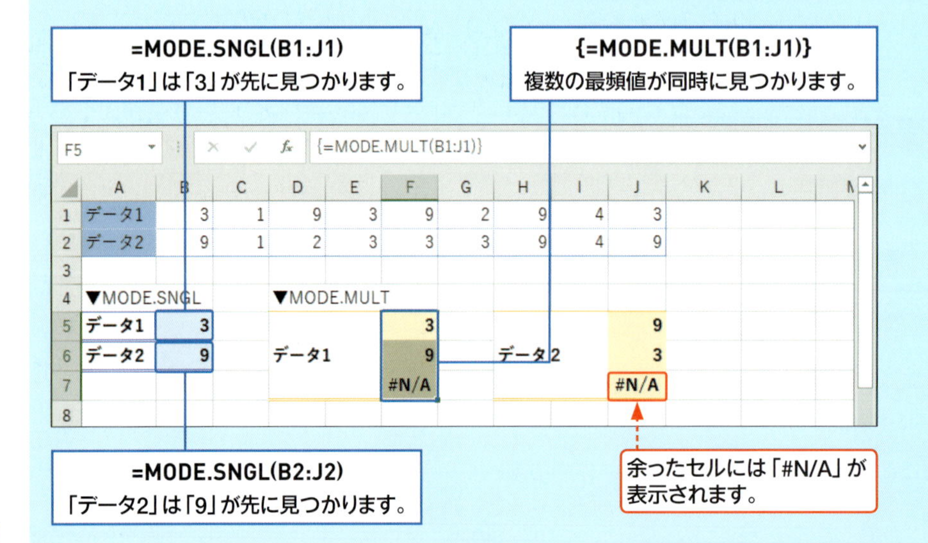

利用例 1 データの最頻値を求める MODE.SNGL/MODE.MULT

得点の最頻値を求めます。

=MODE.SNGL(B3:B42)

=COUNTIF(B3:B42,H3)
最頻値を検索条件とし、得点内の出現回数を求めています（COUNTIF関数：Sec.29）。

	A	B	C	D	E	F	G	H	I	J	K
1	▼3学年成績一						▼最頻値と出現回数				
2	1組	得点		2組	得点			1組	2組		
3	1-1	62		2-1	34		最頻値	62	38		
4	1-2	62		2-2	25		出現回数	3	3		
5	1-3	64		2-3	37						
6	1-4	59		2-4	37		▼MODE.MULT				
7	1-5	65		2-5	34			1組	2組		
8	1-6	63		2-6	28		最頻値	62	38		
9	1-7	52		2-7	43			64	33		
10	1-8	77		2-8	19			65	59		

{=MODE.MULT(B3:B42)}

❶ 得点のセル範囲［B3:B42］をMODE.SNGL関数の［数値1］に指定し、得点データ内で最初に見つかった最頻値を求めています。

❷ 最頻値を表示するセル範囲［H8:H10］をドラッグで選択します。得点のセル範囲［B3:B42］をMODE.MULT関数の［数値1］に指定し、Ctrl と Shift を押しながら Enter を押します。

サンプル sec47_1

キーワード MODE.SNGL

指定したセル範囲に含まれる数値の中で、最も多く出現する値を求めます。ただし、最頻値が複数あっても、最初に見つけた最頻値のみ求めます。

キーワード MODE.MULT

セル範囲に含まれる数値の中で、最も多く出現する値をすべて求めます。複数の最頻値を一度に求めるので、あらかじめ最頻値を表示するセル範囲を縦方向にとり、配列数式で入力します。

利用例 2 5単位に調整した数値の最頻値を求める MODE.MULT

5点刻みに調整した得点の最頻値を求めます。

=MROUND(B3,5)

{=MODE.MULT(C3:C42)}

	A	B	C	D	E	F	G	H	I	J	K	L
1	▼3学年成績一覧								▼得点調整の最頻値と出現回数			
2	1組	得点	得点調整		2組	得点	得点調整			1組	2組	
3	1-1	62	60		2-1	34	35		最頻値	65	35	
4	1-2	62	60		2-2	25	25		出現回数	10	10	
5	1-3	64	65		2-3	37	35					
6	1-4	59	60		2-4	37	35		▼MODE.MULT			
7	1-5	65	65		2-5	34	35			1組	2組	
8	1-6	63	65		2-6	28	30		最頻値	65	35	
9	1-7	52	50		2-7	43	45			65	35	
10	1-8	77	75		2-8	19	20			65	35	

❶「5」で割った余りが「5」の半分以上の場合は、5点刻みで切り上げ、半分を下回った場合は、5点刻みで切り捨てます（Sec.27）。

❷ 最頻値を求めるセル範囲［J8:J10］をドラッグし、得点調整のセル範囲［C3:C42］を［数値1］に指定し、Ctrl と Shift を押しながら Enter を押します。

サンプル sec47_2

メモ 最頻値が1つの場合

MODE.MULT関数を入力した結果、最頻値が1つの場合は、指定した範囲にすべて同じ数値が表示されます。

メモ 得点を5点刻みにして最頻値を求める

1組の得点調整後の最頻値は「65」です。実際の得点にすると63点以上68点未満です。得点を粗く分類することで最頻値が1つにまとまりやすくなり、複数の最頻値があっても最初の1つしか表示しないMODE.SNGL関数の弱点を補っています。

Section 48 最大値／最小値を求める

覚えておきたいキーワード
- MAX
- MIN

データの最大値はMAX関数、最小値はMIN関数を使って求めますが、求める内容によってはMAX関数とMIN関数のどちらを使えばよいかを考える必要があります。たとえば、日付は新しいほどシリアル値（Sec.13）が大きいので、最年少を求めるときにMAX関数を利用します。

分類 統計　対応バージョン 2010 2013 2016 2019

書式

MAX(数値1[,数値2]・・・)
MIN(数値1[,数値2]・・・)

引数

[数値] 数値や数値の入ったセル、セル範囲を指定します。指定したセル範囲内にある空白セル、文字列、論理値は無視されます。

キーワード MAX/MIN

MAX関数は、指定したセル範囲の中から最大の数値を求めます。MIN関数は、MAX関数と逆の機能を持ち、指定したセル範囲の中から最小の数値を求めます。

利用例 1 得点の最低点と最高点を求める MAX/MIN

サンプル sec48_1

メモ 効率よく関数を入力する

MIN関数を入力後、オートフィルで下の行にコピーし、関数名をMAXに変更すると効率よく関数を入力できます。

得点の最低点と最高点を求めます。

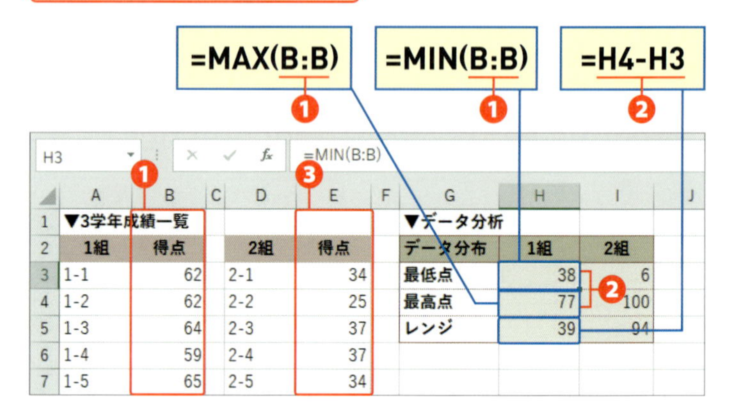

❶ MIN関数、MAX関数の［数値1］に、1組の得点の列番号［B］をクリックし、［B:B］と指定します。

❷ 最高点から最低点を引いてデータのレンジを求めています。1組より2組のレンジが大きく、2組は1組よりも得点差が大きいことを示しています。

❸ 2組についても、E列を指定して、同様に最低点と最高点を求めます。

ヒント QUARTILE.INC／PERCENTILE.INC関数との関係

最小値と最大値は、QUARTILE.INC関数の［戻り値］が「0」と「4」の場合、PERCENTILE.INC関数の［率］が「0%」と「100%」の場合に相当します（Sec.44、45）。

利用例 2 少なくとも最低購入数を発注する MAX

発注数は、少なくとも最低購入数以上になるようにします。

=MAX(C3,D3)

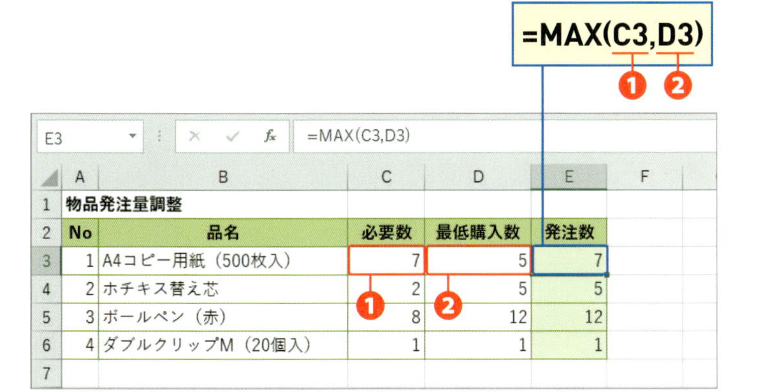

E3 =MAX(C3,D3)

	A	B	C	D	E	F
1	物品発注量調整					
2	No	品名	必要数	最低購入数	発注数	
3	1	A4コピー用紙（500枚入）	7	5	7	
4	2	ホチキス替え芯	2	5	5	
5	3	ボールペン（赤）	8	12	12	
6	4	ダブルクリップM（20個入）	1	1	1	
7						

❶❷「必要数」のセル［C3］と「最低購入数」のセル［D3］を比較し、多いほうを選択しています。

サンプル sec48_2

メモ 下限値と比較する場合はMAX関数を利用する

比較する値が下限値を下回るときは、下限値が最大値になります。利用例 2 は、最低購入数が下限値です。必要数が最低購入数に満たない場合は、MAX関数を利用して、最低購入数が最大値となって選択されるようにします。

利用例 3 交通費の支給上限を設定する MIN

支給額上限を限度とする交通費を求めます。

=MIN(D3,E3)

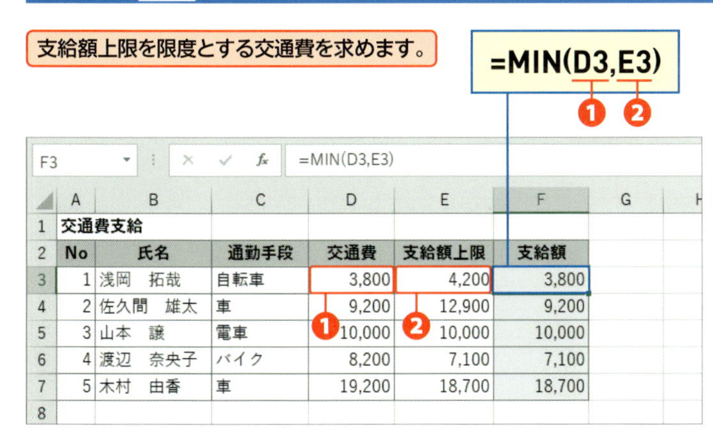

F3 =MIN(D3,E3)

	A	B	C	D	E	F	G
1	交通費支給						
2	No	氏名	通勤手段	交通費	支給額上限	支給額	
3	1	浅岡　拓哉	自転車	3,800	4,200	3,800	
4	2	佐久間　雄太	車	9,200	12,900	9,200	
5	3	山本　譲	電車	10,000	10,000	10,000	
6	4	渡辺　奈央子	バイク	8,200	7,100	7,100	
7	5	木村　由香	車	19,200	18,700	18,700	
8							

❶❷「交通費」のセル［D3］と「支給額上限」のセル［E3］を比較し、少ないほうを選択しています。

サンプル sec48_3

メモ 上限値と比較する場合はMIN関数を利用する

比較する値が上限値を上回るときは、上限値が最小値になります。利用例 3 は、交通費の支給額上限が設けられています。交通費が支給額上限未満なら、そのまま支給され、上限を超えたら上限額が選択されます。

ヒント IF関数で交通費の支給額を求める

利用例 2 3 は、2つの値を比較してどちらかの値に決めています。これは、比較式の結果によって処理を2つに分けるIF関数と同様です。右図は、利用例 3 をIF関数で求めています。交通費が支給額上限以下かどうかを判定し、判定によって交通費か支給額上限かを決めています。

=IF(D3<=E3,D3,E3)

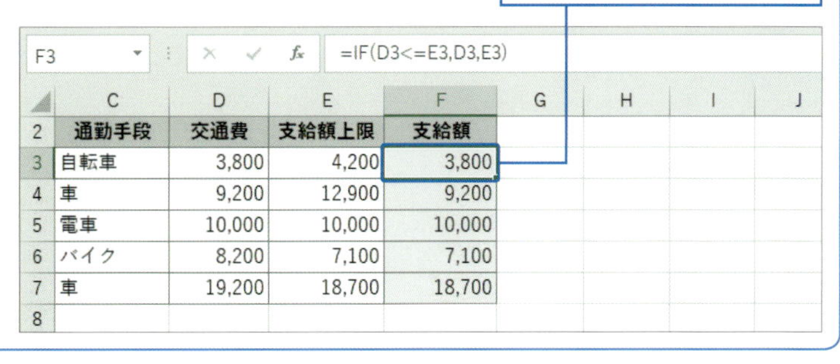

F3 =IF(D3<=E3,D3,E3)

	C	D	E	F	G	H	I	J
2	通勤手段	交通費	支給額上限	支給額				
3	自転車	3,800	4,200	3,800				
4	車	9,200	12,900	9,200				
5	電車	10,000	10,000	10,000				
6	バイク	8,200	7,100	7,100				
7	車	19,200	18,700	18,700				
8								

利用例 4 最年長と最年少の生年月日を求める MAX/MIN

sec48_4

メモ 古い日付は MIN関数を使う

Excelでは、各日付に通し番号が割り当てられており、日付の1番は、1900年1月1日です。したがって、日付は古いほど番号が小さくなります。最年長者の生年月日は日付の最も古い日、すなわち、番号の最も小さい値になるので、MIN関数を使うことになります。

最年長と最年少の生年月日を求めます。

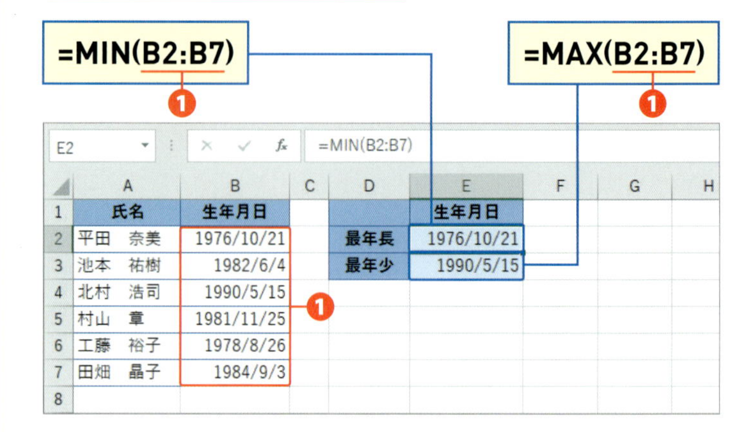

❶「生年月日」のセル範囲［B2:B7］をMAX関数／MIN関数の［数値1］に指定します。

ステップアップ データを箱ひげ図で表わす

箱ひげ図とは、データの全体像を表わすグラフです。データの最小値、最大値、中央値、四分位数、平均値などの値をまとめて表現できます。下の箱ひげ図は、1組と2組の得点分布です。関数で求めた各種の値が箱ひげ図に表示されていることがわかります。ここでは、2組の成績は1組よりばらつきがあることが一目瞭然です。

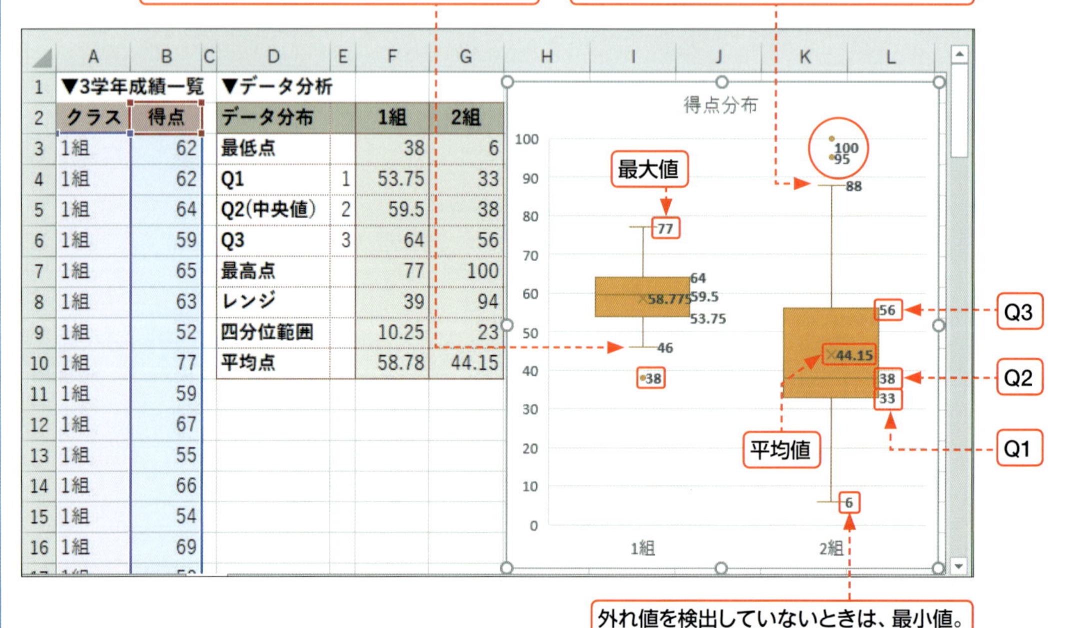

■箱ひげ図の作成方法

Excel 2019では、グラフの種類から箱ひげ図を選択できます。箱ひげ図を作成するときは、同じ系列名が並びますが、得点を縦1列に入力するのがコツです。また、箱ひげ図の<データ系列の書式設定>の四分位数計算を<包括的な中央値>に設定すると、QUARTILE.INC関数を利用した四分位数に一致します。

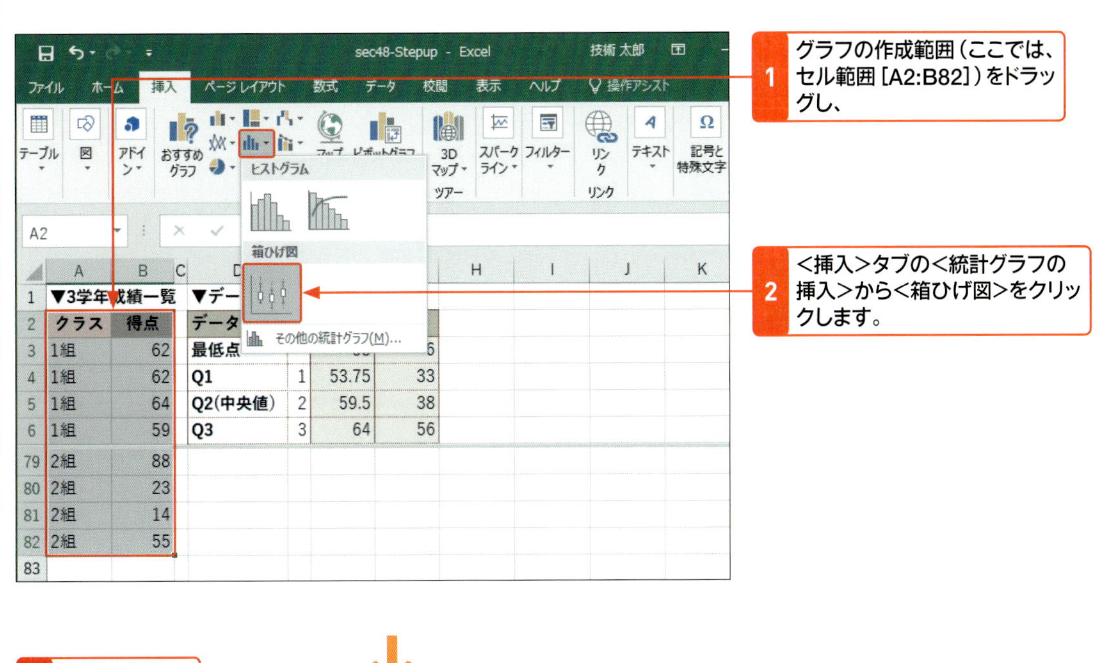

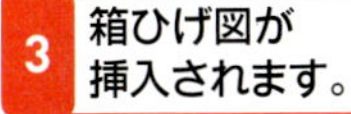

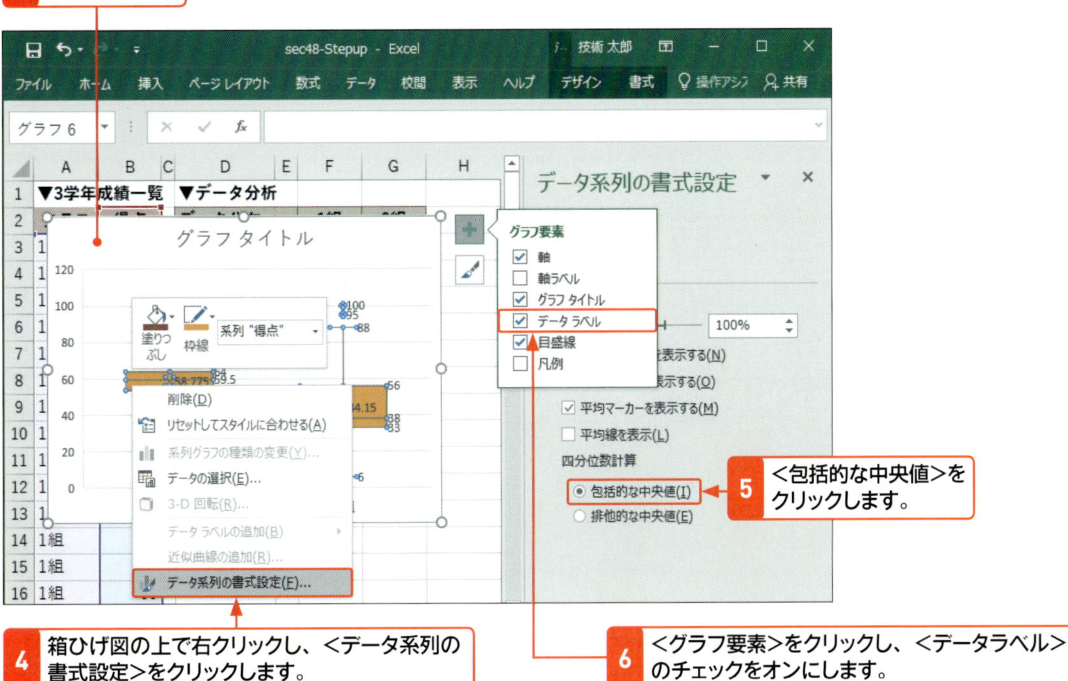

Section 49 条件に一致するデータの最大値／最小値を求める

覚えておきたいキーワード
- ☑ MAXIFS
- ☑ MINIFS

条件に合うデータの最大値や最小値を求めるには、MAXIFS関数やMINIFS関数を使います。データに混入した異常値を除外することを条件としたり、最大値／最小値を求めるデータ区間を条件としたりすることができます。

分類 統計　**対応バージョン** 2010 2013 2016 **2019**

書式

MAXIFS(最大値,条件範囲1,条件1[,条件範囲2,条件2]・・・)
MINIFS(最小値,条件範囲1,条件1[,条件範囲2,条件2]・・・)

キーワード MAXIFS/MINIFS

[条件範囲]から[条件]を検索し、条件を満たす数値を対象に最大値、最小値を求めます。複数の条件を指定できますが、[条件範囲]と[条件]は必ず、ペアで指定します。そして、条件を付けるほど、対象となる数値が絞られます。

引　数

[最大値][最小値]　最大値、最小値を求めるセル範囲を指定します。

[条件範囲1]　[条件]に指定された条件を検索するセル範囲や名前を指定します。

[条件]　最大値、最小値を求める対象となる数値を絞るための条件を指定します。条件には、数値、文字列、比較式、ワイルドカード、条件の入ったセルを指定します。数値以外の条件を直接指定するときは、条件の前後を「"(ダブルクォーテーション)」で囲みます。

利用例 1 異常値を取り除いた最大値を求める　MAXIFS

サンプル sec49_1

メモ [最大値][最小値]と[条件範囲]

[最大値][最小値]に指定する範囲と[条件範囲]に指定する範囲は、行数、列数を同じにする必要があります。利用例1は、[最大値]と[条件範囲]に指定した範囲が同一です。同一であっても省略はできません。なお、利用例1では、最小値の条件はないので、MIN関数を使用しています。

測定不能時の値「99999」を除外して最大値を求めます。

=MAXIFS(A2:D7,A2:D7,"<>99999")

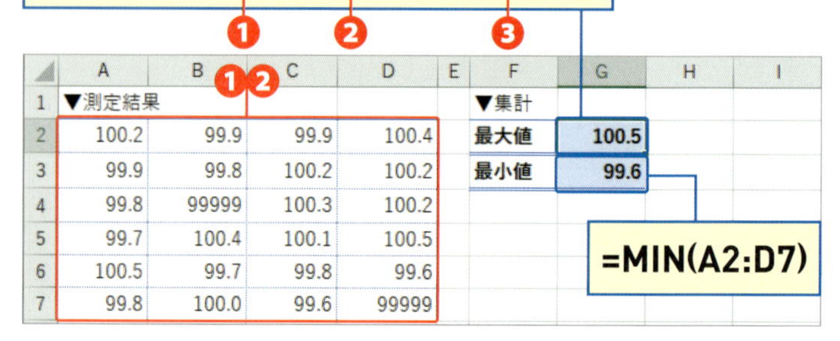

	A	B	C	D	E	F	G
1	▼測定結果					▼集計	
2	100.2	99.9	99.9	100.4		最大値	100.5
3	99.9	99.8	100.2	100.2		最小値	99.6
4	99.8	99999	100.3	100.2			
5	99.7	100.4	100.1	100.5			
6	100.5	99.7	99.8	99.6			
7	99.8	100.0	99.6	99999			

❶ 最大値を求めるセル範囲[A2:D7]を[最大値]に指定します。

❷❸ [条件範囲]にセル範囲[A2:D7]、[条件]に「"<>99999"」を指定し、「99999以外」としています。

利用例 2 指定した期間の最大値／最小値を求める MAXIFS/MINIFS

1980年7月と2018年7月の最高気温と最低気温の最大値を求めます。

=MAXIFS(B:B,$A:$A,">=1980/7/1",$A:$A,"<=1980/7/31")

	A	B	C	D	E	F	G	H
1	▼1980年5月～7月、及び、2018年5月～7月				▼東京都府中市			
2	年月日	最高気温(℃)	最低気温(℃)		最大値	最高気温(℃)	最低気温(℃)	
3	1980/5/1	19.9	8.6		1980年7月	33.9	24.7	
4	1980/5/2	18.5	4.0		2018年7月	38.8	26.7	
5	1980/5/3	22.9	8.5					
6	1980/5/4	23.9	12.9		最小値	最高気温(℃)	最低気温(℃)	
7	1980/5/5	23.5	14.2		1980年7月			
8	1980/5/6	22.8	10.6		2018年7月			
9	1980/5/7	19.5	10.2					
10	1980/5/8	16.4	11.2					
11	1980/5/9	18.5	12.9					
12	1980/5/10	20.2	10.6					

1. 「最高気温(℃)」を[最大値]に指定します。列番号[B]をクリックすると、[B:B]と表示されます。
2. 「年月日」で「1980/7/1」以降を検索します。[条件範囲1]にA列、[条件]は「">=1980/7/1"」と指定します。オートフィルでコピーできるように、A列は絶対参照（列単位での選択なので、列のみ絶対参照）を指定します。
3. 「年月日」で「1980/7/31」以前を検索します。[条件範囲2]にA列を絶対参照で指定し、[条件]は「"<=1980/7/31"」を指定します。

1980年7月と2018年7月の最高気温と最低気温の最小値を求めます。

=MINIFS(B:B,$A:$A,">=1980/7/1",$A:$A,"<=1980/7/31")

	A	B	C	D	E	F	G	H
1	▼1980年5月～7月、及び、2018年5月～7月				▼東京都府中市			
2	年月日	最高気温(℃)	最低気温(℃)		最大値	最高気温(℃)	最低気温(℃)	
3	1980/5/1	19.9	8.6		1980年7月	33.9	24.7	
4	1980/5/2	18.5	4.0		2018年7月	38.8	26.7	
5	1980/5/3	22.9	8.5					
6	1980/5/4	23.9	12.9		最小値	最高気温(℃)	最低気温(℃)	
7	1980/5/5	23.5	14.2		1980年7月	17	15.8	
8	1980/5/6	22.8	10.6		2018年7月	25.5	18.6	
9	1980/5/7	19.5	10.2					
10	1980/5/8	16.4	11.2					
11	1980/5/9	18.5	12.9					
12	1980/5/10	20.2	10.6					

1. MAXIFS関数を入力したセル[F3]をコピーしてセル[F7]に貼り付け、関数名を「MINIFS」に変更します（コピー方法は右のメモ参照）。

サンプル sec49_2

メモ 気温データの出典

利用例 2 の気温データは、気象庁ホームページからダウンロードしたデータを加工しています。

出　典：http://www.data.jma.go.jp/obd/stats/etrn/index.php

メモ 数式のコピーと編集

セル[F3]に入力した関数は、オートフィルでセル[G4]までコピーし、セル[F4]と[G5]は2018年になるように、条件の日付を変更します。

メモ MINIFS関数はMAXIFS関数をコピーして使う

MAXIFS関数を入力したセル[F3]を、Ctrlを押しながらCを押してコピーし、セル[F7]をクリックしてCtrl押しながらVを押して貼り付けます。セル[F7]をダブルクリックして、関数名を「MAXIFS」から「MINIFS」に変更すれば、効率よくMINIFS関数を入力できます。

ヒント 最大値と最小値の表

最大値の表より、東京都府中市の1980年7月の最高気温は最も暑い日で33.9℃です。最低気温は最も暑くても24.7℃であり、25℃以上の熱帯夜はなかったことがわかります。また、最小値の表からは、1980年7月に最高気温が17℃の日があったことがわかります。

Section 50

標準偏差を求める

覚えておきたいキーワード
STDEV.S
STDEV.P
標準偏差

同じ平均50でも、データが0～100まで分布しているのと50前後に集中しているのとでは、ばらつき具合が異なります。標準偏差は、データの値のばらつき具合を表す数値です。標準偏差は、数値が大きいほど、ばらつきの大きいデータであることを表します。

分類 統計　対応バージョン 2010 2013 2016 2019

書式

STDEV.S(数値1[,数値2]・・・)
STDEV.P(数値1[,数値2]・・・)

キーワード STDEV.S/STDEV.P

両関数とも指定したセル範囲の標準偏差を求めますが、STDEV.S関数では、データを母集団から無作為に抽出した標本と見なしています。したがって、STDEV.Sで得る値は、母集団(採取すべきすべての値)の標準偏差の推定値です。STDEV.Pはデータを母集団と見なしています。

引数

[数値] 数値や数値の入ったセル、セル範囲を指定します。

■標準偏差のしくみ

・偏差

右図は、クラス別のテストの得点と偏差です。偏差とは、データ内の値とデータの平均値との差です。偏差は、値が平均値から離れるほど大きくなるので、大きな偏差が多いほど、データは散らばっていると判断します。右の図では、2クラスとも平均点は同じですが、2組は全体的に1組よりも偏差が大きく、2組の得点は、1組よりもばらつきが大きいと判断できます。

C2　=B2-$B$7

	A	B	C	D	E	F	G
1	1組	得点	偏差		2組	得点	偏差
2	田中　尚人	60	-5		里中　真由	30	-35
3	千原　裕也	75	10		篠原　有希	100	35
4	戸倉　博美	70	5		埜村　裕樹	50	-15
5	中川　葉子	55	-10		萩原　健二	90	25
6	渡辺　博史	65	0		布施　高広	55	-10
7	平均／標準偏差	65	7.07		平均／標準偏差	65	26.1
8							

・標準偏差

偏差は値の数だけ存在するので、値が多くなると、ばらつき具合の判断が難しくなります。そこで、ばらつき具合を1つの数値にまとめます。これが標準偏差です。標準偏差が大きくなるほど、データのばらつきが大きいと判断します。以下に1組の標準偏差を求めます。

❶ 偏差の2乗を合計してデータ数で割り、偏差の2乗の平均値を求めます。

$\{(-5)^2+10^2+5^2+(-10)^2+0^2\}/5 \Rightarrow 50$（点^2）

❷ 偏差を2乗し、単位が「点^2」になったため、平方根を取ってもとの単位にすると約7点（$\sqrt{50}$）になります。

2組の標準偏差も同様に求めると約26点となります。

利用例 1 年齢の標準偏差を求める STDEV.S

アンケート回答者の平均年齢と標準偏差を求めます。

=STDEV.S(B3:B102)

=AVERAGE(B3:B102)

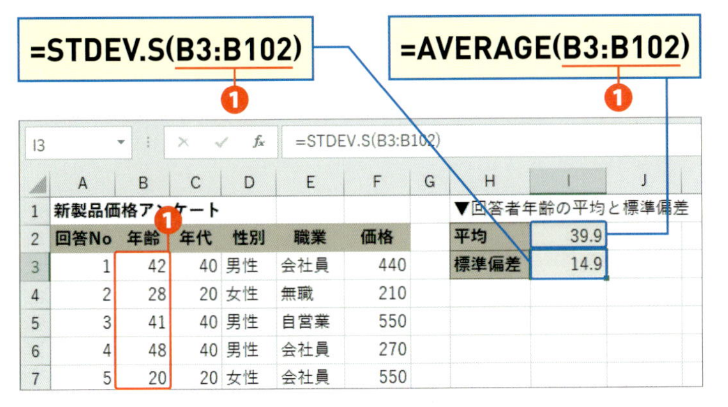

	A	B	C	D	E	F
1	新製品価格アンケート					
2	回答No	年齢	年代	性別	職業	価格
3	1	42	40	男性	会社員	440
4	2	28	20	女性	無職	210
5	3	41	40	男性	自営業	550
6	4	48	40	男性	会社員	270
7	5	20	20	女性	会社員	550

❶ AVERAGE関数とSTDEV.S関数の［数値］に「年齢」のセル範囲［B3:B102］を指定し、アンケート回答者の平均年齢と年齢の標準偏差を求めています。

サンプル sec50

ヒント 標準偏差とデータの関係

データが平均値を中心とした釣り鐘状になる場合は、平均±標準偏差の範囲にデータの68%が入ることが知られています。

ステップアップ 条件付きの標準偏差を求める

条件に一致するデータを対象に標準偏差を求めるにはデータベース関数のDSTDEV関数を利用します。図では、アンケートに回答した自営業の男性の平均年齢と標準偏差を求めています。

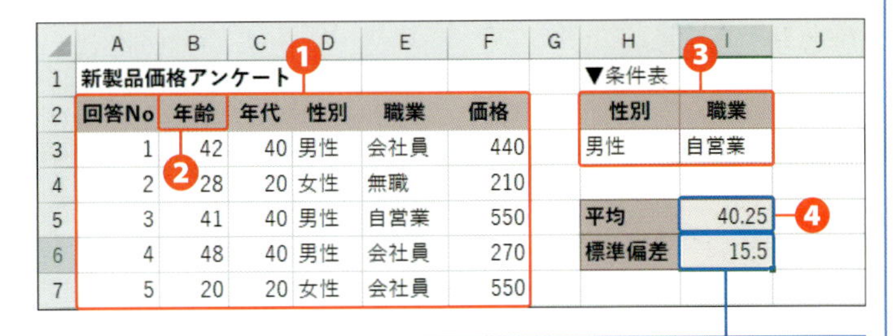

	A	B	C	D	E	F
1	新製品価格アンケート					
2	回答No	年齢	年代	性別	職業	価格
3	1	42	40	男性	会社員	440
4	2	28	20	女性	無職	210
5	3	41	40	男性	自営業	550
6	4	48	40	男性	会社員	270
7	5	20	20	女性	会社員	550

=DSTDEV(A2:F102,B2,H2:I3)

❶ アンケート一覧表のセル範囲［A2:F102］を［データベース］に指定します。

❷ 年齢の標準偏差を求めるため、［フィールド］にはセル［B2］を指定します。

❸ 自営業の男性とは、性別が男性、かつ、職業が自営業です。よって、AND条件を設定し、セル範囲［H2:I3］を［条件］に指定します。

❹ 平均年齢は、関数名を「DSTDEV」から「DAVERAGE」に変更して求めています。引数はDSTDEV関数と同じです。

Section 51

さまざまな順位の値を求める

覚えておきたいキーワード
☑ AGGREGATE

AGGREGATE関数を使うメリットは、集計方法が選べること、非表示のデータやエラーがあっても無視して集計できることです。ここでは、AGGREGATE関数の配列方式を使って、さまざまな順位を求めます。セル参照方式は、Sec.41で紹介しています。

分類 数学 / 三角　対応バージョン 2010 2013 2016 2019

書式 AGGREGATE(集計方法,オプション,配列,順位)　配列方式

キーワード AGGREGATE

AGGREGATE関数は、SUBTOTAL関数の機能を拡張した関数です。セル範囲形式と配列形式の2種類があり、ここでは、配列形式を紹介します。セル参照形式はSec.41参照。

引数

[集計方法]　集計内容に対応する番号を指定します(下表)。
[オプション]　集計条件を番号で指定します(Sec.41参照)。
[配列]　順位を求めるセル範囲を指定します。
[順位]　対応関数の第2引数に相当する値を指定します(下表)。

▼表1　集計方法14～19

集計方法	集計内容	対応関数とAGGREGATE関数の[順位]に相当する引数
14	降順の順位の値	LARGE(配列,順位)
15	昇順の順位の値	SMALL(配列,順位)
16	百分位数	PERCENTILE.INC(配列,率)
17	四分位数	QUARTILE.INC(配列,戻り値)
18	10～90の百分位数	PERCENTILE.EXC(配列,率)
19	第2,3の四分位数	QUARTILE.EXC(配列,戻り値)

利用例 1 気温からさまざまな順位の値を求める　AGGREGATE

サンプル sec51

関数を入力する前に同一構成の複数のシートを選択します。

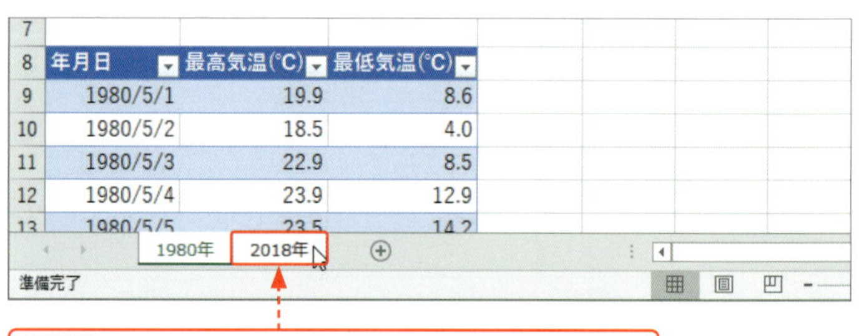

Shift を押しながら、「2018年」シートをクリックします。

第4章 データを順位付けする

「1980年」シートと「2018年」シートにさまざまな順位の値を同時に求めます。

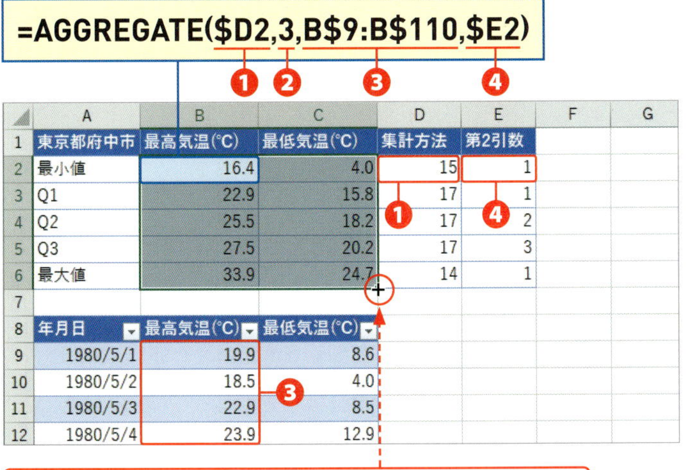

	A	B	C	D	E	F	G
1	東京都府中市	最高気温(℃)	最低気温(℃)	集計方法	第2引数		
2	最小値	16.4	4.0	15	1		
3	Q1	22.9	15.8	17	1		
4	Q2	25.5	18.2	17	2		
5	Q3	27.5	20.2	17	3		
6	最大値	33.9	24.7	14	1		
7							
8	年月日	最高気温(℃)	最低気温(℃)				
9	1980/5/1	19.9	8.6				
10	1980/5/2	18.5	4.0				
11	1980/5/3	22.9	8.5				
12	1980/5/4	23.9	12.9				

セル[B2]をもとに、セル[C6]までオートフィルでコピーします。

❶ セル[D1]を列のみ絶対参照で[集計方法]に指定します。

❷ [オプション]は「3」を指定し、エラーや非表示を無視します。

❸ 「最高気温(℃)」のセル範囲[B9:B110]を行のみ絶対参照で[配列]に指定します。

❹ セル[E1]を列のみ絶対参照で[順位]に指定します。

関数入力後は、シートのグループ化を解除します(右下のメモ参照)。

フィルターを設定し、6月の気温データにします。

	A	B	C	D	E	F	G
1	東京都府中市	最高気温(℃)	最低気温(℃)	集計方法	第2引数		
2	最小値	18.4	16.0	15	1		
3	Q1	25.0	17.8	17	1		
4	Q2	27.1	19.5	17	2		
5	Q3	28.9	20.6	17	3		
6	最大値	30.5	22.6	14	1		
7							
8	年月日	最高気温(℃)	最低気温(℃)				
40	1980/6/	23.9	18.2				
41	1980/6/	26.4	19.1				
42	1980/6/3	29.6	19.3				
43	1980/6/4	24.9	16.8				

❶ 関数に変更はありません。セル[A8]のフィルターボタンをクリックして6月を抽出しています(フィルターの設定方法はSec.20 P.93参照)。フィルターは複数のシートをまとめた状態では設定できないため、シートごとに操作します。

❷ 非表示行が無視され、フィルターで抽出されたデータを対象にさまざまな順位の値に切り替わります。

気温データの出典

利用例[2]の気温データは、気象庁ホームページからダウンロードしたデータを加工しています。

出　典：http://www.data.jma.go.jp/obd/stats/etrn/index.php

2シートまとめて関数を入力する

利用例[1]のように、シートの表が同一構成の場合は、複数のシートを選択してから関数を入力します。選択したシートにまとめて関数が入力できるので、シートごとに関数を入力する手間が省けます。

グループの解除方法

利用例[1]では、ブック内のすべてのシートを選択しているため、任意のシート見出しをクリックすると、グループが解除されます。または、任意のシート見出しを右クリックして<シートのグループ解除>をクリックします。Excel 2010/2013は、<作業グループ解除>をクリックします。

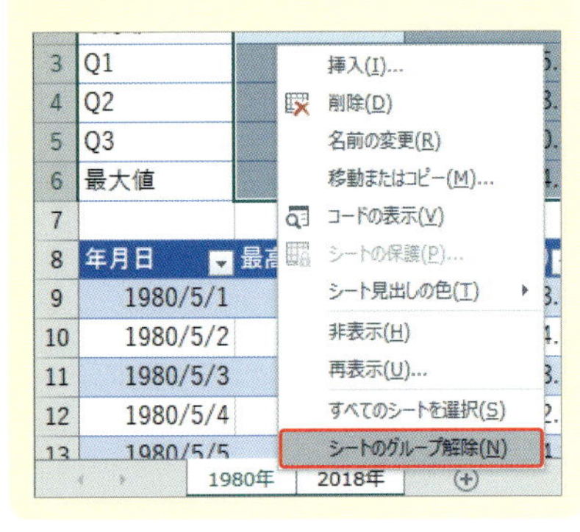

集計方法19のQUARTILE.EXC関数の四分位

集計方法19はQUARTILE.EXC関数に対応します。集計方法17のQUARTILE.INC関数（Sec.45）と同様に、指定した［配列］の四分位数を求めます。両者の違いは、分割点の考え方です。QUARTILE.INC関数は［配列］の最小値を0%、最大値を100%として、［配列］内の値の小さいほうから25%点、50%点、75%点を四分位（分割点）とする方法です。

これに対し、QUARTILE.EXC関数は、［配列］の値を小さい順に並べて2分割します。中央値を除いた下半分を2分割した位置を25%点、上半分を2分割した位置を75%点とします。この方法で求めた四分位数は、P.165の箱ひげ図の<排他的な中央値>に相当します。

下の図は、QUARTILE.INC関数とQUARTILE.EXC関数の［配列］の分割点と四分位数です。

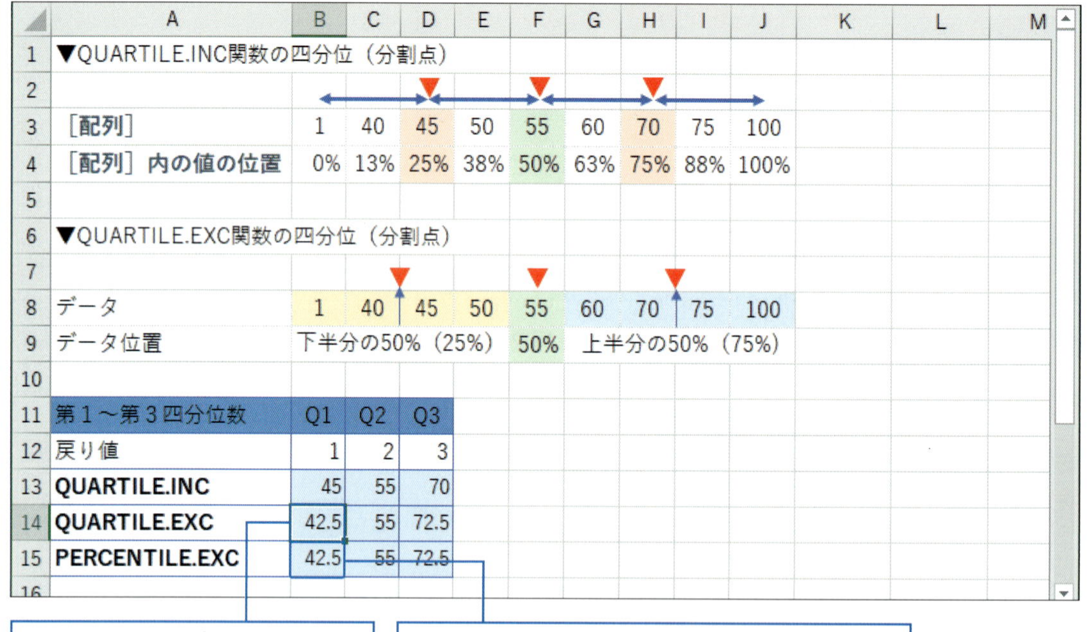

	A	B	C	D	E	F	G	H	I	J
1	▼QUARTILE.INC関数の四分位（分割点）									
2										
3	［配列］	1	40	45	50	55	60	70	75	100
4	［配列］内の値の位置	0%	13%	25%	38%	50%	63%	75%	88%	100%
5										
6	▼QUARTILE.EXC関数の四分位（分割点）									
7										
8	データ	1	40	45	50	55	60	70	75	100
9	データ位置	下半分の50%（25%）				50%	上半分の50%（75%）			
10										
11	第1～第3四分位数	Q1	Q2	Q3						
12	戻り値	1	2	3						
13	QUARTILE.INC	45	55	70						
14	QUARTILE.EXC	42.5	55	72.5						
15	PERCENTILE.EXC	42.5	55	72.5						

=QUARTILE.EXC($B$3:$J$3,B12)

=PERCENTILE.EXC($B$3:$J$3,25%)
データの百分位数を求めます。データの分割点は、QUARTILE.EXC関数と同様です。

Chapter 05

第5章

データを判定する

Section 52

条件によって処理を2つに分ける

覚えておきたいキーワード
- IF
- 論理式
- 長さ0の文字列

1万円以上で送料無料、80以上なら合格、など「○○ならば△△する」という条件付きの表現をよく耳にします。条件には、「○○ができなければ△△は実現しない」という暗黙の了解があります。IF関数を使うと、条件によって処理を2つに分けることができます。

分類 論理　対応バージョン 2010 2013 2016 2019

書式 **IF(論理式,値が真の場合,値が偽の場合)**

引数

[論理式] 論理式を指定します。

[値が真の場合] [論理式]の結果が「TRUE」になるときの処理を、値や数式、セルで指定します。「TRUE」は、[論理式]で指定した条件が満たされた場合に返される論理値です。

[値が偽の場合] [論理式]の結果が「FALSE」になるときの処理を、値や数式、セルで指定します。「FALSE」は、[論理式]で指定した条件が満たされない場合に返される論理値です。

■条件と処理内容の整理

IF関数を利用する前に、条件と処理内容を言葉で整理します。条件を付ける際、話し言葉では、次のように表現されます。しかし、話し言葉のままでは、IF関数に正しい引数を指定するのは難しいため、正確に言い直します。

話し言葉　5,000円以上の購入で送料500円を無料にする

↓

IF関数　購入金額が5,000円以上の場合は送料を0円にし、5000円に満たない場合は送料を500円にする

正確に言い直した表現をIF関数の[論理式]、[値が真の場合]、[値が偽の場合]に当てはめます。ここでは、送料を表示するセルにIF関数を入力します。

送料を表示するセル = IF(購入金額のセル>=5000,0,500)

キーワード IF

IF関数は、条件を指定し、条件を満たす場合は[値が真の場合]の処理を、満たさない場合は[値が偽の場合]の処理を実行します。条件の結果によって、処理内容を2つに分けることができます。

キーワード 論理式

論理式は、結果が論理値「TRUE」または「FALSE」になる式です。比較演算子を使った比較式や論理値を返す関数を指定します。

利用例 1 購入金額に応じた送料を表示する IF

購入金額が1万円以上は送料700円を無料にします。

サンプル sec52_1

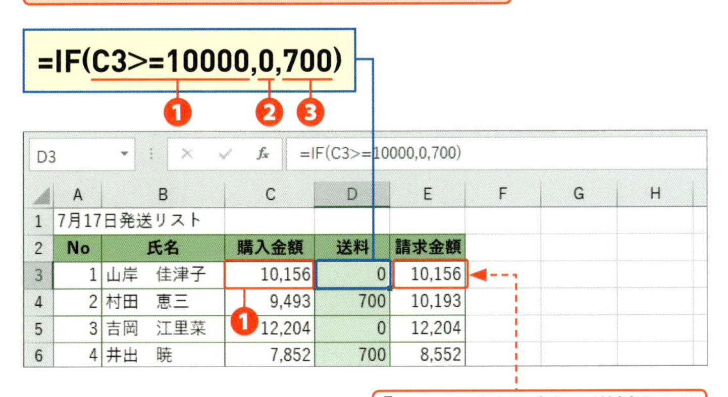

「=C3+D3」と入力し、送料込みの請求金額を表示しています。

❶ 購入金額のセル[C3]と1万円を比較する「C3>=10000」を[論理式]に指定し、購入金額が1万円以上かどうかを判定します。

❷ [値が真の場合]に「0」を指定します。

❸ [値が偽の場合]に「700」を指定します。

利用例 2 得点によって表示を変える IF

得点が平均点以上の場合は「二次選考」と表示します。

サンプル sec52_2

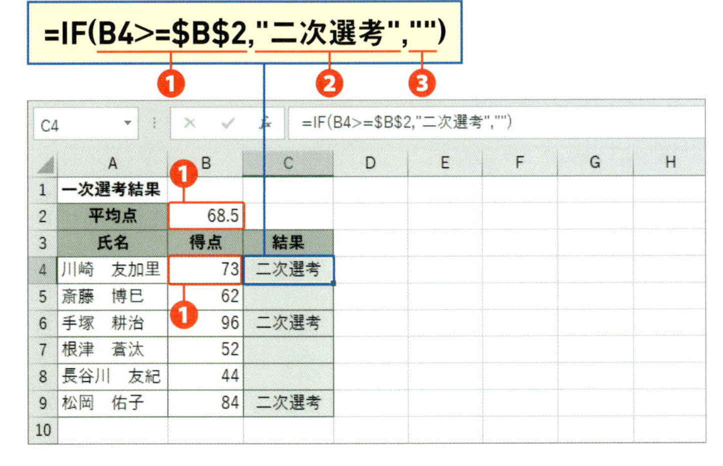

❶ 「得点」と「平均点」を比較する「B4>=$B$2」を[論理式]に指定し、得点が平均点以上かどうかを判定します。

❷ [値が真の場合]に「"二次選考"」と指定します。

❸ [値が偽の場合]に「""」(長さ0の文字列)を指定し、何も表示しないようにします。

メモ 処理方法が1つしか明記されていない場合

利用例2のように、条件を満たすときの処理しか明記されていない場合は、「条件を満たさないときは何もしない(何も表示しない)」という暗黙の了解があるものと判断します。「何も表示しない」場合には、「""(ダブルクォーテーション2つ)」を指定します。

利用例 3 不要な「0」が表示されないようにする IF

サンプル sec52_3

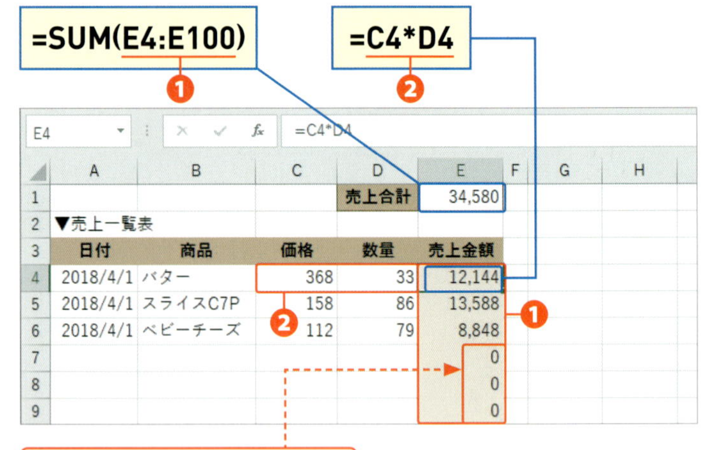

	A	B	C	D	E
1				売上合計	34,580
2	▼売上一覧表				
3	日付	商品	価格	数量	売上金額
4	2018/4/1	バター	368	33	12,144
5	2018/4/1	スライスC7P	158	86	13,588
6	2018/4/1	ベビーチーズ	112	79	8,848
7					0
8					0
9					0

❶ [数値1]に金額のセル範囲[E4:E100]を指定し、売上金額の合計を求めています。

❷「価格×数量」を計算し、1件ごとの売上金額を求めています。

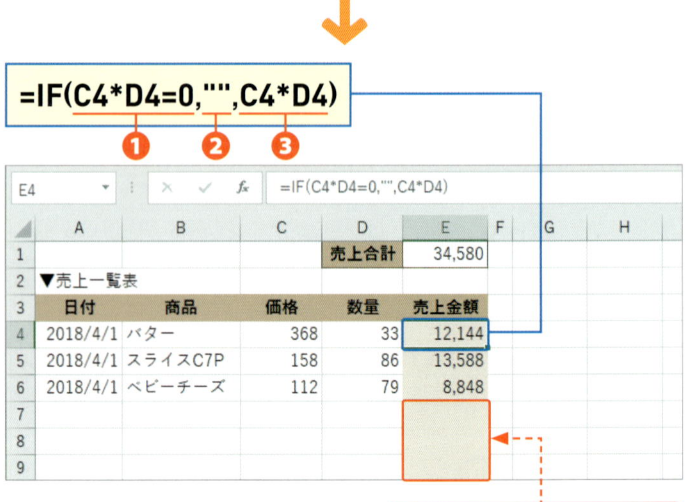

	A	B	C	D	E
1				売上合計	34,580
2	▼売上一覧表				
3	日付	商品	価格	数量	売上金額
4	2018/4/1	バター	368	33	12,144
5	2018/4/1	スライスC7P	158	86	13,588
6	2018/4/1	ベビーチーズ	112	79	8,848
7					
8					
9					

❶ [論理式]に「C4*D4=0」を指定し、計算結果が0になるかどうかを判定します。

❷ [値が真の場合]に「""」(長さ0の文字列)を指定します。

❸ [値が偽の場合]に「C4*D4」を指定し、価格×数量を計算するようにします。

キーワード 長さ0の文字列

「"(ダブルクォーテーション)」は、「"補習"」のように引数に文字列を指定する際に利用します。「補習」の文字数は2文字ですが、これを「長さ2」と表現します。したがって、「""」は、文字数が0なので、「長さ0の文字列」となります。長さ0の文字列は、見た目上、セルには何も表示されません。

メモ 数値を扱うセルへの文字列の入力について

利用例3は、IF関数の結果しだいで、金額に「長さ0の文字列」が入力されます。数値を扱うセルに文字列が入るため、文字列の入ったセルを別の計算に使うと、エラーが発生する場合があるので注意が必要です。利用例3では、売上金額をSUM関数の引数に指定して売上合計を求めていますが、SUM関数はセル範囲内の文字列を無視するので、エラーにならずに済んでいます(セル[E1])。

利用例 4 エラー値が表示されないようにする IF/VLOOKUP

品番が入力されていない場合は、何も表示しないようにします。

=VLOOKUP($A15,商品リスト!$A$2:$C$11,3,FALSE)

C15 =VLOOKUP($A15,商品リスト!$A$2:$C$11,3,FALSE)

	A	B	C	D	E	F
11	品番	商品名	単価	数量	金額	
12	A01	押入れラック	3,800	2	7,600	
13	K01	水切りラック（40cm～65cm）	3,980	1	3,980	
14	B03	タイルカーペット（ブラウン）	1,500	8	12,000	
15		#N/A	#N/A		#N/A	
16		#N/A	#N/A		#N/A	
17						

「品番」のセル[A15]が空欄のため、関数の結果がエラーになっています。

エラーのセルで計算したために、計算結果がエラーになります。エラーの連鎖が発生しています。

=IF($A12="",0,VLOOKUP($A12,商品リスト!$A$2:$C$11,2,FALSE))

❶ ❷ ❸

B12 =IF($A12="",0,VLOOKUP($A12,商品リスト!$A$2:$C$11,

	A	B	C	D	E	F
11	品番	商品名	単価	数量	金額	
12	A01	押入れラック	3,800	2	7,600	
13	K01	水切りラック（40cm～65cm）	3,980	1	3,980	
14	B03	タイルカーペット（ブラウン）	1,500	8	12,000	
15						
16						

=IF($A12="",0,VLOOKUP($A12,商品リスト!$A$2:$C$11,3,FALSE))

❹

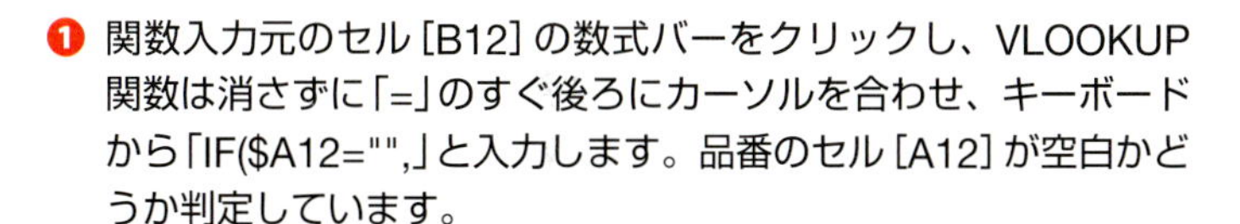

❶ 関数入力元のセル[B12]の数式バーをクリックし、VLOOKUP関数は消さずに「=」のすぐ後ろにカーソルを合わせ、キーボードから「IF($A12="",」と入力します。品番のセル[A12]が空白かどうか判定しています。

❷ [値が真の場合]に「0」を指定し、続けて「,」を入力します。

❸ [値が偽の場合]は、VLOOKUP関数を指定します。式の末尾にIF関数の閉じカッコを入力して Enter で関数を決定します。

❹ オートフィルでセル[B12]式をセル[C12]にコピーし、VLOOKUP関数の[列番号]を「3」に変更します。

サンプル sec52_4

メモ VLOOKUP関数

VLOOKUP関数は、指定したキーワードをもとに、キーワードに該当する値を検索します。キーワードがないと検索ができないため、[#N/A]エラーが表示されます(Sec.72)。

メモ 関数を編集するセル

オートフィルなどで他のセルにも関数をコピーして使う場合は、関数のコピー元のセルを編集します。ここでは、セル[B12]を編集し、再度、コピーしなおします。

メモ [値が真の場合]に「0」を指定する理由

利用例4では、[値が真の場合]に「""(長さ0の文字列)」を指定しても、エラーを非表示にできますが、「単価×数量」の計算に支障をきたします。「単価」に長さ0の文字列が入力されると、金額欄で「文字列×数値」を計算することになり、[#VALUE!]エラーが発生します。[#VALUE!]エラーを防ぐために[値が真の場合]に「0」を指定し、セルの表示形式を「#,###」に変更して、「0」を非表示にします。なお、商品名に数値「0」が入力されても、文字列が入れば、文字列を表示するので問題ありません。

Section 53 条件によって処理を3つに分ける

覚えておきたいキーワード
- IF
- IFS
- ネスト

IF関数の[値が偽の場合]にIF関数を組み合わせるか、IFS関数を使うと、条件による処理を3つ以上に分けることができます。たとえば、優、良、可といった3段階の評価などを付けることができます。なお、あらかじめIF関数のしくみをSec.52で確認してください。

分類	論理	対応バージョン				
		IF	2010	2013	2016	2019
		IFS	2010	2013	2016	2019

書式

IF(論理式1,値が真の場合1,IF(論理式2,値が真の場合2,値が偽の場合2))
IFS(論理式1,値が真の場合1[,論理式2,値が真の場合2]･･･)

キーワード IFS

複数の条件を個別に判定して処理を行います。引数は、条件と条件を満たす場合の処理の組み合わせで構成されるため、IF関数でいうところの、条件を満たさない[値が偽の場合]はありません。したがって、条件を満たさない処理を行うための[論理式]を明示する必要があります。

引数

[論理式] 論理式を指定します。

[値が真の場合] [論理式]の結果が「TRUE」(真)になるときの処理を、値や数式、セルで指定します。「TRUE」は、[論理式]で指定した条件を満たした場合の論理値です。

利用例 1 契約金額に応じてランク分けをする IF+IF/IFS

サンプル sec53_1

ヒント VLOOKUP関数の利用

VLOOKUP関数を利用しても、指定した値を基準にランク分けを行うことができます(類例:Sec.72利用例2)。

営業成績の契約金額が1千万円以上の場合は「優」、500万円以上は「良」、それ以外は「要研修」と表示します。

=IF(B3>=10000,"優",IF(B3>=5000,"良","要研修"))

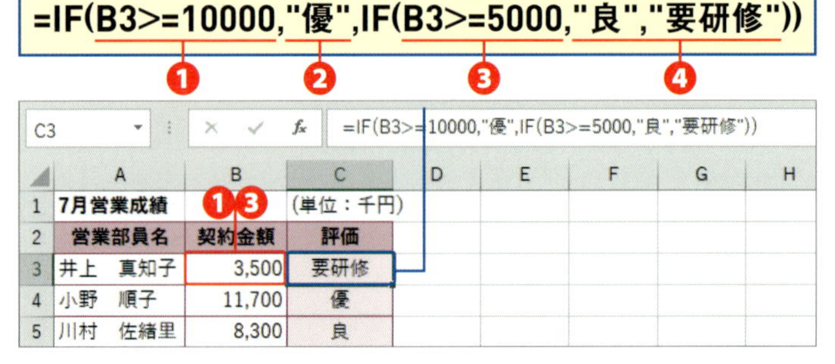

❶ 外側のIF関数の[論理式1]に「B3>=10000」と指定し、「契約金額」が1千万円以上かどうかを判定します。

❷ [値が真の場合1]に「"優"」を指定します。「契約金額」が1千万円以上の処理はここで終了です。

❸ 外側の［値が偽の場合］にIF関数を組み合わせます。［論理式2］に「B3>=5000」と指定し、「契約金額」が500万円以上かどうかを判定します。

❹ 値が［真の場合2］に「"良"」と指定し、［値が偽の場合2］に「"要研修"」と指定します。

IF関数の組み合わせと同じ処理をIFS関数で行います。

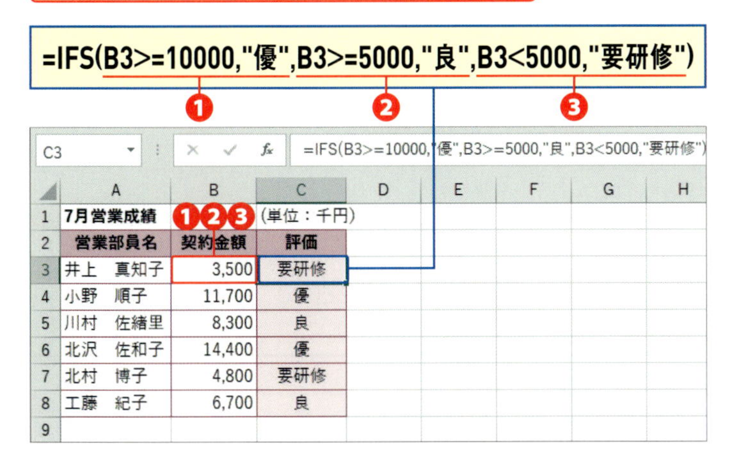

	A	B	C	D	E	F	G	H
1	7月営業成績		(単位：千円)					
2	営業部員名	契約金額	評価					
3	井上　真知子	3,500	要研修					
4	小野　順子	11,700	優					
5	川村　佐緒里	8,300	良					
6	北沢　佐和子	14,400	優					
7	北村　博子	4,800	要研修					
8	工藤　紀子	6,700	良					
9								

❶ ［論理式1］に「B3>=10000」と指定して、「契約金額」が1千万円以上かどうかを判定し、［値が真の場合1］に「"優"」を指定します。「契約金額」が1千万円以上の処理はここで終了です。

❷ ［論理式2］に「B3>=5000」と指定して、「契約金額」が500万円以上かどうかを判定し、［値が真の場合2］に「"良"」と指定します。500万以上、1千万未満の判定はここで終了です。

❸ ［論理式3］に「B3<5000」と指定し、［値が真の場合3］に「"要研修"」と指定します。

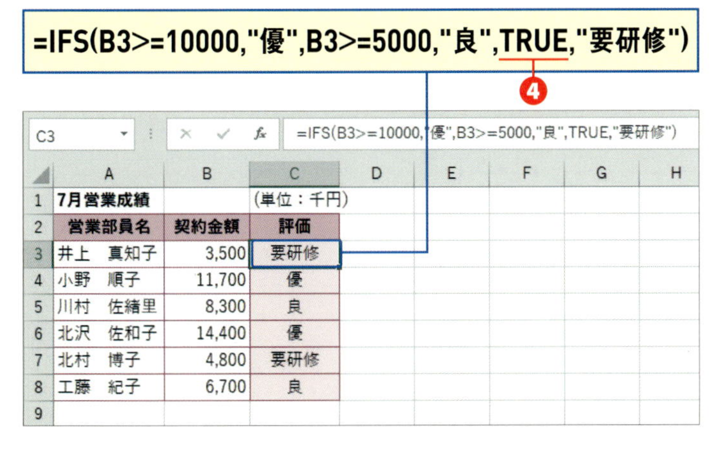

	A	B	C	D	E	F	G	H
1	7月営業成績		(単位：千円)					
2	営業部員名	契約金額	評価					
3	井上　真知子	3,500	要研修					
4	小野　順子	11,700	優					
5	川村　佐緒里	8,300	良					
6	北沢　佐和子	14,400	優					
7	北村　博子	4,800	要研修					
8	工藤　紀子	6,700	良					
9								

❹ ［論理式3］に、［論理式1］［論理式2］が成立していないことが真である場合という意味で、「TRUE」を指定することもできます。

サンプル sec53_2

メモ ［論理式］と［値が真の場合］

IFS関数の［論理式］と［値が真の場合］はペアで利用します。片方の省略はできません。

メモ 「それ以外」に相当する論理式

IFS関数の引数には、IF関数でいうところの［値が偽の場合］はないため、IF関数では指定する必要のなかった［値が偽の場合］の条件を明示する必要があります。左図のように「B3<5000」と比較的簡単に明示できる場合は、「TRUE」ではなく条件を指定したほうがよいでしょう。「それ以外」の条件指定が困難な場合は「TRUE」としたほうが簡単です。

Section 54

複数の条件を判定する

覚えておきたいキーワード
- AND
- OR
- 論理式

データに複数の条件を付ける場合、すべての条件を満たすAND条件といずれか1つの条件を満たすOR条件の2通りの条件の付け方があります。AND条件、または、OR条件が成立しているかどうかを判定するにはAND関数とOR関数を利用します。

分類 論理　対応バージョン 2010 2013 2016 2019

書式

AND(論理式1[,論理式2]・・・)

OR(論理式1[,論理式2]・・・)

キーワード AND/OR

AND関数は、[論理式]に指定した条件をすべて満たす場合に「TRUE」を、1つでも満たさない場合は、「FALSE」を表示します。OR関数は、1つでも条件を満たせば、「TRUE」を表示し、すべての条件に合わない場合のみ、「FALSE」を表示します。

引数

[論理式] 条件式を指定します。条件式は、比較演算子を使った比較式や比較式の入ったセル、または、論理値を返す数式や関数を指定します。

■AND関数とOR関数の戻り値

AND関数とOR関数の結果は、論理値「TRUE」、または、「FALSE」のいずれかです。以下の図のように、AND関数はAND条件、OR関数はOR条件での判定となります。なお、論理値「TRUE」は「真」、「条件が成立している」、論理値「FALSE」は「偽」、「条件が成立しない」という言い方もします。

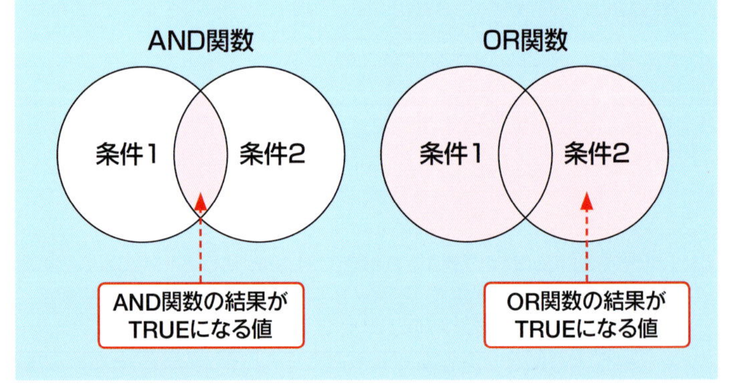

利用例 1 すべての評価が平均以上かどうか判定する AND

すべての評価が、全店舗の平均評価以上かどうかを店舗別に判定します。

=AND(B3>=$B$10,C3>=$C$10,D3>=$D$10)

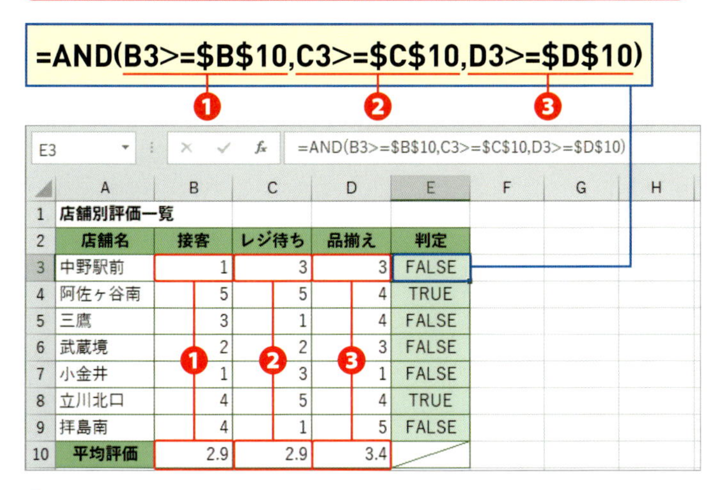
E3 =AND(B3>=$B$10,C3>=$C$10,D3>=$D$10)

	A	B	C	D	E
1	店舗別評価一覧				
2	店舗名	接客	レジ待ち	品揃え	判定
3	中野駅前	1	3	3	FALSE
4	阿佐ヶ谷南	5	5	4	TRUE
5	三鷹	3	1	4	FALSE
6	武蔵境	2	2	3	FALSE
7	小金井	1	3	1	FALSE
8	立川北口	4	5	4	TRUE
9	拝島南	4	1	5	FALSE
10	平均評価	2.9	2.9	3.4	

❶ 店舗の接客評価と接客の平均評価を比較する「B3>=$B$10」を[論理式1]に指定し、接客が平均評価以上かどうかを判定します。

❷ [論理式2]に「C3>=$C$10」と指定し、「レジ待ち」の評価を判定します。

❸ [論理式3]に「D3>=$D$10」と指定し、「品揃え」の評価を判定します。

サンプル sec54_1

メモ AND条件の判定結果

利用例1は、各評価が平均評価以上どうかを調べ、すべての評価で平均以上のときに「TRUE」になります。1つでも評価が平均を下回る場合は、「FALSE」が表示されます。

利用例 2 1つでも平均以上があるかどうか判定する OR

各評価のうち、1つでも平均評価以上があるかどうか判定します。

=OR(B3>=$B$10,C3>=$C$10,D3>=$D$10)

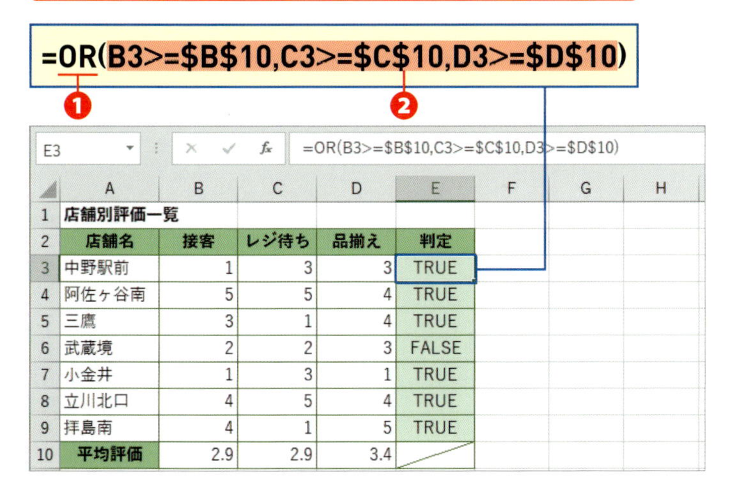
E3 =OR(B3>=$B$10,C3>=$C$10,D3>=$D$10)

	A	B	C	D	E
1	店舗別評価一覧				
2	店舗名	接客	レジ待ち	品揃え	判定
3	中野駅前	1	3	3	TRUE
4	阿佐ヶ谷南	5	5	4	TRUE
5	三鷹	3	1	4	TRUE
6	武蔵境	2	2	3	FALSE
7	小金井	1	3	1	TRUE
8	立川北口	4	5	4	TRUE
9	拝島南	4	1	5	TRUE
10	平均評価	2.9	2.9	3.4	

❶ 利用例1の関数名を「AND」から「OR」に変更します。

❷ 引数はAND関数と同じです。

サンプル sec54_2

メモ 関数名の変更でOR条件の判定結果を得る

AND条件とOR条件は、条件に対する判定方法が異なるだけで、個々の条件は同じです。したがって、AND関数とOR関数は、引数を変更せずに、関数名を入れ替えることで、判定方法を変えることができます。

Section 55

複数の条件によって処理を変える

覚えておきたいキーワード
- IF
- AND ／ OR
- ネスト

複数の条件を設定し、条件判定の結果に応じて処理を変えるには、IF関数とAND関数、IF関数とOR関数など、同時に複数の関数を利用します。同時に複数の関数を利用するときは、関数の引数に関数を指定して、1つの数式にまとめることができます（Sec.10）。

分類	論理	対応バージョン	2010 2013 2016 2019

書式

IF(論理式,値が真の場合,値が偽の場合)
AND(論理式1[,論理式2]･･･)
OR(論理式1[,論理式2]･･･)

引　数

IF関数はSec.52、AND関数とOR関数はSec.54を参照してください。

利用例 1 すべての評価が平均以上の場合は表彰と表示する　AND/IF

sec55_1

メモ　組み合わせ方法

セル[E3]の数式バーで、「=」の後ろをクリックし、AND以降を末尾までドラッグして Ctrl を押しながら C を押してコピーし、 Esc を押します。続いて、セル[F3]の数式バーの「E3=TRUE」をドラッグし、 Ctrl を押しながら V キーを押してAND関数を貼り付け、 Enter を押します。

AND関数ですべての評価が平均以上かどうか判定し、すべての評価が平均以上のときは、IF関数を使って表彰と表示します。

=AND(B3>=$B$10,C3>=$C$10,D3>=$D$10)
❶

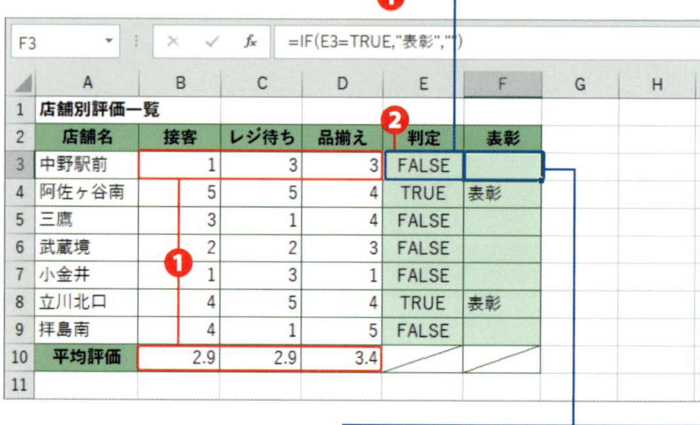
F3　=IF(E3=TRUE,"表彰","")

	A	B	C	D	E	F	G	H
1	店舗別評価一覧							
2	店舗名	接客	レジ待ち	品揃え	判定	表彰		
3	中野駅前	1	3	3	FALSE			
4	阿佐ヶ谷南	5	5	4	TRUE	表彰		
5	三鷹	3	1	4	FALSE			
6	武蔵境	2	2	3	FALSE			
7	小金井	1	3	1	FALSE			
8	立川北口	4	5	4	TRUE	表彰		
9	拝島南	4	1	5	FALSE			
10	平均評価	2.9	2.9	3.4				
11								

=IF(E3=TRUE,"表彰","")
❷　❸

❶ 接客、レジ待ち、品揃えの評価について、各平均評価と比較し、すべての評価が平均以上かどうかをAND関数で判定しています。

❷ IF関数の［論理式］に「E3=TRUE」と指定し、❶の判定結果が「TRUE」かどうかを判定します。

❸ ［値が真の場合］に「"表彰"」を指定します。［値が偽の場合］には「""」を指定し、何も表示しないようにします。

IF関数にAND関数を組み合わせて数式を1つにまとめます。

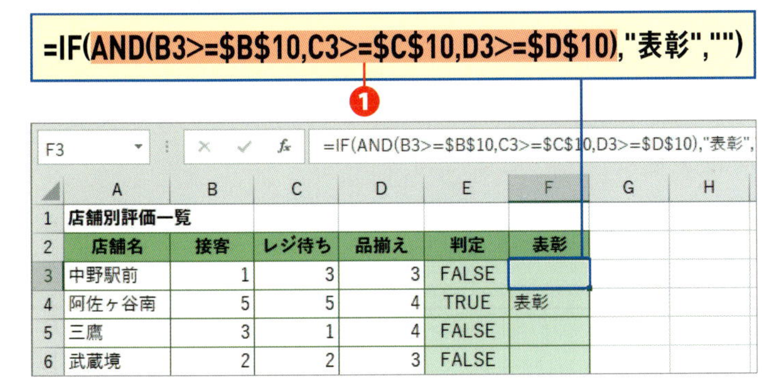

=IF(AND(B3>=$B$10,C3>=$C$10,D3>=$D$10),"表彰","")

F3　=IF(AND(B3>=$B$10,C3>=$C$10,D3>=$D$10),"表彰",

	A	B	C	D	E	F	G	H
1	店舗別評価一覧							
2	店舗名	接客	レジ待ち	品揃え	判定	表彰		
3	中野駅前	1	3	3	FALSE			
4	阿佐ヶ谷南	5	5	4	TRUE	表彰		
5	三鷹	3	1	4	FALSE			
6	武蔵境	2	2	3	FALSE			

❶ セル［E3］の代わりに、セル［E3］に入力されているAND関数をIF関数の［論理式］に指定します。AND関数は論理値を返すので、「=TRUE」は必要ありません。

sec55_2

メモ　IF関数の［論理式］に「=TRUE」は不要

IF関数の［論理式］には、条件の判定結果が論理値になる式を指定します。結果が論理値になる主な式は、比較演算子を使った比較式ですが、結果が論理値であれば比較式にする必要はありません。AND関数とOR関数の戻り値は論理値のため、わざわざ「AND関数の戻り値=TRUE」と比較式にする必要はなく、IF関数の［論理式］に直接指定できます。

利用例 2　1つでも平均未満がある場合は指導と表示する　OR/IF

3項目の評価のうち、1つでも平均未満がある場合は指導と表示します。

=IF(OR(B3<$B$10,C3<$C$10,D3<$D$10),"指導","")

❶ ❷

E3　=IF(OR(B3<$B$10,C3<$C$10,D3<$D$10),"指導","")

	A	B	C	D	E	F	G	H
1	店舗別評価一覧							
2	店舗名	接客	レジ待ち	品揃え	判定			
3	中野駅前	1	3	3	指導			
4	阿佐ヶ谷南	5	5	4				
5	三鷹	3	1	4	指導			
6	武蔵境	2	2	3	指導			
7	小金井	1	3	1	指導			
8	立川北口	4	5	4				
9	拝島南	4	1	5	指導			
10	平均評価	2.9	2.9	3.4				

❶ IF関数の［論理式］にOR関数を入力し、接客、レジ待ち、品揃えの評価が1つでも各平均評価を下回っているかどうか判定しています。

❷ ［値が真の場合］は「"指導"」、［値が偽の場合］は「""」を指定して何も表示しないようにします。

sec55_3

メモ　IF関数とAND/OR関数の組み合わせ

AND関数、OR関数とも、複数の条件を同時に判定し、AND条件として成立するか、OR条件として成立するかを調べます。つまり、複数の条件があっても、AND関数やOR関数を使うことで、条件の結論は1つになり、IF関数は、1つにまとまった結論に対して処理を2つに分けることになります。

Section 56

セルのエラーを判定する

覚えておきたいキーワード
ISERROR
IF

セルにエラーが発生しているかどうかを判定するには、ISERROR関数を利用します。判定結果は「TRUE」または「FALSE」の論理値になるため、IF関数の[論理式]に組み合わせることで、エラー表示の代わりに別の値を表示することができます。

分類 情報　対応バージョン 2010 2013 2016 2019

書式 ISERROR(テストの対象)

キーワード ISERROR

IFERROR関数は、[テストの対象]がエラーになるかどうかを判定し、エラーになる場合は「TRUE」、エラーにならない場合は「FALSE」を返します。

引数

[テストの対象] エラーになるかどうかを判定したい値や数式を指定します。

利用例 1 前期比がエラーかどうか判定する ISERROR

サンプル sec56_1

計算結果がエラーになる場合は、「TRUE」を表示します。

=ISERROR(C3/B3)

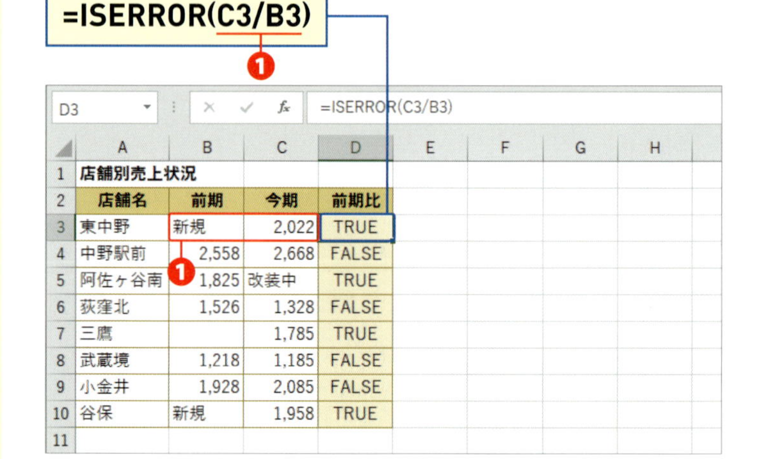

❶ 今期の売上のセル[C3]と前期の売上のセル[B3]を使って、「C3/B3」を計算し、[テストの対象]に指定します。

利用例 2 前期比がエラーになる場合は「--」と表示する IF/ISERROR

計算結果がエラーになる場合は、「--」を表示します。

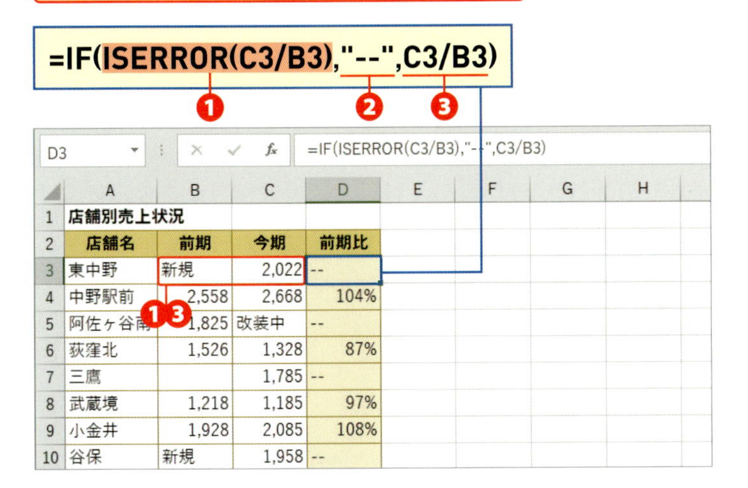

	A	B	C	D
1	店舗別売上状況			
2	店舗名	前期	今期	前期比
3	東中野	新規	2,022	--
4	中野駅前	2,558	2,668	104%
5	阿佐ヶ谷南	1,825	改装中	--
6	荻窪北	1,526	1,328	87%
7	三鷹		1,785	--
8	武蔵境	1,218	1,185	97%
9	小金井	1,928	2,085	108%
10	谷保	新規	1,958	--

1. 利用例 1 のISERROR関数を、IF関数の[論理式]に指定します。
2. [値が真の場合]に「"--"」を指定し、エラー値の代わりに表示するようにします。
3. [値が偽の場合]に「C3/B3」と指定します。「C3/B3」は、ISERROR関数でテストした計算式です。

サンプル sec56_2

メモ IFERROR関数とISERROR関数

利用例 2 は、エラー値の代わりに「--」と表示することから、IFERROR関数も利用できます。式は次のとおりです。

=IFERROR(C3/B3,"--")

式が短くてわかりやすいですが、エラー表示の回避は、長らく利用例 2 のIF関数とISERROR関数の組み合わせが主流でした。現在でも、多くのファイルで利用例 2 の形式でエラー表示を回避していますので、利用例 2 の方法でエラー表示を回避する方法も覚えておく必要があります。

メモ 処理を2つに分ける場合はIFとISERROR関数を使う

エラー表示の回避だけを目的としている場合は、IFERROR関数も使えますが、エラーの判定後に処理を2つに分けたい場合は、IFERROR関数は使えません。処理方法を2つに分けたい場合は、利用例 2 の方法でIF関数とISERROR関数を組み合わせて使います。

メモ ISERROR関数が判定するエラー値

ISERROR関数は、[#VALUE!]、[#DIV/0!]、[#REF!]、[#N/A]、[#NUM!]、[#NAME?]、[#NULL!]を判定できます。ただし、[#####]は回避できません(下図参照)。[#####]は時刻の引き算がマイナスになる場合に表示されます。

	A	B	C
1	時刻1	時刻2	経過時間
2	17:00	2:00	########
3			

Section 57

エラー表示を回避する

覚えておきたいキーワード
- IFNA
- IFERROR
- エラー表示回避

データは完璧に揃うことは少なく、何らかの値が欠けているほうが普通です。しかし、欠けた値が原因で計算ができず、エラーが発生すると見栄えの悪い表になります。IFERROR関数やIFNA関数を使うと、計算結果がエラーになる場合に、エラーの代わりに別のメッセージを表示できます。

分類	論理	対応バージョン	IFERROR	2010	2013	2016	2019
			IFNA	2010	2013	2016	2019

書式

IFNA(値,エラーの場合の値)
IFERROR(値,エラーの場合の値)

キーワード IFNA/IFERROR

IFNA関数とIFERROR関数は、[値] がエラーかどうかを判定し、エラーの場合は、[エラーの場合の値] を表示します。エラーでない場合は、[値] の結果を表示します。両関数の違いは、判定するエラー値の種類です。IFNA関数は [#N/A] エラーのみ判定します。IFERROR関数で判定するエラー値は7種類です (P.188 メモ参照)。

引数

[値]	エラーになるかどうかを判定したい値や数式を指定します。
[エラーの場合の値]	[値] の結果がエラーになる場合、エラーの代わりに表示する値やセルを指定します。文字列を直接指定する場合は、文字列の前後を「"(ダブルクォーテーション)」で囲みます。

利用例 1 [#N/A] エラーを回避する IFERROR/IFNA

サンプル sec57_1

メモ RANK.EQ関数

RANK.EQ関数は、指定した数値の順位を求めます。順位は値の大きい順、または、小さい順を選択できます。詳細は、Sec.42を参照してください。

得点が空白の場合は欠席と表示します。

=RANK.EQ(B3,$B$3:$B$9)

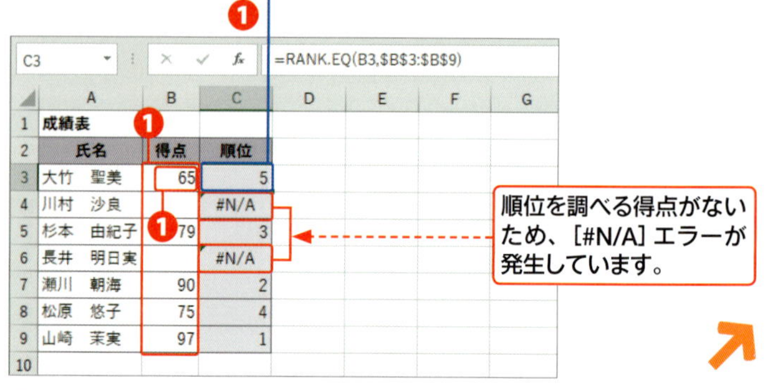

❶ RANK.EQ関数を利用して、得点の入ったセル範囲 [B3:B9] の中で、個人の得点と比較し、得点の高い順に順位を求めています。

第5章 データを判定する

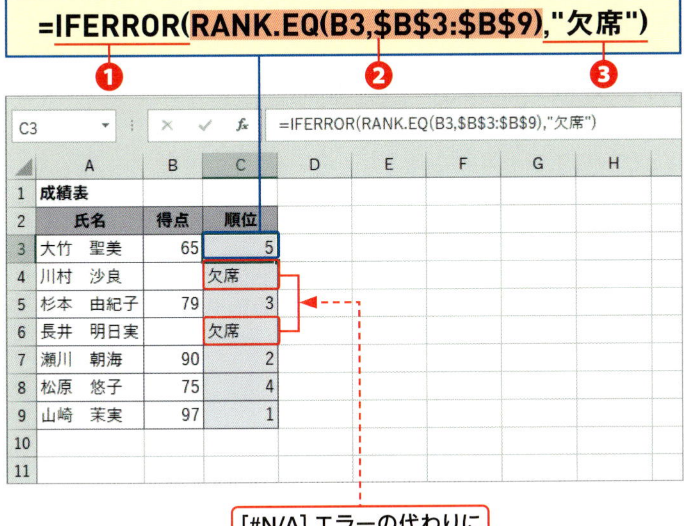

❶ RANK.EQ関数を入力した先頭のセル[C3]をダブルクリックして編集状態にし、「=」の後ろから「IFERROR(」と入力します。

❷ IFERRROR関数の[値]にRANK.EQ関数を指定します。

❸ [エラーの場合の値]に「"欠席"」と指定するため、RANK.EQ関数のあとに「,"欠席")」と入力して Enter を押し、オートフィルで数式をコピーします。

IFNA関数に置き換えます。

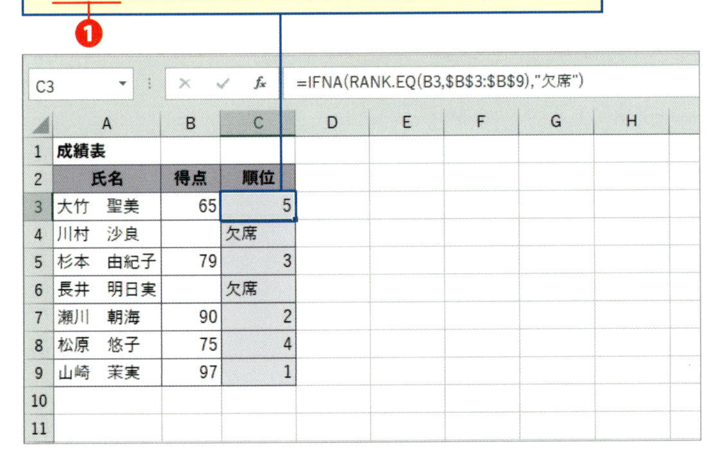

❶ エラーの種類が[#N/A]の場合は、IFERROR関数をIFNA関数に置き換えられます。関数名のみ「IFERROR」から「IFNA」に変更します。

メモ 数式バーで編集することもできる

関数をコピーして使う場合は、コピー元のセルを編集します。ここでは、セル[C3]を編集します。編集するときは、セルをクリックして、数式バーで編集することもできます。

メモ 対応バージョン

IFNA関数はExcel 2013で追加された関数です。Excel 2010の場合は、IFERROR関数を利用します。

メモ RANK.EQ関数の[#N/A]エラー

[#N/A]エラーは、使いたい値がない場合に発生します。利用例 1 のRANK.EQ関数では、順位を求めるのに必要な値が入っていないため[#N/A]エラーが発生しています。

利用例 2 前期比がエラーになる場合は「--」と表示する IFERROR

サンプル sec57_2

メモ IFERROR関数が判定するエラー値

IFERROR関数は、[#VALUE!]、[#DIV/0!]、[#REF!]、[#N/A]、[#NUM!]、[#NAME?]、[#NULL!]を判定できます。ただし、[#####]は判定できません（下図参照）。[#####]は時刻の引き算がマイナスになる場合に表示されます。

=IFERROR((E2-D2),"---")

	D	E	F	G	H
	時刻1	時刻2	経過時間		
	17:00	2:00	#######		

IFERROR関数を指定しても、[######]はエラーと判定できません。

今期／前期の計算結果がエラーになる場合は、「--」を表示します。

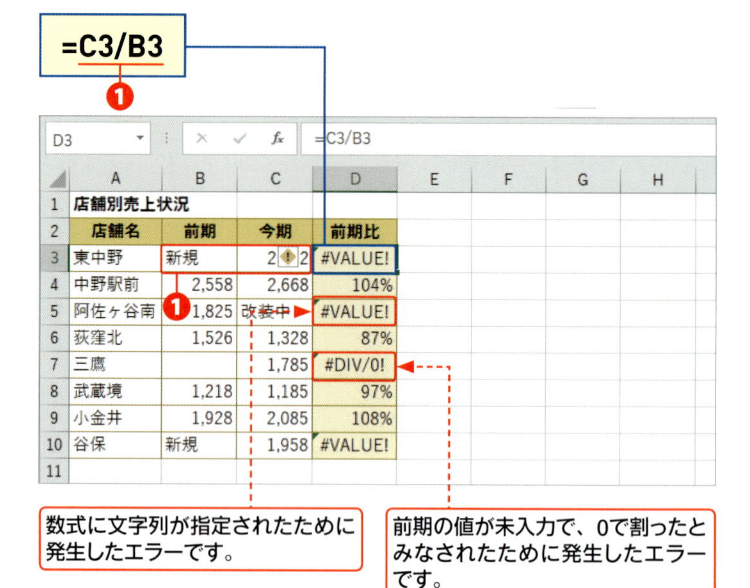

	A	B	C	D
1	店舗別売上状況			
2	店舗名	前期	今期	前期比
3	東中野	新規	2,022	#VALUE!
4	中野駅前	2,558	2,668	104%
5	阿佐ヶ谷南	1,825	改装中	#VALUE!
6	荻窪北	1,526	1,328	87%
7	三鷹		1,785	#DIV/0!
8	武蔵境	1,218	1,185	97%
9	小金井	1,928	2,085	108%
10	谷保	新規	1,958	#VALUE!
11				

❶ 今期の売上のセル[C3]と前期の売上のセル[B3]を使って、「=C3/B3」と入力し、前期比を計算しています。

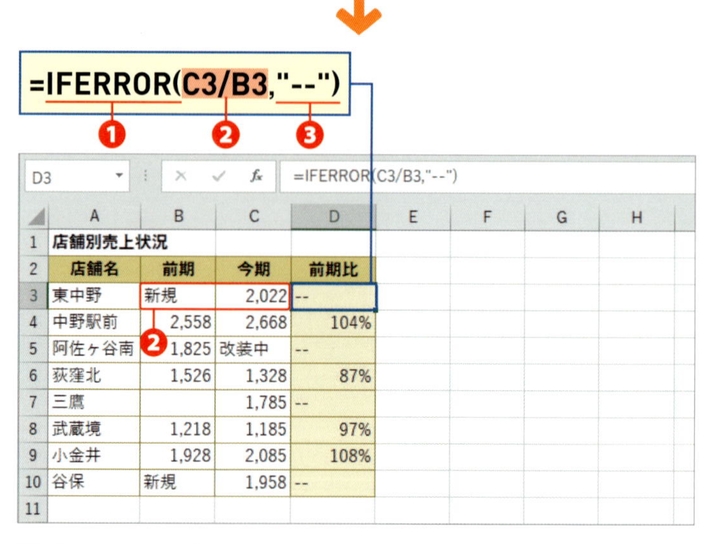

	A	B	C	D
1	店舗別売上状況			
2	店舗名	前期	今期	前期比
3	東中野	新規	2,022	--
4	中野駅前	2,558	2,668	104%
5	阿佐ヶ谷南	1,825	改装中	--
6	荻窪北	1,526	1,328	87%
7	三鷹		1,785	--
8	武蔵境	1,218	1,185	97%
9	小金井	1,928	2,085	108%
10	谷保	新規	1,958	--
11				

❶ セル[D3]をダブルクリックして編集状態にし、数式の「=」の後ろに「IFERROR(」と入力します。

❷ IFERROR関数の[値]に前期比を求める数式を指定します。

❸ 「,」（カンマ）を入力し、[エラーの場合の値]に「"--"」と入力します。最後に、IFERROR関数の「)」（閉じカッコ）を入力して Enter を押し、関数を確定します。

エラーを印刷しない

エラーは表の見栄えが悪くなりますが、どこにエラーが発生しているのかを明示するために、あえて表示したままにすることもあります。エラーが発生したからといって、IFERROR関数などを組み合わせてエラー表示を回避することが常によいとは限らないのです。

しかし、印刷時は、見た目を重視してエラーを回避したいことがあります。その場合は、<シートのオプション>を設定すれば、エラーを印刷せずに済みます。または、応急処置として、エラーのセルを選び、フォントの色をセルの色と同色にする方法もあります。

●シートのオプションの設定

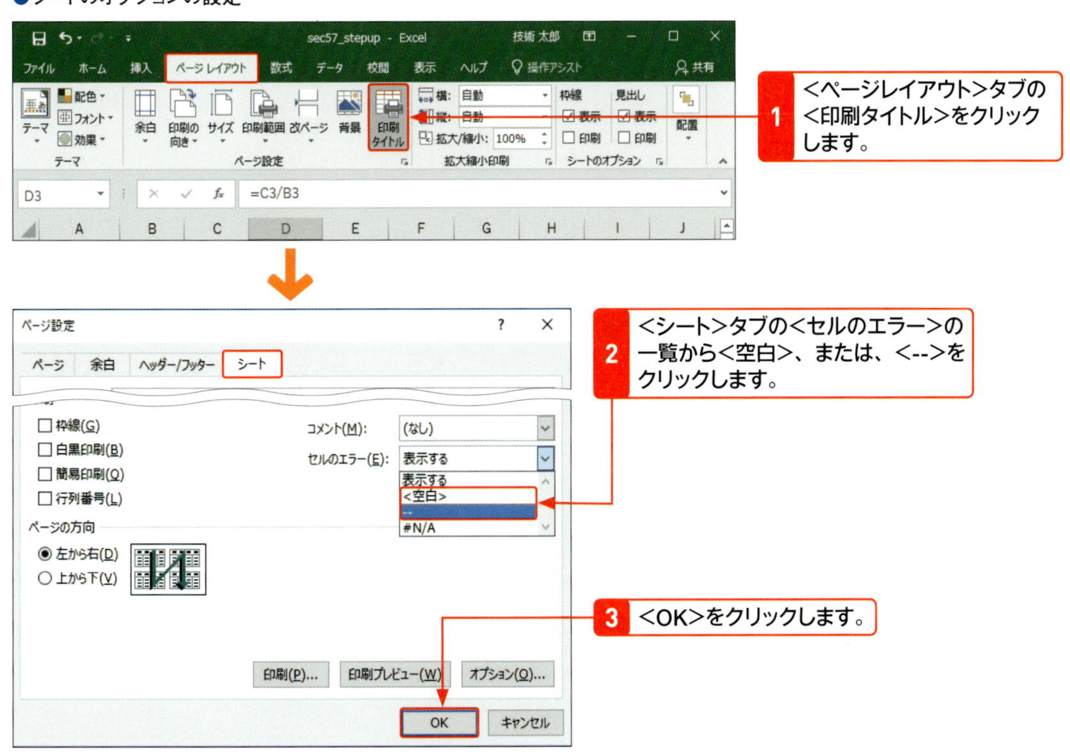

●エラー値の選択

次の方法で、シート内のエラー値を選択し、セルのフォントの色をセルの色に合わせれば、見た目上はセルのエラー表示を回避できます。ただし、この方法は、エラーを自動的に見つけて処理しているわけではありません。自動的にエラーを見つけてフォントの色を変えたい場合は、条件付き書式を利用します（Sec.100）。

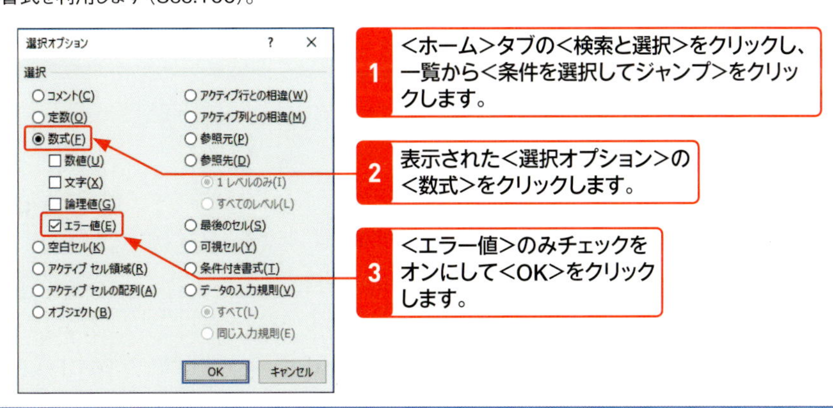

Section 58

数値が指定した値以上かどうか判定する

覚えておきたいキーワード
- GESTEP

数値が指定した値以上かどうかを判定するにはGESTEP関数を使います。GESTEP関数では、判定に使う数値をしきい値といいます。しきい値は結果を二分する境界値です。判定結果は数値の1、0で表示されるため、判定結果を計算に利用することもできます。

分類 エンジニアリング　対応バージョン 2010 2013 2016 2019

書式 **GESTEP(数値[,しきい値])**

キーワード GESTEP

数値をしきい値と比較します。数値がしきい値以上の場合は「1」、しきい値未満の場合は、「0」を表示します。[しきい値]を省略した場合は、「0」とみなされ、[数値]が0以上かどうかを判定します。

引数

[数値] 数値や数値の入ったセルを指定します。

[しきい値] 数値や数値の入ったセルを指定します。省略すると、0と見なされます。

利用例 1 毎日の歩数が目標以上かどうか判定する GESTEP

sec58_1

メモ 1を合計して達成日数を求める

GESTEP関数では、判定結果が数値の1、0になるので、1を合計すればしきい値以上を満たす合計件数が求められます。

歩数が7000歩以上かどうか判定します。

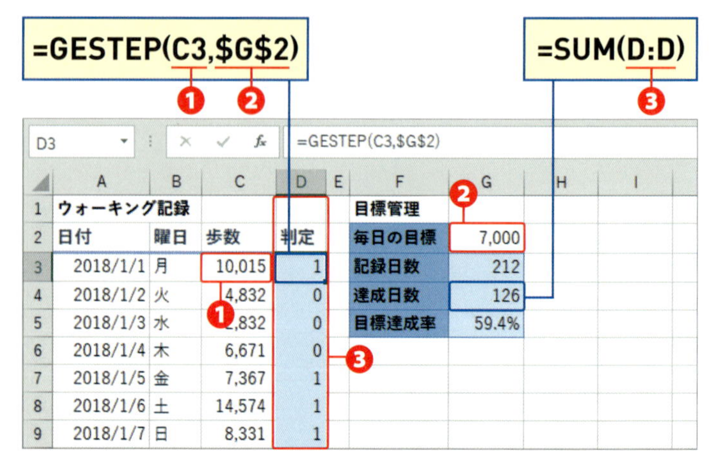

❶ 歩数のセル[C3]を[数値]に指定します。

❷ 毎日の目標のセル[G2]を、絶対参照で[しきい値]に指定します。目標以上なら1、目標を下回ったら0と表示されます。

❸ GESTEP関数の判定結果を表示しているD列をSUM関数の[数値]に指定し、目標達成日数を求めています。

利用例 2 株価の騰落を判定する GESTEP

当日の終値が1営業日前の終値以上かどうか判定します。

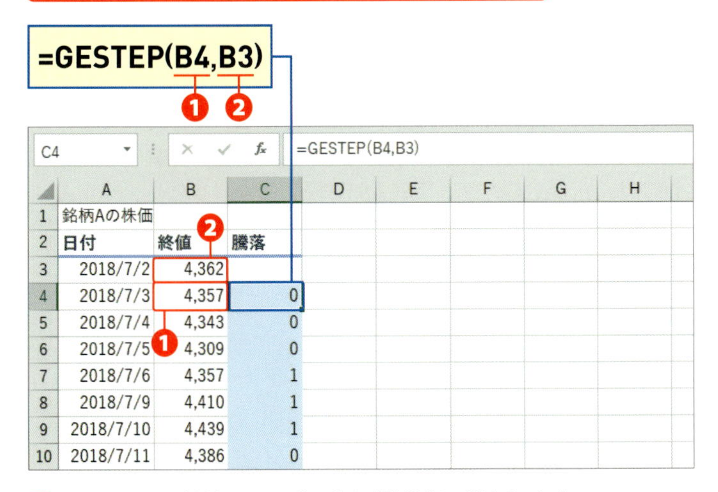

	A	B	C
1	銘柄Aの株価		
2	日付	終値	騰落
3	2018/7/2	4,362	
4	2018/7/3	4,357	0
5	2018/7/4	4,343	0
6	2018/7/5	4,309	0
7	2018/7/6	4,357	1
8	2018/7/9	4,410	1
9	2018/7/10	4,439	1
10	2018/7/11	4,386	0

❶ 2018/7/3の終値のセル[B4]を[数値]に指定します。

❷ 2018/7/2の終値のセル[B3]を[しきい値]に指定します。当日終値が1営業日前の終値以上なら1、前の終値を下回ったら0と表示されます。

サンプル sec58_2

ヒント 騰落

株価の値上がり、値下がりのことです。ここでは、前営業日の終値をしきい値にして日々の騰落を1と0で表示しています。

メモ IF関数の[論理式]とGESTEP関数の戻り値

IF関数の[論理式]の戻り値が論理値であるのに対し、GESTEP関数の戻り値は1と0です。IF関数では、GESTEP関数の1を「TRUE」、0を「FALSE」と認識するため、GESTEP関数を[論理式]に指定することができます。

当日の終値が1営業日前の終値以上の場合は「○」、そうでない場合は「●」を表示します。

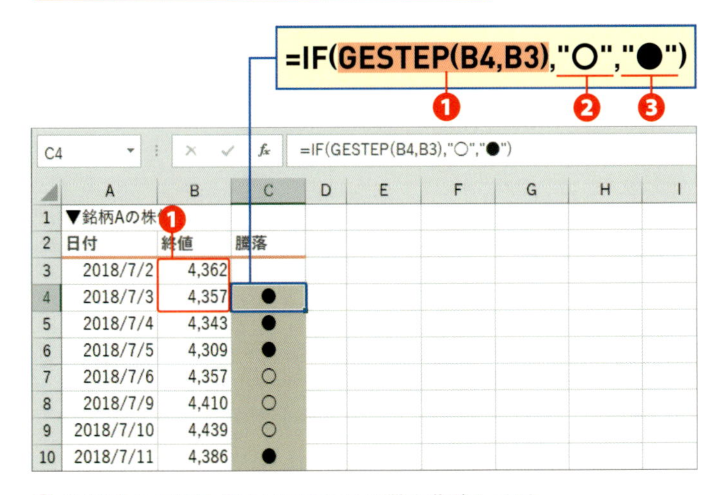

	A	B	C
1	▼銘柄Aの株価		
2	日付	終値	騰落
3	2018/7/2	4,362	
4	2018/7/3	4,357	●
5	2018/7/4	4,343	●
6	2018/7/5	4,309	●
7	2018/7/6	4,357	○
8	2018/7/9	4,410	○
9	2018/7/10	4,439	○
10	2018/7/11	4,386	●

❶ IF関数の[論理式]にGESTEP関数を指定します。

❷ [値が真の場合]に「"○"」を指定し、GESTEP関数の判定結果が1の場合は「○」を表示します。

❸ [値が偽の場合]に「"●"」と指定し、GESTEP関数の判定結果が0の場合は「●」を表示します。

サンプル sec58_3

メモ IF関数の組み合わせ方

IF関数は、GESTEP関数を入力後に組み合わせます。ここでは、GESTEP関数を入力したセル[C4]の数式バーで、「=」の後ろに「IF(」と入力しますが、途中から<関数の引数>ダイアログボックスに切り替えて引数の説明を見ながら入力することもできます。IF関数の<関数の引数>ダイアログボックスを表示するには、「IF」をドラッグし、<関数の挿入>をクリックします(Sec.09)。

Section 59 2つの値が等しいかどうか判定する

覚えておきたいキーワード
- EXACT
- DELTA

データ入力では、入力内容の精度を上げるために同じデータを2度入力し、両者を比較して、データの整合性をチェックすることがあります。データの整合性をチェックするには、EXACT関数とDELTA関数を利用します。

書式

分類 EXACT: 文字列操作／DELTA: エンジニアリング　対応バージョン 2010 2013 2016 2019

EXACT(文字列1,文字列2)
DELTA(数値1[,数値2])

キーワード EXACT

2つの値を比較します。文字列だけでなく、数値同士も比較可能です。文字列同士を比較する場合、英字の大文字／小文字、全角／半角を見分けます。セルに設定された書式は比較対象外です（右図参照）。比較した結果は、論理値で表示され、等しい場合は「TRUE」、等しくない場合は「FALSE」となります。

キーワード DELTA

2つの数値を比較します。2つの数値が等しい場合は「1」、等しくない場合は「0」を表示します。[数値2]の指定を省略した場合は、「0」とみなされ、[数値1]が「0」に等しいかどうかを判定します。

引数

[文字列1] [文字列2]　値や値の入ったセルを指定します。引数に文字列を直接指定する場合は、文字列の前後を「"（ダブルクォーテーション）」で囲みます。

[数値1] [数値2]　数値や数値のセルを指定します。[数値2]を省略すると「0」と比較します。

■EXACT関数の戻り値

EXACT関数は、大文字／小文字、半角／全角の違いを見分けます。書式の違いは比較対象にならないため、同じ文字列なら「TRUE」になります（セル[D4]）。

D2　=EXACT(A2,B2)

	A	B	C	D	E	F	G
1	文字列1	文字列2	文字列2の書式	判定			
2	abc	ABC	半角大文字	FALSE			
3	abc	ａｂｃ	全角小文字	FALSE			
4	abc	abc	フォントの色変更	TRUE			

■DELTA関数の戻り値

セルの表示形式を変えただけの見た目の値は、実際の数値とは異なるため「0」が返されます（セル[D2]）。

D2　=DELTA(A2,B2)

	A	B	C	D	E	F	G
1	数値1	数値2	数値2の書式	判定			
2	12.5	12.5	表示形式の変更	0			
3	12.5	12.5	フォントの色変更	1			

利用例 1 入力データと確認データが一致するかどうか判定する EXACT

メールアドレスが正しく入力されたかどうか判定します。

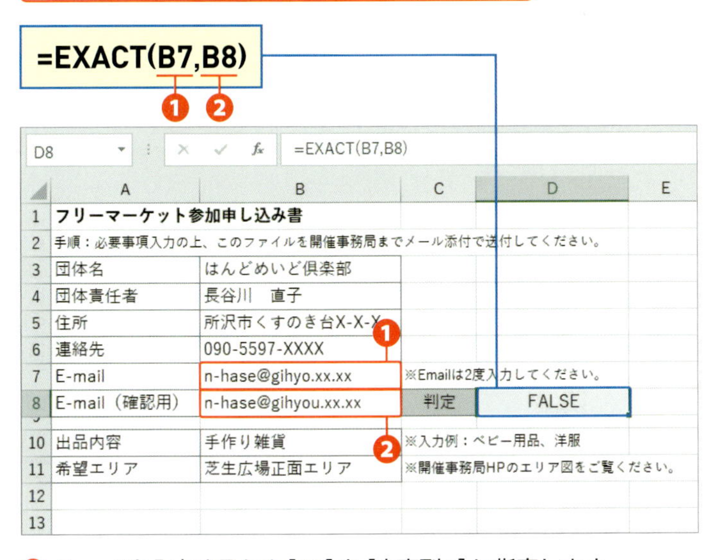

❶ E-mailを入力するセル[B7]を[文字列1]に指定します。

❷ E-mail（確認用）を入力するセル[B8]を[文字列2]に指定します。

サンプル sec59_1

メモ シート別でも判定できる

利用例1は、同じシート内のセル同士を比較していますが、シートをまたがっていても、2つの文字列を比較することができます。入力者ごとに分かれたシートの入力データをチェックする場合に利用できます。

利用例 2 入力と確認が異なる場合はメッセージを表示する IF/EXACT

2つの値が等しくない場合はメッセージを表示します。

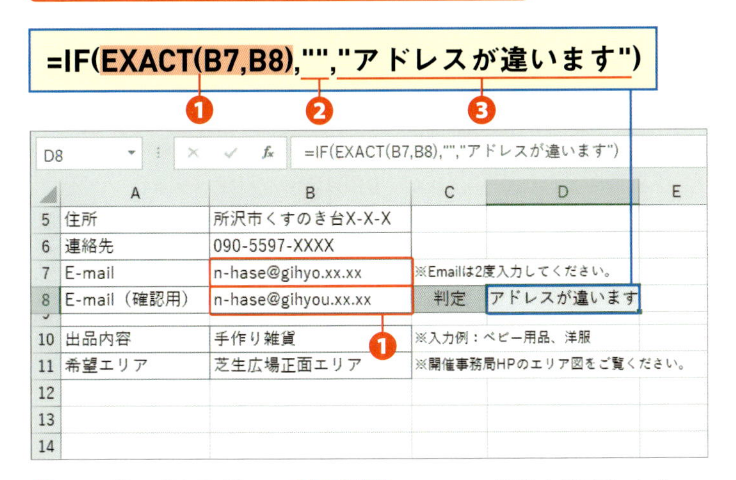

❶ IF関数の[論理式]に、利用例1のEXACT関数を指定します。

❷ [値が真の場合]に「""」を指定し、EXACT関数の戻り値が「TRUE」で、2つのデータが等しい場合は何も表示しないようにします。

❸ [値が偽の場合]に「"アドレスが違います"」と指定し、EXACT関数の戻り値が「FALSE」の場合はメッセージを表示します。

サンプル sec59_2

メモ IF関数の[論理式]とEXACT関数の戻り値

IF関数の[論理式]の結果は論理値になり、「TRUE」の場合は[値が真の場合]を、「FALSE」の場合は[値が偽の場合]を実行します。また、EXACT関数の戻り値も論理値です。IF関数の[論理式]にEXACT関数を組み合わせることで、EXACT関数の結果を論理値以外の値で表示することができます。

利用例 3 くじに当選したかどうか判定する DELTA

 sec59_3

メモ RIGHT関数の戻り値

RIGHT関数（Sec.90）は、文字列の右端から指定した文字数分取り出します。ここでは、くじの下○桁を取り出すのに利用しています。RIGHT関数の戻り値は文字列ですが、指定した文字列が数字の場合はあとの処理に数値として扱える場合があります。ここでは、DELTA関数の［数値2］に取り出した下○桁の数字を指定していますが、数値扱いされています。

各等の当選番号と購入したくじを比較します。

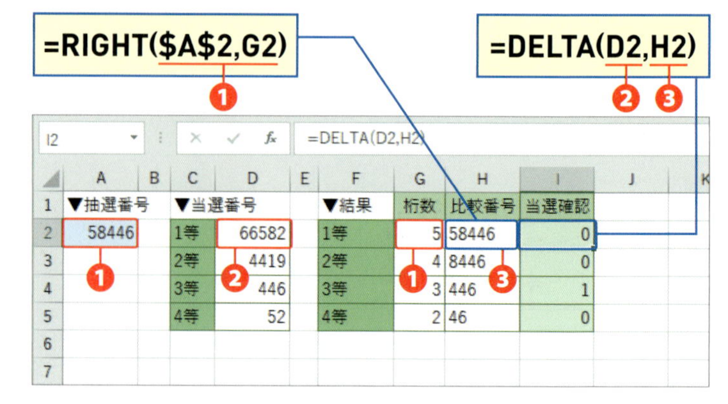

❶ RIGHT関数を利用し、購入したくじの抽選番号のセル［A2］の下5桁～下2桁を取り出し、当選番号の比較番号を作成しています。

❷ ［数値1］に、1等の当選番号のセル［D2］を指定します。

❸ ［数値2］に、1等の比較番号のセル［H2］を指定します。

 sec59_4

メモ IF関数の［論理式］とDELTA関数の戻り値

IF関数の［論理式］の戻り値が論理値であるのに対し、DELTA関数の戻り値は1、0です。IF関数では、DELTA関数の1を「TRUE」、0を「FALSE」と認識するため、DELTA関数を［論理式］に指定することができます。

くじに当たった場合は「当選」と表示します。

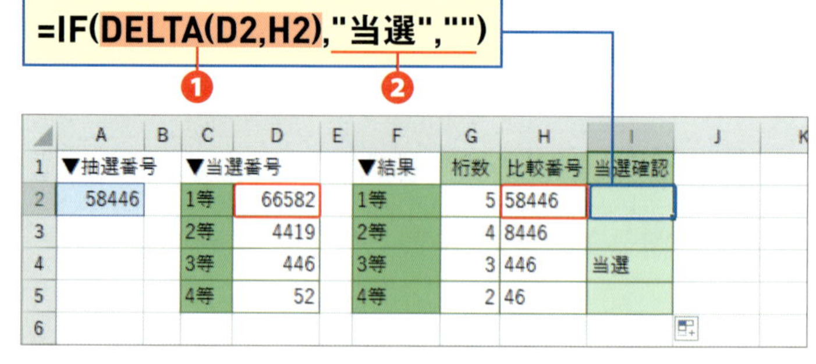

❶ IF関数の［論理式］に上記のDELTA関数を指定します。

❷ ［値が真の場合］に「"当選"」、［値が偽の場合］に「""」を指定します。

メモ 値を判定する関数

ISで始まる関数は、値を判定します。判定結果はいずれも論理値です。総称してIS関数と呼ばれています。

IS関数	判定内容	IS関数	判定内容
ISBLANK	セルが空白セルか	ISNA	セルや値が［#N/A］か
ISERR	セルや値が［#N/A］以外のエラー値か	ISNONTEXT	セルや値が文字列でないか
ISERROR	セルや値が［#####］除くエラー値か	ISNUMBER	セルや値が数値か
ISEVEN	セルや値が偶数か	ISODD	セルや値が奇数か
ISFORMURA	セルに数式が入力されているか	ISREF	セルや値が範囲名か
ISLOGICAL	セルや値が論理値か	ISTEXT	セルや値が文字列か

Chapter 06

第6章

日付や時刻データを操作する

Section 60

本日の日付や時刻を表示する

覚えておきたいキーワード
- TODAY
- NOW
- シリアル値

ExcelのTODAY関数、NOW関数を利用すると、パソコンの内部時計から日付や時刻を取得し、指定したセルに本日の日付や時刻を表示することができます。書類の印刷日など、タイムスタンプとして利用したい場合に役立ちます。

分類	日付 / 時刻	対応バージョン	2010	2013	2016	2019

書式

TODAY()
NOW()

引数

なし　引数は指定しませんが、「()」の省略はできません。また、引数内に何らかの値やセルを指定するとエラーになるので、引数内に何も入力しないようにします。

キーワード TODAY/NOW

TODAY関数は本日の日付、NOW関数は本日の日付と時刻を表示します。なお、セルに表示する値は、関数を入力した時点の日付と時刻です。日付や時刻の更新については、右ページのメモを参照してください。

利用例 1 発行日を表示する　TODAY

サンプル sec60_1

メモ NOW関数も入力できる

利用例 1 は、TODAY関数の代わりにNOW関数も入力できます。NOW関数を入力した場合は、日付のみ表示するように、セルの表示形式を「日付」形式に変更します。

請求書の発行日に本日の日付を表示します。

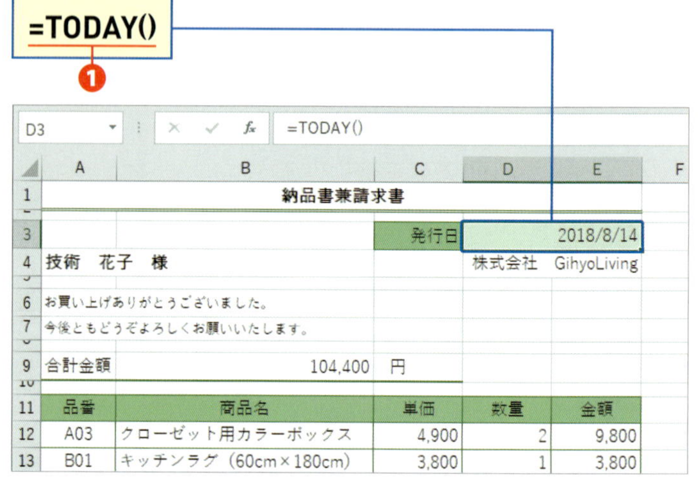

❶ 発行日のセル[D3]に「=TODAY()」と入力します。

利用例 2 目標日までの日数を求める

NOW

東京オリンピック開会式までの残り日数を求めます。

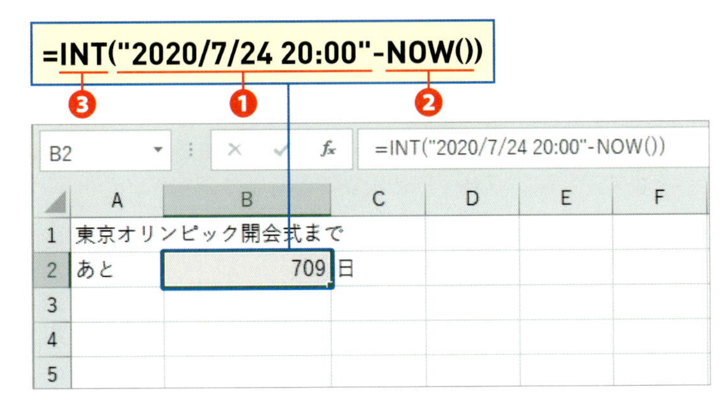

❶ 目標日の日付/時刻を直接入力しています。日付/時刻を引数に直接入力する場合は、「"（ダブルクォーテーション）」で囲みます。

❷ 本日の日付と時刻を求めています。

❸ INT関数の［数値］に、❶から❷を引く式を指定しています。❶から❷を引いた値は、目標日から本日までの時刻を含めた期間です。INT関数により、小数点以下、つまり、時刻部分を切り捨てることで、残り日数を求めています。

❹ 関数入力後は、日付/時刻形式で表示されるので、セルの表示形式を「標準」に設定します（Sec.14参照）。

サンプル sec60_2

メモ 日付や時刻の更新と保存の確認

TODAY関数とNOW関数は、関数を入力した時点の日付や時刻が表示されます。日付と時刻を更新するには、F9を押すか、ファイルを開き直します。また、ファイルを閉じる際に、メッセージが表示されるのはパソコンの内部時計から常に日付／時刻を取得しているためです。ファイル内容を変更していない場合は、＜保存しない＞をクリックしてかまいません。

TODAY関数やNOW関数を含むファイルを閉じるときは、ファイル内容に変更がなくても確認メッセージが出ます。

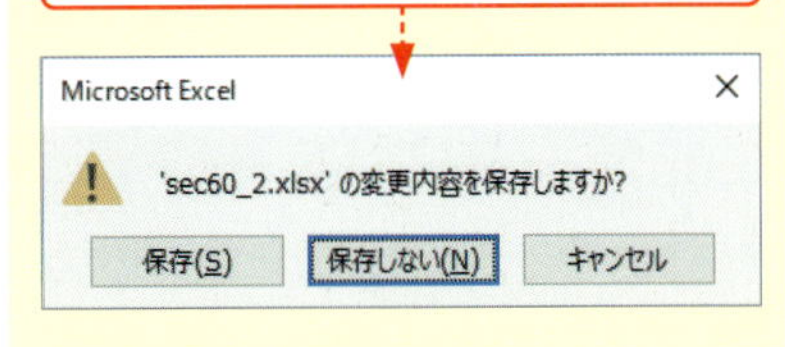

ヒント 本日の日付や時刻を値で入力する

TODAY関数やNOW関数は、関数を入力した時点の日付や時刻を表示しますが、翌日にファイルを開くと、翌日の日付と時刻に更新されています。日付や時刻の表示を更新したくない場合は、Ctrlを押しながら;（セミコロン）を押すと本日の日付を直接入力できます。時刻は、Ctrlを押しながら:（コロン）を押します。

	A	B	C	D	E	F	G
1	受付台帳						
2	受付日	時刻	送付元	宛先	受領者		
3	2018/8/9	15:02	本社　総務部	営業1課	佐藤		
4	2018/8/13	9:55	浜川崎　製造課	営業2課	鈴木		
5	2018/8/13	14:55	府中　設計部	営業1課	鈴木		
6	2018/8/14	9:52	府中　管理部	営業総務課	木村		
7							
8							

Section 61

日付から年／月／日の数値を取り出す

覚えておきたいキーワード
- YEAR/MONTH/DAY
- シリアル値から数値への変換

YEAR関数、MONTH関数、DAY関数を利用すると、日付の年、月、日をそれぞれ数値で取り出すことができます。たとえば、今月を表示するには、日付の「月」の値を表示したいので、MONTH関数を使うことになります。

分類 日付／時刻　対応バージョン 2010 2013 2016 2019

書式

YEAR(シリアル値)
MONTH(シリアル値)
DAY(シリアル値)

キーワード YEAR/MONTH/DAY

YEAR関数は、日付の年を、MONTH関数は、日付の月を、そして、DAY関数は日付の日をそれぞれ数値で取り出します。

キーワード シリアル値

1900年1月1日を「1」とする日付の連番です。詳しくは、Sec.13を参照してください。

引数

[シリアル値] 日付のセルや日付を直接指定します。日付を直接指定するには、日付の前後を「"（ダブルクォーテーション）」で囲みます。たとえば、「"2018/7/16"」のように入力します。「"」で囲まれた日付は日付文字列といいます。

利用例 1 今年と今月を求める　YEAR/MONTH/TODAY

sec61_1

メモ 月数と年数の自動更新

TODAY関数は毎日更新されるため、翌月に達した時点でMONTH関数の月数は翌月に自動的に更新されます。YEAR関数も同様です。翌年に達した時点で翌年に自動更新されます。

スケジュール表の今年と今月を求めます。

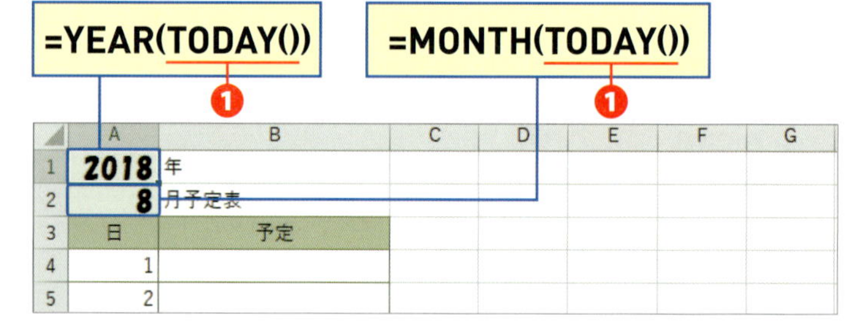

1 本日の日付を求めるTODAY関数を、YEAR関数の[シリアル値]とMONTH関数の[シリアル値]に指定し、今年と今月を求めています。

第6章 日付や時刻データを操作する

利用例 2 入会年を求める YEAR

入会日の日付から入会年を求めます。

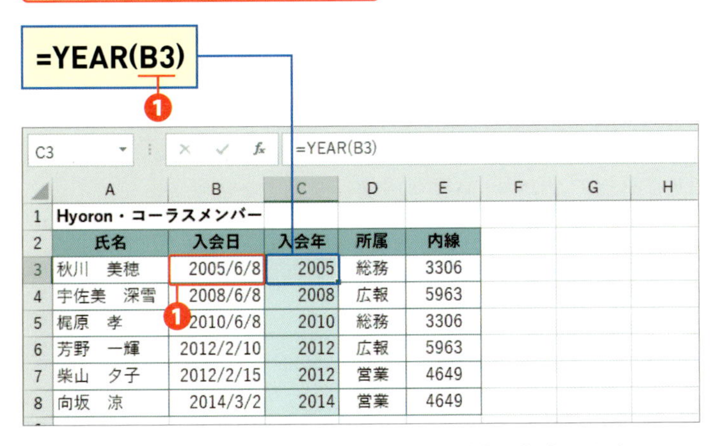

	A	B	C	D	E
1	Hyoron・コーラスメンバー				
2	氏名	入会日	入会年	所属	内線
3	秋川　美穂	2005/6/8	2005	総務	3306
4	宇佐美　深雪	2008/6/8	2008	広報	5963
5	梶原　孝	2010/6/8	2010	総務	3306
6	芳野　一輝	2012/2/10	2012	広報	5963
7	柴山　夕子	2012/2/15	2012	営業	4649
8	向坂　涼	2014/3/2	2014	営業	4649

❶ 入会日を入力したセル［B3］を［シリアル値］に指定します。

サンプル sec61_2

メモ シリアル値から数値への変換

YEAR関数、MONTH関数、DAY関数はいずれも、シリアル値を引数に指定し、結果は数値で返します。言い換えると、シリアル値を数値に変換する関数ということです。

利用例 3 購入日が締日を過ぎているかどうか判定する DAY/MONTH/IF

購入日が20日を過ぎていた場合は請求月を翌月にします。

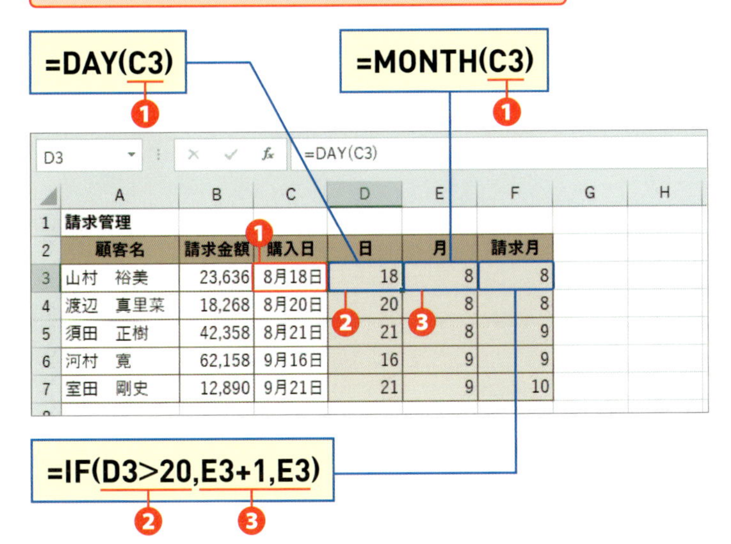

	A	B	C	D	E	F
1	請求管理					
2	顧客名	請求金額	購入日	日	月	請求月
3	山村　裕美	23,636	8月18日	18	8	8
4	渡辺　真里菜	18,268	8月20日	20	8	8
5	須田　正樹	42,358	8月21日	21	8	9
6	河村　寛	62,158	9月16日	16	9	9
7	室田　剛史	12,890	9月21日	21	9	10

❶「購入日」を入力したセル［C3］をDAY関数とMONTH関数の［シリアル値］に指定し、購入日の「日」と「月」を求めています。

❷ IF関数の［論理式］に「D3>20」と入力し、DAY関数で求めた日にちが20日を過ぎているかどうか判定しています。

❸［値が真の場合］に「E3+1」と指定し、日にちが20日を過ぎていた場合は翌月に調整します。［値が偽の場合］にセル［E3］を指定し、日にちが20日を過ぎていない場合はMONTH関数で求めた月数をそのまま表示します。

サンプル sec61_3

ヒント 関数を1つにまとめる

IF関数で指定しているセル［D3］とセル［E3］は、DAY関数とMONTH関数が入力されています。それぞれ代入すると、関数が1つにまとまります。

```
=IF(D3>20,E3+1,E3)
↓
=IF(DAY(C3)>20,MONTH(C3)+1
,MONTH(C3))
```

Section 62

時刻から時／分／秒の数値を取り出す

覚えておきたいキーワード

- HOUR/MINUTE/SECOND
- シリアル値から数値への変換

時刻のシリアル値は24時間を「1.0」とするので、たとえば、時給1000円で24時間働いた場合は、1000×1.0（24:00）=1000円となってしまいます。1000×24=24000円とするには、時刻を数値に変換する必要があります。ここでは、時刻の時、分、秒を数値で取り出します。

分類　日付 / 時刻　対応バージョン　2010　2013　2016　2019

書式

HOUR(シリアル値)
MINUTE(シリアル値)
SECOND(シリアル値)

キーワード HOUR/MINUTE/SECOND

HOUR関数は、時刻の「時」を0～23までの整数で取り出します。MINUTE関数とSECOND関数は時刻の「分」と「秒」をそれぞれ0～59の整数で取り出します。

引 数

［シリアル値］　時刻のセルや時刻を直接指定します。時刻を直接指定するには、時刻の前後を「"（ダブルクォーテーション）」で囲みます。たとえば、「"1:00:00"」のように入力します。「"」で囲まれた時刻は、時刻文字列といいます。

■時刻の繰り上がり

時刻の分と秒は、0～59まで刻んだ後、60になる時点で「分」から「時」に、「秒」から「分」に繰り上がり、分と秒の表示は0に戻ります。同様に、時刻の「時」は、0時～23時まで刻んだあと、24時になる時点で1日に繰り上がり、「時」の表示は0に戻ります。

HOUR関数、MINUTE関数、SECOND関数の動作も同様です。右の図の「26:50:35」の場合、HOUR関数は26時間の26を取り出すのではなく、24時間で1日に繰り上がった分は差し引いて、残りの2時間の2を整数で取り出します。1日に繰り上がった分は、DAY関数で取り出せます（Sec.61）。他の経過時間と関数の結果も同様です。65分や105秒など、60分で1時間、60秒で1分に繰り上がった分を差し引いた残りを整数で取り出します。

▼時刻の繰り上がり

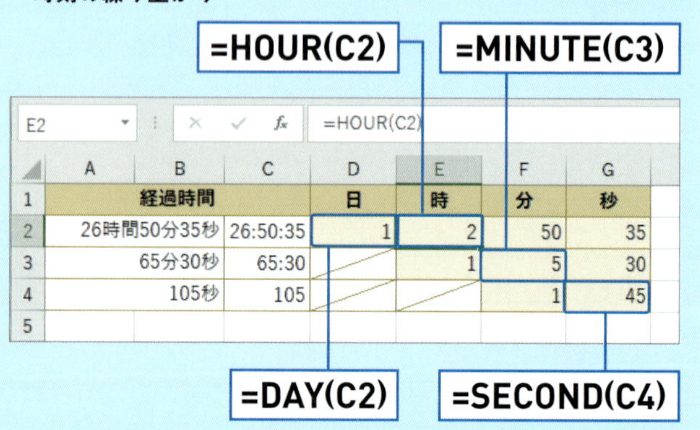

	A	B	C	D	E	F	G
1		経過時間		日	時	分	秒
2		26時間50分35秒	26:50:35	1	2	50	35
3		65分30秒	65:30		1	5	30
4		105秒	105			1	45
5							

利用例 1 勤務時間と支払額を求める　HOUR/MINUTE

勤務時間から時と分を取り出します。

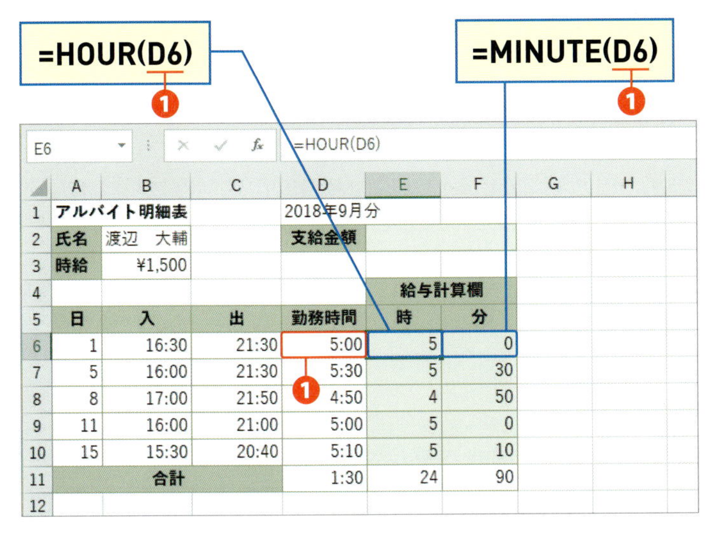

E6 =HOUR(D6)

	A	B	C	D	E	F	G	H
1	アルバイト明細表			2018年9月分				
2	氏名	渡辺　大輔		支給金額				
3	時給	¥1,500						
4					給与計算欄			
5	日	入	出	勤務時間	時	分		
6	1	16:30	21:30	5:00	5	0		
7	5	16:00	21:30	5:30	5	30		
8	8	17:00	21:50	4:50	4	50		
9	11	16:00	21:00	5:00	5	0		
10	15	15:30	20:40	5:10	5	10		
11	合計			1:30	24	90		
12								

❶「勤務時間」を入力したセル［D6］をHOUR関数とMINUTE関数の［シリアル値］に指定し、それぞれ、勤務時間の「時」と「分」を数値で取り出しています。

合計時間から支給金額を求めます。

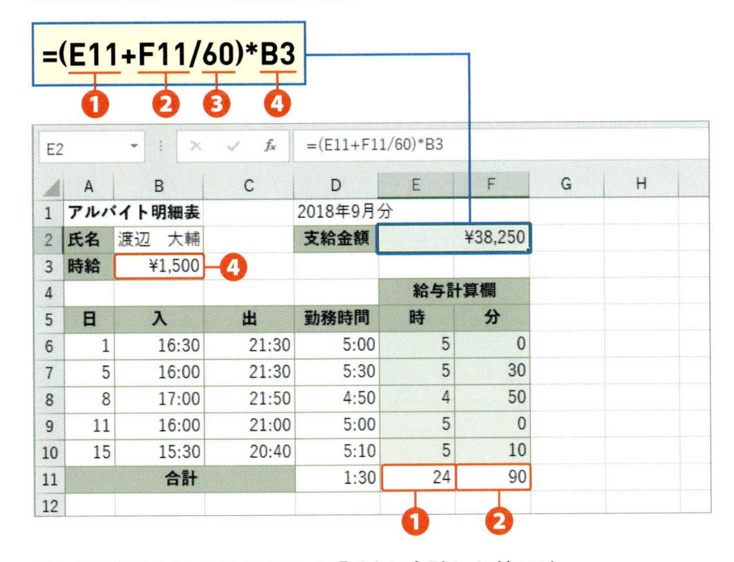

E2 =(E11+F11/60)*B3

	A	B	C	D	E	F	G	H
1	アルバイト明細表			2018年9月分				
2	氏名	渡辺　大輔		支給金額		¥38,250		
3	時給	¥1,500						
4					給与計算欄			
5	日	入	出	勤務時間	時	分		
6	1	16:30	21:30	5:00	5	0		
7	5	16:00	21:30	5:30	5	30		
8	8	17:00	21:50	4:50	4	50		
9	11	16:00	21:00	5:00	5	0		
10	15	15:30	20:40	5:10	5	10		
11	合計			1:30	24	90		
12								

❶ 各勤務時間から取り出した「時」を合計した値です。

❷ 各勤務時間から取り出した「分」を合計した値です。

❸ 分を60で割って、時に変換しています。

❹ 時給を掛け算して金額を求めています。

サンプル sec62

メモ　時と分はこまめに取り出す

勤務時間を合計してから、時や分を取り出そうとすると、24時間を超えて「日」に繰り上がってしまうケースが多くなります。そこで、利用例 1 のようにこまめに時と分を取り出しておくと、24時間を超えた場合の繰り上がりについて考える必要がなくなります。取り出した「時」と「分」は数値ですから、合計値も正しく表示されます（セル［E11］、［F11］）。

ヒント　24時間を越える時刻表示にするには

勤務時間を合計すると、「1:30」と表示されます（セル［D11］）。本来は「25:30」ですが、24時間分は、「日」に繰り上がったため、残りの「1:30」だけが表示されています。「25:30」と表示するには、セルの表示形式を「[h]:mm」とします（Sec.13参照）。

Section 63 日付から曜日を表わす番号を求める

覚えておきたいキーワード
- ☑ WEEKDAY
- ☑ 曜日番号

日付の曜日番号を求めるには、WEEKDAY関数を使います。WEEKDAY関数は月曜日を1、火曜日を2というように、曜日ごとに1～7、もしくは0～6の連続番号を割り当てます。たとえば、土日を6,7に割り当てると、曜日番号が6以上は週末、5以下は平日などと処理を分けることができます。

分類 日付／時刻　対応バージョン 2010 2013 2016 2019

書式 **WEEKDAY(シリアル値[,種類])**

キーワード WEEKDAY

日付の曜日に対応する曜日番号を求めます。[種類]を指定することで、曜日番号の初期値「1」を何曜日にするのかを決めることができます。通常、1～7の曜日番号ですが、[種類]を「3」にした場合のみ、月曜日を「0」とする0～6の曜日番号となります。また、[種類]を省略すると、「1」を指定したことになり、日曜日始まりの曜日番号になります。

引数

[シリアル値] 日付のセルや日付を直接指定します。日付を直接指定するには、日付の前後を「"(ダブルクォーテーション)」で囲みます。たとえば、「"2018/7/16"」のように入力します。「"」で囲まれた日付は日付文字列といいます。

[種類] 週明けの曜日によって、1,2,3と11～17の数値を指定できます(下図参照)。

メモ 右の表の見方

右の表は、横に日付と曜日、縦にWEEKDAY関数の[種類]を並べています。C列を見ると、2019/7/2は月曜日です。曜日番号が「1」になるのは、[種類]が「2」または「11」のときです。次に、10行目を見ると、[種類]は「13」です。このとき、曜日番号が「1」になるのは、水曜日です。「13」は水曜日始まりの曜日番号が振られることがわかります。

=WEEKDAY(B$2,$A5)

B5　=WEEKDAY(B$2,$A5)

	A	B	C	D	E	F	G	H	I
1	2019年								
2	日付	7/1	7/2	7/3	7/4	7/5	7/6	7/7	
3	曜日	日	月	火	水	木	金	土	
4	種類	曜日番号							
5	1	1	2	3	4	5	6	7	
6	2	7	1	2	3	4	5	6	
7	3	6	0	1	2	3	4	5	
8	11	7	1	2	3	4	5	6	
9	12	6	7	1	2	3	4	5	
10	13	5	6	7	1	2	3	4	
11	14	4	5	6	7	1	2	3	
12	15	3	4	5	6	7	1	2	
13	16	2	3	4	5	6	7	1	
14	17	1	2	3	4	5	6	7	
15									

利用例 1 日付に対応する曜日を番号で表示する WEEKDAY

売上表の日付に対応する曜日番号を求めます。

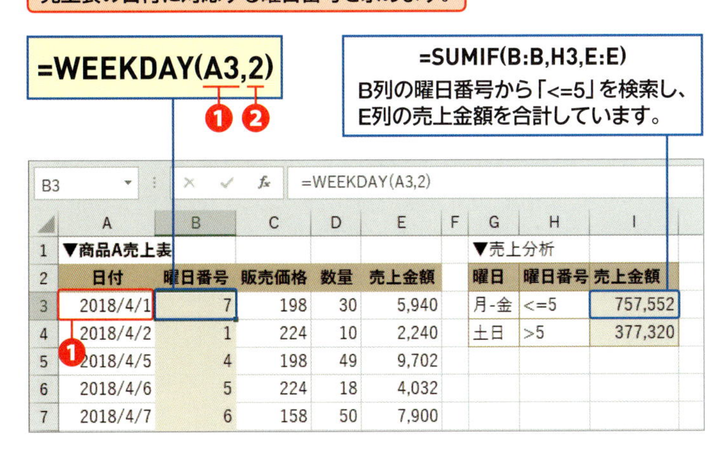

❶ 日付の入ったセル［A3］を［シリアル値］に指定します。

❷ 月曜日から始まる曜日番号にするため、［種類］に「2」を指定します。

サンプル sec63_1

メモ 平日と土日を分ける

WEEKDAY関数の［種類］を「2」にすると、月曜～金曜の曜日番号は1～5になり、土日は6,7になります。「<=5」(5以下)と「>5」(5より大きい)とすることで、平日と土日に分けられます。利用例 1 では、SUMIF関数で合計を求める条件に曜日番号を利用しています。SUMIF関数は、Sec.17を参照。

利用例 2 平日と土日で異なる時給を表示する WEEKDAY/IF

平日は時給950円、土日は1200円と表示します。

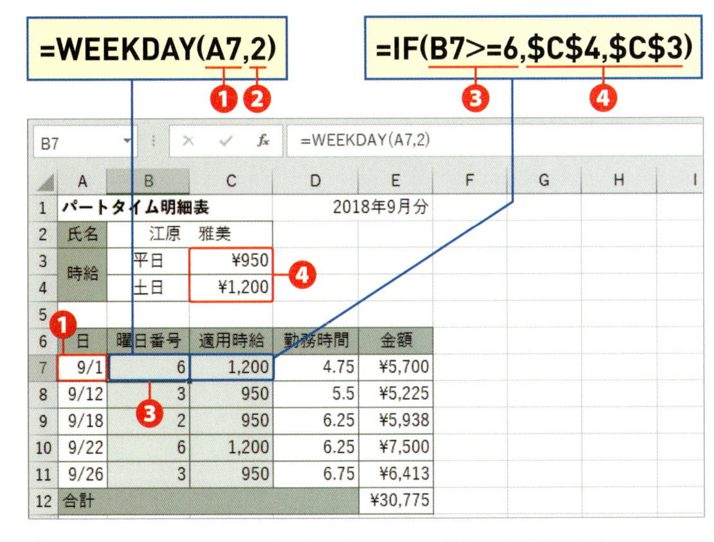

❶ 日付を入力したセル［A7］を［シリアル値］に指定します。

❷ 月曜日を1とする曜日番号を割り当てるため、［種類］に「2」を指定します。

❸ IF関数の［論理式］に「B7>=6」と指定し、曜日番号が6以上かどうか、つまり、土日かどうかを判定しています。

❹ 曜日番号が6以上の場合は土日の時給のセル［C4］を、6未満の場合は平日の時給のセル［C3］を絶対参照で指定します。

サンプル sec63_2

ヒント 関数の組み合わせ

B列に求めた曜日番号とC列の適用時給は1つの式にまとめることができます。

[B7] =WEEKDAY(A7,2)
↓ 代入する
[C7] =IF(B7>=6,$C$4,$C$3)
⬇
=IF(WEEKDAY(A7,2)>=6,$C$4,$C$3)

メモ 土日の判定方法

利用例 1 では、土日の判定に「>5」とし、利用例 2 では、「>=6」としています。曜日番号は、整数のため、「>5」は「>=6」と同様です。

数値から日付を作成する

覚えておきたいキーワード
- ☑ DATE
- ☑ 数値からシリアル値への変換

日付の入力は、「2018/10/1」「2018-10-1」など、年と月の間を「/(スラッシュ)」や「-(ハイフン)」で区切ります。しかし、いちいち「/」、「-」を入力するのが煩わしく感じることも少なくありません。年、月、日の3つの数値から日付（シリアル値）を作成するにはDATE関数を利用します。

分類 日付／時刻　対応バージョン 2010 2013 2016 2019

書式

DATE(年,月,日)

DATE

DATE関数は、年、月、日の3つの数値から日付を作成します。数値からシリアル値に変換する関数です。

引　数

[年]　日付の「年」を「1900」～「9999」の整数で入力します。

[月]　日付の「月」を「1」～「12」の整数で入力します。

[日]　日付の「日」を「1」～「月末日」の整数で入力します。

■日付の調整

DATE関数に指定する[年]、[月]、[日]は、上述した範囲の数値を指定しますが、それ以外の数値を指定しても(例:1ヵ月を超える日数など)日付が調整されます。下図は、2行目の「年」、「月」、「日」の数値をもとに、45日後、3ヵ月後、1年前の日付を作成した例です。45日後の場合、単純計算では「2018/10/46」ですが、31日で1ヵ月繰り上がり、11月に調整されて「2018/11/15」と表示されます。3ヵ月後も同様に「13(10+3)」月は翌年1月に調整されます。

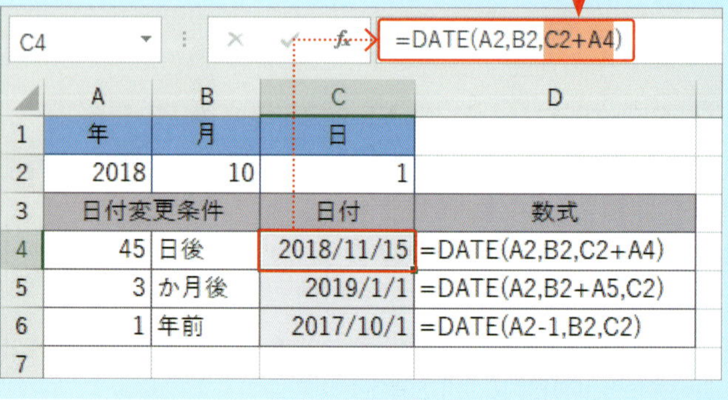

	A	B	C	D
1	年	月	日	
2	2018	10	1	
3	日付変更条件		日付	数式
4	45	日後	2018/11/15	=DATE(A2,B2,C2+A4)
5	3	か月後	2019/1/1	=DATE(A2,B2+A5,C2)
6	1	年前	2017/10/1	=DATE(A2-1,B2,C2)
7				

DATE関数とYEAR/MONTH/DAY関数の関係

DATE関数とYEAR/MONTH/DAY関数は互いに逆の機能を持つ関数です。

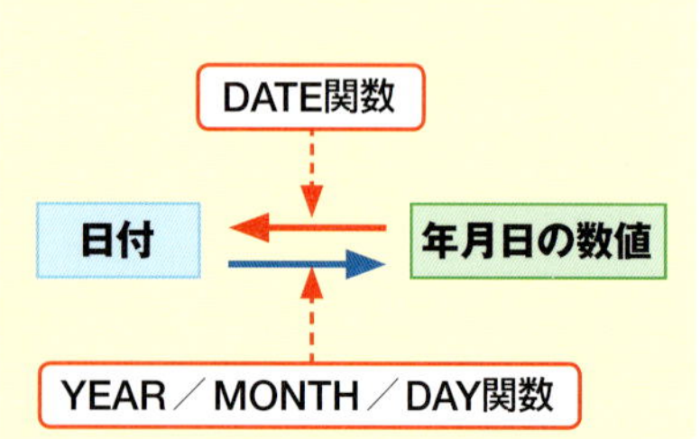

利用例 1 翌月末日を求める DATE

請求受付日の年月日から翌月末日の支払日を求めます。

=DATE(B4,C4+2,1)-1
❶ ❷ ❸ ❹

	A	B	C	D	E	F	G	H	I
1	支払管理								
2	氏名	請求受付日			請求金額	支払日	支払状況		
3		年	月	日					
4	能村　祐樹	2018	9	1	74,900	2018/10/31	済		
5	田崎　紀夫	2018	9	16	69,000	2018/10/31	済		
6	原田　芳子	2018	9	20	48,800	2018/10/31	済		
7	野原　裕一	2018	10	2	43,200	2018/11/30			
8	川村　和臣	2018	10	10	78,000	2018/11/30			
9	向田　健司	2018	10	15	54,800	2018/11/30			
10	※請求受付日の月末日締め、翌月末日払い								
11									

❶ 「請求受付日」の「年」のセル [B4] を [年] に指定します。

❷ 「請求受付日」の「月」のセル [C4] に、翌々月の「2」を足して [月] に指定します。

❸ [日] に「1」と指定します。請求受付日の2ヵ月後の1日が求められます。

❹ 2ヵ月後の1日から1日を引くと、請求受付日の1ヵ月後の月末日になります。

サンプル sec64_1

メモ 翌月末日

翌月末日とは、翌々月1日の前日です。また、「=DATE(B4,C4+2,0)」と入力しても翌月末日を求めることができます。

利用例 2 前月1日を求める DATE/YEAR/MONTH

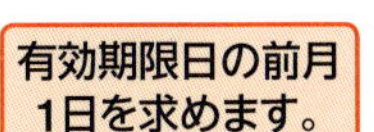

=DATE(YEAR(B3),MONTH(B3)-1,1)
❶ ❷ ❸ ❹

	A	B	C	D	E	F	G
1	会員管理						
2	氏名	有効期限日	更新受付開始日	更新状況			
3	湯浅　美智	2018/5/11	2018/4/1	更新済			
4	川崎　千穂	2018/6/8	2018/5/1	更新済			
5	友野　絵里	2018/7/15	2018/6/1	更新済			
6	村本　紀夫	2018/8/18	2018/7/1	退会			
7	榊原　篤史	2019/2/19	2019/1/1				
8	寺本　智子	2019/3/21	2019/2/1				
9	※更新受付：有効期限日の前月1日						

❶ 「有効期限日」のセル [B3] をYEAR関数の [シリアル値] に指定し、日付から「年」の数値を求め、DATE関数の [年] に指定します。

❷ 「有効期限日」のセル [B3] をMONTH関数の [シリアル値] に指定し、日付から「月」の数値を求め、DATE関数の [月] に指定します。

❸ 前月にするため、❷の月数から1を引きます。

❹ DATE関数の [日] に「1」を指定します。

サンプル sec64_2

メモ 日付から前月1日を求める

前月1日は「=DATE(年,月-1,1)」で求めることができますが、利用例2は、「年」「月」が個別のセルに分かれておらず、日付が入力されています。そこで、YEAR関数とMONTH関数を利用し、日付から「年」と「月」を個別に取り出しています。

Section 65

数値から時刻を作成する

覚えておきたいキーワード
- ☑ TIME
- ☑ 数値からシリアル値への変換

時刻を入力するには、時、分、秒の間を「:(コロン)」で区切りますが、時、分、秒が個別のセルに入力されている表も少なくありません。個別に入力された時、分、秒の数値から時刻を作成するにはTIME関数を利用します。

分類	日付 / 時刻	対応バージョン	2010 2013 2016 2019

書式 TIME(時,分,秒)

キーワード TIME

TIME関数は、時、分、秒の3つの数値から時刻を作成します。数値をもとにシリアル値に変換する関数です。

引　数

[時] 時刻の「時」を「0」～「23」の整数で入力します。

[分] 時刻の「分」を「0」～「59」の整数で入力します。

[秒] 時刻の「秒」を「0」～「59」の整数で入力します。

■時刻の調整

引数の［時］、［分］、［秒］には、60以上などを指定しても時刻が調整されます。下図は、2行目の「時」、「分」、「秒」の数値をもとに、5分後、50秒後、21時間後、および4時間前の時刻を作成した例です。5分後の場合、単純計算では「3:63:35」ですが、60分で1時間に繰り上がり、「4:03:35」と表示されます。その他も同様ですが、時刻がマイナスになる場合は「#NUM！」エラーになります。

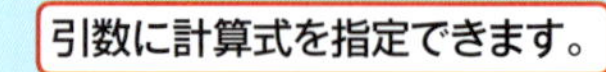

C4　=TIME(A2,B2+A4,C2)

	A	B	C	D	E
1	時	分	秒		
2	3	58	35		
3	時刻変更条件		時刻	数式	
4	5	分後	4:03:35	=TIME(A2,B2+A4,C2)	
5	50	秒後	3:59:25	=TIME(A2,B2,C2+A5)	
6	21	時間後	0:58:35	=TIME(A2+A6,B2,C2)	
7	4	時間前	#NUM!	=TIME(A2-A7,B2,C2)	

3時の4時間前は「−1時」になり、あり得ない時刻が作成されたため、「#NUM!」エラーになります。

ヒント TIME関数とHOUR/MINUTE/SECOND関数の関係

TIME関数とHOUR/MINUTE/SECOND関数は互いに逆の機能を持つ関数です。

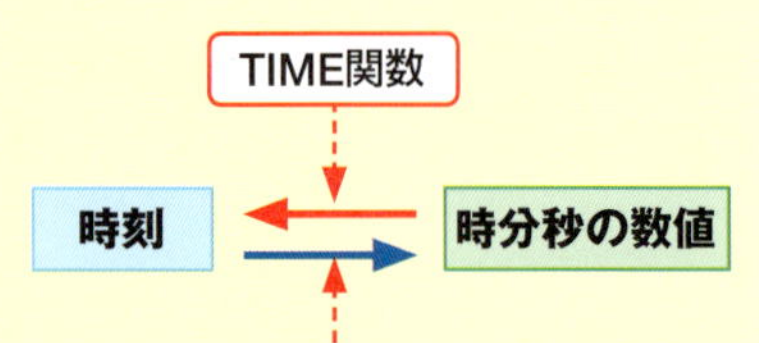

利用例 1 休憩時間を引いた勤務時間を求める TIME

1時間の休憩を引いた勤務時間を求めます。

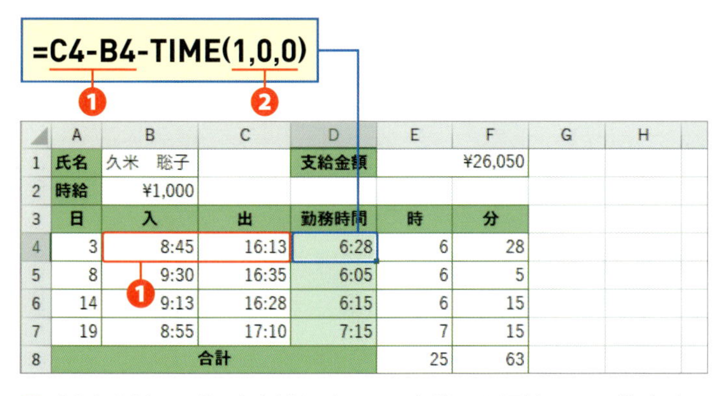

	A	B	C	D	E	F	G	H
1	氏名	久米　聡子		支給金額		¥26,050		
2	時給	¥1,000						
3	日	入	出	勤務時間	時	分		
4	3	8:45	16:13	6:28	6	28		
5	8	9:30	16:35	6:05	6	5		
6	14	9:13	16:28	6:15	6	15		
7	19	8:55	17:10	7:15	7	15		
8	合計				25	63		

❶「出」時刻から「入」時刻を引いて、出社から退社までの勤務時間を時刻形式で求めます。

❷ TIME関数の［時］に「1」、［分］と［秒］に「0」を指定し、時刻形式の1時間を作成し、❶の勤務時間から引いています。

サンプル sec65_1

ヒント 時刻文字列を利用するには

TIME関数の「TIME(1,0,0)」の代わりに、時刻文字列の「"1:00:00"」を利用することもできます。時刻文字列を利用する場合は、時刻の前後を「"（ダブルクォーテーション）」で囲みます。

利用例 2 利用時間を調整する TIME/CEILING.MATH/FLOOR.MATH

入室時刻は15分単位に切り捨て、退室時刻は15分単位に切り上げます。

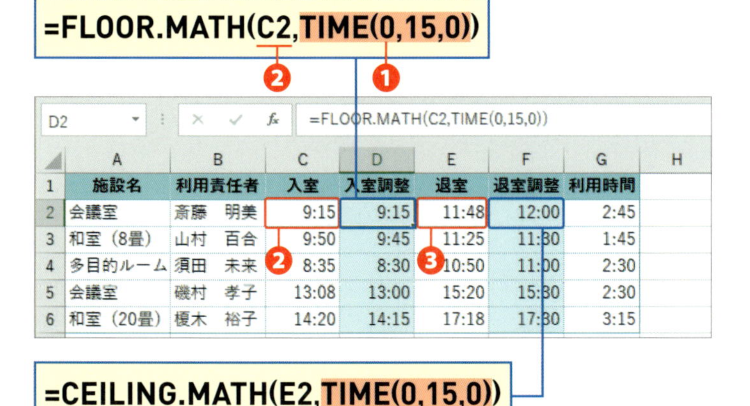

	A	B	C	D	E	F	G	H
1	施設名	利用責任者	入室	入室調整	退室	退室調整	利用時間	
2	会議室	斎藤　明美	9:15	9:15	11:48	12:00	2:45	
3	和室（8畳）	山村　百合	9:50	9:45	11:25	11:30	1:45	
4	多目的ルーム	須田　未来	8:35	8:30	10:50	11:00	2:30	
5	会議室	磯村　孝子	13:08	13:00	15:20	15:30	2:30	
6	和室（20畳）	榎木　裕子	14:20	14:15	17:18	17:30	3:15	

❶ TIME関数の［時］［分］［秒］にそれぞれ、「0」「15」「0」を指定して、15分を作成しています。

❷ FLOOR.MATH関数の［数値］に「入室」時刻のセル［C2］を指定し、❶の15分を［基準値］に指定して、15分単位で時刻を切り捨てています。

❸ CEILING.MATH関数の［数値］に「退室」時刻のセル［E2］を指定し、❶の15分を［基準値］に指定して、15分単位で時刻を切り上げています。

サンプル sec65_2

ヒント 関数の組み合わせ

利用例 2 は、CEILING.MATH関数とFLOOR.MATH関数の［基準値］にTIME関数を組み合わせています。組み合わせがわかりにくい場合は、時刻文字列で考えると、組み合わせの意味がわかりやすくなります。

▼15分単位の切り上げ

=CELING.MATH(B4,"0:15:0")

TIME(0,15,0)

ヒント セルの表示形式

FLOOR.MATH関数とCEILING.MATH関数の結果は時刻のシリアル値で表示されます。ここでは、あらかじめ、セルの表示形式を「時刻」に設定しています。

Section 66

文字から日付や時刻を作成する

覚えておきたいキーワード
- DATEVALUE
- TIMEVALUE
- 文字列からシリアル値への変換

年、月、日の数値や時、分、秒の数値から日付や時刻を作成するには、DATE関数やTIME関数が利用できます（Sec.64，Sec.65）。ここでは、「8月」「9時」などの文字列を使って、計算に利用できる日付や時刻を作成します。

分類　日付／時刻　対応バージョン　2010　2013　2016　2019

書式

DATEVALUE(日付文字列)
TIMEVALUE(時刻文字列)

DATEVALUE/TIMEVALUE

日付や時刻と認識できる文字列をシリアル値に変換します。戻り値がシリアル値になるため、セルの表示形式を日付や時刻に整えます。

文字列演算子を利用する

文字列演算子の「&」を使うと、セルと文字列を連結できます。数値の入ったセルを利用しても、「&」で連結した値は文字列になります。「&」を利用して、日付文字列や時刻文字列として認識できる文字列を作ることが、DATEVALUE関数とTIMEVALUE関数を使う上でのコツです。

引　数

[日付文字列]　"2018/8/21"のように、日付の前後を「"（ダブルクォーテーション）」で囲んだ日付文字列や、日付と認識できる文字列を指定します。日付と認識される値はSec.13を参照してください。

[時刻文字列]　"10:00"のように、時刻の前後を「"（ダブルクォーテーション）」で囲んだ時刻文字列や、時刻と認識できる文字列を指定します。時刻と認識される値はSec.13を参照してください。

利用例 1　予定表から曜日を作成する　DATEVALUE

サンプル sec66_1

月日は今年の日付になる

年を省略して月と日で日付文字列を作成した場合は、今年の日付として認識されます。

文字入力された月と数値の日を使って曜日を作成します。

=DATEVALUE($A$1&A3&"日")

	A	B	C	D	E	F	G	H	I
1	10月	行事予定表							
2	日	曜日	行事						
3	1	43374	衣替え						
4	8	43381	体育の日						
5	17	43390	運営委員会						
6	27	43400	文化祭						

第6章　日付や時刻データを操作する

❶ セル[A1]とセル[A3]、文字列の「"日"」を「&」で連結して、文字列の「10月1日」を作成しています。セル[A1]は、オートフィルでコピーしても常に「10月」を参照するように、絶対参照を指定します。

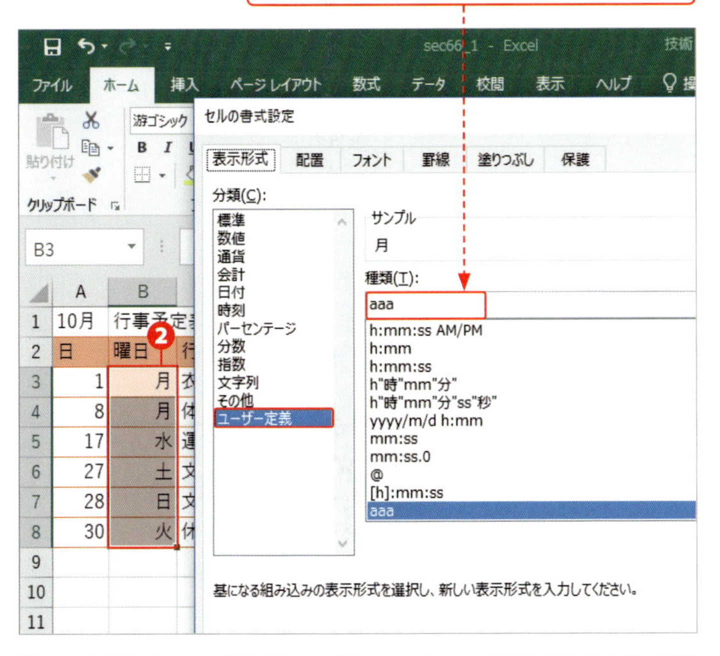

❷ セル範囲[B3:B8]をドラッグし、セルの表示形式を変更して曜日を表示しています(Sec.15参照)。

ヒント 月が替わると曜日も更新される

セル[A1]を11月、12月などと、月が替わるごとに入力し直すと、DATEVALUE関数によって変換されたシリアル値をもとに、曜日の表示が更新されます。

利用例 2 文字から時刻を作成する TIMEVALUE

試験進行表の時と分の文字列から時刻を作成します。

=TIMEVALUE(A3&B3)

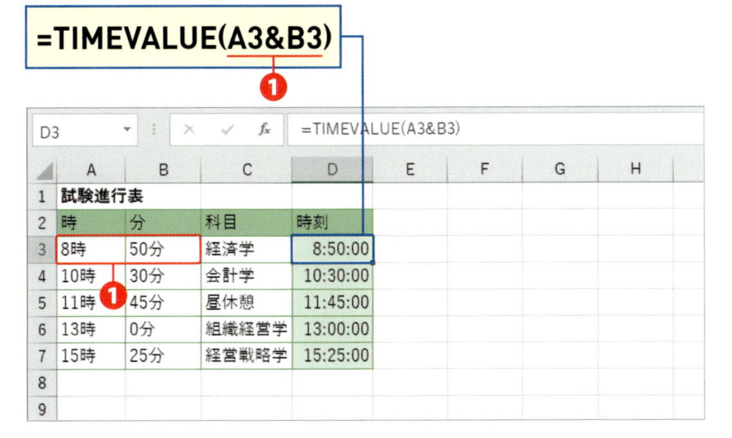

	A	B	C	D
1	試験進行表			
2	時	分	科目	時刻
3	8時	50分	経済学	8:50:00
4	10時	30分	会計学	10:30:00
5	11時	45分	昼休憩	11:45:00
6	13時	0分	組織経営学	13:00:00
7	15時	25分	経営戦略学	15:25:00

❶ セル[A3]とセル[B3]を「&」で連結し、文字列の「8時50分」を作成しています。

 sec66_2

メモ 毎正時の場合は「0分」と入力する

利用例2のセル[B6]のように、13時ちょうどを表わす場合、分を省略することはできません。「13時」だけでは、時刻文字列として認識しないためです。

ヒント セルの表示形式

TIMEVALUE関数は時刻のシリアル値を返します。ここでは、時刻表示になるようにあらかじめ、セルの表示形式を変更しています。

Section 67

営業日数を求める

覚えておきたいキーワード
- NETWORKDAYS
- NETWORKDAYS.INTL

NETWORKDAYS関数を使うと、指定した期間の営業日数が求められます。営業日数とは、祝日や独自の休日を除いた日数で、稼働日数ともいいます。NETWORKDAYS.INTL関数はNETWORKDAYS関数の機能を拡張した関数で平日の定休日に対応しています。

分類 日付/時刻　対応バージョン 2010 2013 2016 2019

書式

NETWORKDAYS(開始日,終了日[,祭日])
NETWORKDAYS.INTL(開始日,終了日[,週末][,祭日])

キーワード NETWORKDAYS

2つの日付間の稼働日数（営業日数）を求めます。[祭日] の指定は省略可能ですが、土曜日と日曜日は必ず稼働日（営業日）から除外されます。

引数

[開始日] 起算日の日付を指定します。引数に直接指定する場合は、「"2018/8/28"」のように日付の前後を「"（ダブルクォーテーション」で囲みます。

[終了日] [開始日] と同様に、期間の最終日の日付を指定します。

[祭日] NETWORKDAYS関数の [祭日] には、土日以外の休日や祝日を入力したセル範囲を指定します。

NETWORKDAYS.INTL関数の [祭日] には、稼働日にしない日付や祝日を入力したセル範囲を指定します。両関数とも、既定の休日以外、稼働日から外す日がなければ、[祭日] は省略します。

[週末] NETWORKDAYS.INTL関数で指定する引数です。稼働日から外す曜日を番号で指定します。また、7桁の曜日文字列を使うと、独自の除外曜日を作成することができます。[祭日] を省略すると、土曜日と日曜日が稼働日から外れます。

■NETWORKDAYS関数の戻り値

右の図は、開始日から終了日までの稼働日数を求めています。8/1～8/2は平日のため、稼働日数は2日間です。8/2～8/5は4日間ですが、土日を挟むため、稼働日数は2日間になります。

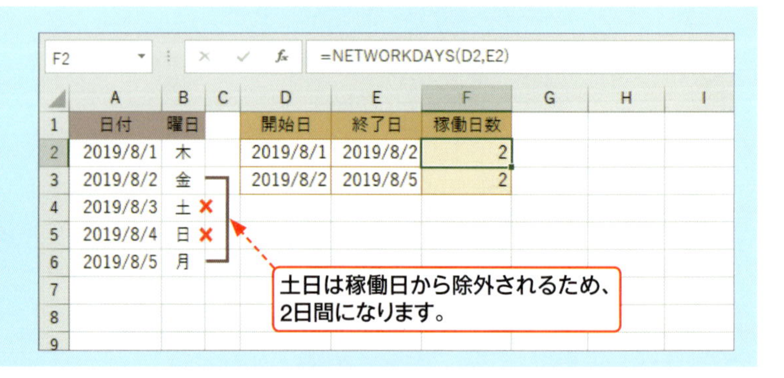

	A	B	C	D	E	F
1	日付	曜日		開始日	終了日	稼働日数
2	2019/8/1	木		2019/8/1	2019/8/2	2
3	2019/8/2	金		2019/8/2	2019/8/5	2
4	2019/8/3	土	×			
5	2019/8/4	日	×			
6	2019/8/5	月				

■NETWORKDAYS.INTL関数の戻り値

[週末] に指定する番号は以下のとおりです。また、曜日文字列を利用すると、独自の除外曜日を設定することができます。曜日文字列は、先頭桁を月曜日とする7桁で構成されます。0を指定すると稼働日、1を指定すると稼働日から除外する曜日となります。なお、曜日文字列は、前後を「"」で囲んで直接 [週末] に指定します。

▼[週末] の番号と稼働日から除外する曜日との対応関係

[週末]	除外曜日	[週末]	除外曜日
1または省略	土曜日と日曜日	11	日曜日
2	日曜日と月曜日	12	月曜日
3	月曜日と火曜日	13	火曜日
4	火曜日と水曜日	14	水曜日
5	水曜日と木曜日	15	木曜日
6	木曜日と金曜日	16	金曜日
7	金曜日と土曜日	17	土曜日

▼[週末] に指定できる曜日文字列の例

稼働日から除外する曜日	月	火	水	木	金	土	日
月と水	1	0	1	0	0	0	0
月と水と金	1	0	1	0	1	0	0

キーワード NETWORKDAYS.INTL

2つの日付間の稼働日数（営業日数）を求めます。NETWORKDAYS関数と同様ですが、[週末] が追加されています。[週末] の指定により、稼働日（営業日）から除外する曜日を独自に指定できます。[週末] に「1」を指定するか、省略すると、NETWORKDAYS関数と同じ動作になります。

利用例 1 指定した期間の営業日数を求める NETWORKDAYS

9月の開館日数を求めます。

=NETWORKDAYS(A3,B3,D3:D6)

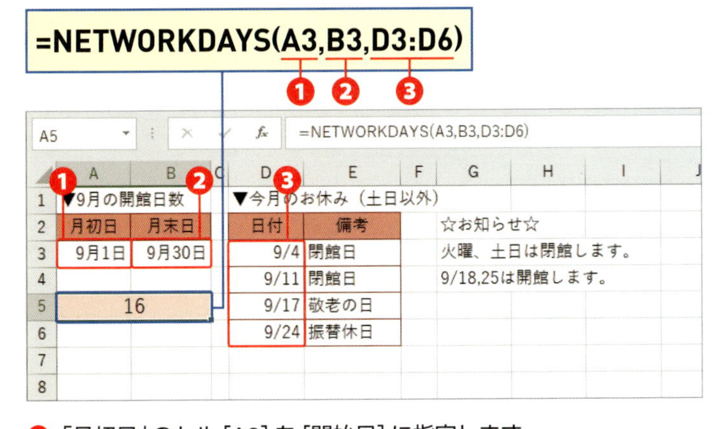

❶「月初日」のセル [A3] を [開始日] に指定します。

❷「月末日」のセル [B3] を [終了日] に指定します。

❸ 土日以外の休日を入力したセル範囲 [D3:D6] を [祭日] に指定します。

利用例 2 平日が定休日の場合の稼働日数を求める NETWORKDAYS.INTL

サンプル sec67_2

[終了日] の月末日は EOMONTH関数で求める

利用例 2 の [終了日] に指定する月末日は、「月初日」から起算した当月末日です。月末日はEOMONTH関数で求めることができます。

セル [C3] =EOMONTH(B3,0)

土日祝日営業、火曜定休の場合の各月の稼働日数を求めます。

=NETWORKDAYS.INTL(B3,C3,13)

❶ ❷ ❸

D3 =NETWORKDAYS.INTL(B3,C3,13)

	A	B	C	D
1	2019年-上期稼働日数			火曜定休
2	月	月初日	月末日	稼働日数
3	4月	4月1日	4月30日	25
4	5月	5月1日	5月31日	27
5	6月	6月1日	6月30日	26
6	7月	7月1日	7月31日	26
7	8月	8月1日	8月31日	27
8	9月	9月1日	9月30日	26
9				

❶「月初日」のセル [B3] を [開始日] に指定します。

❷「月末日」のセル [C3] を [終了日] に指定します。

❸ 火曜日を稼働日から除外するため、[週末] に「13」を指定します。火曜日以外で除外する日はないため、[祭日] は省略します。

利用例 3 週休2日の勤務日数を求める① NETWORKDAYS.INTL

サンプル sec67_3

[祭日] は稼働日から除く休業日を指定する

引数名は [祭日] という公休をイメージする表現ですが、欠勤を含め、定休日以外で稼働日から除く休業日を指定します。

欠勤日を除く週休2日の勤務日数を求めます（[週末] に番号を指定する場合）。

=NETWORKDAYS.INTL($B$2,$D$2,B7,B8:B10)

❶ ❷ ❸ ❹

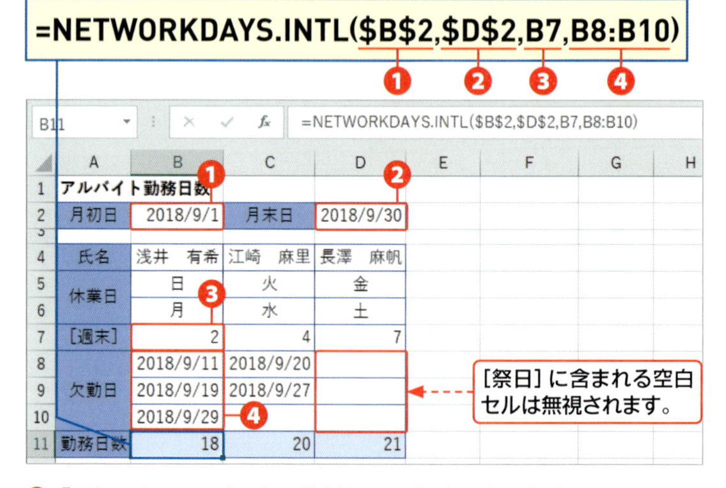

B11 =NETWORKDAYS.INTL($B$2,$D$2,B7,B8:B10)

	A	B	C	D
1	アルバイト勤務日数			
2	月初日	2018/9/1	月末日	2018/9/30
4	氏名	浅井　有希	江崎　麻里	長澤　麻帆
5	休業日	日	火	金
6		月	水	土
7	[週末]	2	4	7
8	欠勤日	2018/9/11	2018/9/20	
9		2018/9/19	2018/9/27	
10		2018/9/29		
11	勤務日数	18	20	21

❶「月初日」のセル [C2] を絶対参照で [開始日] に指定します。

❷「月末日」のセル [D2] を絶対参照で [終了日] に指定します。

❸ 休業日に相当するセル [B7] を [週末] に指定します。

❹ 欠勤日を入力したセル範囲 [B8:B10] を [祭日] に指定します。

利用例 4 週休2日の勤務日数を求める② NETWORKDAYS.INTL

欠勤日を除く週休2日の勤務日数を求めます（[週末]に曜日文字列を指定する場合）。

=NETWORKDAYS.INTL($B$2,$D$2,TEXT(B7,"0000000"),B8:B10)

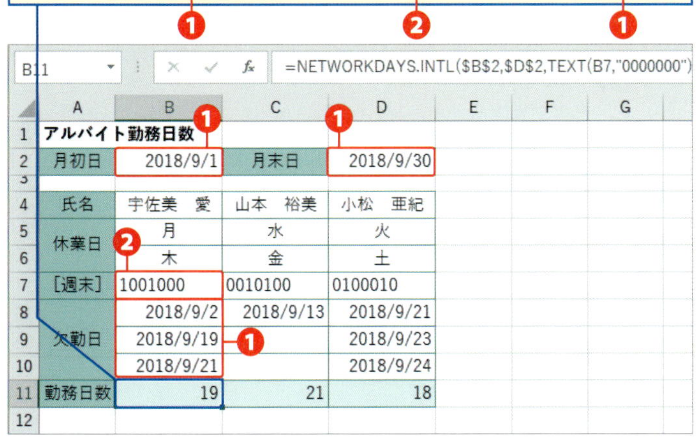

❶ [開始日] [終了日] [祭日] の指定方法は利用例3と同様です。

❷ [週末] に曜日文字列の入ったセル [B7] を指定しますが、そのまま指定すると数値と見なされ、[#NUM!] エラーになります。そこで、TEXT関数を使ってセル [B7] の値を文字列に変換して指定します。

サンプル sec67_4

メモ TEXT関数で文字列に変換する

TEXT関数は、指定した数値を、指定した表示形式の文字列に変換します（Sec.80）。引数の [表示形式] に指定した「"0000000"」は、セル [B7] の値を7桁の数字形式の文字列に変換します。

ヒント 0から始まる曜日文字列を表示する

通常、0で始まる値をセルに入力すると、0は省略されます。7桁の曜日文字列をセルに入力するときは、セルの表示形式をあらかじめ「文字列」にするか、「ユーザー定義」を設定します。利用例4では、図に示すように、1桁の数値を表わす書式記号「0」を7桁並べて「0000000」と設定しています。書式記号「0」は、入力した値が指定した桁数、ここでは、7桁より少ない場合は「0」を補い、7桁で表示しています。

最初の2桁の0が省略されていますが、セルの表示形式の設定により、7桁で表示されています。

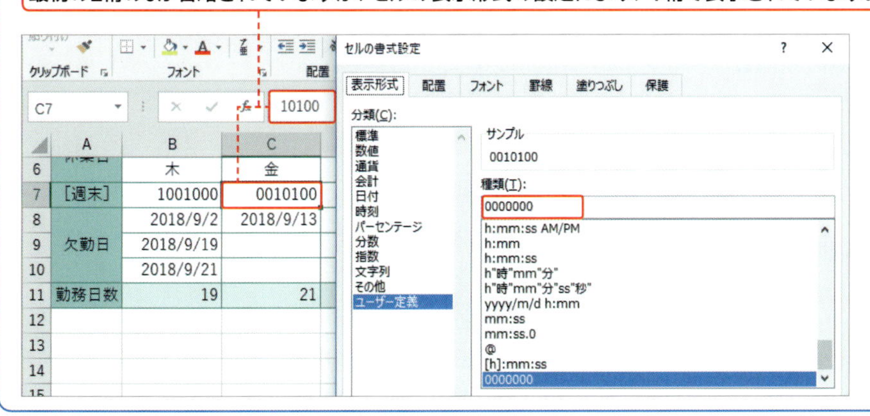

Section 68

期間を求める

覚えておきたいキーワード
- DATEDIF
- DAYS
- 期間

在籍年数や加入期間など、2つの日付を指定して期間を求めるにはDATEDIF関数またはDAYS関数を利用します。DATEDIF関数については、キーボードから直接入力して使います。また、ヘルプも用意されていませんので、本節の解説を参考にしてください。

分類	日付 / 時刻	対応バージョン				
		DATEDIF	2010	2013	2016	2019
		DAYS	2010	2013	2016	2019

書式

DATEDIF(開始日,終了日,単位)
DAYS(終了日,開始日)

キーワード DATEDIF

DATEDIF関数は、2つの日付の期間を求めます。期間は、満年数("Y")、満月数("M")、満日数("D")で表示できるほか、端数の月数("YM")や日数("MD"、"YD")も求められます。

引数

[開始日] 日付(シリアル値)が入ったセル、または日付の前後を「"(ダブルクォーテーション)」で囲んだ日付文字列を指定します。

[終了日] [開始日]と同じです。ただし、[開始日]以降の日付を指定します。

[単位] 期間を表わす英字(Y, M, D, YM, MD, YDのいずれか)を指定します。大文字、小文字は問いません。引数に直接指定する場合は、単位の前後を「"(ダブルクォーテーション)」で囲みます。

利用例 1 目標日までの満日数を求める DATEDIF/DAYS

sec68_1

キーワード DAYS

DAYS関数は、2つの日付の期間を満日数で求めます。DATEDIF関数の[単位]が「"D"」の場合と同じです。

メモ DATEDIF関数とDAYS関数

DATEDIF関数とDAYS関数では、ともに[開始日]と[終了日]を指定しますが、引数を指定する順序が反対です。

東京オリンピックまでの満日数を求めます。

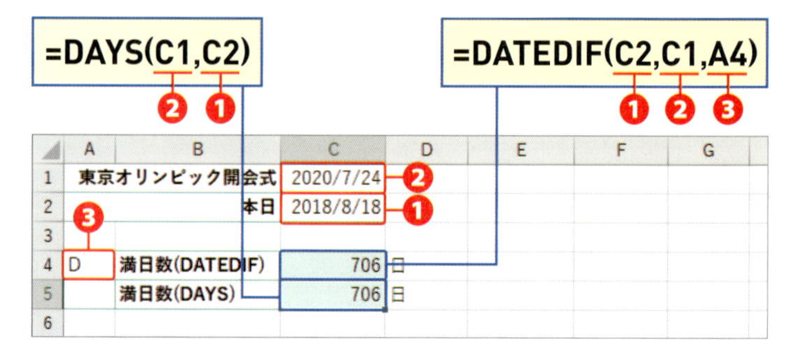

❶ [開始日]にセル[C2]を指定します。

❷ [終了日]にセル[C1]を指定します。

❸ [単位]にセル[A4]を指定し、満日数を求めています。

利用例 2 目標日までの年数／月数／日数を求める DATEDIF

東京オリンピックまでの年数、月数、日数を求めます。

=DATEDIF($C$2,$C$1,A3)

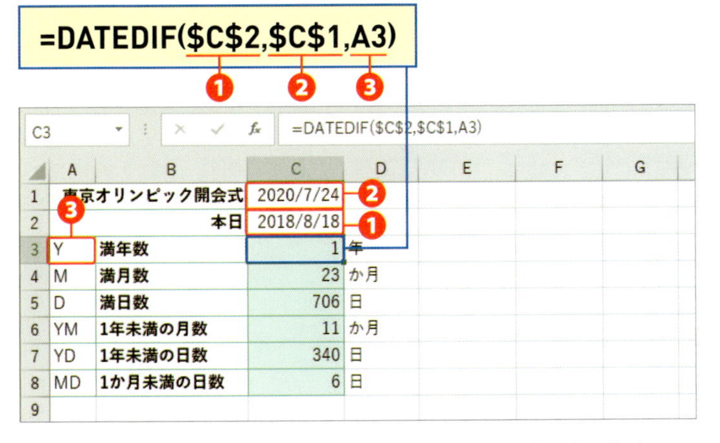

	A	B	C	D
1		東京オリンピック開会式	2020/7/24	
2		本日	2018/8/18	
3	Y	満年数	1	年
4	M	満月数	23	か月
5	D	満日数	706	日
6	YM	1年未満の月数	11	か月
7	YD	1年未満の日数	340	日
8	MD	1か月未満の日数	6	日

❶ 本日の日付が入ったセル[C2]を絶対参照で[開始日]に指定します。

❷ 目標の日付が入ったセル[C1]を絶対参照で[終了日]に指定します。

❸ セル[A3]を[単位]に指定します。

サンプル sec68_2

メモ 本日の日付にはTODAY関数を利用する

セル[C2]には「=TODAY()」と入力し、本日の日付を求めます。ファイルを開くたびに日付が更新され、東京オリンピック開催までのカウントダウンになります。

利用例 3 今年の誕生日までの残日数を求める DATEDIF/TODAY/YEAR

本日から誕生日までの残日数を求めます。

=DATEDIF(TODAY(),E2,"YD")

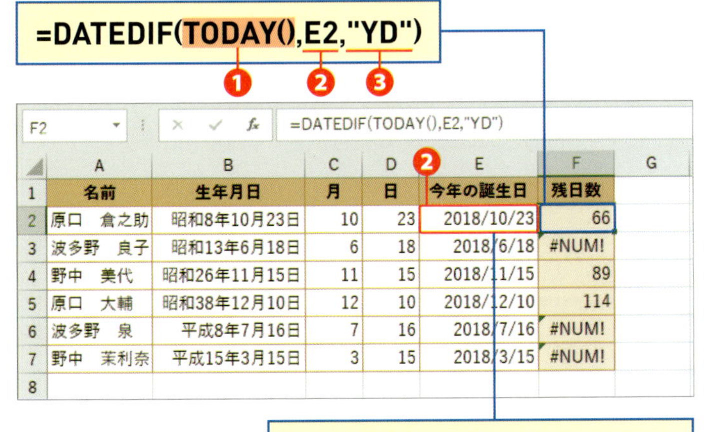

	A	B	C	D	E	F
1	名前	生年月日	月	日	今年の誕生日	残日数
2	原口　倉之助	昭和8年10月23日	10	23	2018/10/23	66
3	波多野　良子	昭和13年6月18日	6	18	2018/6/18	#NUM!
4	野中　美代	昭和26年11月15日	11	15	2018/11/15	89
5	原口　大輔	昭和38年12月10日	12	10	2018/12/10	114
6	波多野　泉	平成8年7月16日	7	16	2018/7/16	#NUM!
7	野中　茉利奈	平成15年3月15日	3	15	2018/3/15	#NUM!

=DATE(YEAR(TODAY()),C2,D2)

❶ 本日の日付を求めるTODAY関数を[開始日]に指定します。

❷ 今年の誕生日を入力したセル[E2]を[終了日]に指定します。

❸ 残日数を求めるため、[単位]に["YD"]を指定します。

サンプル sec68_3

メモ 今年の誕生日

今年の誕生日は、生年月日をもとに、MONTH関数とDAY関数で月と日を取り出し、YEAR関数とTODAY関数で今年を取り出します（「今年」はSec.61）。取り出した今年、月、日をDATE関数に指定すると、今年の誕生日になります（DATE関数はSec.64）。

メモ 誕生日が過ぎた場合の表示

本日の日付がすでに今年の誕生日を過ぎている場合は、[終了日]が[開始日]より早くなるので、[#NUM!]エラーになります。

Section 69

指定した月数後の日付や月末日を求める

覚えておきたいキーワード
- EDATE
- EOMONTH

1ヵ月の期間は、28日、29日、30日、31日と異なるため、起算日から数ヵ月前後の同日や翌月末日などを計算で求めるのは案外難しく、カレンダーで調べるのが通常の手段です。しかし、EDATE関数とEOMONTH関数を利用すれば、指定した月数後の同日や月末日をすぐに求めることができます。

分類 日付 / 時刻　**対応バージョン** 2010 2013 2016 2019

書式

EDATE(開始日,月)
EOMONTH(開始日,月)

EDATE/EOMONTH

EDATE関数は、開始日から指定した月数後の同日を求めます。EOMONTH関数は、開始日から指定した月数後の月末日を求めます。どちらの関数も起算日からの有効期限を求めるのに役立ちます。

引 数

[開始日] 開始日の日付を指定します。引数に直接指定するには、日付の前後を「" (ダブルクォーテーション)」で囲みます。

[月] 月数にあたる整数や整数の入ったセルを指定します。[開始日] の月は「0」です。正の整数を指定すると[開始日]より後の月数、負の整数を指定すると[開始日]より前の月数になります。

■EDATE関数とEOMONTH関数の戻り値

EDATE関数とEOMONTH関数を入力すると、セルの表示形式が自動的に日付にならないため、シリアル値で表示されます (左下図)。適宜、セルの表示形式を日付に変更します (Sec.14)。右下図は、開始日からさまざまな月数を指定したときの戻り値です。当月の0を基準に、マイナスは開始日前の日付、プラスは開始日後の日付になります。EOMONTH関数では、1ヵ月の日数によって月末日が正しく調整されていることがわかります。

▼関数入力直後の戻り値

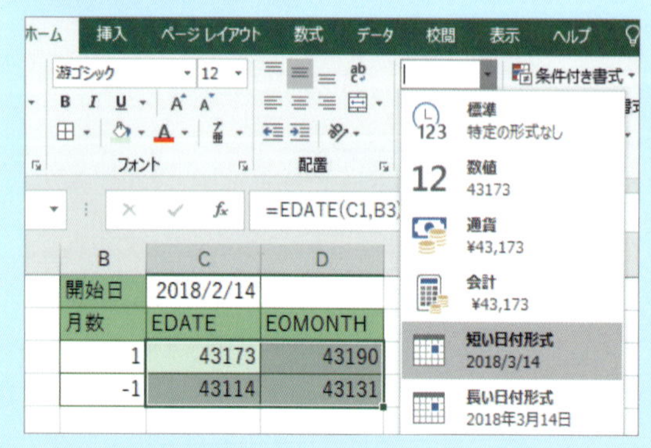

▼さまざまな月数に対する戻り値

C3　=EDATE($B$1,B3)

	A	B	C	D	E
1	開始日	2018/2/14			
2	月数		EDATE	EOMONTH	
3	24ヵ月前	-24	2016/2/14	2016/2/29	
4	12ヵ月前	-12	2017/2/14	2017/2/28	
5	1ヵ月前	-1	2018/1/14	2018/1/31	
6	当月	0	2018/2/14	2018/2/28	
7	1ヵ月後	1	2018/3/14	2018/3/31	
8	12ヵ月後	12	2019/2/14	2019/2/28	
9	18ヵ月後	16	2019/6/14	2019/6/30	
10					

利用例 1 更新受付開始日を求める EDATE

有効期限日の前月同日とする更新受付開始日を求めます。

サンプル sec69_1

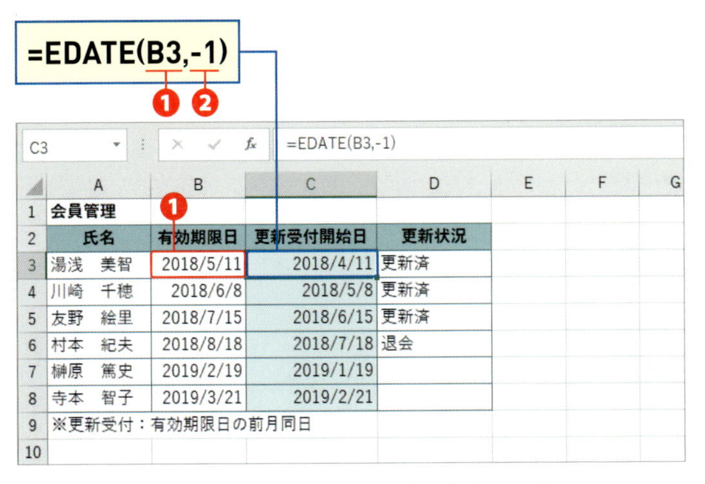

❶「有効期限日」のセル［B3］を［開始日］に指定します。

❷ 前月を表す「－1」を［月数］に指定します。

利用例 2 今月1日を求める EOMONTH

スケジュール表の今月1日を求めます。

サンプル sec69_2

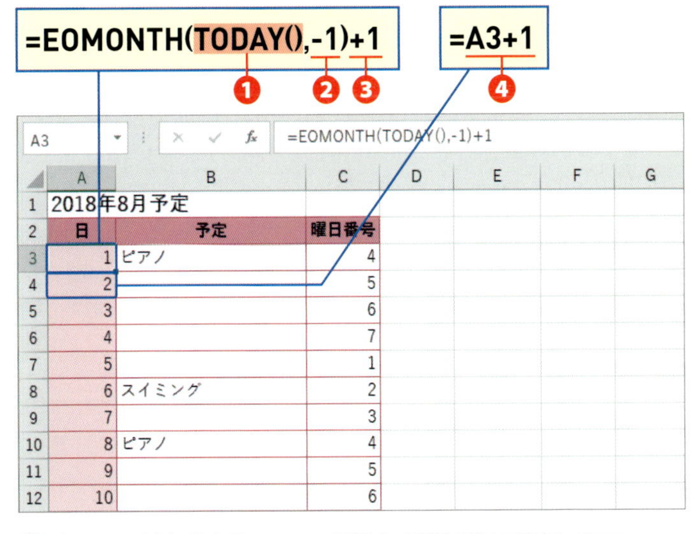

❶ 本日の日付を求めるTODAY関数を［開始日］に指定します。

❷［月］に「－1」を指定し、前月末日を求めます。

❸ 前月末日に1日を加えて今月1日に調整しています。

❹ 今月1日のセル［A3］に1日を足し、オートフィルでコピーして2日以降を求めています。

メモ 毎月1日は月末日の翌日

月末日は28日、29日、30日、31日のいずれかですが、翌日は、必ず翌月1日になります。利用例 2 の今月1日は、前月末日の翌日です。

ヒント 表示形式の変更

利用例 2 では、EOMONTH関数で求めた日付の表示が「日」になるように、セルの表示形式を<ユーザー定義>の「d」に変更しています。<ユーザー定義>の確認方法は、Sec.15を参照してください。

Section 70

指定した営業日後の日付を求める

覚えておきたいキーワード
- WORKDAY
- WORKDAY.INTL

営業日とは、祝日や独自の定休日などを除いた日付です。稼働日ともいいます。たとえば、「申込日から3営業日後に発送」の場合、定休日などの休みが挟まると単純に3日後の日付にはなりません。WORKDAY関数やWORKDAY.INTL関数を使うと、指定した営業日後の日付を求めることができます。

分類 日付 / 時刻　対応バージョン 2010 2013 2016 2019

書式

WORKDAY(開始日,日数[,祭日])

WORKDAY.INTL(開始日,日数[,週末][,祭日])

キーワード WORKDAY

指定した日付から、土日と祝日を除く営業日数後(稼働日数後)の日付を求めます。WORKDAY関数では、[祭日]の指定は省略可能ですが、土曜日と日曜日は必ず営業日(稼働日)から除外されます。

引数

[開始日]　起算日の日付を指定します。引数に直接指定する場合は、「"2018/8/28"」のように日付の前後を「"(ダブルクォーテーション」で囲みます。

[日数]　日数にあたる整数や整数の入ったセルを指定します。正の整数は[開始日]より後の日数、負の整数は[開始日]より前の日数になります。

[祭日]　WORKDAY関数の[祭日]には、土日を除いた休日や祝日を入力したセル範囲を指定します。

WORKDAY.INTL関数の[祭日]には、稼働日にしない日付や祝日を入力したセル範囲を指定します。両関数とも既定の休日以外除外しない場合は[祭日]を省略します。

[週末]　WORKDAY.INTL関数で指定する引数です。稼働日から外す曜日を番号で指定します。また、曜日文字列を使って独自の曜日パターンを稼働日から除外することができます。

■WORKDAY関数の戻り値

下の図は、開始日の翌営業日を求めている例です。8/1(木)を開始日にした場合は翌日がそのまま翌営業日になりますが、8/2(金)を開始日にした場合は土日を挟んで8/5(月)が翌営業日になります。

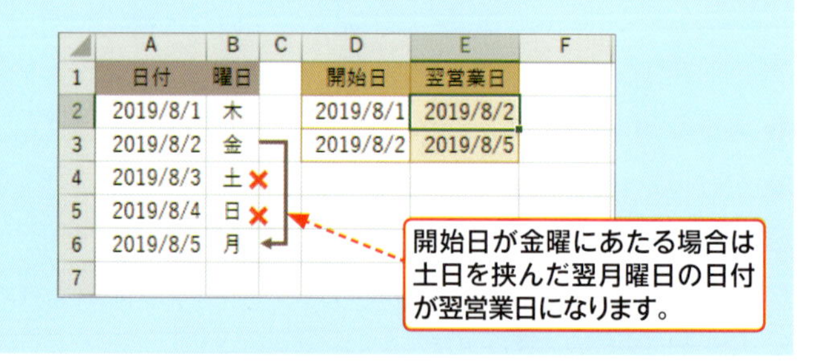

■WORKDAY.INTL関数の戻り値

[週末]に指定する数値は以下のとおりです。また、曜日文字列を利用すると、独自の除外曜日を設定することができます。曜日文字列は先頭桁を月曜日とする7桁で構成されます。0を指定すると稼働日、1を指定すると稼働日から除外する曜日となります。なお、曜日文字列を指定する場合は、前後を「"」で囲みます。

▼WORKDAY.INTL関数の[週末]に対応する稼働日から除外する曜日

[週末]	除外曜日	[週末]	除外曜日
1または省略	土曜日と日曜日	11	日曜日
2	日曜日と月曜日	12	月曜日
3	月曜日と火曜日	13	火曜日
4	火曜日と水曜日	14	水曜日
5	水曜日と木曜日	15	木曜日
6	木曜日と金曜日	16	金曜日
7	金曜日と土曜日	17	土曜日

▼WORKDAY.INTL関数の[週末]に指定する曜日文字列の例

稼働日から除外する曜日	月	火	水	木	金	土	日
火と木	0	1	0	1	0	0	0
水と金	0	0	1	0	1	0	0

キーワード WORKDAY.INTL

指定した日付から営業日数後(稼働日数後)の日付を求めます。WORKDAY関数と同様ですが、[週末]が追加されています。[週末]を指定することで、営業日(稼働日)から除外する曜日を独自に指定できます。[週末]に「1」を指定するか、省略すると、WORKDAY関数と同じ動作になります。

利用例 1 指定営業日後の日付を求める　WORKDAY

出荷までに要する営業日数に応じた出荷予定日を求めます。休日は土日とします。

=WORKDAY($E$1,E3)

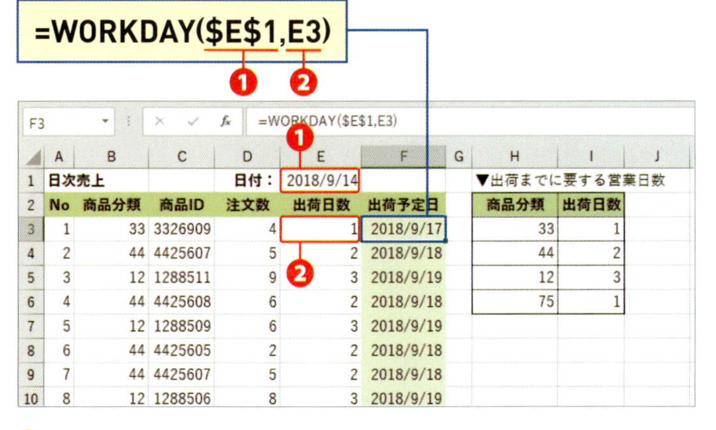

❶「日付」のセル[E1]を絶対参照で[開始日]に指定します。

❷「出荷日数」のセル[E3]を[日数]に指定します。土日のみの休日とするため、[祭日]は省略しています。

サンプル sec70_1

メモ 日付の表示形式を設定する

WORKDAY関数の戻り値は、自動的に日付にならず、シリアル値で表示されます。関数を入力したセルの表示形式を日付に設定する必要があります(Sec.14)。

利用例 2 平日が定休日の場合の発送日を求める① WORKDAY.INTL

サンプル sec70_2

メモ 日付の表示形式を設定する

WORKDAY.INTL関数の戻り値は、自動的に日付にならず、シリアル値で表示されます。関数を入力したセルの表示形式を日付に設定する必要があります（Sec.14）。

出荷までに要する営業日数に応じた出荷予定日を求めます。休日は水曜日とします。

=WORKDAY.INTL($E$1,E3,14)

❶ ❷ ❸

F3 =WORKDAY.INTL($E$1,E3,14)

	A	B	C	D	E	F
1	日次売上			日付：	2018/9/14	
2	No	商品分類	商品ID	注文数	出荷日数	出荷予定日
3	1	33	3326909	4	1	2018/9/15
4	2	44	4425607	5	2	2018/9/16
5	3	12	1288511	9	3	2018/9/17
6	4	44	4425608	6	2	2018/9/16
7	5	12	1288509	6	3	2018/9/17
8	6	44	4425605	2	2	2018/9/16
9	7	44	4425607	5	2	2018/9/16
10	8	12	1288506	8	3	2018/9/17

▼出荷までに要する営業日数

商品分類	出荷日数
33	1
44	2
12	3
75	1

❶「日付」のセル［E1］を絶対参照で［開始日］に指定します。

❷「出荷日数」のセル［E3］を［日数］に指定します。

❸ 水曜日を休日とするため、［週末］に「14」を指定します。水曜以外の休みはないため、［祭日］は省略しています。

利用例 3 平日が定休日の場合の発送日を求める② WORKDAY.INTL

サンプル sec70_3

出荷までに要する営業日数に応じた出荷予定日を求めます。休日は水、土とします。

=WORKDAY.INTL($E$1,E3,"0010010")

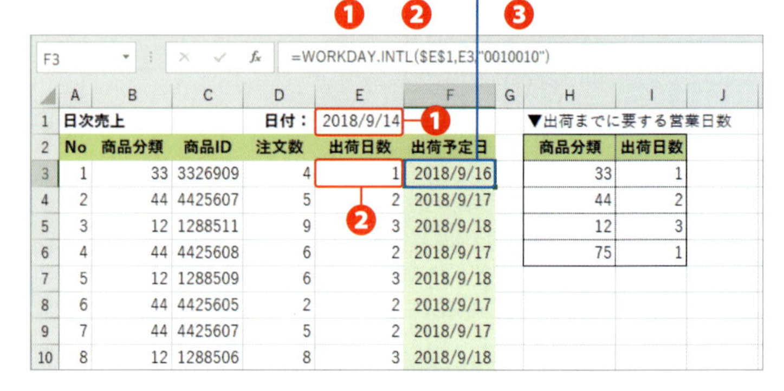

❶ ❷ ❸

F3 =WORKDAY.INTL($E$1,E3,"0010010")

	A	B	C	D	E	F
1	日次売上			日付：	2018/9/14	
2	No	商品分類	商品ID	注文数	出荷日数	出荷予定日
3	1	33	3326909	4	1	2018/9/16
4	2	44	4425607	5	2	2018/9/17
5	3	12	1288511	9	3	2018/9/18
6	4	44	4425608	6	2	2018/9/17
7	5	12	1288509	6	3	2018/9/18
8	6	44	4425605	2	2	2018/9/17
9	7	44	4425607	5	2	2018/9/17
10	8	12	1288506	8	3	2018/9/18

▼出荷までに要する営業日数

商品分類	出荷日数
33	1
44	2
12	3
75	1

❶「日付」のセル［E1］を絶対参照で［開始日］に指定します。

❷ 出荷日数のセル［E3］を［日数］に指定します。

❸ 水曜日と土曜日を休日とするため、［週末］には曜日文字列「"0010010"」を指定します。水曜日と土曜日以外の休日はないので［祭日］は省略します。

Chapter 07

第7章

表の値を検索する

Section 71

値リストの中から値を取り出す

覚えておきたいキーワード
- CHOOSE
- SWITCH
- 値リスト

「1は悪い、2は普通、3は良い」といった番号と値の対応付けは、各種書類やアンケートでよく目にする内容です。CHOOSE関数やSWITCH関数を利用すると、番号と値を対応付けることができ、番号に対応する値を表示することができます。

分類		対応バージョン				
CHOOSE	検索 / 行列	CHOOSE	2010	2013	2016	2019
SWITCH	論理	SWITCH	2010	2013	2016	2019

書式

CHOOSE(インデックス,値1[,値2]・・・)
SWITCH(式,値1,結果1[,値2,結果2]・・・[,既定])

キーワード CHOOSE

CHOOSE関数は、引数内に通し番号が割り当てられた値リストを持ち、[インデックス]と呼ばれる通し番号を指定すると、値リストから通し番号に対応する値を検索します。値リストを引数内に直接指定できるので、検索用の別表を用意する必要がありません。インデックスは254まで指定できます。

引数の位置	第2	第3	・・・
[インデックス]の値	1	2	・・・
[値]	値1	値2	・・・

キーワード SWITCH

SWITCH関数は、[式]の値と一致する[値]を検索し、[値]に対応する[結果]を表示します。[値]と[結果]はペアで指定します。また、[式]の値に一致する[値]が見つからない場合は、既定値を表示することができます。

[式]の値	=値1	=値2		≠[値]
[値]	値1	値2	・・・	
[結果]	結果1	結果2	・・・	
[既定]				既定値

引数

▼CHOOSE関数

[インデックス] 値リストから値を取り出すための通し番号を指定します。通し番号は、1以上の整数です。整数の入ったセルや整数になる数式や関数を指定します。

[値] [インデックス]に対応する値を指定します。値と値の間は「,(カンマ)」で区切ります。先頭に指定した値が[インデックス]の「1」、2番目の値が「2」のように、[値]に指定した順に[インデックス]の通し番号が対応します。

▼SWITCH関数

[式] 値の入ったセル、または、値を求める数式や関数を指定します。[式]の値は[値]と比較されます。

[値] [式]と比較する値や値の入ったセルを指定します。[式]の値=[値]となったときに、[値]とペアで指定した[結果]を表示します。

[結果] [値]とペアで指定します。[値]に対応する値や値の入ったセルを指定します。

[既定] [式]の値=[値]が成立しなかったときに表示する値や値の入ったセルを指定します。

利用例 1 0から始まる番号に対応する値を表示する CHOOSE/SWITCH

回答コードの1を「はい」、0を「いいえ」で表示します。

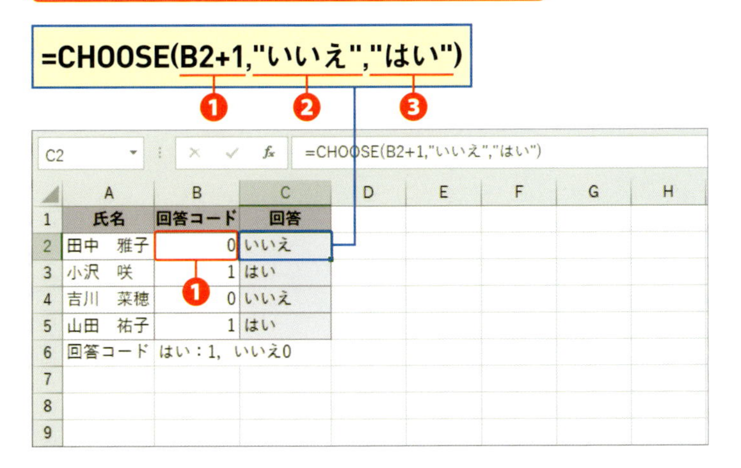

❶「回答コード」のセル[B2]を[インデックス]に指定しますが、[インデックス]の値が「1」から始まるように、「1」を足しています。

❷ [値1]に、[インデックス]の「1」に対応する「"いいえ"」を指定します。

❸ [値2]に[インデックス]の「2」に対応する「"はい"」を指定します。

サンプル sec71_1

CHOOSE関数の[インデックス]は1から始まるので、インデックスに0があるときは、1を足して調整します。また、第2引数はインデックス1、第3引数はインデックス2のように、関数内部でインデックスが割り当てられているので、値の指定順序も決まっています。

SWITCH関数で回答コードの1を「はい」、0を「いいえ」で表示します。

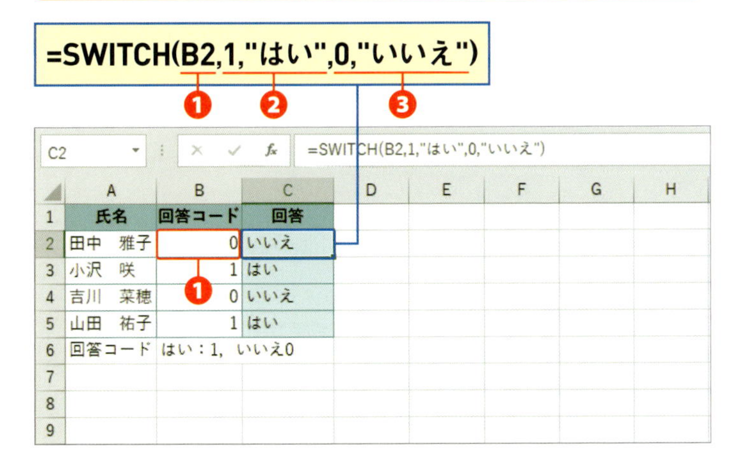

❶「回答コード」のセル[B2]を[式]に指定します。

❷ [値1]に「1」、[結果1]に「"はい"」をペアで指定します。[式]の値が「1」の場合は、「はい」が表示されます。

❸ [値2]に「0」、[結果2]に「"いいえ"」をペアで指定します。[式]の値が「0」の場合は、「いいえ」が表示されます。

サンプル sec71_2

SWITCH関数は、[式]の値と一致する[値]を検索しているので、1始まりの縛りはありません。また、[値]と[結果]が[値,結果]のようにペアで指定されていれば、第2引数以降の指定順序も自由です。ここでは、第2,3引数に「1,"はい"」、第4,5引数に「0,"いいえ"」を指定しています。

利用例 2 番号に対応する値を表示する CHOOSE

サンプル sec71_3

メモ 文字列の指定

利用例2では、CHOOSE関数、SWITCH関数ともに、[値]を文字列で直接指定しているので、文字列の前後を「"(ダブルクォーテーション)」で囲みます。

メモ CHOOSE関数を利用するメリット

一度CHOOSE関数を入力してしまえば、インデックス番号の入力だけで済み、値を1件ずつ入力する手間がありません。また、値リストに変更が生じた場合も、先頭に入力した関数の引数を変更し、オートフィルでコピーするだけで、簡単に更新できます。

班の番号から地域名を表示します。

```
=CHOOSE(C3,"希望ヶ丘","榎木町","野川","梅田町")
```

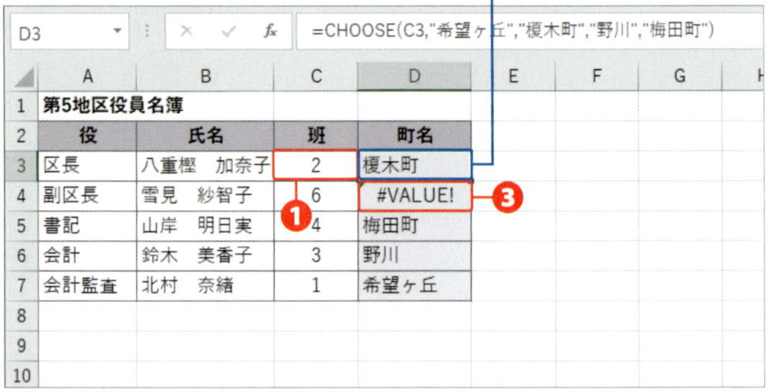

D3 =CHOOSE(C3,"希望ヶ丘","榎木町","野川","梅田町")

	A	B	C	D
1	第5地区役員名簿			
2	役	氏名	班	町名
3	区長	八重樫　加奈子	2	榎木町
4	副区長	雪見　紗智子	6	#VALUE!
5	書記	山岸　明日実	4	梅田町
6	会計	鈴木　美香子	3	野川
7	会計監査	北村　奈緒	1	希望ヶ丘

❶ 班を入力したセル[C3]を[インデックス]に指定します。

❷ [値]に、班に対応する地域名を番号順に指定します。

❸ 値リストにない番号を指定すると、「#VALUE!」エラーになります。

サンプル sec71_4

メモ SWITCH関数でエラー表示を回避する

SWITCH関数では、[式]の値が[値]にない場合、「#N/A」エラーになります。[既定]を指定するとエラー表示が回避されます。利用例2では「!班確認」と表示させています。

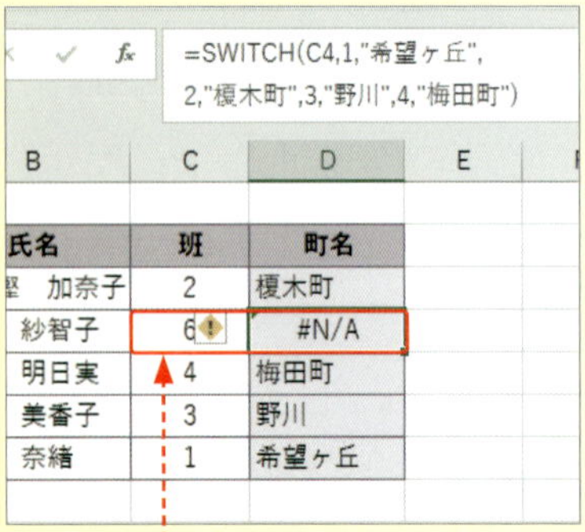

=SWITCH(C4,1,"希望ヶ丘",2,"榎木町",3,"野川",4,"梅田町")

B	C	D
氏名	班	町名
加奈子	2	榎木町
紗智子	6	#N/A
明日実	4	梅田町
美香子	3	野川
奈緒	1	希望ヶ丘

[値]にない「6」を指定したため、「#N/A」が表示されています。

SWITCH関数で、班の番号から地域名を表示します。

```
=SWITCH(C3,1,"希望ヶ丘",2,"榎木町",3,"野川",4,"梅田町",
"！班確認")
```

D3 =SWITCH(C3,1,"希望ヶ丘",2,"榎木町",3,"野川",4,"梅田町",

	A	B	C	D
1	第5地区役員名簿			
2	役	氏名	班	町名
3	区長	八重樫　加奈子	2	榎木町
4	副区長	雪見　紗智子	6	！班確認
5	書記	山岸　明日実	4	梅田町
6	会計	鈴木　美香子	3	野川
7	会計監査	北村　奈緒	1	希望ヶ丘

❶ 班を入力したセル[C3]を[値]に指定します。

❷ [値,結果]をペアで指定しています。

❸ [既定]に「"！班確認"」と指定します。[式]の値が[値]に一致しない場合に表示されます。

利用例 3 曜日に対応する予定を表示する SWITCH

月間予定表に毎週決まった予定を表示します。

=SWITCH(C3,2,"英会話",4,"テニス","")

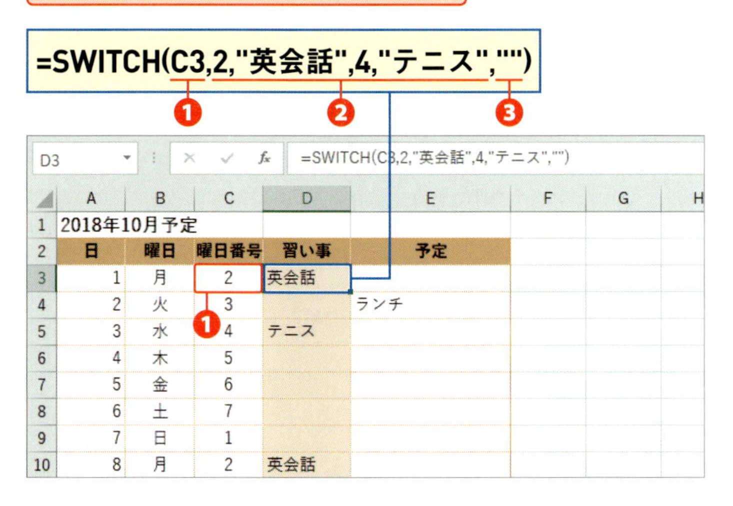

	A	B	C	D	E
1	2018年10月予定				
2	日	曜日	曜日番号	習い事	予定
3	1	月	2	英会話	
4	2	火	3		ランチ
5	3	水	4	テニス	
6	4	木	5		
7	5	金	6		
8	6	土	7		
9	7	日	1		
10	8	月	2	英会話	

❶ 曜日番号の入ったセル[C3]を[式]に指定します。

❷ [値,結果]をペアで指定しています。ここでは、「2,"英会話"」と「4,"テニス"」とし、週2回の予定を入力しています。

❸ [既定]に長さ0の文字列「""」を指定し、予定のない曜日は何も表示しないようにしています。

サンプル sec71_5

メモ CHOOSE関数を利用する場合

利用例3をCHOOSE関数で入力する場合は、曜日番号順にもれなく指定します。

=CHOOSE(C3,"","英会話","","テニス","","","")

ヒント 曜日番号

日付に対応する曜日番号は、WEEKDAY関数で求めています(Sec.63)。ここでは、日曜日を1始まりとし、セル[C3]は次のように入力されています。

=WEEKDAY(A3,1)

利用例 4 番号をもとに分けたチーム名を表示する SWITCH

番号をもとにチームを3つに分け、チーム名を表示します。

=SWITCH(MOD(A3,3),0,"赤",1,"青",2,"黄")

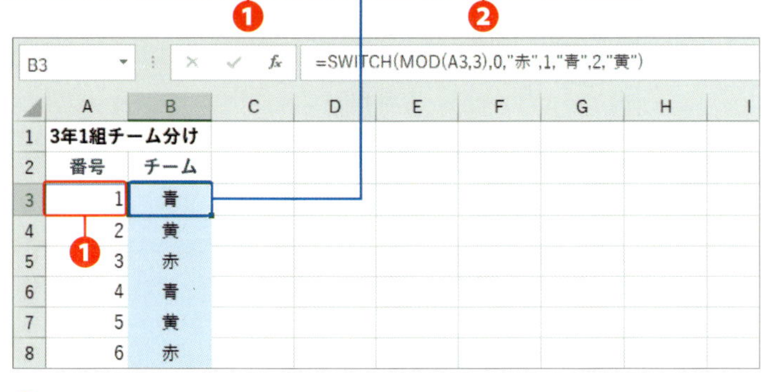

	A	B
1	3年1組チーム分け	
2	番号	チーム
3	1	青
4	2	黄
5	3	赤
6	4	青
7	5	黄
8	6	赤

❶ MOD関数を[式]に指定します。MOD関数では、番号のセル[A3]を3で割った整数商の余りを求めています。3で割った余りは、「0」「1」「2」のいずれかになります。

❷ [値,結果]をペアで指定しています。ここでは、「0,"赤"」と「1,"青"」と「2,"黄"」とし、3チームを指定しています。

サンプル sec71_6

メモ CHOOSE関数を利用する場合

利用例4をCHOOSE関数で入力する場合は、MOD関数の余りが「0」「1」「2」となり、0を含むため、1を足して[インデックス]が1から始まるように調整します。MOD関数は、Sec.23を参照してください。

=CHOOSE(MOD(A3,3)+1,"赤","青","黄")

Section 72 表の値を検索する

覚えておきたいキーワード
- VLOOKUP
- 値の検索
- テーブル

キーワード検索は、表をたどってキーワードを検索し、キーワードに一致する箇所から必要な情報を得るしくみです。VLOOKUP関数を使うと、キーワード検索と同様のしくみで、表の値を検索することができます。

分類 検索／行列　対応バージョン 2010 2013 2016 2019

書式 VLOOKUP(検索値,範囲,列番号[,検索方法])

VLOOKUP

VLOOKUP関数は、キーワードをもとに表内を検索し、キーワードに該当する値を表示します。たとえば、商品番号をもとに商品リスト内を検索して、商品番号に該当する商品名や単価を表示します。

関数利用上のルール

VLOOKUP関数の利用にあたっては、3つのルールがあります。

①検索に使う表は、項目別に、縦に値が並ぶ1枚の表にします。

②検索に使う表として指定するセル範囲に表の項目名は含めません。

③検索は表の左端列で行われるため、キーワード検索用の値は左端列に入力します。

引　数

[検索値]　検索用のキーワードが入ったセルを指定します。

[範囲]　検索に使う表のセル範囲を指定します。または、セル範囲に付けた名前（Sec.07）やテーブル名（右ページの解説参照）を指定します。

[列番号]　[範囲]の左端を1列目と数え、得たい情報がある列を数値で指定します。

[検索方法]　[検索値]に一致する値を得るには「FALSE」、[検索値]に近い値を得るには省略、または、「TRUE」を指定します。

■VLOOKUP関数のしくみ

右図では、「渡辺篤史」の内線番号を内線リストから検索しています。内線番号は内線リストの2列目にあります。

・記述例

＝VLOOKUP("渡辺篤史",内線リスト,2,FALSE)

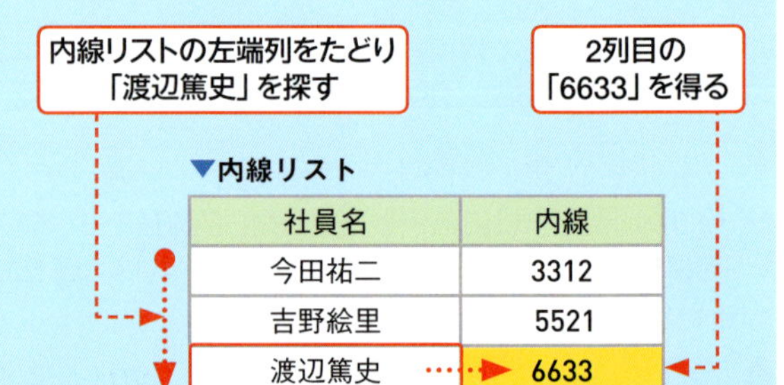

社員名	内線
今田祐二	3312
吉野絵里	5521
渡辺篤史	6633

■検索用の表にテーブルを利用する

VLOOKUP関数の[範囲]に指定する検索用の表にテーブルを利用すると、表のデータの追加/削除に応じてテーブルの範囲が自動修正されます。データが増減するたびにVLOOKUP関数の[範囲]を修正する必要がなくなります。[範囲]にはテーブル名を指定します。通常の表をテーブルに変換する方法はP.147を参照してください。

テーブル名の設定

テーブル内の任意のセルをクリックすると表示される<デザイン>タブの<テーブル名>に任意のテーブル名を入力します。

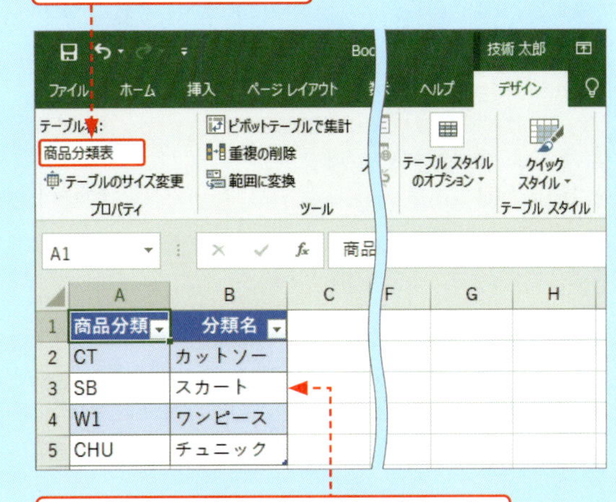

利用例 1 商品分類から分類名を検索する VLOOKUP

商品分類に該当する分類名を表示します。

=VLOOKUP(B2,商品分類表,2,FALSE)

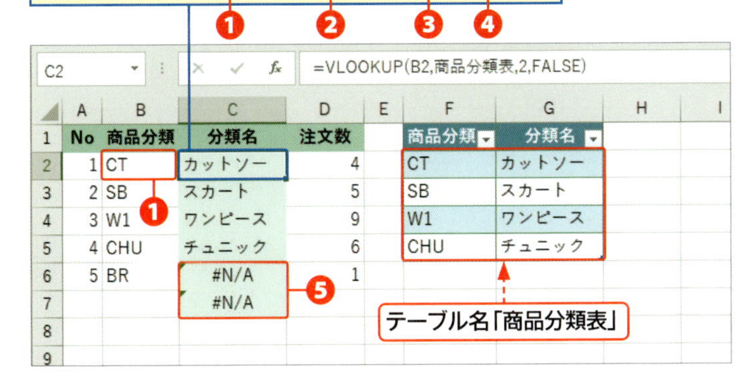

❶「商品分類」のセル[B2]を[検索値]に指定します。

❷[範囲]に「商品分類表」と入力します。または、セル範囲[F2:G5]をドラッグすると、「商品分類表」と表示されます。

❸分類名は「商品分類表」の2列目にあるので、[列番号]に「2」を指定します。

❹商品分類に一致する分類名を検索するので、[検索方法]には「FALSE」を指定します。

❺[検索値]が空白、または商品分類表にない場合は、「#N/A」エラーになります。

サンプル sec72_1

ヒント 検索に使う表がテーブルかどうかを見分ける

検索に使う表がテーブルかどうかを見分けるには、検索に使う表の中をクリックして、<テーブル>タブが表示されるかどうかを確認します。

ヒント 検索に使う表の作成場所

検索用の表は、どこに作ってもかまいませんが、同じブック内のワークシートに作成しておくと管理しやすくなります。

メモ ［検索値］が空白の場合

［検索値］が空白の場合は、検索値に商品分類表の左端列の値が入力されるまで「#N/A」エラーが表示されます。エラーを解消するには、IF関数やIFERROR関数を組み合わせる必要があります。IF関数とVLOOKUP関数の組み合わせ例はSec.52の利用例 4 で紹介しています。IFERROR関数との組み合わせは次のとおりです。

=IFERROR(VLOOKUP関数,エラー時の値)

↓

=IFERROR(VLOOKUP(B2,商品分類表,2,FALSE),"")

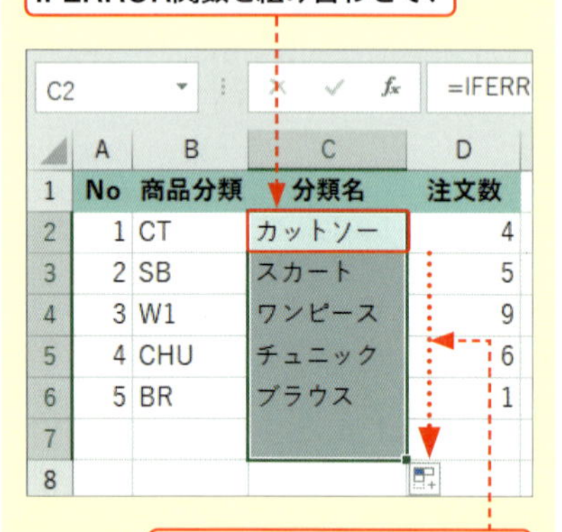

テーブルにデータ行を追加します。

1 テーブルに隣接するセル（ここでは、セル［F6］）をクリックして、「BR」と入力します。

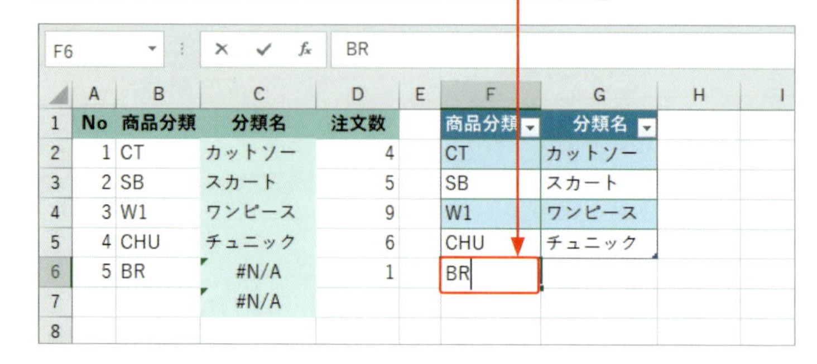

2 Tab を押します。

3 テーブルとして認識され、テーブルの範囲が自動的に拡張されます。

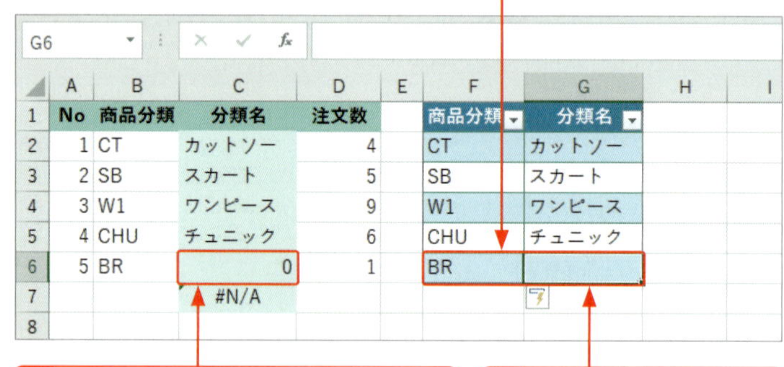

4 テーブルとして認識されたため、エラーは解消しますが、セル［G6］が空白のため「0」と表示されています。

5 セル［G6］に「ブラウス」と入力します。

6 関数の変更はありません。

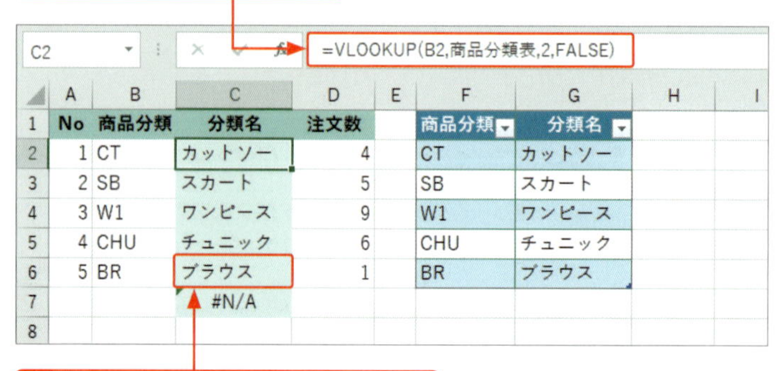

7 エラーが解消されて、「ブラウス」と表示されます。

利用例 2 得点に応じてランク分けする　VLOOKUP

得点に応じた評価を表示します。

=VLOOKUP(B3,評価表,2)

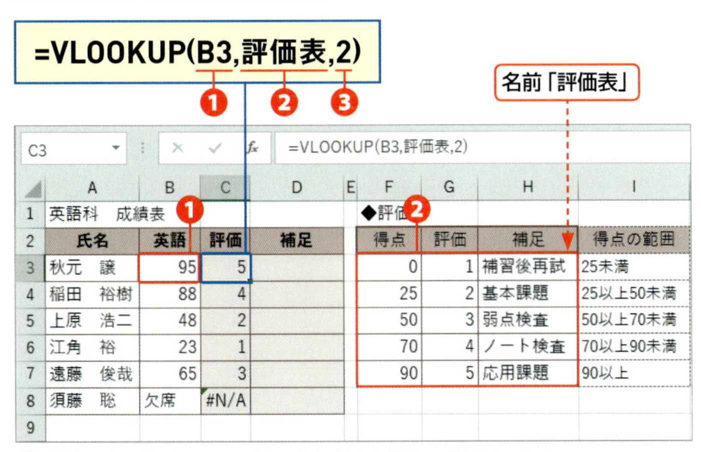

	A	B	C	D	E	F	G	H	I
1	英語科　成績表					◆評価表			
2	氏名	英語	評価	補足		得点	評価	補足	得点の範囲
3	秋元　譲	95	5			0	1	補習後再試	25未満
4	稲田　裕樹	88	4			25	2	基本課題	25以上50未満
5	上原　浩二	48	2			50	3	弱点検査	50以上70未満
6	江角　裕	23	1			70	4	ノート検査	70以上90未満
7	遠藤　俊哉	65	3			90	5	応用課題	90以上
8	須藤　聡	欠席	#N/A						
9									

❶「英語」の得点のセル[B3]を[検索値]に指定します。

❷ 名前「評価表」を[範囲]に指定します。

❸「評価」は評価表の2列目にあるので、[列番号]に「2」を指定します。近似検索のため、[検索方法]の指定は省略します。

評価に対応する補足を表示します。

=VLOOKUP(C3,$G$3:$H$7,2,FALSE)

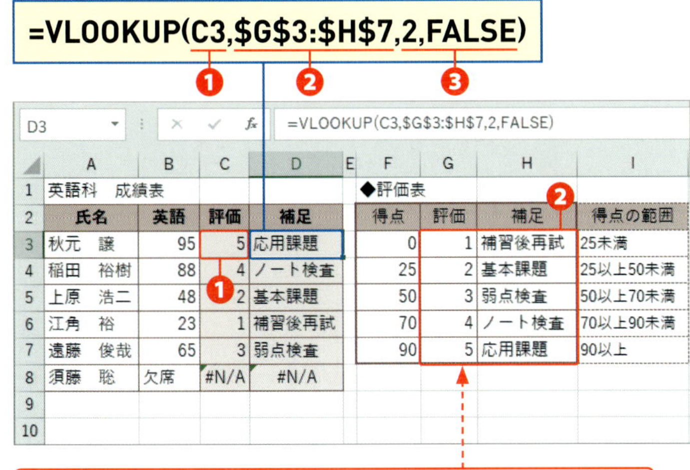

	A	B	C	D	E	F	G	H	I
1	英語科　成績表					◆評価表			
2	氏名	英語	評価	補足		得点	評価	補足	得点の範囲
3	秋元　譲	95	5	応用課題		0	1	補習後再試	25未満
4	稲田　裕樹	88	4	ノート検査		25	2	基本課題	25以上50未満
5	上原　浩二	48	2	基本課題		50	3	弱点検査	50以上70未満
6	江角　裕	23	1	補習後再試		70	4	ノート検査	70以上90未満
7	遠藤　俊哉	65	3	弱点検査		90	5	応用課題	90以上
8	須藤　聡	欠席	#N/A	#N/A					
9									
10									

補足は「評価」を検索値にしているので、名前「評価表」は使えません。「評価」が左端列になるように[範囲]を指定します。

❶「評価」のセル[C3]を[検索値]に指定します。

❷「評価」を左端列とするため、セル範囲[G3:H7]を絶対参照で[範囲]に指定します。

❸「補足」は、「評価」から数えて2列目のため、[列番号]に「2」を指定し、一致検索を行うので[検索方法]は「FALSE」を指定します。

サンプル sec72_2

メモ　近似検索に使う表の左端列は昇順に並べる

近似検索用の表は、表の左端列を基準に、昇順に並べておきます。利用例 2 の場合は、得点を昇順に並べます。

メモ　[範囲]に名前を利用する

利用例 2 のように、データ行の追加が想定されない場合は、テーブルにする必要はありません。ここでは、セル範囲に付けた名前を使用しています。

メモ　近似検索

[検索方法]に「TRUE」、または省略すると、[検索値]に近い値を検索値とみなし、対応する値を表示します。[検索値]に近い値とは、[検索値]未満でもっとも大きい値です。

ヒント　エラーの回避

評価表にない値が検索値に入力された場合は、IFERROR関数と組み合わせるとエラー表示が回避できます。「#N/A」が発生した場合に「評価」を「1」にするには、次のように組み合わせます。

=IFERROR(VLOOKUP関数,エラー時の値)

↓

=IFERROR(VLOOKUP(B2,評価表,2),1)

Section 73

表を切り替えて値を検索する

覚えておきたいキーワード
- VLOOKUP
- INDIRECT

VLOOKUP関数を使うと、キーワード検索と同様のしくみで、表の値を検索することができますが、検索に指定できる表は1つだけです（Sec.72）。VLOOKUP関数にINDIRECT関数を組み合わせると、複数の表を切り替えて値の検索ができます。

分類 検索 / 行列　対応バージョン 2010 2013 2016 2019

書式

VLOOKUP(検索値,範囲,列番号[,検索方法])
INDIRECT(参照文字列[,参照方式])

キーワード INDIRECT

文字列を、セル範囲に付けた名前やテーブル名に変換したり、文字として入力されたセル参照を、計算に利用できるセル参照に変換したりします。

引数

▼INDIRECT関数

[参照文字列] 文字列扱いのセル、セル範囲、名前（Sec.07）やテーブル名（Sec.72）を指定します。

[参照方式] 通常は省略します。[参照文字列]で指定した文字列扱いのセル参照がA1方式の場合は省略か「TRUE」、R1C1方式の場合は「FALSE」を指定します。

VLOOKUP関数はSec.72をご覧ください。

■INDIRECT関数

右図のように、VLOOKUP関数の[範囲]に名前を入力したセル[B2]を指定するとエラーになります。セルに入力された「野菜」は名前やテーブル名ではなく、文字列と判断されたためです。セル[B2]の「野菜」をセル範囲に付けた名前、または、テーブル名として認識させるには、INDIRECT関数を使い、セル[B2]の文字列をセル範囲に変換します。

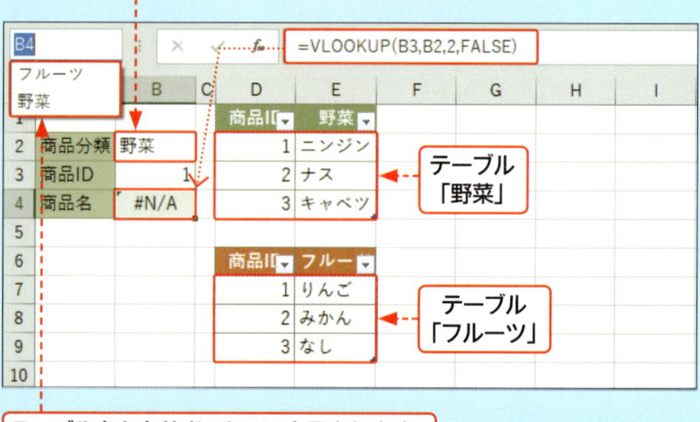

VLOOKUP関数の［範囲］に「INDIRECT(B2)」と指定すると、セル［B2］の「野菜」が、テーブル「野菜」と認識され、商品ID「1」に対応する商品名「ニンジン」が検索されます。また、セル［B2］を「フルーツ」に変更すると、テーブル「フルーツ」から検索されます。このように、INDIRECT関数を使うと、複数の表を切り替えて検索することができます。

=VLOOKUP(B3,INDIRECT(B2),2,FALSE)

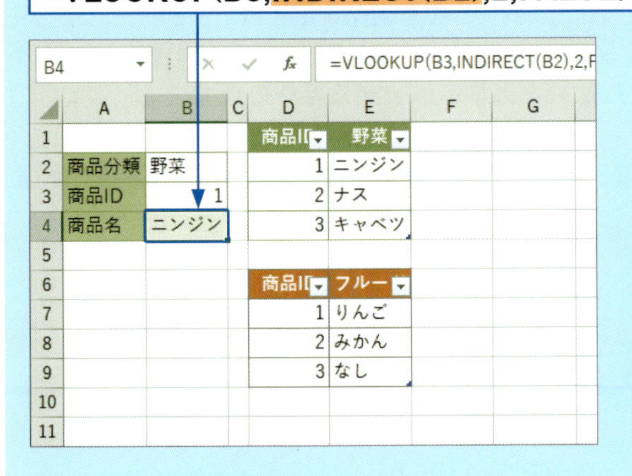

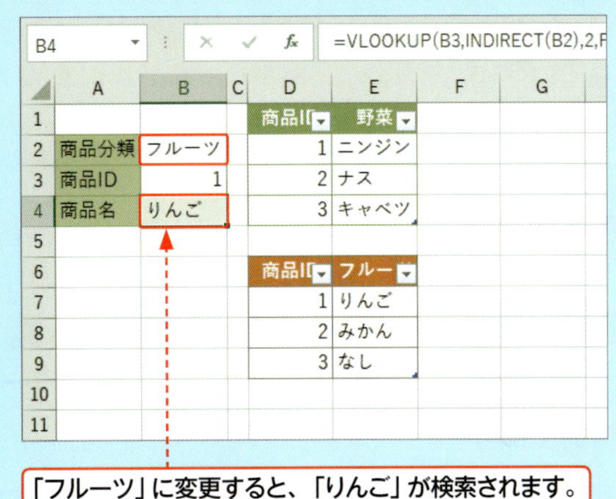

「フルーツ」に変更すると、「りんご」が検索されます。

利用例 1 シート別の表を1シートにまとめる VLOOKUP/INDIRECT

クラスごとに分けた名簿を1シートにまとめます。

=VLOOKUP(B2,INDIRECT(A2),2,FALSE)

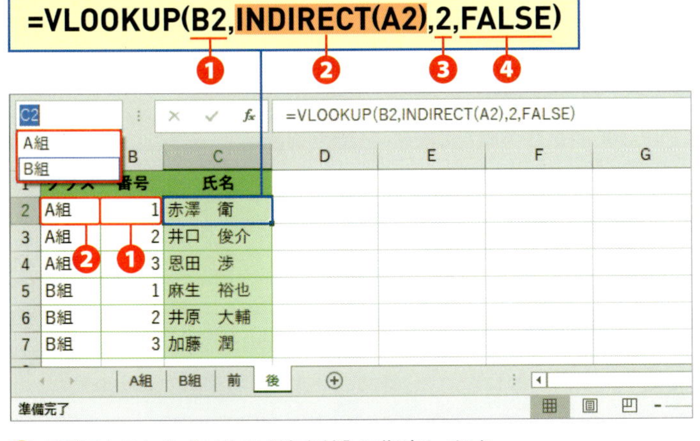

❶「番号」のセル［B2］を［検索値］に指定します。

❷「クラス」のセル［A2］の「A組」がテーブル名と認識できるように、「INDRECT(A2)」を［範囲］に指定します。

❸［列番号］に「2」を指定し、「氏名」を検索します。

❹ 番号と一致する「氏名」を検索するため、［検索方法］は「FALSE」を指定します。

サンプル sec73

メモ シート別の表を別のシートに転記する

利用例 1 では、VLOOKUP関数とINDIRECT関数を利用してシート別に分かれた表を別のシートに転記しています。転記元のテーブルは次の構成です。ここでは、テーブルにしていますが、セル範囲に付けた名前も同様です。

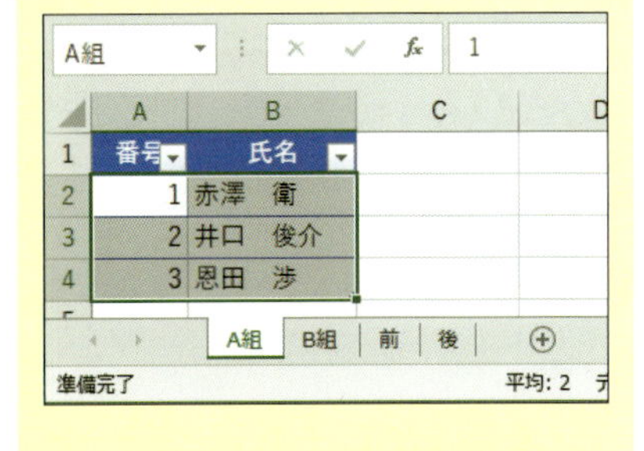

Section 74 条件に一致する唯一の値を検索する

覚えておきたいキーワード
- DGET
- データベース関数
- 値の検索

一覧表をもとに、複数の条件に該当する値を求めるには、データベース関数を使うと便利です。本書でもSec.19、31、40で紹介していますが、いずれも集計値です。ここでは、指定した条件に該当する唯一の値を検索するDGET関数を紹介します。

書式 分類 データベース　対応バージョン 2010 2013 2016 2019

DGET(データベース,フィールド,条件)

キーワード DGET

DGET関数は、一覧表から［条件］に一致するデータ行を検索し、［フィールド］に指定した列の値を表示します。［条件］によって絞られるデータ行は1行の場合のみ、検索した値が表示されます。［条件］に一致するデータ行が複数行ある場合は、「#NUM!」エラーになります。

引数

［データベース］ 一覧表のセル範囲を、列見出しも含めて指定します。また、一覧表のセル範囲に付けた名前を指定することも可能です。

［フィールド］ 値を検索したい列見出しのセルを指定します。

［条件］ ［データベース］で指定する一覧表の列見出しと同じ見出し名を付けた条件表（Sec.19）を作成し、表内に条件を入力します。引数には、条件表のセル範囲を指定します。条件には、数値や数式、文字列、比較式、ワイルドカードが指定できます。

利用例 1 条件に合う唯一の値を検索する① DGET

sec74_1

メモ 1件も該当しない場合は「#VALUE!」エラーになる

DGET関数では、条件によって、データが2件以上該当する場合は「#NUM!」エラーになりますが、1件も該当しない場合は「#VALUE!」エラーになります。

最長残業時間の残業時の主作業を検索します。

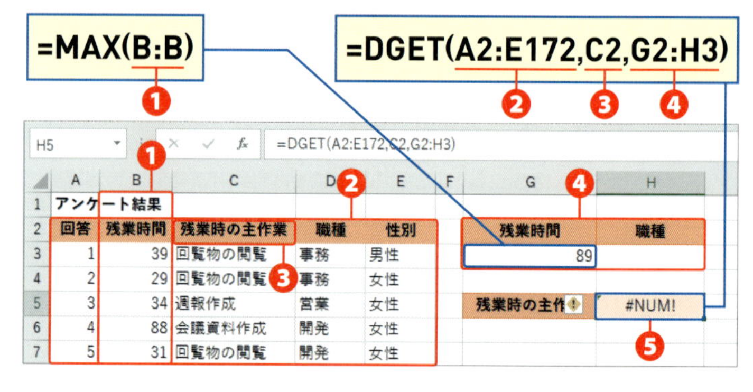

❶ MAX関数の［数値］にB列を指定し、残業時間の最大値を求めています。MAX関数は数値以外の文字列や空白を無視すること、B列には残業時間以外の数値は入らないことを前提に列単位で指定しています。

❷ DGET関数の［データベース］に、セル範囲［A2:E172］を指定します。

❸ ［フィールド名］には、検索したい値の列見出しのセル［C2］を指定します。

❹ ［条件］には、セル範囲［G2:H3］を指定します。

❺ 「#NUM!」エラーは、条件によって絞り込まれるデータが1件に絞れず、複数該当した場合に表示されます。ここでは、残業時間の「89」時間の回答が少なくとも2件はあることを示しています。

職種に条件を追加します。

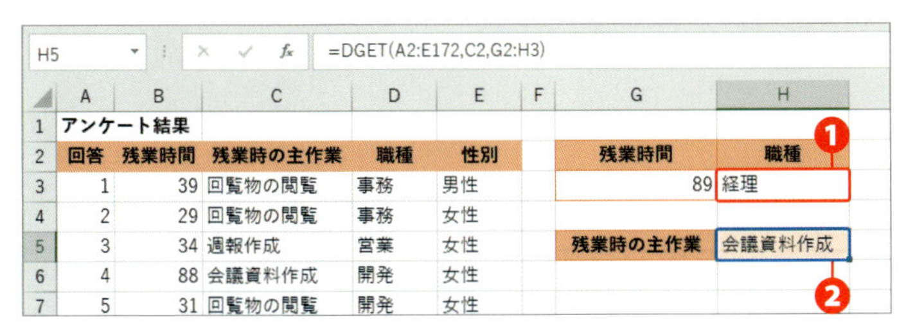

❶ 関数は変更しません。セル［H3］に「経理」と入力し、残業時間が「89」時間、かつ、職種が「経理」を条件とします。

❷ データが1件に絞られ、DGET関数の結果が表示されます。

利用例 2 条件に合う唯一の値を検索する② DGET

無塩バターの4月の売上が1個のときの日付と価格を検索します。

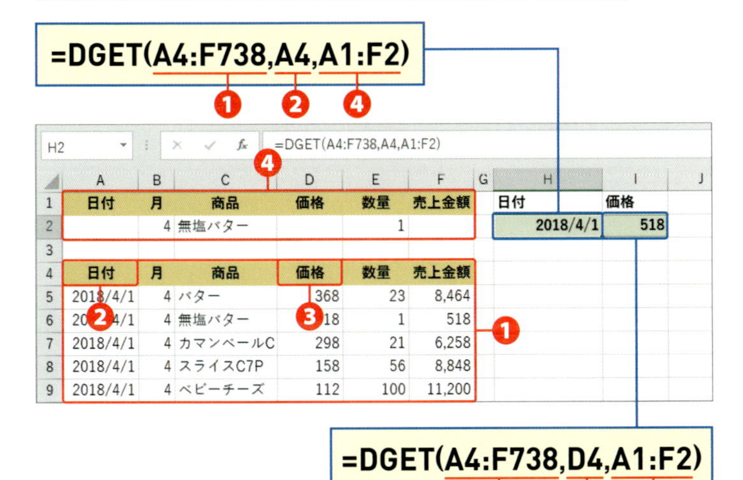

❶ ［データベース］にセル範囲［A4:F738］を指定します。

❷ 日付を検索するため、［フィールド名］にセル［A4］を指定します。

❸ 価格を検索するため、［フィールド名］にセル［D4］を指定します。

❹ ［条件］には、セル範囲［A1:F2］を指定します。

DGET関数で日付を検索すると、戻り値がシリアル値になるので、セルの表示形式を日付に変更します。

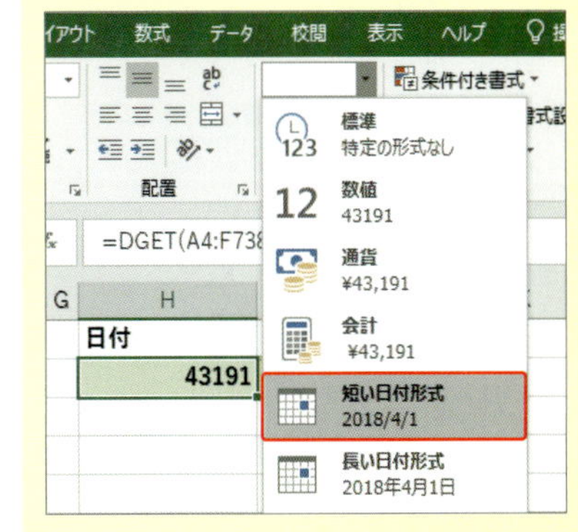

Section 75

表の行または列項目の位置を検索する

覚えておきたいキーワード
- MATCH
- 位置検索

行と列に見出しのある表では、行／列見出しをたどって交わる箇所の値を検索しますが、あらかじめ行見出しや列見出しが行／列項目内のどこにあるのかを調べておく必要があります。MATCH関数は、指定した見出しが行（列）項目内の先頭から何行目（何列目）にあるのかを検索します。

分類 検索／行列　対応バージョン 2010 2013 2016 2019

書式 **MATCH(検査値,検査範囲［,照合の種類］)**

キーワード MATCH

VLOOKUP関数（Sec.72）が値の検索を行うのに対し、MATCH関数は位置の検索を行います。［検査範囲］の先頭を1行目（列目）と数えるとき、［検査値］が［検査範囲］のどこにあるのかを検索します。

引数

［検査値］ ［検査範囲］で調べる値やセルを指定します。

［検査範囲］ ［検査値］を探すセル範囲を指定します。

［照合の種類］ 「1」「0」「－1」のいずれかを指定します。「1」と「－1」で検索する場合は、［検査範囲］を昇順／降順に並べておく必要があります。

照合の種類	検査値の探し方	並べ替え
0または省略	検査値と完全一致する値で位置検索	制約なし
1	検査値以下の最大値（近似値）で位置検索	昇順
－1	検査値以上の最小値（近似値）で位置検索	降順

利用例 1 指定した値が表の何行目にあるかを求める MATCH

サンプル sec75_1

メモ 先に見つかった位置を求める

MATCH関数では、［検査範囲］の先頭から検索を始め、先に見つかった位置を表示します。セル［F5］とセル［F9］はともに「46」ですが、先に見つかったセル［F5］の行位置が検索されます。

指定した桁数を取り出した各抽選番号が番号の何行目にあるかを調べます。

=MATCH(B5,$F$2:$F$9,0)
❶ ❷ ❸

C5　=MATCH(B5,$F$2:$F$9,0)

	A	B	C	D	E	F	G	H
1	抽選					番号	景品	
2	抽選番号	58446				66582	ゲーム機	
3						4419	ミキサー	
4	下桁数	抽選番号	位置	結果		128	500円買い物券	
5	5	58446	5			46	100円買い物券	
6	4	8446	6			58446	残念	
7	3	446	7			8446	残念	
8	2	46	4			446	残念	
9						46	残念	
10								
11								

第7章 表の値を検索する

❶ 「抽選番号」のセル [B5] を [検査値] に指定します。

❷ 当選番号と抽選番号を入力したセル範囲 [F2:F9] を、絶対参照で [検査範囲] に指定します。

❸ [検査値] に一致する位置を検索するため、[照合方法] は「0」を指定します。

> **ヒント 検索した位置にある景品を求める**
>
> MATCH関数で検索した位置を使って景品を表示するには、INDEX関数を利用します（Sec.76）。

利用例 2 位置検索を使って送料を求める　MATCH/VLOOKUP

6kgの荷物を関東に送るときの送料を求めます。

sec75_2

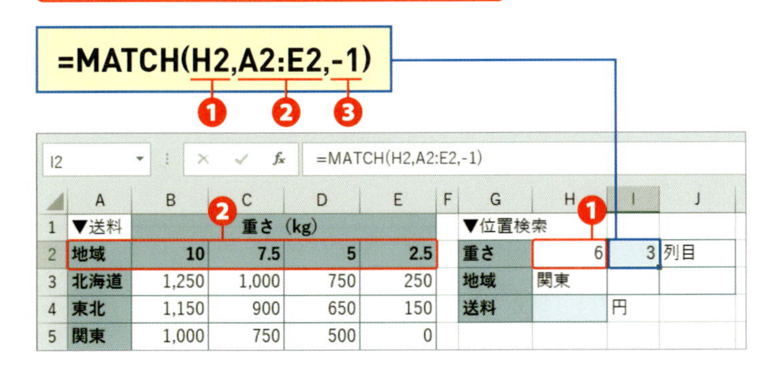

	A	B	C	D	E	F	G	H	I	J
1	▼送料		重さ（kg）				▼位置検索			
2	地域	10	7.5	5	2.5		重さ	6	3	列目
3	北海道	1,250	1,000	750	250		地域	関東		
4	東北	1,150	900	650	150		送料		円	
5	関東	1,000	750	500	0					

❶ 調べたい重さの入ったセル [H2] を [検査値] に指定します。

❷ 重さを入力したセル範囲 [A2:E2] を [検査範囲] に指定します。ここでは、先頭をセル [A2] とし、項目名も含めます。

❸ 指定した重さ以上の最小値を求めるので、照合方法には「－1」を指定します。

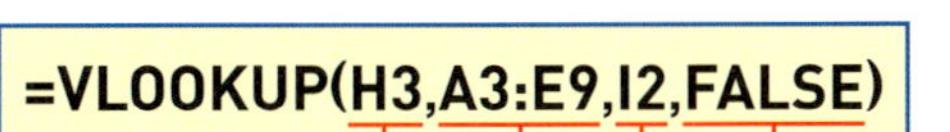

❶ ❷ ❸ ❹

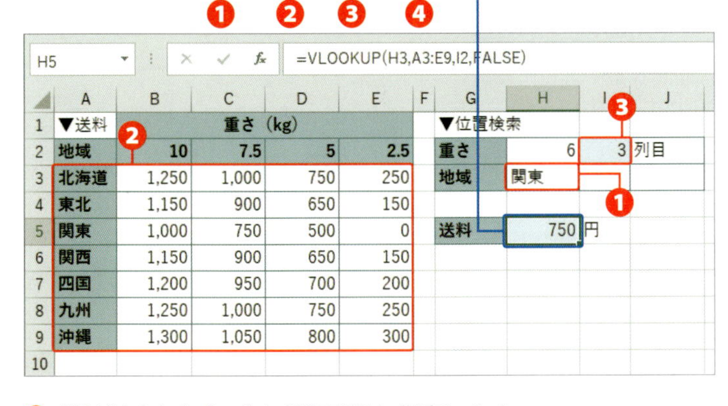

	A	B	C	D	E	F	G	H	I	J
1	▼送料		重さ（kg）				▼位置検索			
2	地域	10	7.5	5	2.5		重さ	6	3	列目
3	北海道	1,250	1,000	750	250		地域	関東		
4	東北	1,150	900	650	150					
5	関東	1,000	750	500	0		送料	750	円	
6	関西	1,150	900	650	150					
7	四国	1,200	950	700	200					
8	九州	1,250	1,000	750	250					
9	沖縄	1,300	1,050	800	300					
10										

❶ 「地域」のセル [H3] を [検索値] に指定します。

❷ 表のセル範囲 [A3:E9] を [範囲] に指定します。

❸ MATCH関数で求めた列位置のセル [I2] を [列番号] に指定します。

❹ [検索値] に一致する値を検索するので「FALSE」を指定します。

> **メモ 近似検索**
>
> 5kg-○○円の場合は、5kgまでが○○円で、5kgを超えたら7.5kgの料金になります。「6kg」の場合は、6kg以上で最も近い7.5kgの位置になります。表は降順に並べ、照合方法に「－1」を指定します。

> **メモ 検査範囲に含めるセル**
>
> 数値の位置を近似検索する場合、[検査範囲] をすべて数値にする必要はなく、文字列のセルを含めることができます。

> **メモ 位置検索をVLOOKUP関数に利用する**
>
> MATCH関数で求めた重さの列位置は、セル [A2] を1列目としているため、VLOOKUP関数の [列位置] にそのまま指定することができます。

Section 76

表の行と列の交点の値を検索する

覚えておきたいキーワード
- INDEX
- MATCH

INDEX関数を使うと、表の行見出しの位置と列見出しの位置を指定して、行／列の交点にある値を検索することができます。表の行見出しや列見出しの位置はMATCH関数で調べることができるため、INDEX関数は、しばしばMATCH関数と一緒に利用されます。

分類 検索／行列　対応バージョン 2010 2013 2016 2019

書式

INDEX(配列,行番号,列番号)

キーワード INDEX（配列方式）

INDEX関数には「セル範囲方式」と「配列方式」の2種類がありますが、本書では配列形式を紹介します。配列方式は、［配列］に指定した表の行見出しと列見出しの交点にある値を検索します。行見出しや列見出しは、［配列］の先頭から数えた位置を指定します。

メモ 「セル範囲方式」との違い

「セル範囲方式」も表の行と列の交点の値を求めますが、あらかじめ複数の表を引数に指定できる点が異なります。たとえば、表を3つ指定しておき、3番目の表の2行3列目の値を求めるという場合に利用します。表を1つだけ指定した場合は「配列方式」と同じです。

引数

［配列］　検索に使う表のセル範囲を指定します。

［行番号］　表の行見出しの位置を、数値や数値の入ったセルで指定します。［配列］が1行の場合は省略可能です。

［列番号］　表の列見出しの位置を、数値や数値の入ったセルで指定します。［配列］が1列の場合は省略可能です。

■INDEX関数の戻り値

INDEX関数は、［配列］に指定するセル範囲の先頭を1行1列とします。指定するセル範囲によって、同じ1行1列目の検索でも戻り値が異なります。INDEX関数では、検索対象のセル範囲を確認することが重要です。

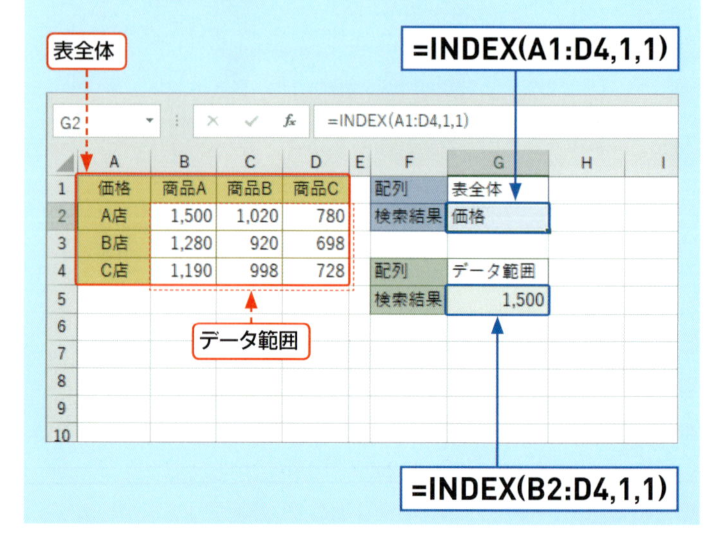

第7章 表の値を検索する

利用例 1 指定した行番号と列番号の交点の値を求める INDEX

2年3組の担任名を表示します。

=INDEX(B3:E5,G2,H2)

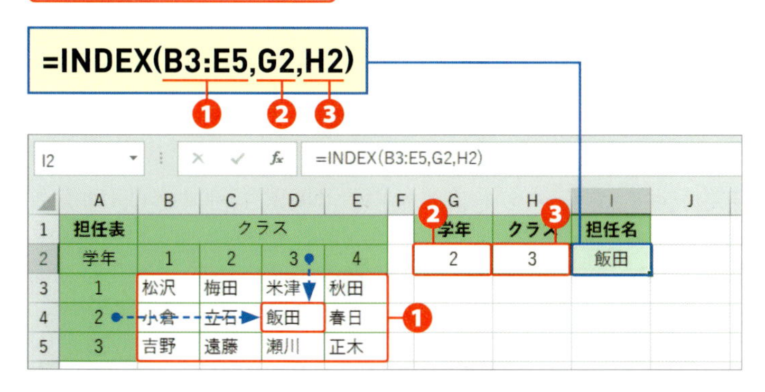

❶ 担任表のセル範囲 [B3:E5] を [配列] に指定します。

❷ 学年のセル [G2] を [行番号] に指定します。

❸ クラスのセル [H2] を [列番号] に指定します。

サンプル sec76_1

ヒント [配列] に項目名を含めた場合

INDEX関数の [配列] にセル範囲 [A2:E5] のように学年とクラスを含めて指定した場合は、1行1列目がセル [A2] になります。この場合は、下のように [行番号] と [列番号] にそれぞれ1を足して調整します。

=INDEX(A2:E5,G2+1,H2+1)

利用例 2 抽選結果を表示する INDEX/MATCH

MATCH関数で調べた行位置に対応する抽選結果を表示します。

=INDEX($F$2:$G$9,C5,2)

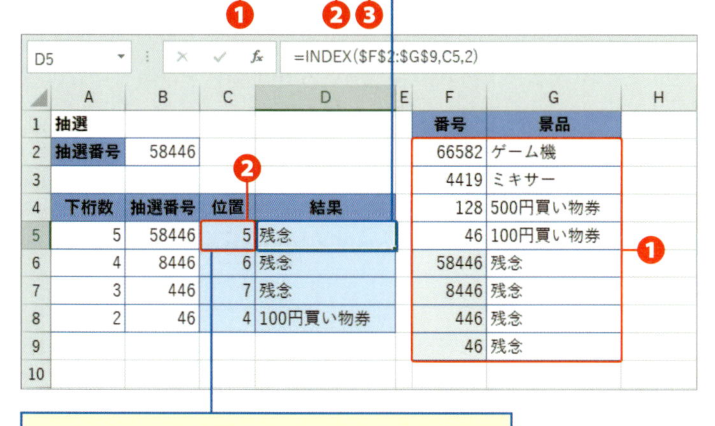

=MATCH(B5,$F$2:$F$9,0) (Sec.75)

❶ 「景品」のセル範囲 [F2:G9] を、絶対参照で [配列] に指定します。セル [F2] は [配列] の1行1列目です。

❷ MATCH関数で求めた抽選結果の行位置を、INDEX関数の [行番号] に指定します。

❸ 「景品」を表示するため、[列番号] は「2」を指定します。

サンプル sec76_2

ヒント 各桁数の抽選番号

RIGHT関数を利用し、もとの抽選番号から指定した桁数を取り出して、当選番号と照合する抽選番号を作成しています（Sec.59 利用例3）。

Section 77

検索したデータ行を表示する

覚えておきたいキーワード
- OFFSET
- INDEX
- MATCH

値の検索といえばVLOOKUP関数ですが、表の左端列で検索して、2列目以降の値を検索するのがルールです。このため、検索列の左側は検索できないのが難点です。検索の列位置を気にせずに値を検索するには、MATCH関数とOFFSET関数、MATCH関数とINDEX関数を利用します。

分類 検索 / 行列　対応バージョン 2010 2013 2016 2019

書式

OFFSET(参照,行数,列数[,高さ][,幅])
MATCH(検査値,検査範囲[,照合の種類])
INDEX(配列,行番号,列番号)

キーワード OFFSET

[参照]に指定したセルを0行0列目の始点とし、[行数]と[列数]をずらした位置にあるセルを参照します。[高さ]と[幅]を指定すると、[参照]から[行数]と[列数]でずらした位置を始点とする行の高さと列の幅を持つセル範囲を参照します。

引数

[参照] 0行0列目となる始点のセルを指定します。

[行数] [参照]を0行目とする行数を整数で指定します。1以上は[参照]から下方向のセル、-1以下は上方向のセルに移動します。

[列数] [参照]を0列目とする列数を整数で指定します。1以上は[参照]から右方向のセル、-1以下は左方向のセルに移動します。

MATCH関数はSec.75、INDEX関数はSec.76をご覧ください。

■OFFSET関数とINDEX関数の始点

OFFSET関数では[参照]に指定したセルを0行0列目とするのに対して、INDEX関数では[配列]に指定したセル範囲の先頭を1行1列目とします。下の図は、戻り値がセル[B2]の「1,500」になるようにしたOFFSET関数とINDEX関数です。0から始まるOFFSET関数の始点と、1から始まるINDEX関数の始点の違いを考慮して引数を指定する必要があります。

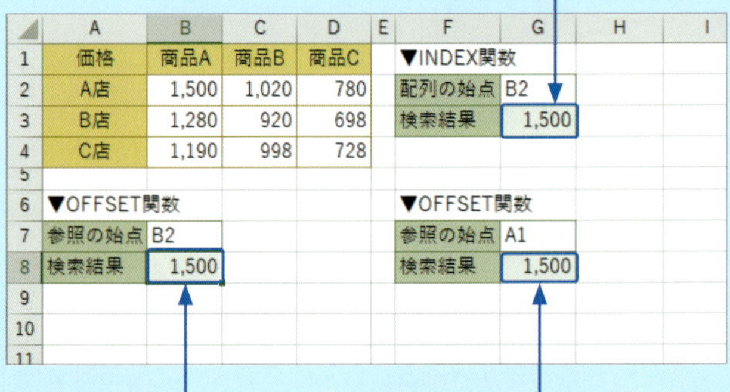

利用例 1 氏名に一致するデータ行を検索する① OFFSET/MATCH

MATCH関数で調べた行位置に対応するデータ行をOFFSET関数で検索します。

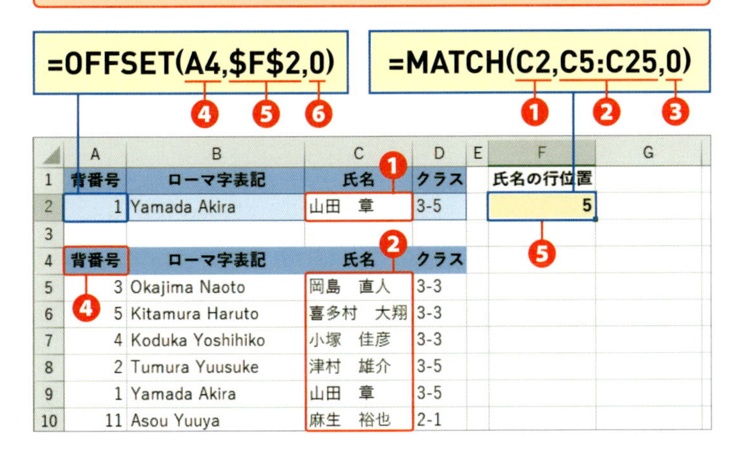

=OFFSET(A4,$F$2,0)　④ ⑤ ⑥

=MATCH(C2,C5:C25,0)　① ② ③

	A	B	C	D	E	F	G
1	背番号	ローマ字表記	氏名	クラス		氏名の行位置	
2	1	Yamada Akira	山田　章	3-5		5	
3							
4	背番号	ローマ字表記	氏名	クラス			
5	3	Okajima Naoto	岡島　直人	3-3			
6	5	Kitamura Haruto	喜多村　大翔	3-3			
7	4	Koduka Yoshihiko	小塚　佳彦	3-3			
8	2	Tumura Yuusuke	津村　雄介	3-5			
9	1	Yamada Akira	山田　章	3-5			
10	11	Asou Yuuya	麻生　裕也	2-1			

❶ 氏名のセル [C2] をMATCH関数の [検査値] に指定します。

❷ 氏名を入力したセル範囲 [C5:C25] を [検査範囲] に指定します。検査範囲の先頭のセル [C5] は1行1列目です。

❸ [検査値] に一致する位置を検索するため、[照合方法] は「0」を指定します。

❹ 背番号を検索するため、セル [A4] をOFFSET関数の [参照] に指定します。セル [A4] は0行0列目です。MATCH関数の1行1列目のセル [C5] よりも、1行上に始点を置いています。

❺ [行数] にMATCH関数で検索した行位置のセル [F2] を絶対参照で指定します。

❻ [列数] は、背番号の列を検索するため、[参照] と同じ列の「0」を指定します。

=OFFSET(A5,$F$2-1,0)　⑦ ⑧

	A	B	C	D	E	F	G
1	背番号	ローマ字表記	氏名	クラス		氏名の行位置	
2	1	Yamada Akira	山田　章	3-5		5	
3							
4	背番号	ローマ字表記	氏名	クラス			
5	3	Okajima Naoto	岡島　直人	3-3			
6	5	Kitamura Haruto	喜多村　大翔	3-3			
7	4	Koduka Yoshihiko	小塚　佳彦	3-3			

❼ [参照] をセル [A5] と指定し、MATCH関数と同じ5行目を始点としています。ただし、セル [A5] は0行0列目です。

❽ MATCH関数で検索した行位置の始点は1行1列目と数えます。0行0列目のセル [A5] から5行分下に移動すると、6番目の値を検索してしまうため、1を引いて調整します。

サンプル sec77_1

メモ OFFSET関数のコピー

セル [A2] に入力したOFFSET関数は、オートフィルでセル [B2] にコピーするとローマ字表記の値が検索されます。また、セル [A2] をコピーし、セル [D2] に貼り付けると、クラスが検索されます。

ヒント 検索値の左側の値を検索する

VLOOKUP関数の場合、氏名を検索値とすると、氏名の右側にあるクラスは検索できますが、氏名の左側にある背番号やローマ字表記は検索できません。氏名を表の左端列に移動すれば検索できますが、表の構成は変えたくないことのほうが多いです。利用例のように、MATCH関数とOFFSET関数、もしくは、INDEX関数を使って検索すれば検索値の位置を気にする必要がなくなります。

利用例 2 氏名に一致するデータ行を検索する② INDEX/MATCH

サンプル sec77_2

メモ INDEX関数とMATCH関数

INDEX関数の［配列］とMATCH関数の［検査範囲］はともに、指定したセル範囲の先頭を1行1列目とします。1行ずらして指定するといった調整は必要ありません。

MATCH関数で調べた行位置に対応するデータ行をINDEX関数で検索します。

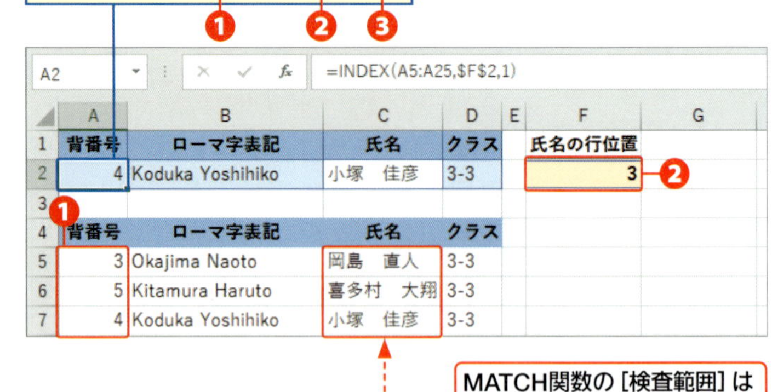

❶ 背番号のセル範囲［A5:A25］を［配列］に指定します。［配列］の先頭のセル［A5］は1行1列目です。

❷ MATCH関数で求めた行位置［F2］を絶対参照で［行番号］に指定します。

❸ 同じ列を検索するので［列番号］は「1」を指定します。

サンプル sec77_3

メモ ［列番号］に「0」を指定した場合

INDEX関数の［列番号］に「0」を指定すると、指定した［配列］の行データ全体が検索されます。その場合、データ行を一度に表示できるように、検索結果を表示する範囲をドラッグで選択し、配列数式で入力します。

配列数式を使ってデータ行をまとめて検索します。

❶ セル範囲［A5:D25］を［配列］に指定します。

❷ MATCH関数で求めた行位置のセル［G2］を［行番号］に指定します。

❸ データ行を検索するため、［列番号］に「0」を指定し、Ctrl と Shift を押しながら Enter を押して、配列数式で入力します。

Chapter 08

第8章

文字データを操作する

Section 78 文字データを操作する関数を利用するときの注意

覚えておきたいキーワード
- コピー／値の貼り付け

Excelには、セルに効率よく値を入力したり、すでに入力済みの文字列を整えたりするなど、表づくりに重宝する関数が多くあります。このうち、表の体裁を整える目的で関数を利用した場合は、必要に応じてコピー／値の貼り付けが必要です。

コピー／値の貼り付けが必要になる場合

コピー／値の貼り付けが必要になる場合とは、関数を使って表の体裁を整えたので、もとの値は必要なくなったというときです。むやみにもとの値を削除すると、「#REF!」エラーになります（Sec.11のP.58）。表面的には整った文字列に見えても、関数の戻り値に過ぎないためです。

	A	B	C	D	E	F
1	No	氏名	ローマ字表記	ローマ字表記	クラス	
2	1	赤澤　衛	Ａｋａｚａｗａ　Ｍａｍｏｒｕ	Akazawa Mamoru	1-1	
3	2	井口　俊介	Iguchi　Shunsuke	Iguchi Shunsuke	1-2	
4	3	恩田　渉	Onnda　Ｗａｔａｒｕ	Onnda Wataru	1-2	
5	4	小村　海人	Komura　Ｋａｉｔｏ	Komura Kaito	1-3	
6	5	佐藤　順平	Ｓａｔｏ　Ｊｕｎｎｐｅｉ	Sato Junnpei	1-3	
7	6	田中　穣	Tanaka　Ｙｕｚｕｒｕ	Tanaka Yuzuru	1-4	
8	7	塚田　裕樹	Ｔsukada　Hiroki	Tsukada Hiroki	1-5	
9						

サンプル sec78

メモ 文字列を操作する関数

文字列を操作する関数の多くは、＜数式＞タブの＜文字列操作＞に分類されていますが、ほかにも、情報関数や検索／行列関数にも文字列を操作する関数があります。

関数の入ったセルをコピーし、値として貼り付けます。

1 関数を入力したセル範囲［D2:D8］をドラッグし、

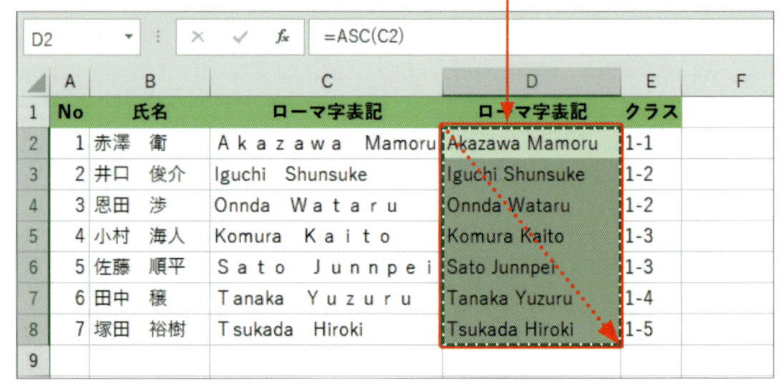

	A	B	C	D	E	F
1	No	氏名	ローマ字表記	ローマ字表記	クラス	
2	1	赤澤　衛	Ａｋａｚａｗａ　Ｍａｍｏｒｕ	Akazawa Mamoru	1-1	
3	2	井口　俊介	Iguchi　Shunsuke	Iguchi Shunsuke	1-2	
4	3	恩田　渉	Onnda　Ｗａｔａｒｕ	Onnda Wataru	1-2	
5	4	小村　海人	Komura　Ｋａｉｔｏ	Komura Kaito	1-3	
6	5	佐藤　順平	Ｓａｔｏ　Ｊｕｎｎｐｅｉ	Sato Junnpei	1-3	
7	6	田中　穣	Ｔanaka　Ｙｕｚｕｒｕ	Tanaka Yuzuru	1-4	
8	7	塚田　裕樹	Ｔsukada　Hiroki	Tsukada Hiroki	1-5	
9						

2 Ctrlを押しながらCを押してコピーします。

3 貼り付け先のセル[C2]を右クリックし、

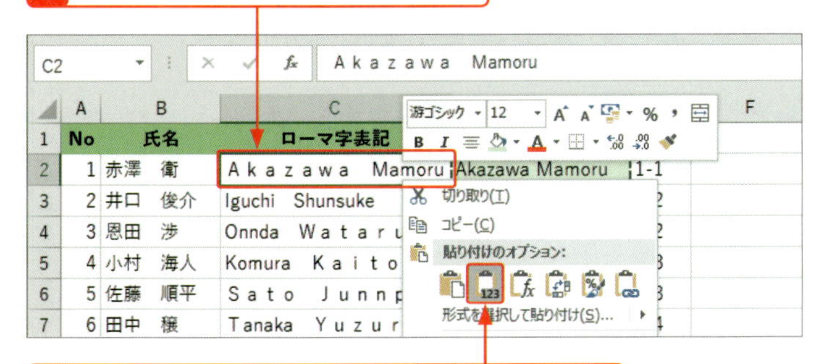

4 <貼り付けのオプション>の<値>をクリックします。

5 関数の戻り値が値として貼り付けられたことを確認したら、

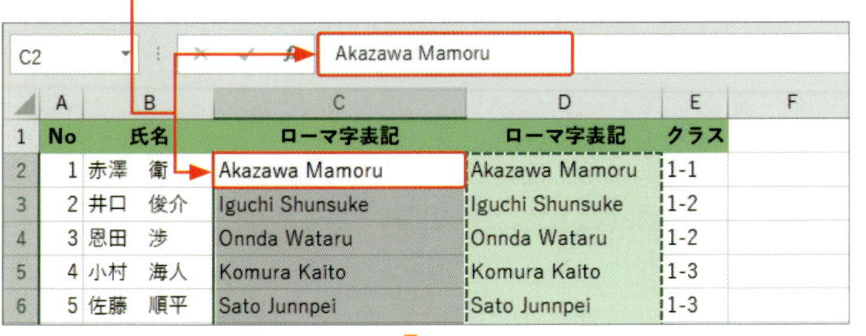

6 関数を入力したD列を右クリックして、<削除>をクリックします。

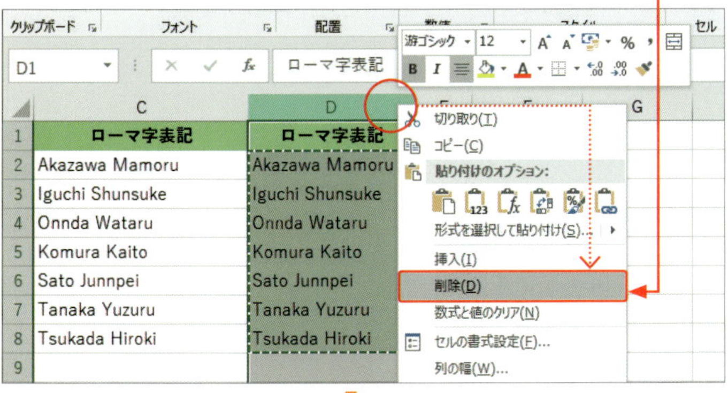

7 半角英数字に整った文字列になります。

メモ 別の場所に貼り付けて確認してもよい

手順**3**では、関数のコピーをもとの値の入っているセル範囲[C2:C8]に貼り付けています。手順**3**のように、いきなりもとの値のセルに貼り付けるのが不安な場合は、空いているセルなどに貼り付けることもできます。いずれにしても、手順**5**のように、値として貼り付けられたかどうかを確認することが重要です。

ヒント 値として貼り付ける方法

手順**3** **4**では、右クリックによる方法で紹介していますが、<ホーム>タブの<貼り付け>の▼をクリックし、一覧から<値>をクリックすることもできます。

Section 79 フリガナと郵便番号を自動で入力する

覚えておきたいキーワード
- PHONETIC
- フリガナ
- 郵便番号

PHONETIC関数を使うと、セルに入力されている文字列の、変換前の読みの情報を取り出せます。これにより、漢字に変換する前の氏名の読みを取り出して、フリガナを自動的に入力したり、住所に変換する前の入力情報を取り出して、郵便番号を自動的に入力したりすることができます。

分類 情報　対応バージョン 2010 2013 2016 2019

書式

PHONETIC（参照）

キーワード PHONETIC

PHONETIC関数は、指定したセルの読みの情報を全角カタカナや英数字で取り出します。ただし、読みの情報がない場合は取り出せません。

引数

[参照]　文字列の入ったセルやセル範囲を指定します。セル範囲を指定した場合は、各セルの読みの情報を1つのセルにまとめて表示します。

利用例 1 氏名をもとにフリガナを自動入力する PHONETIC

サンプル sec79_1

ヒント 表を整える順番

右の表を見ると、氏名の姓と名の間の空白がバラバラです。氏名も整えたいし、フリガナも正しく表示したいというときは、フリガナの取り出しが先です。PHONETIC関数は、関数で整えた値からフリガナを取り出せません（右ページのメモ参照）。氏名を整える順番は、フリガナを取り出し、次に、フリガナを整形して、最後にフリガナのコピー／値の貼り付けを行って、値に変換したあとです（関数の戻り値を値にする方法はSec.78参照）。

セルに入力された氏名のフリガナを表示します。

=PHONETIC(C3)

	A	B	C	D	E	F
1	学校案内資料請求状況					
2	No	受付日	氏名	フリガナ	学年	面接希望
3	1	2018/9/1	江戸川　未来	エドガワ　ミキ	中3	○
4	2	2018/9/1	角田　裕翔	カクタ　ユウト	中1	○
5	3	2018/9/1	秋野 聡史	アキノ サトシ	中2	○
6	4	2018/9/2	杉本　亜美	スギモト　アミ	中3	
7	5	2018/9/2	北川　美野里	キタガワ　ミノリ	中3	○
8	6	2018/9/3	榎本　勇樹	エノモト　ユウキ	中3	
9	7	2018/9/3	佐藤　美穂	サトウ　ミホ	中3	
10	8	2018/9/3	塚本　孝	ツカモト　タカシ	高1	○
11	9	2018/9/3	吉川　優奈	ヨシカワ　ユウナ	中2	
12	10	2018/9/7	海老沢 一樹	エビサワ カズキ	高1	○

❶「氏名」のセル[C3]を[参照]に指定します。

利用例 2 フリガナの表記を整える PHONETIC/TRIM/JIS

フリガナに含まれる余分な空白を削除し、全角文字に統一します。

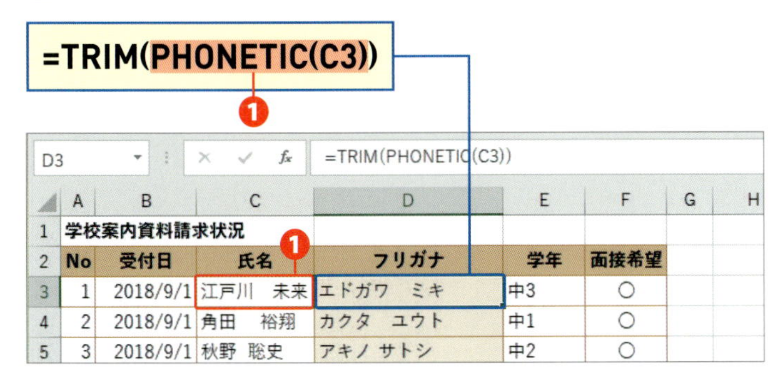

=TRIM(PHONETIC(C3))

D3 =TRIM(PHONETIC(C3))

	A	B	C	D	E	F	G	H
1	学校案内資料請求状況							
2	No	受付日	氏名	フリガナ	学年	面接希望		
3	1	2018/9/1	江戸川　未来	エドガワ　ミキ	中3	○		
4	2	2018/9/1	角田　裕翔	カクタ　ユウト	中1	○		
5	3	2018/9/1	秋野 聡史	アキノ サトシ	中2	○		

❶ TRIM関数の［文字列］に利用例 1 で取り出したフリガナを指定し、余分な空白を削除しています。

=JIS(TRIM(PHONETIC(C3)))

D3 =JIS(TRIM(PHONETIC(C3)))

	A	B	C	D	E	F	G	H
1	学校案内資料請求状況							
2	No	受付日	氏名	フリガナ	学年	面接希望		
3	1	2018/9/1	江戸川　未来	エドガワ　ミキ	中3	○		
4	2	2018/9/1	角田　裕翔	カクタ　ユウト	中1	○		
5	3	2018/9/1	秋野 聡史	アキノ　サトシ	中2	○		

❷ JIS関数の［文字列］に❶で余分な空白を削除したフリガナを指定し、全角カタカナに統一しています。

サンプル sec79_2

メモ 関数で整形した文字は指定できない

PHONETIC関数はセルの入力情報を取り出します。関数で整形した文字は入力情報ではないのでフリガナは取り出せません。下の図のように、TRIM関数で整形したセルをPHONETIC関数の［参照］に指定しても、何も表示されません。

=TRIM(C3)
TRIM関数で整形した氏名

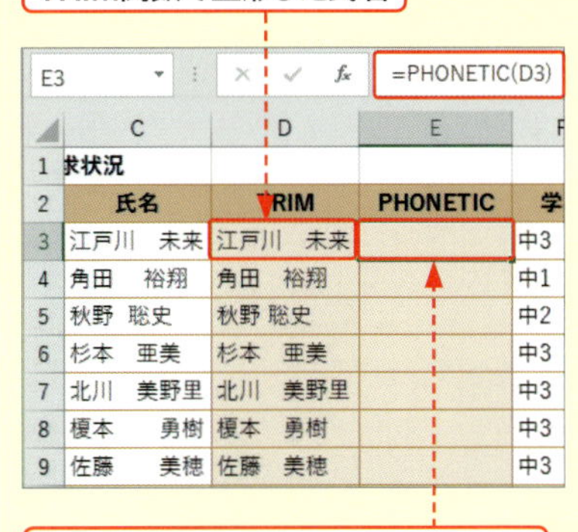

E3 =PHONETIC(D3)

	C	D	E	F
1	求状況			
2	氏名	TRIM	PHONETIC	学
3	江戸川　未来	江戸川　未来		中3
4	角田　裕翔	角田　裕翔		中1
5	秋野 聡史	秋野 聡史		中2
6	杉本　亜美	杉本　亜美		中3
7	北川　美野里	北川　美野里		中3
8	榎本　勇樹	榎本　勇樹		中3
9	佐藤　美穂	佐藤　美穂		中3

=PHONETIC(D3)
TRIM関数で整形した氏名からは何も取り出せません。

利用例 3 住所にフリガナを表示する PHONETIC

都道府県と住所のフリガナをまとめて表示します。

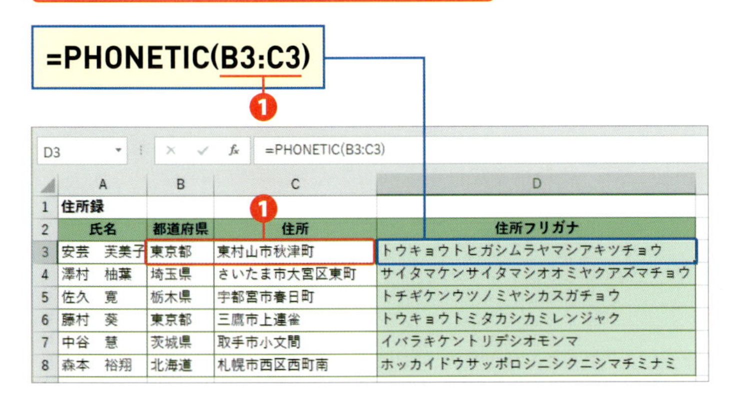

=PHONETIC(B3:C3)

D3 =PHONETIC(B3:C3)

	A	B	C	D
1	住所録			
2	氏名	都道府県	住所	住所フリガナ
3	安芸　芙美子	東京都	東村山市秋津町	トウキョウトヒガシムラヤマシアキツチョウ
4	澤村　柚葉	埼玉県	さいたま市大宮区東町	サイタマケンサイタマシオオミヤクアズマチョウ
5	佐久　寛	栃木県	宇都宮市春日町	トチギケンウツノミヤシカスガチョウ
6	藤村　葵	東京都	三鷹市上連雀	トウキョウトミタカシカミレンジャク
7	中谷　慧	茨城県	取手市小文間	イバラキケントリデシオモンマ
8	森本　裕翔	北海道	札幌市西区西町南	ホッカイドウサッポロシニシクニシマチミナミ

❶ 都道府県と住所のセル範囲［B3:C3］を［参照］に指定します。

サンプル sec79_3

メモ セル範囲を指定した場合のフリガナの表示

引数にセル範囲を指定した場合は、セル範囲の先頭から順番にフリガナを表示します。

利用例 4 住所をもとに郵便番号を自動入力する PHONETIC/ASC

サンプル sec79_4

メモ 郵便番号変換を利用した住所

郵便番号変換を利用した住所とは、下の図のように、日本語入力オンの状態で、ハイフン付きの郵便番号を変換して入力した住所のことです。住所を直接入力した場合は、利用例3のように、住所のフリガナを取り出します。

日本語オンで、ハイフン付きの郵便番号を入力します。テンキーで入力すると表示は半角になりますが、入力情報は全角文字です。

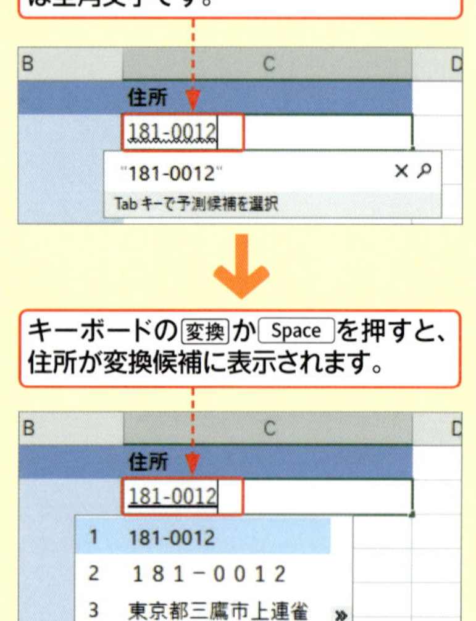

キーボードの［変換］か［Space］を押すと、住所が変換候補に表示されます。

郵便番号変換で入力した住所から郵便番号を取り出します。

=PHONETIC(C2)

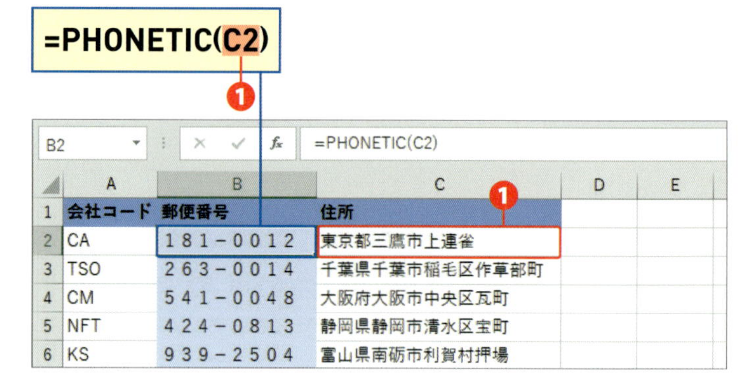

	A	B	C	D	E
1	会社コード	郵便番号	住所		
2	CA	１８１－００１２	東京都三鷹市上連雀		
3	TSO	２６３－００１４	千葉県千葉市稲毛区作草部町		
4	CM	５４１－００４８	大阪府大阪市中央区瓦町		
5	NFT	４２４－０８１３	静岡県静岡市清水区宝町		
6	KS	９３９－２５０４	富山県南砺市利賀村押場		

❶ 郵便番号変換で入力した住所のセル[C2]を[参照]に指定します。

=ASC(PHONETIC(C2))

B2 =ASC(PHONETIC(C2))

	A	B	C	D	E
1	会社コード	郵便番号	住所		
2	CA	181-0012	東京都三鷹市上連雀		
3	TSO	263-0014	千葉県千葉市稲毛区作草部町		
4	CM	541-0048	大阪府大阪市中央区瓦町		
5	NFT	424-0813	静岡県静岡市清水区宝町		
6	KS	939-2504	富山県南砺市利賀村押場		

❷ ASC関数の[文字列]に❶で取り出した郵便番号を指定し、半角文字に統一しています。

ステップアップ もとの文字列がそのまま表示される場合

PHONETIC関数では、読みの情報がないために、もとの文字列をそのまま表示することがあります。そのときは、もとの文字列の入ったセルで［Shift］と［Alt］を押しながら［↑］を押すと、フリガナが表示される場合があります。

1 コピー／貼り付けした文字列などはPHONETIC関数を使ってもフリガナが表示されませんが、

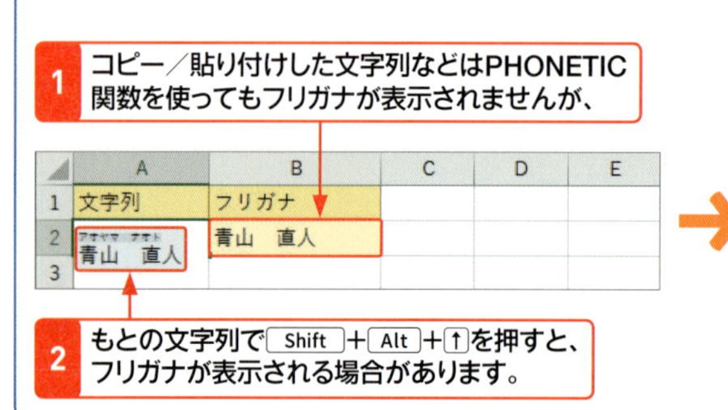

2 もとの文字列で［Shift］+［Alt］+［↑］を押すと、フリガナが表示される場合があります。

3 ［Enter］を押してもとの文字列のフリガナを確定すると、PHONETIC関数の結果にフリガナが表示されます。

B2 =PHONETIC(A2)

	A	B	C	D	E
1	文字列	フリガナ			
2	青山　直人	アオヤマ　ナオト			
3					

フリガナを別の文字種に変更する

PHONETIC関数で取り出される文字列は全角カタカナです。文字種を半角カタカナやひらがなにしたい場合は、次のように操作します。ポイントは、PHONETIC関数が参照しているもとの文字列の入ったセルでフリガナの文字種を変えることです。

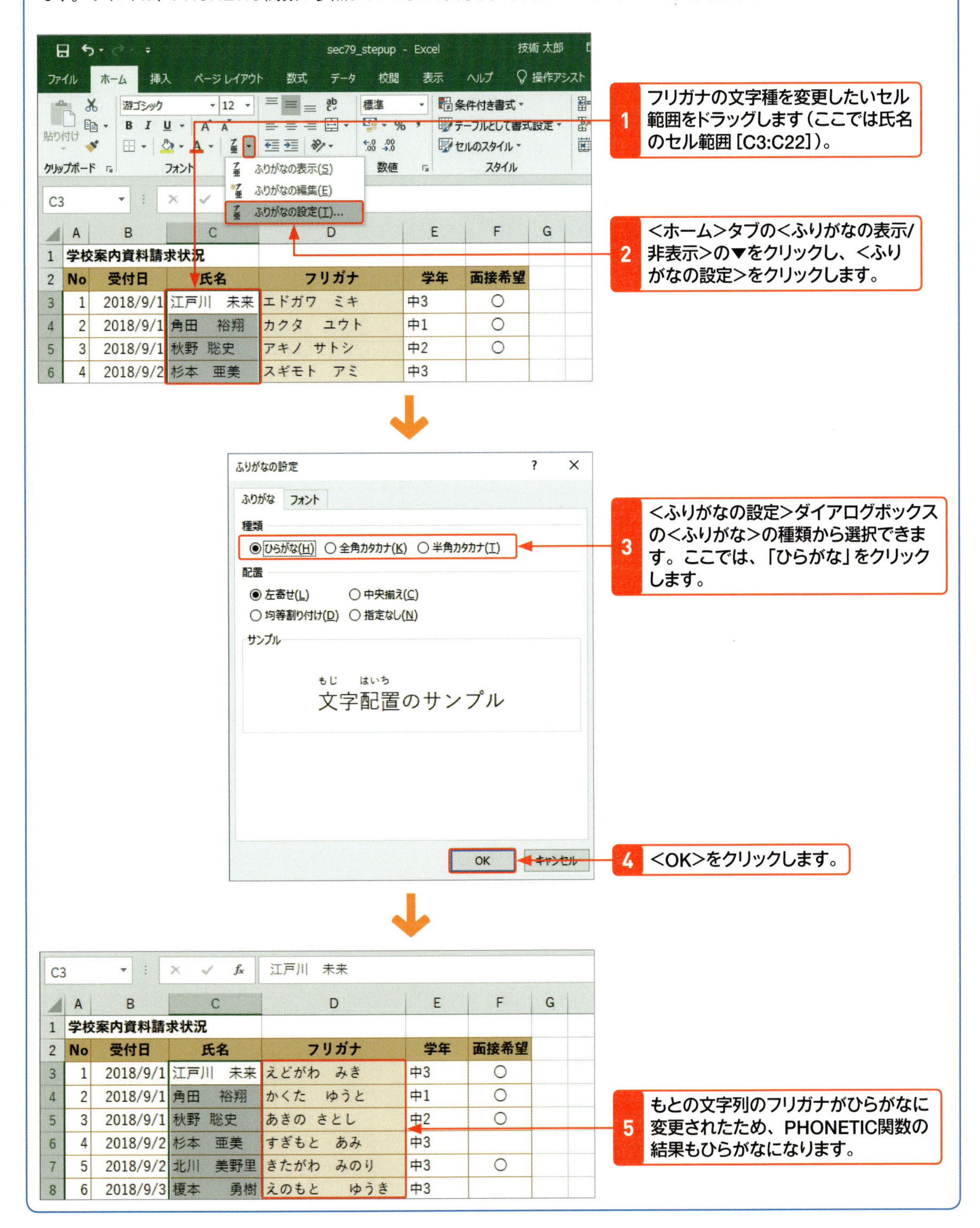

Section 80

曜日を自動で入力する

覚えておきたいキーワード
- TEXT
- 表示形式

TEXT関数は、計算に利用できる数値を、指定した書式の文字列に変換する機能を持ちます。たとえば、日付を、指定した書式の文字列に変換します。日付の書式といえば、2020/7/24、平成30年8月31日などさまざまですが、日付に対応する曜日の書式にも変換できます。

分類 文字列操作　対応バージョン 2010 2013 2016 2019

書式

TEXT (値,表示形式)

キーワード TEXT

計算に利用する数値を、指定した表示形式の文字列に変換します。「2018/9/1」という日付を「土」や「土曜日」といった曜日形式の文字列に変換したり、「1080」という数値を「税込1,080円」という表示形式の文字列に変換したりすることができます。

引数

[値]　数値や日付、時刻などの数値や数値の入ったセルを指定します。

[表示形式]　表示形式を「"(ダブルクォーテーション)」で囲んで指定します。表示形式は、<セルの書式設定>ダイアログボックスで利用されている書式記号を使います。引数に指定できる書式記号については、Sec.15を参照してください。

利用例 1 日付をもとに曜日を自動的に入力する　TEXT

サンプル sec80_1

メモ 曜日を表す書式記号

右図以外の曜日を表す書式記号は次のとおりです。

書式記号	表示例
aaaa	月曜日
ddd	Mon
dddd	Monday

申込受付日を使って、日付に対応する曜日を入力します。

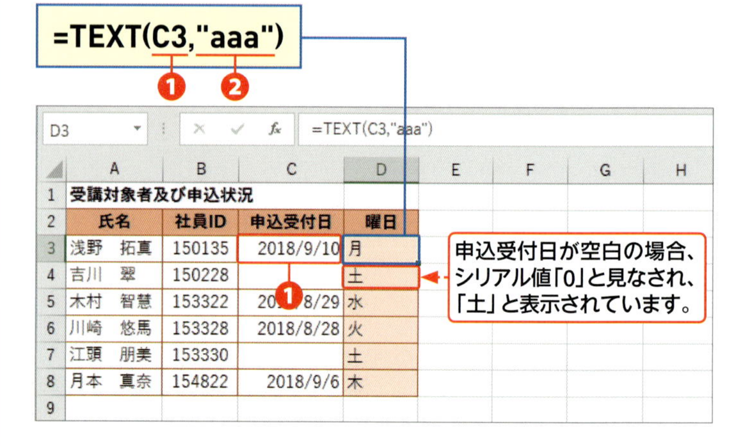

❶「申込受付日」が入った日付のセル[C3]を[値]に指定します。

❷[表示形式]に「"aaa"」と指定し、1文字の曜日形式で表示されるようにします。

利用例 2 日付が空白の場合は曜日も空白にする TEXT/IF

申込受付日が未入力の場合は、曜日に何も表示しないようにします。

=IF(C3="","",TEXT(C3,"aaa"))

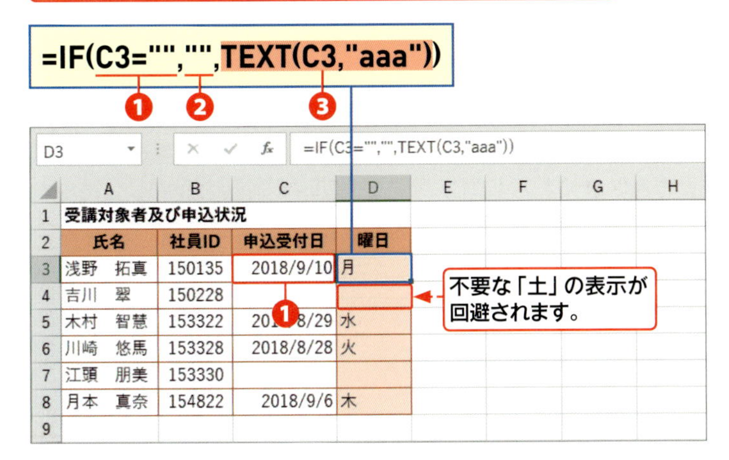

❶ IF関数の［論理式］に「C3=""」と入力し、申込受付日が空白かどうか判定しています。

❷ IF関数の［真の場合］に「""」を指定し、申込受付日が空白の場合は何も表示しないようにしています。

❸ IF関数の［偽の場合］にTEXT関数を指定し、申込受付日を1文字の曜日形式に変換しています。

サンプル sec80_2

メモ 関数の入力順序

関数は目的の優先順位の高い順に入力します。利用例の場合は、「日付を曜日形式の文字列にしたい」という主目的があり、TEXT関数を使いました。目的はほぼ達成できましたが、一部、不要な「土」が出てしまいました（利用例1）。「不要な「土」の表示を消したい」という新たな目的ができて、IF関数を組み合わせて不要な表示を消しています。

ヒント TEXT関数とセルの表示形式の違い

TEXT関数による曜日と、セルの表示形式で設定した曜日は、どちらも見た目は同じですが、大きく異なります。TEXT関数の戻り値は文字列であり、日付の表示形式は数値です。セル内の配置を変更しない限り、文字列は左詰めで表示されますし、日付の表示形式を曜日に変更した場合は、右詰めで表示されます。

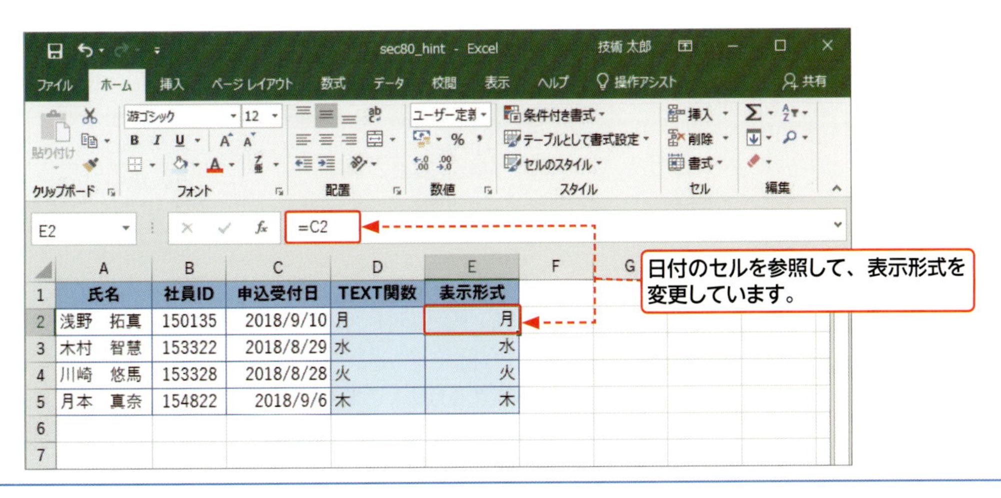

Section 81

連番を自動で入力する

覚えておきたいキーワード
- ROW
- ROWS
- COUNTA

1から順番に連番を振るには、連続する2つのセルに「1」と「2」を入力して範囲選択し、オートフィルでコピーするのが定番です。ただし、連番の途中の行を削除すると連番が崩れます。ここでは、関数を使って連番を作成し、途中の行を削除しても連番を維持するようにします。

分類 検索／行列　対応バージョン 2010 2013 2016 2019

書式

ROW（[参照]）
ROWS（配列）

引数

[参照]　セルまたはセル範囲を指定するか、省略します。

[配列]　セル範囲を指定します。

利用例 1 連番を振る　ROW

サンプル sec81_1

キーワード ROW

指定したセルの行番号を求めます。セル範囲を指定した場合は、セル範囲の先頭セルの行番号を求めます。引数を省略すると、ROW関数を入力したセルの行番号を求めます。

ROW関数を使ってNo欄に1から始まる連番を振ります。

=ROW()-2

A3　=ROW()-2

	A	B	C	D	E	F	G	H
1	学校案内資料請求状況							
2	No	受付日	氏名	学年	面接希望			
3	1	2018/9/1	江戸川　未来	中3	○			
4	2	2018/9/1	角田　裕翔	中1	○			
5	3	2018/9/1	秋野　聡史	中2	○			
6	4	2018/9/2	杉本　亜美	中3				
7	5	2018/9/2	北川　美野里	中3	○			
8	6	2018/9/3	榎本　勇樹	中3				
9	7	2018/9/3	佐藤　美穂	中3				
10	8	2018/9/3	塚本　孝	高1	○			
11	9	2018/9/3	吉川　優奈	中2				

❶ セル[A3]に引数を省略したROW関数を入力します。引数を省略すると、ROW関数を入力したセルの行番号が求められます。

❷ セル[A3]に入力したROW関数の戻り値は「3」です。1から始まる連番にするため、2を引いて調整します。

ROWS関数を使ってNo欄に1から始まる連番を振ります。

	A	B	C	D	E	F	G	H
1	学校案内資料請求状況							
2	No	受付日	氏名	学年	面接希望			
3	1	2018/9/1	江戸川　未来	中3	○			
4	2	2018/9/1	角田　裕翔	中1	○			
5	3	2018/9/1	秋野　聡史	中2	○			
6	4	2018/9/2	杉本　亜美	中3				

❶ [配列] にセル範囲 [$F$3:F3] と指定し、オートフィルでコピーするたびにセル範囲が1ずつ拡張し、行数が1ずつ増えるようにしています。

❷ 連番を振ったあと、行番号3を右クリックし、ショートカットメニューの<削除>をクリックして行を削除します。

A3　=ROWS($F$3:F3)

	A	B	C	D	E	F	G	H
1	学校案内資料請求状況							
2	No	受付日	氏名	学年	面接希望			
3	1	2018/9/1	角田　裕翔	中1	○			
4	2	2018/9/1	秋野　聡史	中2	○			
5	3	2018/9/2	杉本　亜美	中3				
6	4	2018/9/2	北川　美野里	中3	○			

❸ 連番が維持されます。

COUNTA関数を使ってNo欄に1から始まる連番を振ります。

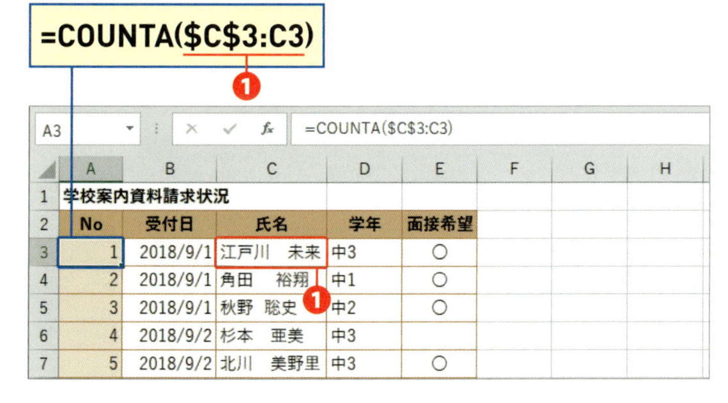

	A	B	C	D	E	F	G	H
1	学校案内資料請求状況							
2	No	受付日	氏名	学年	面接希望			
3	1	2018/9/1	江戸川　未来	中3	○			
4	2	2018/9/1	角田　裕翔	中1	○			
5	3	2018/9/1	秋野　聡史	中2	○			
6	4	2018/9/2	杉本　亜美	中3				
7	5	2018/9/2	北川　美野里	中3	○			

❶ 氏名のセルを利用して連番を作成しています。[値] にセル範囲 [$C$3:C3] と指定し、オートフィルでコピーするたびに、セル範囲が1つずつ拡張するようにしています。

sec81_2

ROWS

指定したセル範囲の行数を求めます。指定するセル範囲に値が入っていてもいなくてもROWS関数の結果に影響ありません。セル範囲の先頭のみ絶対参照で固定し、オートフィルでコピーするたびにセル範囲が1つずつ拡張するように指定すれば、行数が1ずつ増えます。

sec81_3

COUNTA関数による連番

COUNTA関数でも同様に連番を作成できますが、COUNTA関数は空白セルを数えないため、空白セルのないセル範囲を指定する必要があります。

メモ

行の削除による連番の維持

利用例では、ROWS関数で行を削除する例を紹介していますが、ROW関数、COUNTA関数の場合でも連番が維持されます。

Section 82 文字を半角または全角文字に整える

覚えておきたいキーワード
- ASC
- JIS
- 文字列の整形

表内に全角文字と半角文字が混ざると、表の見栄えが悪くなったり、正しい集計ができなくなったりします。ASC関数やJIS関数を利用すると、文字列を半角文字や全角文字に統一できます。統一後、もとの文字列が不要になった場合はSec.78を参照して、コピー／値の貼り付けを行ってください。

分類	文字列操作	対応バージョン	2010 2013 2016 2019

書式

ASC(文字列)
JIS(文字列)

ASC／JIS

ASC関数は、全角文字を半角文字に変換し、JIS関数は半角文字を全角文字に変換します。なお、ASC関数に漢字やひらがなを指定した場合は、もとの漢字とひらがなをそのまま表示します（右下図参照）。

引数

[文字列] 文字列や文字列の入ったセルを指定します。文字列を直接引数に指定する場合は、文字列の前後を「"（ダブルクォーテーション）」で囲みます。また、指定できるセルは1つだけです。

■文字種の変換

さまざまな文字列に対するASC関数とJIS関数の戻り値は次のとおりです。ASC関数では、半角文字が存在しない漢字やひらがなを指定してもエラーにならず、全角文字のまま表示されます。また、両関数ともに、数値や論理値が指定された場合は、半角／全角の文字列に変換します。

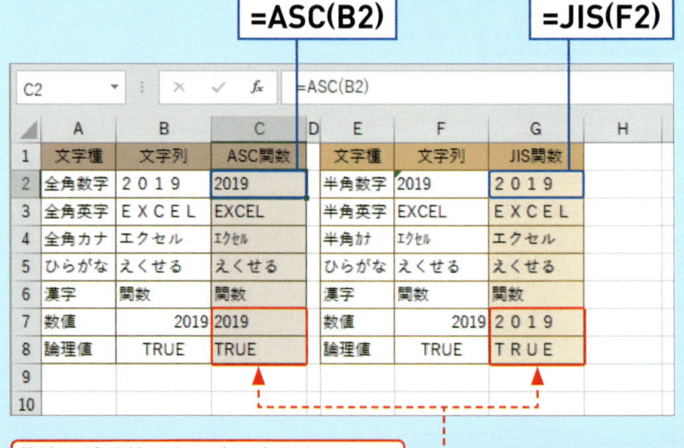

	A	B	C	D	E	F	G	H
1	文字種	文字列	ASC関数		文字種	文字列	JIS関数	
2	全角数字	２０１９	2019		半角数字	2019	２０１９	
3	全角英字	ＥＸＣＥＬ	EXCEL		半角英字	EXCEL	ＥＸＣＥＬ	
4	全角カナ	エクセル	ｴｸｾﾙ		半角ｶﾅ	ｴｸｾﾙ	エクセル	
5	ひらがな	えくせる	えくせる		ひらがな	えくせる	えくせる	
6	漢字	関数	関数		漢字	関数	関数	
7	数値	2019	2019		数値	2019	２０１９	
8	論理値	TRUE	TRUE		論理値	TRUE	ＴＲＵＥ	
9								
10								

利用例 1 メールアドレスを半角文字に揃える ASC

全角文字が混在するユーザー名を使って半角のメールアドレスを作成します。

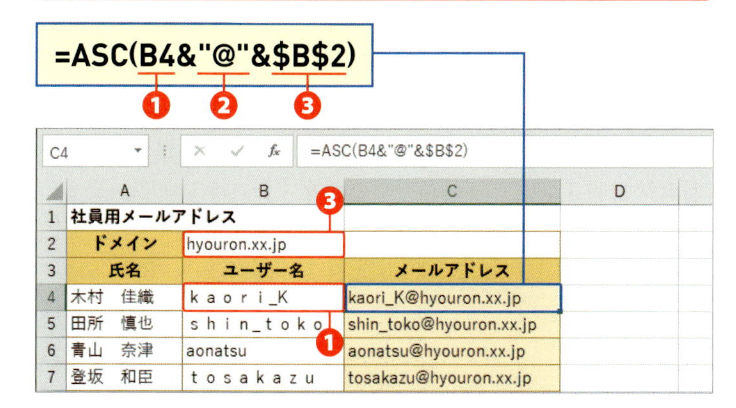

❶「ユーザー名」の入ったセル[B4]を指定します。

❷ メールアドレスの「@」を「"（ダブルクォーテーション）」で囲み、直接指定します。

❸「ドメイン」を入力したセル[B2]を絶対参照で指定します。

サンプル sec82_1

メモ 「&（アンパサンド）」で複数の文字列を1つにまとめる

「&」は、「&」の前後に指定した文字列やセルの値を連結します。ASC関数／JIS関数では、引数に指定できるセルは1つだけですが、「&」で連結することにより、ひと続きの文字列として認識されます。

利用例 2 明細表の半角文字を全角文字に揃える JIS

家計簿の「場所」に入力された文字を全角文字に揃えます。

=JIS(前!C3)

❶

C3 =JIS(前!C3)

10月第1週家計簿　▼スーパーで使った金額

日付	曜日	場所	金額
10/1	月	スーパー	2,345
10/1	月	コンビニ	1,140
10/1	月	スーパー	5,180
10/2	火	コンビニ	420

場所	合計金額
スーパー	19,125

前　後　操作用

❶「前」シートのセル[C3]を[文字列]に指定します。

サンプル sec82_2

メモ 文字種が異なると正しい集計ができない

Excelでは、全角と半角が異なるだけで別の値と認識します。人が見れば、「ｽｰﾊﾟｰ」も「スーパー」もまったく同じという認識ですが、Excelから見ると、2つは異なる値です。よって、スーパー（ｽｰﾊﾟｰ）で買い物した金額を合計したいと思っても、利用例2では、全角文字のスーパーしか集計されません。正しい集計をするには、文字種を統一することが大切です。

メモ 別シートで変換することもできる

ASC／JIS関数では、別のシートにある文字列を指定できます。ここでは、ワークシートをコピーして、表の枠組みを活用しています。

Section 83 英字を整える

覚えておきたいキーワード
- UPPER ／ LOWER
- PROPER
- 英字の整形

英字の大文字や小文字の混在は、見栄えが悪いだけでなく、集計や抽出を行う際のトラブルの原因にもなります。Excelでは大文字と小文字が異なるだけで別の値と認識するためです。関数を使って英字の体裁を整えましょう。もとの値が不要になった場合は、コピー／値の貼り付けを行います(Sec.78)。

分類 文字列操作　対応バージョン 2010 2013 2016 2019

書式

UPPER(文字列)
LOWER(文字列)
PROPER(文字列)

キーワード **UPPER／LOWER／PROPER**

UPPER関数は、指定した英字を大文字に、LOWER関数は英字を小文字に、PROPER関数は、英字を先頭だけ大文字に変換します。なお、3つの関数の[文字列]に英字以外の文字列を指定した場合は、もとの文字列のまま返します。

引数

[文字列] 文字列や文字列の入ったセルを指定します。文字列を直接引数に指定する場合は、文字列の前後を「"(ダブルクォーテーション)」で囲みます。なお、指定できるセルは1つだけです。

利用例 1 英字を小文字や大文字に整える　UPPER/LOWER

サンプル sec83_1

メモ **半角文字には揃わない**

UPPER関数、LOWER関数、PROPER関数では、半角文字には揃えません。もとの文字列が全角の英字の場合は、全角文字のまま表示されます。

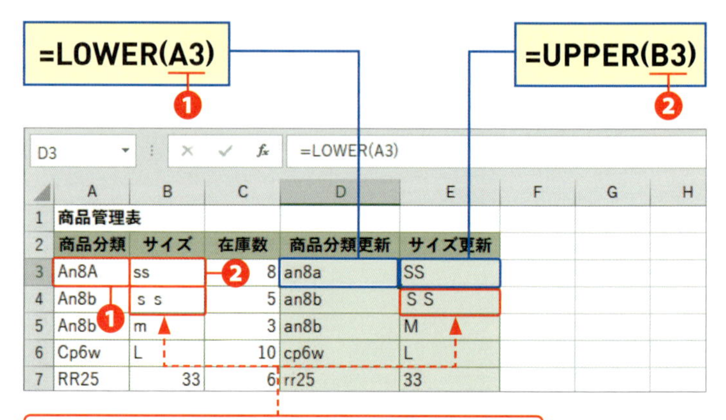

	A	B	C	D	E
1	商品管理表				
2	商品分類	サイズ	在庫数	商品分類更新	サイズ更新
3	An8A	ss	8	an8a	SS
4	An8b	ｓｓ	5	an8b	ＳＳ
5	An8b	m	3	an8b	M
6	Cp6w	L	10	cp6w	L
7	RR25	33	6	rr25	33

❶「商品分類」のセル[A3]をLOWER関数の[文字列]に指定します。

❷「サイズ」のセル[B3]をUPPER関数の[文字列]に指定します。

利用例 2 ローマ字の氏名を先頭だけ大文字に揃える PROPER

ローマ字表記の名字と名前の先頭文字だけ大文字にします。

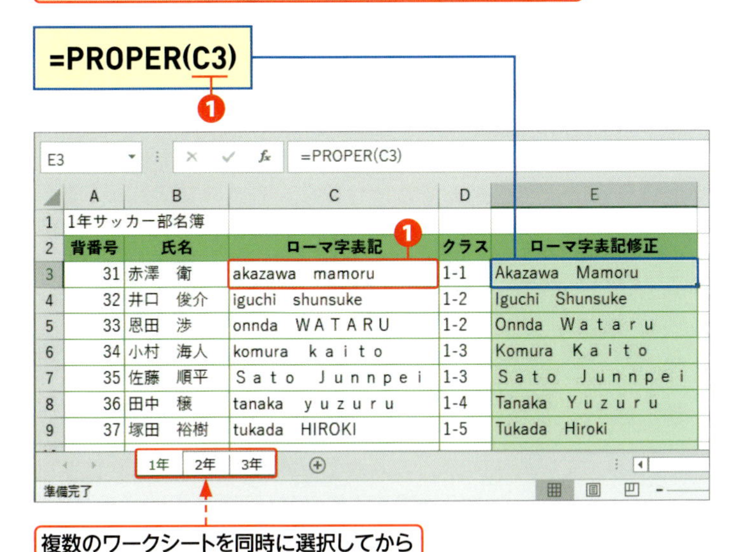

E3 =PROPER(C3)

	A	B	C	D	E
1	1年サッカー部名簿				
2	背番号	氏名	ローマ字表記	クラス	ローマ字表記修正
3	31	赤澤　衛	akazawa　mamoru	1-1	Akazawa　Mamoru
4	32	井口　俊介	iguchi　shunsuke	1-2	Iguchi　Shunsuke
5	33	恩田　渉	onnda　ＷＡＴＡＲＵ	1-2	Onnda　Ｗａｔａｒｕ
6	34	小村　海人	komura　ｋａｉｔｏ	1-3	Komura　Ｋａｉｔｏ
7	35	佐藤　順平	Ｓａｔｏ　Ｊｕｎｎｐｅｉ	1-3	Ｓａｔｏ　Ｊｕｎｎｐｅｉ
8	36	田中　穣	tanaka　ｙｕｚｕｒｕ	1-4	Tanaka　Ｙｕｚｕｒｕ
9	37	塚田　裕樹	tukada　HIROKI	1-5	Tukada　Hiroki

1年 2年 3年
準備完了

❶「ローマ字表記」のセル[C3]を[文字列]に指定します。

サンプル sec83_2

メモ 単語と単語の間にスペースを入れる

PROPER関数は、セル内の単語ごとに先頭文字を大文字に変換しますので、単語と単語の間にスペースを入れてください。

メモ 複数のワークシートを同時に選択して操作する

複数のワークシートを同時に選択してから関数を入力すると、まとめて入力できて効率的です。複数のワークシートを選択するには、先頭のシート見出しをクリックし、Shiftを押しながら、末尾のシート見出しをクリックするか、Ctrlを押しながら選択したいシート見出しをクリックします。同時選択を解除するには、同時選択したいずれかのシート見出しの上で右クリックし、<シートのグループ解除>をクリックします。

利用例 3 英字を揃えてから半角文字に統一する ASC/PROPER

ローマ字表記の氏名の英字を整えてから、半角文字に統一します。

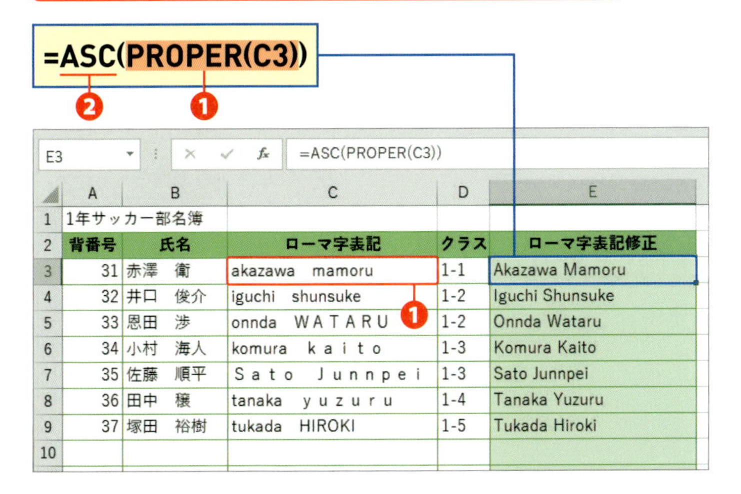

E3 =ASC(PROPER(C3))

	A	B	C	D	E
1	1年サッカー部名簿				
2	背番号	氏名	ローマ字表記	クラス	ローマ字表記修正
3	31	赤澤　衛	akazawa　mamoru	1-1	Akazawa Mamoru
4	32	井口　俊介	iguchi　shunsuke	1-2	Iguchi Shunsuke
5	33	恩田　渉	onnda　ＷＡＴＡＲＵ	1-2	Onnda Wataru
6	34	小村　海人	komura　ｋａｉｔｏ	1-3	Komura Kaito
7	35	佐藤　順平	Ｓａｔｏ　Ｊｕｎｎｐｅｉ	1-3	Sato Junnpei
8	36	田中　穣	tanaka　ｙｕｚｕｒｕ	1-4	Tanaka Yuzuru
9	37	塚田　裕樹	tukada　HIROKI	1-5	Tukada Hiroki
10					

❶ 利用例2と同様です。「ローマ字表記」のセル[C3]の文字列を先頭だけ大文字に整えています。

❷ ❶で得られた文字列をASC関数の[文字列]に指定し、半角文字に整えています。

サンプル sec83_3

ヒント 先にASC関数で半角に整えてもよい

利用例3は、ASC関数とPROPER関数を入れ替えても同様の結果が得られます。下の図では、先にASC関数で半角文字に整えてから、PROPER関数で先頭だけ大文字に整えています。

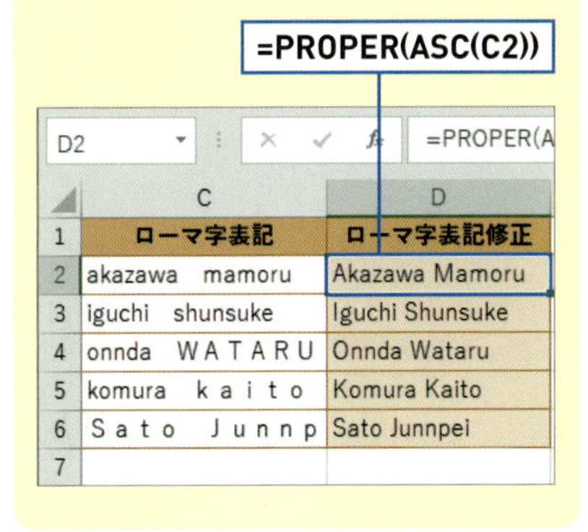

D2 =PROPER(A

	C	D
1	ローマ字表記	ローマ字表記修正
2	akazawa　mamoru	Akazawa Mamoru
3	iguchi　shunsuke	Iguchi Shunsuke
4	onnda　ＷＡＴＡＲＵ	Onnda Wataru
5	komura　ｋａｉｔｏ	Komura Kaito
6	Ｓａｔｏ　Ｊｕｎｎｐ	Sato Junnpei
7		

Section 84

余分な空白を削除する

覚えておきたいキーワード
- TRIM
- 余分な空白の削除
- 文字列の整形

データ入力の際、空白文字で見栄えを調整しているケースが少なくありません。セルに入力された余分な空白は、集計や抽出機能を使う際のトラブルの原因になります。TRIM関数で余分な空白を一掃しましょう。もとの文字列が不要になった場合は、Sec.78を参照してコピー／値の貼り付けを行います。

分類	文字列操作	対応バージョン	2010 2013 2016 2019

書式 TRIM (文字列)

キーワード TRIM

TRIM関数は、セル内の文字列と文字列の間に入力された空白文字を1つだけ残し、残りの余分な空白文字を削除します。

引数

[文字列] 文字列や文字列の入ったセルを指定します。文字列を直接引数に指定する場合は、文字列の前後を「"(ダブルクォーテーション)」で囲みます。なお、指定できるセルは1つだけです。

利用例 1 余分なスペースを削除する TRIM

サンプル sec84_1

メモ 余分な空白はトラブルのもと

Excelでは、「中3」と「　　　中3」は異なる値と認識され、正しい集計ができません。また、フィルター機能で「中3」を抽出する場合も「　　　中3」は抽出されません。データ入力をするときは、必要以上に Space を押さないように注意します。

メモ 文字列の末尾に入れた余分な空白も削除できる

TRIM関数は、文字列の前だけでなく後ろに入れた余分な空白も削除します。文字列の後ろに入った空白文字は見た目ではわからないので、余分な空白の有無に関わらず、TRIM関数を使って余分な空白を削除します。

右揃えに見せるために入力された余分なスペースを削除します。

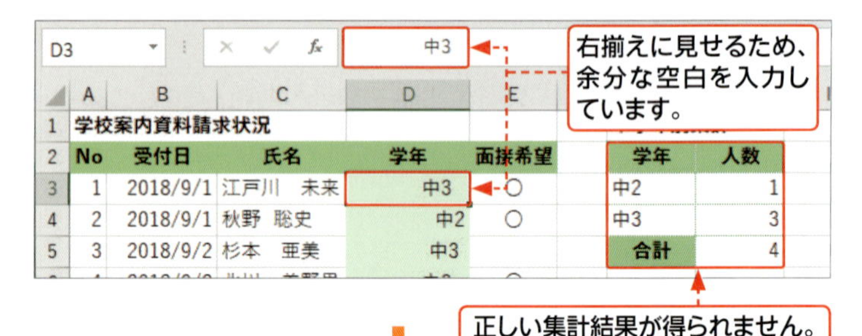

正しい集計結果が得られません。

=TRIM(前!D3)

集計結果が更新されます。

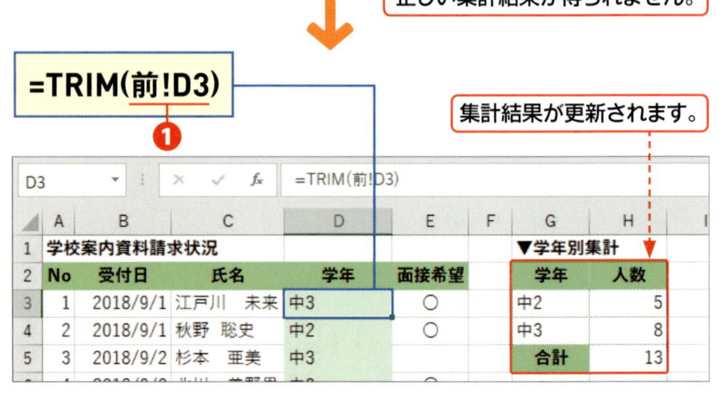

❶「前」シートの「学年」のセル[D3]を[文字列]に指定し、余分な空白文字を削除しています。

利用例 2 文字間の余分なスペースを削除する TRIM

氏名の姓と名の間の空白文字を1文字に整えます。

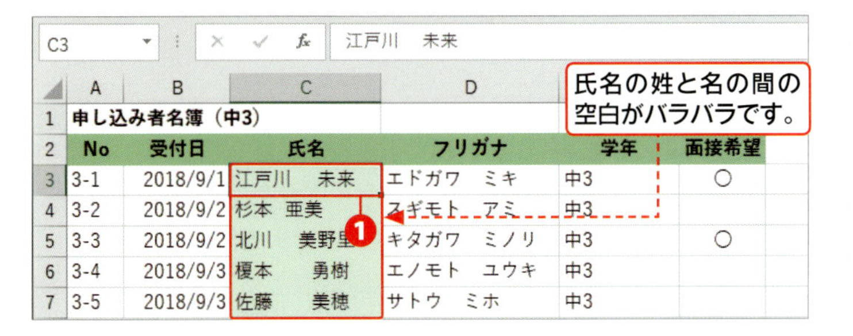

	A	B	C	D	E	F
1	申し込み者名簿（中3）					
2	No	受付日	氏名	フリガナ	学年	面接希望
3	3-1	2018/9/1	江戸川　　未来	エドガワ　ミキ	中3	○
4	3-2	2018/9/2	杉本 亜美	スギモト　アミ	中3	
5	3-3	2018/9/2	北川　　美野里	キタガワ　ミノリ	中3	○
6	3-4	2018/9/3	榎本　　勇樹	エノモト　ユウキ	中3	
7	3-5	2018/9/3	佐藤　　美穂	サトウ　ミホ	中3	

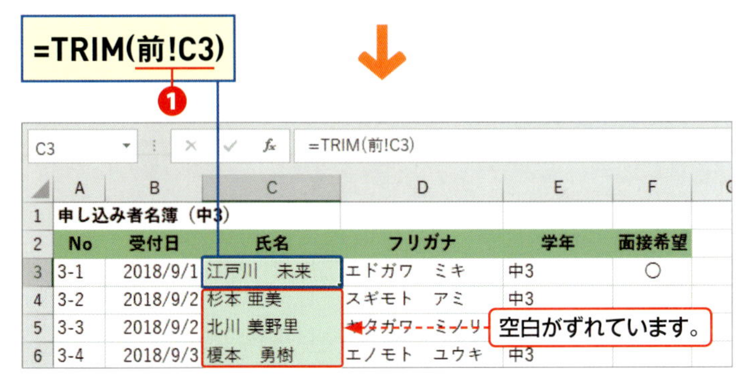

	A	B	C	D	E	F
1	申し込み者名簿（中3）					
2	No	受付日	氏名	フリガナ	学年	面接希望
3	3-1	2018/9/1	江戸川　未来	エドガワ　ミキ	中3	○
4	3-2	2018/9/2	杉本 亜美	スギモト　アミ	中3	
5	3-3	2018/9/2	北川 美野里	キタガワ　ミノリ	中3	
6	3-4	2018/9/3	榎本　勇樹	エノモト　ユウキ	中3	

❶「前」シートの「氏名」のセル[C3]を[文字列]に指定し、文字間に空白1文字を残して、余分な空白文字を削除しています。

サンプル sec84_2

メモ 文字間に残る空白スペース

文字と文字の間に2文字以上の空白がある場合は、最初の空白を残します。最初の空白が全角の場合は全角スペースが残り、半角の場合は半角スペースが残ります。セル[C4]とセル[C5]は他のセルと比べて詰まったように見えるのは半角スペースが残されたためです。半角2文字の空白を入れたり、半角、全角の順でスペースを入れたりしているのが原因です。

利用例 3 余分なスペースを削除し全角文字に統一する TRIM/JIS

氏名の姓と名の間の空白文字を1文字に揃え、全角文字に統一します。

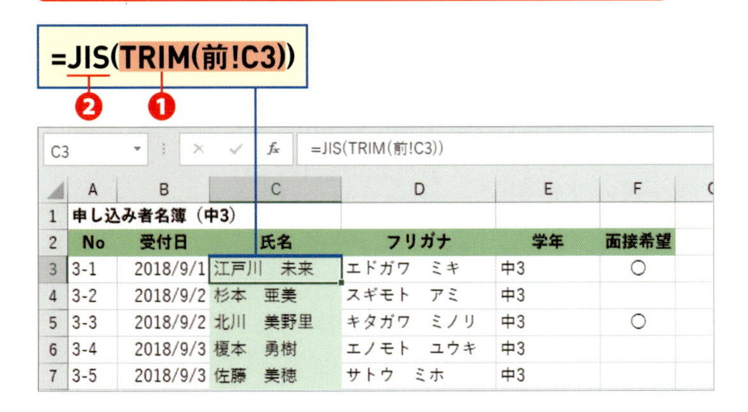

	A	B	C	D	E	F
1	申し込み者名簿（中3）					
2	No	受付日	氏名	フリガナ	学年	面接希望
3	3-1	2018/9/1	江戸川　未来	エドガワ　ミキ	中3	○
4	3-2	2018/9/2	杉本　亜美	スギモト　アミ	中3	
5	3-3	2018/9/2	北川　美野里	キタガワ　ミノリ	中3	○
6	3-4	2018/9/3	榎本　勇樹	エノモト　ユウキ	中3	
7	3-5	2018/9/3	佐藤　美穂	サトウ　ミホ	中3	

❶ 利用例2と同様です。文字間のスペースを1つ残して、残りの余分なスペースを削除します。

❷ ❶で得られた文字列をJIS関数の[文字列]に指定します。ここでは、半角スペースが全角に整えられます。

サンプル sec84_3

ヒント 先にJIS関数で全角に整えてもよい

利用例3のJIS関数とTRIM関数は、入れ替えても同様の結果になります。下の図では、先にJIS関数で全角文字に整えたあと、TRIM関数で余分な空白を削除しています。

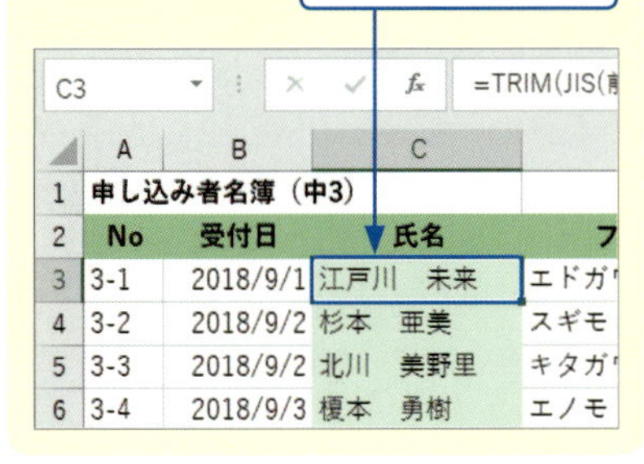

	A	B	C
1	申し込み者名簿（中3）		
2	No	受付日	氏名
3	3-1	2018/9/1	江戸川　未来
4	3-2	2018/9/2	杉本　亜美
5	3-3	2018/9/2	北川　美野里
6	3-4	2018/9/3	榎本　勇樹

Section 85

文字をつなげて新たな文字を作る

覚えておきたいキーワード
- CONCATENATE
- CONCAT
- TEXTJOIN

関数を使うと、個別に入力された文字列をつなげて1つのセルにまとめたり、指定した文字列を挟みながら文字列をつなげたりすることができます。都道府県と市町村などが個別に入力された住所を1つにまとめたり、姓と名のセルから氏名を作成したりすることができます。

分類	文字列操作	対応バージョン				
		CONCATENATE	2010	2013	2016	2019
		CONCAT/TEXTJOIN	2010	2013	2016	2019

書式

CONCATENATE(文字列1,文字列2,･･･)
CONCAT(テキスト1, テキスト2,･･･)
TEXTJOIN(区切り記号,空のセルは無視,テキスト1,テキスト2,･･･)

キーワード CONCATENATE

CONCATENATE関数は、引数に指定した順どおりに文字列を連結し、1つの文字列にまとめます。Excel 2016の一部とExcel 2019では、互換性関数に分類されています。

キーワード CONCAT

CONCAT関数は、CONCATENATE関数の後継です。引数に指定した順どおりに文字列を連結し、1つの文字列にまとめます。連結する文字列が連続するセルに入っているときは、セル範囲を指定することができます。

キーワード TEXTJOIN

TEXTJOIN関数は、指定した文字列と文字列の間に[区切り記号]で指定した文字列を挟みながら1つの文字列にまとめます。[区切り記号]となっていますが、記号だけでなく通常の文字列を指定することができます。

引数

[文字列] 文字列や文字列の入ったセルを指定します。文字列を直接引数に指定する場合は、文字列の前後を「"(ダブルクォーテーション)」で囲みます。文字列や文字列の入ったセルは、連結したい順に1つずつ指定します。

[テキスト] CONCAT関数とTEXTJOIN関数で利用します。CONCATENATE関数の[文字列]と同様ですが、セル範囲の指定もできます。

[区切り記号] TEXTJOIN関数で利用します。[テキスト]に指定した文字列と文字列の間に挟みながらつなげる文字列を指定します。文字列を直接引数に指定する場合は、文字列の前後を「"(ダブルクォーテーション)」で囲みます。

[空のセルは無視] TEXTJOIN関数で利用します。空白セルがあった場合に[区切り記号]を入れて連結するかどうかを論理値で指定します。空白セルは無視して区切り文字を入れないときは「TRUE」、空白セルがあっても区切り文字を入れながらつなげるときは、「FALSE」を指定します。

利用例 1 住所を1つのセルにまとめる CONCATENATE/CONCAT

CONCATENATE関数を使って住所を1つのセルにまとめます。

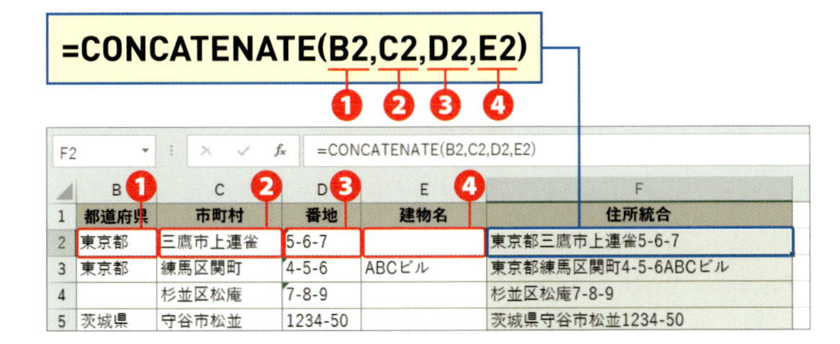

❶「都道府県」のセル[B2]を[文字列1]に指定します。

❷「市町村」のセル[C2]を[文字列2]に指定します。

❸「番地」のセル[D2]を[文字列3]に指定します。

❹「建物名」のセル[E2]を[文字列4]に指定します。

CONCAT関数を使って住所を1つのセルにまとめます。

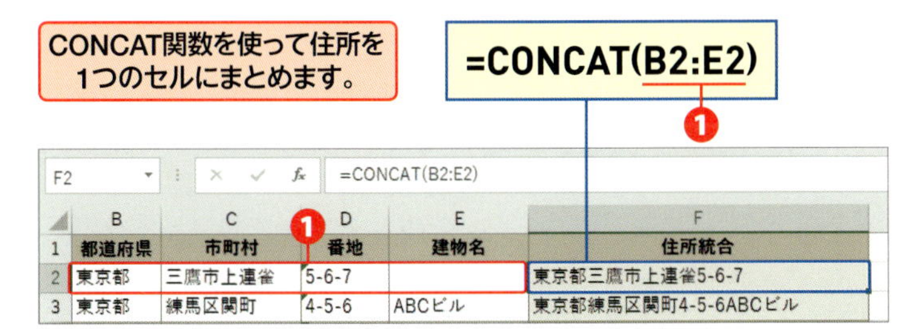

❶「都道府県」「市町村」「番地」「建物名」のセル範囲[B2:E2]を、[テキスト1]に指定しています。

建物名の前に空白を空けて住所を1つのセルにまとめます。

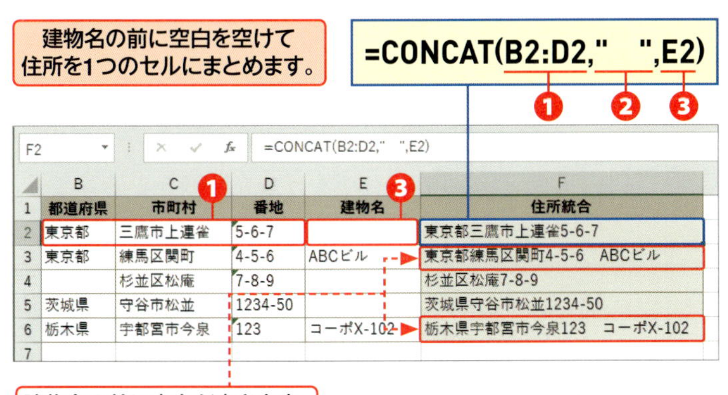

❶[テキスト1]に都道府県から番地までのセル範囲[B2:D2]を指定します。

❷[テキスト2]に「"　"」と指定し、建物名の前に空白文字をつなげています。

❸[テキスト3]に建物名のセル[E2]を指定します。

サンプル sec85_1

メモ 空白セルがある場合

CONCATENATE関数、CONCAT関数ともに、引数に空白セルがある場合は、次の文字列から連結されます。また、最後に連結する文字が空白セルの場合は、直前の文字列まで連結されます。

サンプル sec85_2

ヒント CONCATENATE関数で建物名の前に空白を入れる

CONCATENATE関数を使って建物名の前に空白を入れるには、次のように指定します。

=CONCATENATE(B2,C2,D2,"　",E2)

サンプル sec85_3

メモ 建物名がない場合

建物名がない場合は、見た目にはわかりませんが、全角スペースまでが連結されます。

利用例 2 姓と名から氏名を作成する CONCATENATE/TEXTJOIN

サンプル sec85_4

ヒント 文字列演算子を利用して文字を連結する

CONCATENATE関数やCONCAT関数の代わりに文字列演算子「&(アンパサント)」を利用して、文字列を連結することもできます。ただし「&」は関数ではないので、セルや数式バーに直接入力します。

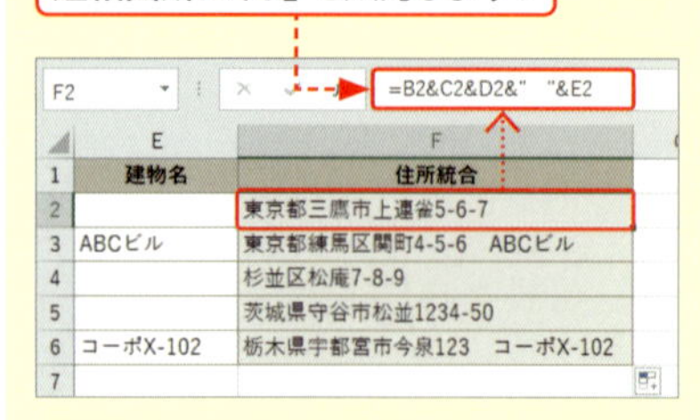

CONCATENATE関数を使って姓と名の間に1文字スペースを空けて氏名を作成します。

=CONCATENATE(A2,"　",B2)

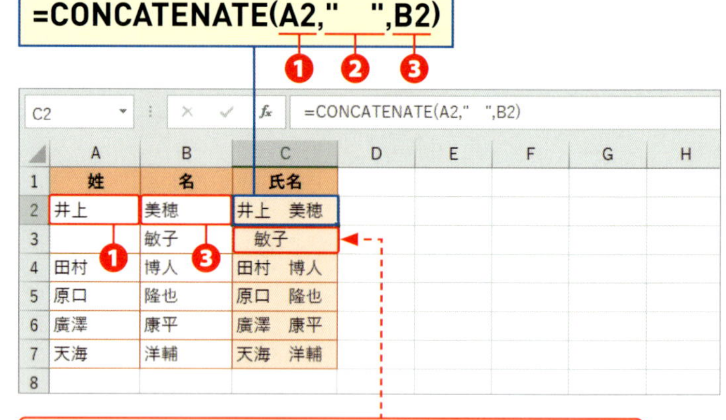

❶「姓」のセル[A2]を[文字列1]に指定します。

❷ 全角スペース「"　"」を[文字列2]に指定します。

❸「名」のセル[B2]を[文字列3]に指定します。

サンプル sec85_5

メモ [空のセルを無視]をFALSEにした場合

TEXTJOIN関数の[空のセルを無視]を「FALSE」にした場合は、全角の空白文字「"　"」が無視されずに連結され、CONCATENATE関数と同様の結果になります。

=TEXTJOIN("　",FALSE,A2:B2)

C2 =TEXTJOIN(

	A	B	C	D
1	姓	名	氏名	
2	井上	美穂	井上　美穂	
3		敏子	敏子	
4	田村	博人	田村　博人	
5	原口	隆也	原口　隆也	
6	廣澤	康平	廣澤　康平	
7	天海	洋輔	天海　洋輔	
8				

区切り文字の空白文字が連結されます。

TEXTJOIN関数を使って姓と名の間に1文字スペースを空けて氏名を作成します。

=TEXTJOIN("　",TRUE,A2:B2)

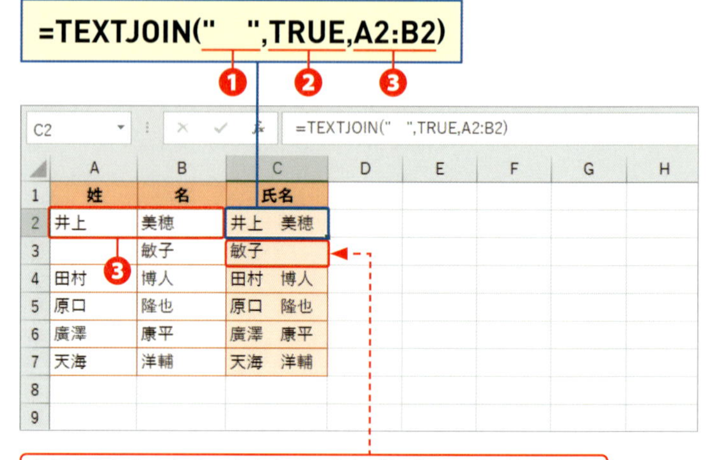

❶[区切り記号]に「"　"」を指定します。

❷[空のセルを無視]は「TRUE」を指定して、[テキスト]に指定したセルが空白の場合は、[区切り記号]を入れないようにします。

❸[テキスト1]に姓と名のセル範囲[A2:B2]を指定します。

利用例 3 ローマ字名と年齢を連結する CONCAT/TEXTJOIN

ローマ字表記の名と姓は半角の空白を空けて連結し、年齢の前に「 Age.」と入れて連結します。

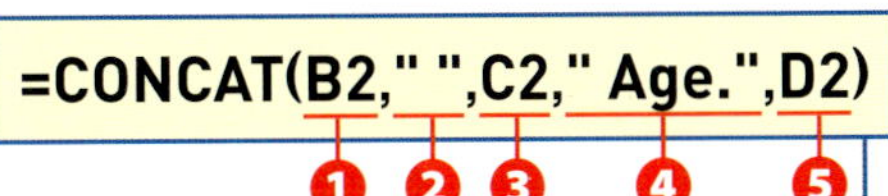

=CONCAT(B2," ",C2," Age.",D2)

	A	B	C	D	E
1	氏名	ローマ字名	ローマ字姓	年齢	ローマ字名（年齢）
2	山田　章	Akira	Yamada	13	Akira Yamada Age.13
3	津村　雄介	Yuusuke	Tumura	14	Yuusuke Tumura Age.14
4	岡島　直人	Naoto	Okajima	13	Naoto Okajima Age.13
5	小塚　佳彦	Yoshihiko	Koduka	15	Yoshihiko Koduka Age.15
6	喜多村　大翔	Haruto	Kitamura	13	Haruto Kitamura Age.13
7	向坂　篤史	Atushi	Sakisaka	15	Atushi Sakisaka Age.15
8	立花　亮	Tachibana	Ryou	13	Tachibana Ryou Age.13
9	田中　穣	Yuzuru	Tanaka	14	Yuzuru Tanaka Age.14
10	麻生　裕也	Yuuya	Asou	14	Yuuya Asou Age.14

❶「ローマ字名」のセル[B2]を[テキスト1]に指定します。

❷ 半角スペース「" "」を[テキスト2]に指定します。

❸「ローマ字姓」のセル[C2]を[テキスト3]に指定します。

❹「" Age."」を[テキスト4]に指定します。

❺ 年齢のセル[D2]を[テキスト5]に指定します。

サンプル sec85_6

メモ CONCAT関数の代わりにCONCATENATE関数を利用する

利用例3のように、連結したいセルが連続していても、セルとセルの間に文字列を挟む場合は、CONCAT関数でもセルと文字列を1つずつ順番に指定する必要があります。よって、関数名をCONCATENATEに変更しても同様の結果になります。

TEXTJOIN関数を使ってローマ字名と年齢を連結します。

=TEXTJOIN($B$1:$C$1,TRUE,B3:D3)

	A	B	C	D	E
1	区切り記号		Age.		
2	氏名	ローマ字名	ローマ字姓	年齢	ローマ字名（年齢）
3	山田　章	Akira	Yamada	13	Akira Yamada Age.13
4	津村　雄介	Yuusuke	Tumura	14	Yuusuke Tumura Age.14
5	岡島　直人	Naoto	Okajima	13	Naoto Okajima Age.13
6	小塚　佳彦	Yoshihiko	Koduka	15	Yoshihiko Koduka Age.15
7	喜多村　大翔	Haruto	Kitamura	13	Haruto Kitamura Age.13
8	向坂　篤史	Atushi	Sakisaka	15	Atushi Sakisaka Age.15
9	立花　亮	Tachibana	Ryou	13	Tachibana Ryou Age.13
10	田中　穣	Yuzuru	Tanaka	14	Yuzuru Tanaka Age.14

❶ [区切り記号]にセル範囲[B1:C1]を絶対参照で指定します。セル[B1]には半角スペース、セル[C1]には、「 Age.」と入力しています。

❷ [空のセルを無視]は「TRUE」を指定します。

❸ ローマ字名、ローマ字姓、年齢のセル範囲[B3:D3]を[テキスト1]に指定します（右のメモ参照）。

サンプル sec85_7

メモ 複数の区切り記号を連結したい場合

利用例3のように、複数の[区切り記号]を連結したい場合は、連結する順番に[区切り記号]を入力して範囲選択します。利用例3では、セル[B3]、セル[B1]、セル[C3]、セル[C1]の順に連結されます。

Section 86 文字を数える

覚えておきたいキーワード
- LEN
- LENB
- セル内の文字数

セル内の文字数を求めると、桁数の決まった番号が正しく入力できているかどうかを判定したり、入力された文字に全角と半角が混在しているかどうかを判定したりすることができます。

分類 文字列操作　対応バージョン 2010 2013 2016 2019

書式 LEN(文字列)
LENB(文字列)

キーワード LEN／LENB

LEN関数は、セル内の文字列を全角／半角に関係なく、1文字と数えます。LENB関数は半角1文字を1バイト、全角1文字を2バイトと数えます。

引数

[文字列] 文字列や文字列の入ったセルを指定します。文字列を直接引数に指定する場合は、文字列の前後を「"(ダブルクォーテーション)」で囲みます。なお、指定できるセルは1つだけです。

利用例 1 店舗IDの入力桁数を求める LENB

サンプル sec86_1

 ヒント その他の利用例

利用例1では、店舗IDの入力桁数を求めていますが、郵便番号や電話番号など入力桁数の決まっているデータなら同様に利用できます。そして、入力桁数を調べた結果、本来あるべき桁数にならなかった場合は、入力内容が誤っていると判断できます。

店舗IDの入力桁数を求めます。

=LENB(A2)

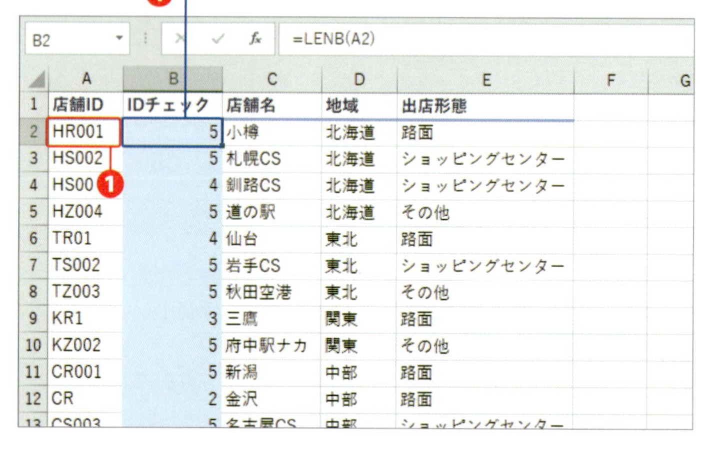
B2　=LENB(A2)

	A	B	C	D	E
1	店舗ID	IDチェック	店舗名	地域	出店形態
2	HR001	5	小樽	北海道	路面
3	HS002	5	札幌CS	北海道	ショッピングセンター
4	HS00	4	釧路CS	北海道	ショッピングセンター
5	HZ004	5	道の駅	北海道	その他
6	TR01	4	仙台	東北	路面
7	TS002	5	岩手CS	東北	ショッピングセンター
8	TZ003	5	秋田空港	東北	その他
9	KR1	3	三鷹	関東	路面
10	KZ002	5	府中駅ナカ	関東	その他
11	CR001	5	新潟	中部	路面
12	CR	2	金沢	中部	路面
13	CS003	5	名古屋CS	中部	ショッピングセンター

❶「店舗ID」のセル[A2]を[文字列]に指定します。

利用例 2 店舗IDの入力桁数をチェックする LENB/IF

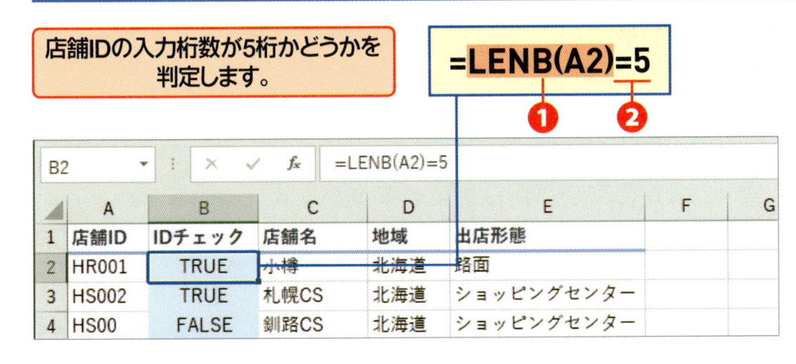

❶ 利用例1の式をそのまま利用します。店舗IDのセル[A2]の入力桁数を求めています。

❷ 店舗IDの入力桁数が5に等しいかどうか比較しています。

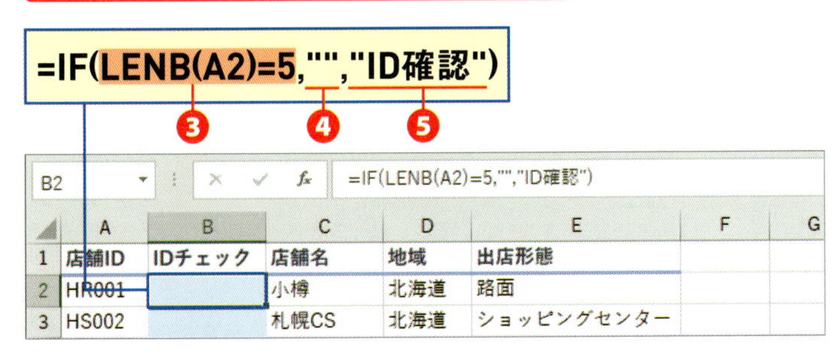

❸ ❶❷の比較式をそのままIF関数の[論理式]に指定します。

❹ [真の場合]は「""」を入力し、何も表示しないようにします。

❺ [偽の場合]は「"ID確認"」と指定します。

サンプル sec86_2

メモ 比較演算子による数式と値の比較

利用例2の式は、「=」が2回出てきますが、最初の「=」はExcelで数式や関数を入力するときの約束事です(Sec.01)。利用例2のような式では、最初の「=」の後ろの式「LENB(A2)=5」に着目します。これは、左辺と右辺は等しいかどうかを比較する式です。比較の結果は論理値で表示されます。等しいときは「TRUE」、等しくないときは「FALSE」になります。

サンプル sec86_3

利用例 3 住所が全角で入力されているかどうかチェックする LEN/LENB

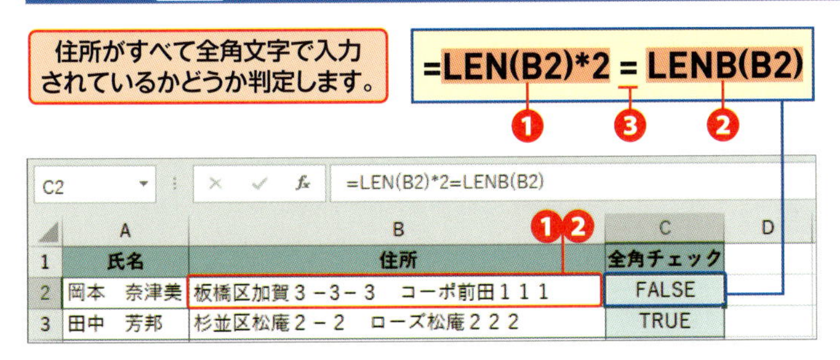

❶ 全角/半角に関わらず1文字と数えるLEN関数の[文字列]に、「住所」のセル[B2]を指定して2倍します。

❷ 全角1文字を2バイトと数えるLENB関数の[文字列]にも、セル[B2]を指定します。

❸ ❶で求めた値と❷で求めた値が等しいかどうか判定しています。

サンプル sec86_4

ヒント 改行と半角カナの濁点と半濁点は1文字と数える

LEN関数では1文字、LENB関数では1バイトと数えます。たとえば、「ﾎﾟ」はLEN関数は2文字、LENB関数は2バイトになります。

- セル内での Alt + Enter による強制改行
- 半角カナの濁点(ﾛｰｽﾞの「ｽﾞ」の「ﾞ」)
- 半角カナの半濁点(ﾎﾟｲﾝﾄの「ﾎﾟ」の「ﾟ」)

Section 87 指定した文字が何文字目にあるかを調べる

覚えておきたいキーワード

- FIND/FINDB
- SEARCH/SERACHB
- セル内の文字位置

本節では、文字列内の特定の文字が何番目にあるのかを調べる関数を解説します。特定の文字の位置をあらかじめ調べておくと、調べた場所にある文字を別の文字列に置き換えたり、文字列を分割するときの目印に利用したりすることができます。

分類 文字列操作　対応バージョン 2010 2013 2016 2019

書式

FIND (検索文字列,対象 [,開始位置])
FINDB (検索文字列,対象 [,開始位置])
SEARCH (検索文字列,対象 [,開始位置])
SEARCHB (検索文字列,対象 [,開始位置])

引数

[検索文字列] 文字列や文字列の入ったセルを指定します。文字列を直接引数に指定する場合は、文字列の前後を「"(ダブルクォーテーション)」で囲みます。

[対象] [検索文字列]を探す対象となる文字列を、直接、または、セルで指定します。文字列を直接引数に指定する場合は、文字列の前後を「"(ダブルクォーテーション)」で囲みます。

[開始位置] [検索文字列]で指定した文字列を[対象]の何文字目から探し始めるのかを、数値や数値の入ったセルで指定します。省略すると、[対象]に指定した文字列の先頭から検索します。

■開始位置の指定と省略

下図は、[開始位置]の指定によって結果が変わることを示しています。開始位置を省略した場合は、先頭の「東」が検索され、指定した場合は、5文字目の「東」が検索されます。

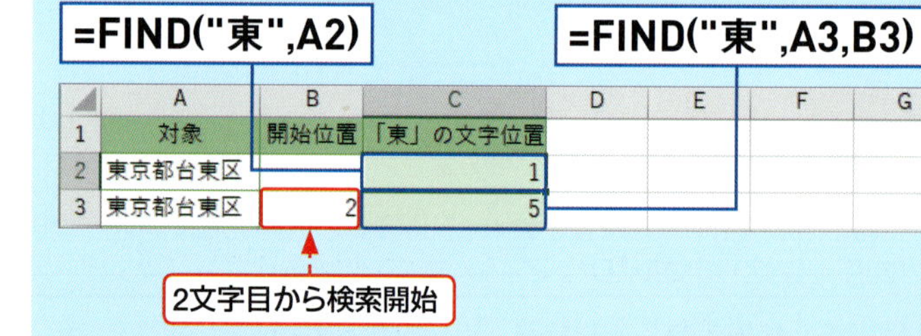

キーワード FIND／FINDB

FIND関数、FINDB関数ともに、指定した文字が、文字列内の何文字目にあるのかを検索します。[開始位置]を指定してもしなくても[対象]に指定した文字列の先頭を1文字目とします。両関数の違いは数え方です。FIND関数は、全角／半角を問わず、1文字と数えますが、FINDB関数は半角1文字を1バイト、全角1文字を2バイトと数えます。

キーワード SEARCH／SEARCHB

SEARCH関数、SEARCHB関数ともに、FIND関数、FINDB関数と同様ですが、以下の点が異なります。

- SEARCH/SEARCHB関数では、[検索文字列]にワイルドカードを指定できる。
- SEARCH/SEARCHB関数では、英字の大文字／小文字を区別しない。

利用例 1 住所の「県」の位置を検索する FIND

住所の「県」の位置を調べます。

=FIND("県",C2)
❶ ❷

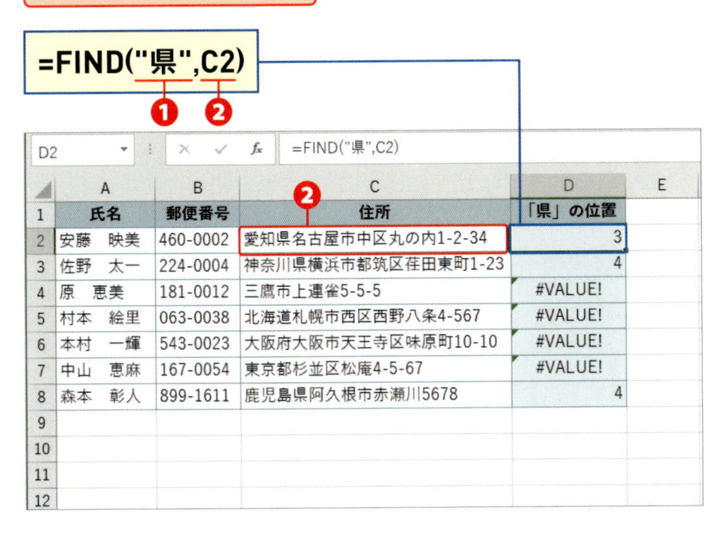

D2 =FIND("県",C2)

	A	B	C	D	E
1	氏名	郵便番号	住所	「県」の位置	
2	安藤　映美	460-0002	愛知県名古屋市中区丸の内1-2-34	3	
3	佐野　太一	224-0004	神奈川県横浜市都筑区荏田東町1-23	4	
4	原　恵美	181-0012	三鷹市上連雀5-5-5	#VALUE!	
5	村本　絵里	063-0038	北海道札幌市西区西野八条4-567	#VALUE!	
6	本村　一輝	543-0023	大阪府大阪市天王寺区味原町10-10	#VALUE!	
7	中山　恵麻	167-0054	東京都杉並区松庵4-5-67	#VALUE!	
8	森本　彰人	899-1611	鹿児島県阿久根市赤瀬川5678	4	
9					
10					
11					
12					

❶ [検索文字列] に「"県"」と入力します。

❷ [対象] に「住所」のセル [C2] を指定します。住所の先頭から「県」を探すため、[開始位置] は省略します。

sec87_1

メモ　見つからない場合は[#VALUE!] エラーが表示される

[検索文字列] が [対象] にない場合は、[#VALUE!] エラーが表示されます。ここでは、東京都、北海道、大阪府の住所には、「県」が付かないので、[#VALUE!] エラーが表示されています。

ヒント　都、道、府も同様に調べられる

利用例1では「県」の文字位置を調べていますが、[検索文字列] にそれぞれ「"都"」「"道"」「"府"」とすれば、都、道、府の文字位置も調べることができます。

利用例 2 都道府県を省略している住所を抽出する FIND

住所の都道府県の位置を調べます。

=FIND(D$1,$C2)
❶ ❷

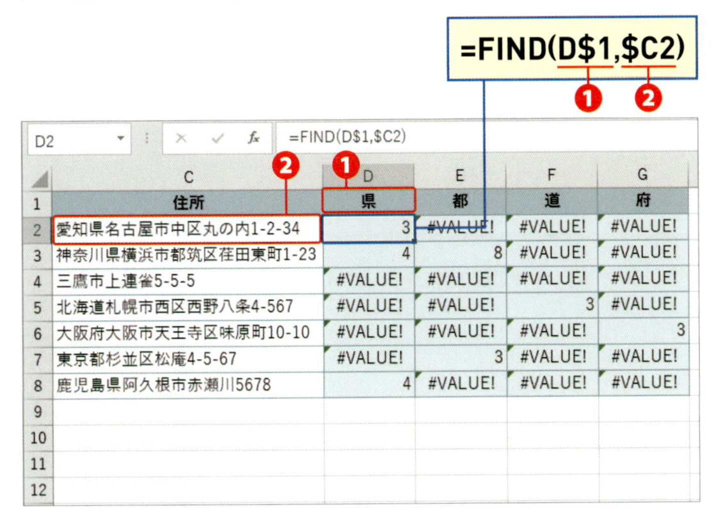

D2 =FIND(D$1,$C2)

	C	D	E	F	G
1	住所	県	都	道	府
2	愛知県名古屋市中区丸の内1-2-34	3	#VALUE!	#VALUE!	#VALUE!
3	神奈川県横浜市都筑区荏田東町1-23	4	8	#VALUE!	#VALUE!
4	三鷹市上連雀5-5-5	#VALUE!	#VALUE!	#VALUE!	#VALUE!
5	北海道札幌市西区西野八条4-567	#VALUE!	#VALUE!	3	#VALUE!
6	大阪府大阪市天王寺区味原町10-10	#VALUE!	#VALUE!	#VALUE!	3
7	東京都杉並区松庵4-5-67	#VALUE!	3	#VALUE!	#VALUE!
8	鹿児島県阿久根市赤瀬川5678	4	#VALUE!	#VALUE!	#VALUE!
9					
10					
11					
12					

❶ [検索文字列] にセル [D1] を行のみ絶対参照に指定します。

❷ [対象] に住所のセル [C2] を列のみ絶対参照に指定します。

sec87_2

メモ　複合参照の設定

利用例2は、都道府県の文字位置をまとめて調べる例です。[検索文字列] に「"県"」「"都"」などと入力しなくても済むように、1行目に「県」「都」「道」「府」を用意しています。[検索文字列] を行のみ絶対参照に指定するのは、オートフィルでコピーしても [検索文字列] が1行目からずれないようにするためです。また、[検索文字列] を探す [対象] は住所です。関数を入力したセル [D2] を起点にセル [G2] まで右方向にコピーしても常に住所を参照できるように、列のみ絶対参照を指定します。

メモ 都道府県を省略している住所をあぶり出す

利用例2の結果、都道府県のすべての文字位置が「#VALUE!」となった場合は、都道府県を省略して住所が入力されていると判断できます。ここでは、<フィルター>を使って抽出しています。

ヒント 都道府県の文字位置が複数見つかった場合

利用例2の3行目を見ると、「神奈川県横浜市都筑区」では、県と都で文字位置が見つかります。複数見つかった場合は「県」を優先して文字位置を決定します。執筆時点で、都道府県の文字数は最大でも4文字のためです。都道府県の文字位置の決定は、利用例3を参照してください。

メモ フィルターの解除

<データ>タブの<フィルター>を再度クリックすると、フィルターが解除されます。

フィルターを設定し、すべての検索で「#VALUE!」となった住所があるかどうか確認します。

1 住所録内の任意のセルをクリックして、<データ>タブの<フィルター>をクリックします。

2 「県」のフィルターボタンをクリックして、

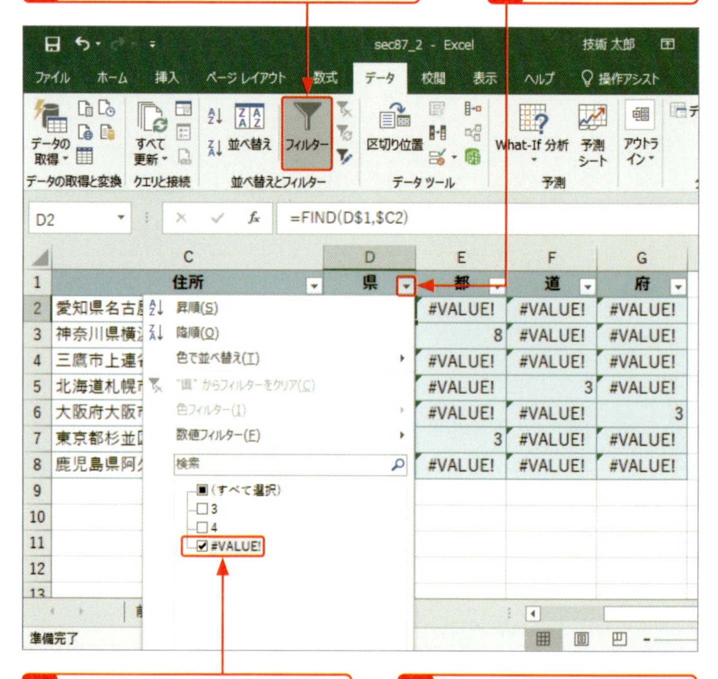

3 「#VALUE!」のみチェックをオンにして Enter を押します。

4 「都」「道」「府」も同様に「#VALUE!」を抽出します。

5 すべて「#VALUE!」となった住所が抽出されます。

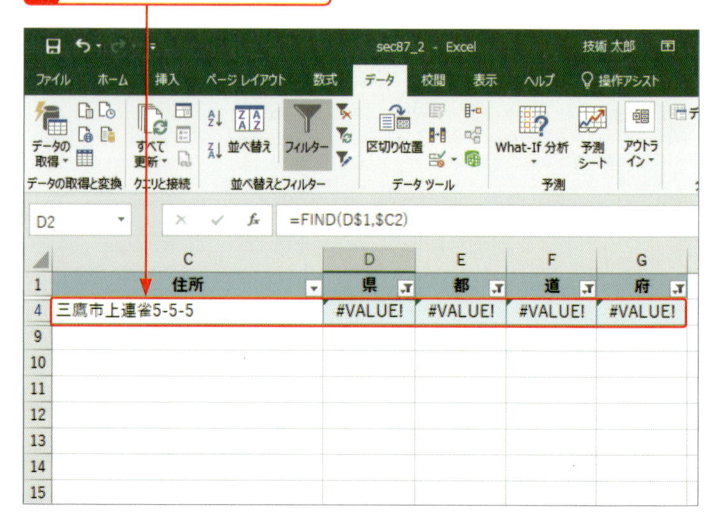

利用例 3 住所の「県」がない場合は「3」を表示する IFERROR/FIND

「県」の検索結果が [#VALUE!] エラーになる場合は、「3」と表示します。

=IFERROR(D2,3)

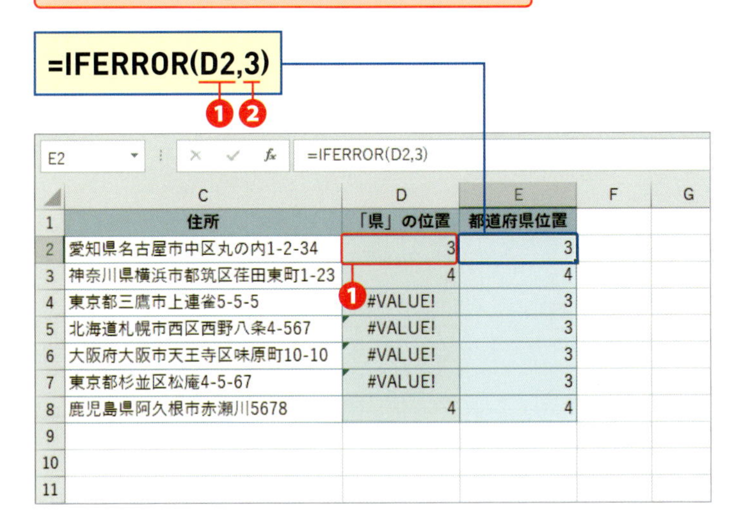

	C	D	E
1	住所	「県」の位置	都道府県位置
2	愛知県名古屋市中区丸の内1-2-34	3	3
3	神奈川県横浜市都筑区荏田東町1-23	4	4
4	東京都三鷹市上連雀5-5-5	#VALUE!	3
5	北海道札幌市西区西野八条4-567	#VALUE!	3
6	大阪府大阪市天王寺区味原町10-10	#VALUE!	3
7	東京都杉並区松庵4-5-67	#VALUE!	3
8	鹿児島県阿久根市赤瀬川5678	4	4

❶ IFERROR関数の[値]にFIND関数を入力したセル[D2]を指定し、エラーかどうかを判定します。

❷ [エラーの場合の値] に「3」を指定し、FIND関数の結果がエラーの場合は、「3」を表示するようにします。

サンプル sec87_3

メモ 前提条件

利用例3は、住所が都道府県から入力されていることを前提とします。また、執筆時点で、都道府の名称は、「東京都」「北海道」「大阪府」「京都府」のようにすべて3文字です。

利用例 4 全角スペースの位置を検索する FIND/SEARCH

姓と名の間の全角スペースの位置を検索します。

=FIND("　",A3)

=SEARCH("　",A3)

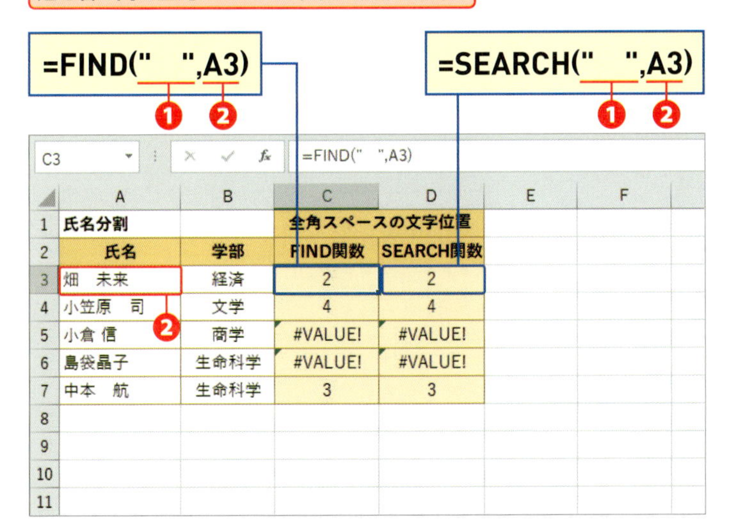

	A	B	C	D
1	氏名分割		全角スペースの文字位置	
2	氏名	学部	FIND関数	SEARCH関数
3	畑　未来	経済	2	2
4	小笠原　司	文学	4	4
5	小倉 信	商学	#VALUE!	#VALUE!
6	島袋晶子	生命科学	#VALUE!	#VALUE!
7	中本　航	生命科学	3	3

❶ 「"　"」(全角スペース) を [検索文字列] に指定します。

❷ 「氏名」のセル [A3] を [対象] に指定します。氏名の先頭から探すため、[開始位置] は省略します。

サンプル sec87_4

メモ FIND関数、SEARCH関数ともに全角／半角を区別する

FIND関数、SEARCH関数のどちらも、全角文字と半角文字を区別します。したがって、全角スペースがない場合は、[#VALUE!] エラーになります。

メモ 検索文字列には「"　"」を指定する

検索文字列に全角スペースを指定するには、半角の「"(ダブルクォーテーション)」の間をクリックして、日本語入力をオンにしてから Space を押して、全角スペースを入力します。「""」は長さ0の文字列になり、意味が異なるので注意します。

利用例 5 セルが空白かどうかチェックする SEARCH

サンプル sec87_5

ヒント ワイルドカード

ワイルドカードとは、文字列の代わりに使う代替文字の記号です。任意の文字列を示す「*」と1文字を示す「?」があります。「*」のみ指定すると、「何らかの文字列」となります。

当日受付状況に余分な文字が入っていないかどうか事前にチェックします。

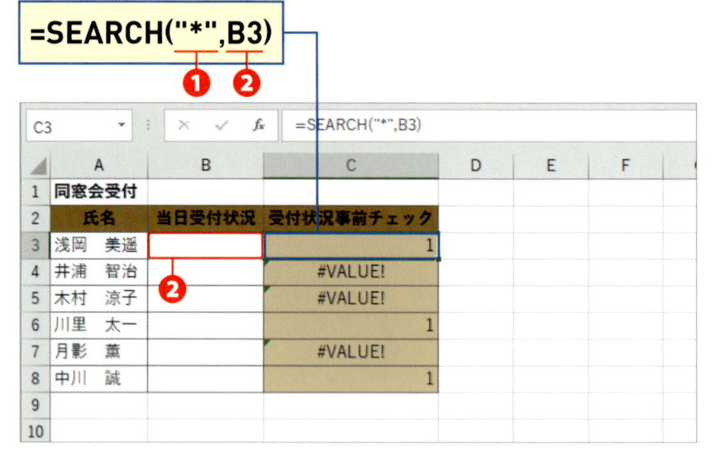

	A	B	C
1	同窓会受付		
2	氏名	当日受付状況	受付状況事前チェック
3	浅岡　美遥		1
4	井浦　智治		#VALUE!
5	木村　涼子		#VALUE!
6	川里　太一		1
7	月影　薫		#VALUE!
8	中川　誠		1

❶ 何らかの文字列を表す「"*"」を［検索文字列］に指定します。

❷ 「当日受付状況」のセル［B3］を［対象］に指定します。値が入力されているかどうかを調べているため、開始位置は関係ありません。［開始位置］は省略します。

メモ 見つかった場合は必ず1文字目になる

利用例5の検索結果は、何かしらの値が入っていれば、1文字目から検索されるので、関数の戻り値は必ず「1」になります。

利用例 6 英字による評価を5段階評価に置き換える FIND

サンプル sec87_6

メモ ［検索文字列］が空白の場合

FIND／FINDB関数では、［検索文字列］が空白の場合は、1文字目（1バイト目）に一致したとみなして、1を返すしくみになっています。利用例6では、セル［C8］が空白であり、FIND関数の結果が1になっています。

A,B,C,D,Eの評価を5,4,3,2,1の5段階評価に置き換えます。

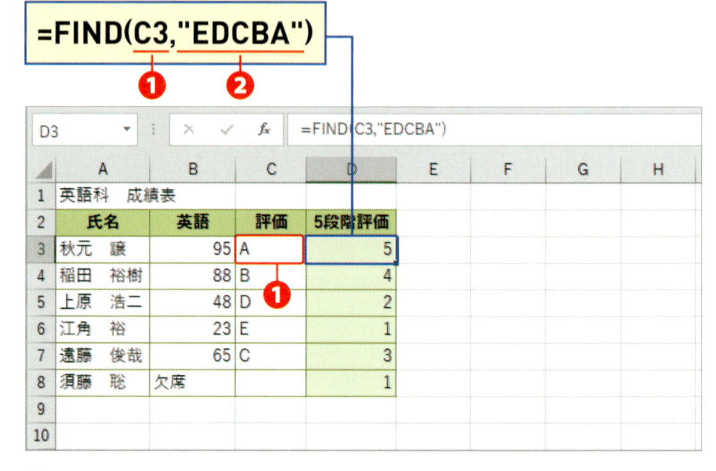

	A	B	C	D
1	英語科　成績表			
2	氏名	英語	評価	5段階評価
3	秋元　譲	95	A	5
4	稲田　裕樹	88	B	4
5	上原　浩二	48	D	2
6	江角　裕	23	E	1
7	遠藤　俊哉	65	C	3
8	須藤　聡	欠席		1

❶ ［検索文字列］に評価のセル［C3］を選択します。

❷ ［検索文字列］を探す［対象］に「"EDCBA"」と指定します。評価が「A」の場合は、5文字目、「B」の場合は4文字目のように、評価に応じた文字位置で5段階評価に置き換えています。

値の入ったセルを選択する

<条件を付けてジャンプ>を利用すると、値の入ったセルを選択することができます。利用例5のSEARCH関数の結果が「1」になったセルと同じ行位置のB列のセルを直接選択できます。関数も機能も両方使えるようにしておくと、状況に応じて使い分けができるようになります。

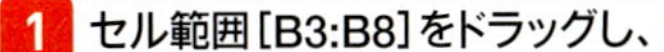

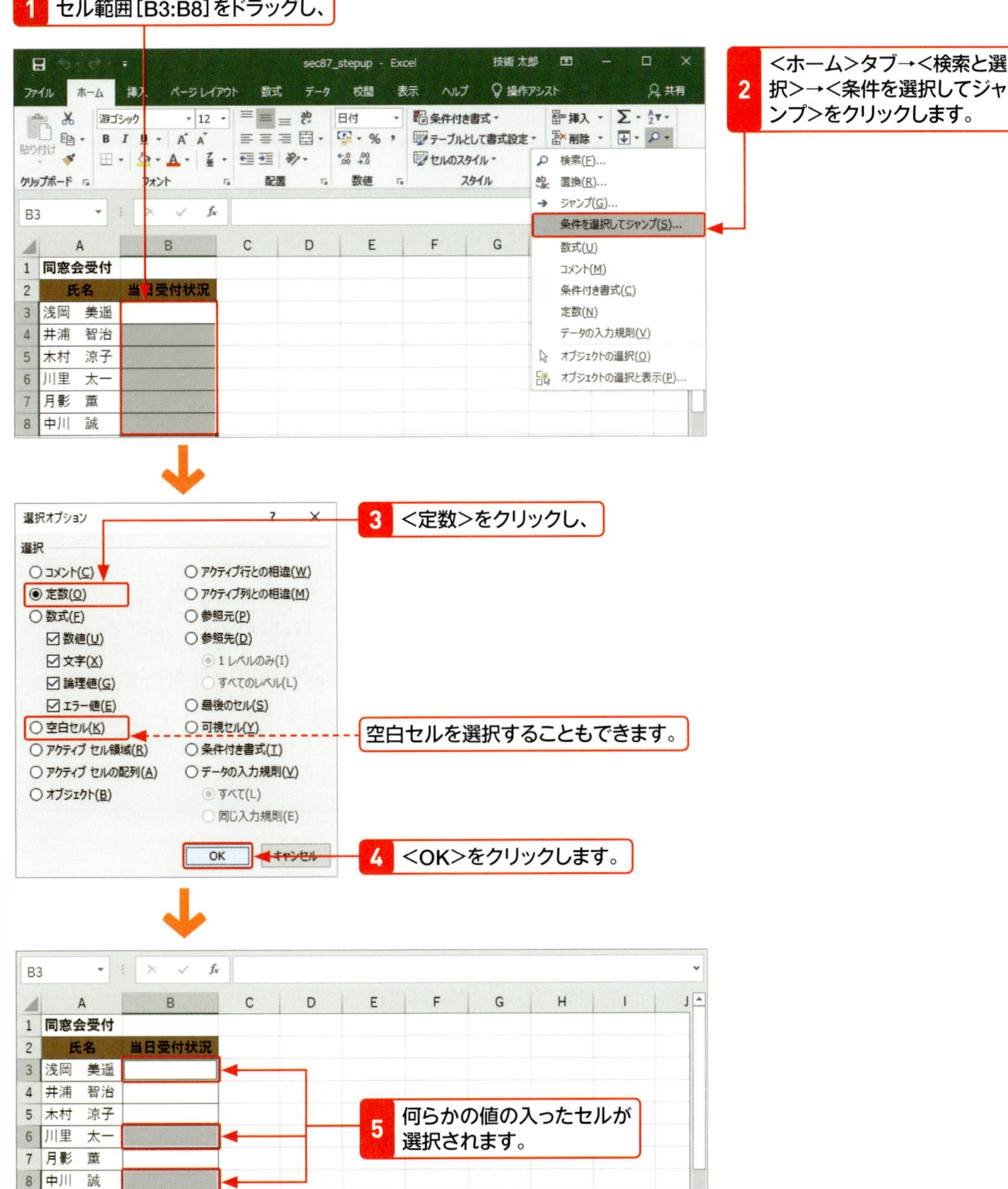

<選択オプション>ダイアログボックスでは、さまざまな項目が選べます。たとえば、配列数式を入力した範囲がよくわからない場合は、配列数式内を1箇所クリックしたあと、手順2で<選択オプション>ダイアログボックスを表示し、<アクティブセルの配列>をクリックして<OK>すれば、配列数式を入力した範囲が選択できます。

Section 88 文字を先頭から取り出す

覚えておきたいキーワード
- LEFT／LEFTB
- 文字列の分割

文字列の先頭から、指定した文字数を取り出す関数を使うと、住所から都道府県を取り出したり、氏名の姓を取り出したりすることができます。取り出す文字数は、FIND関数やSEARCH関数で見つけた文字位置が目印となります（Sec.87）。

分類 文字列操作 対応バージョン 2010 2013 2016 2019

書式

LEFT（文字列［,文字数］）
LEFTB（文字列［,バイト数］）

引数

［文字列］ 文字列や文字列の入ったセルを指定します。文字列を直接引数に指定する場合は、文字列の前後を「"（ダブルクォーテーション）」で囲みます。

［文字数］ ［文字列］から取り出す文字数を数値や数値のセルで指定します。文字数は全角／半角を問わず、1文字と数えます。省略すると、1文字と見なされます。

［バイト数］ ［文字列］から取り出すバイト数を数値や数値のセルで指定します。バイト数は、半角1字が1バイトです。省略すると1バイトと見なされます。

キーワード LEFT／LEFTB

横書きの文字列では、文字列の先頭は左側です。LEFT関数、LEFTB関数では、文字の先頭から、指定した文字数（バイト数）を取り出します。［文字数］を省略すると先頭の1文字（1バイト）を取り出します。

利用例 1 住所から都道府県名を取り出す LEFT

サンプル sec88_1

メモ 都道府県の文字数はFIND関数で調べておく

住所から取り出す都道府県の文字数は、FIND関数を利用しています。「県」の文字位置が都道府県の文字数になるためです。北海道、東京都、大阪府、京都府は、「県」ではありませんが、すべて3文字です。詳細はSec.87を参照してください。

住所から都道府県を取り出し、別のセルに表示します。

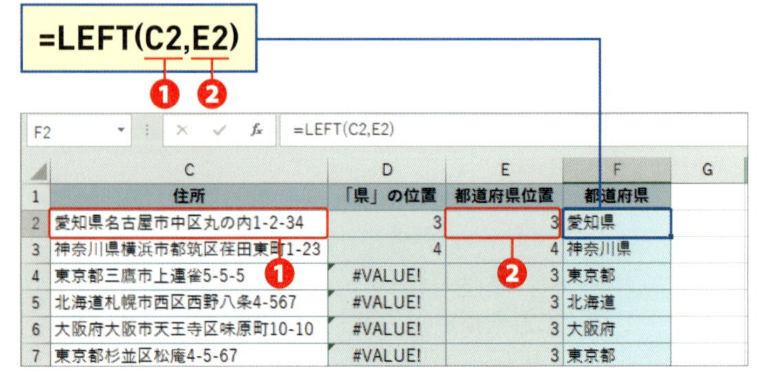

❶「住所」のセル［C2］を［文字列］に指定します。

❷「都道府県位置」のセル［E2］を［文字数］に指定します。

利用例 2 氏名の姓を取り出す LEFT

氏名から姓を取り出します。

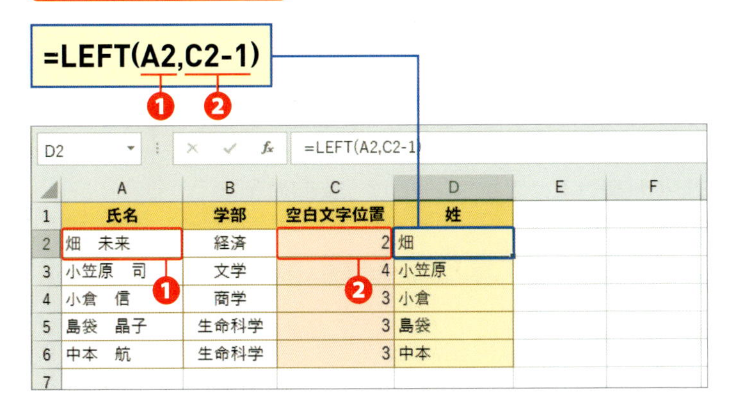

❶ 氏名のセル [A2] を [文字列] に指定します。

❷ 氏名の姓は、姓と名の間の空白文字を目印にしています。氏名の姓は、空白文字の1文字前までです。そこで、[文字数] には、空白文字位置のセル [C2] から1を引いて指定します。

メモ 空白文字の位置はFIND関数で調べておく

空白文字の位置はあらかじめFIND関数で文字位置を求め、氏名の姓と名を区切る目印として利用します（Sec.87）。

利用例 3 番地を除く住所を取り出す LEFT

半角文字で入力された番地を除く住所を取り出します。

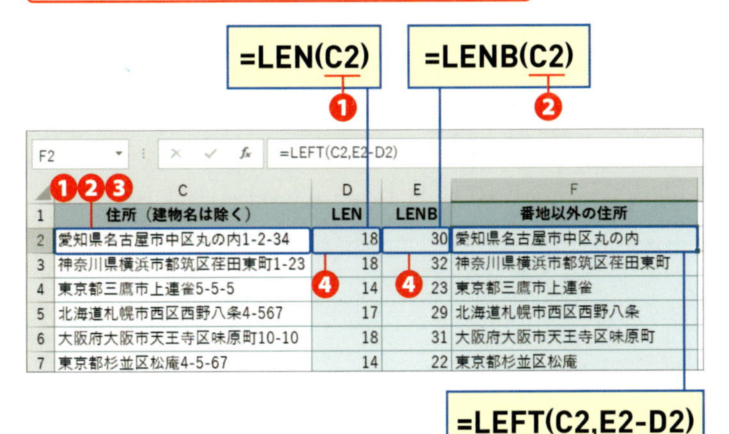

❶ 全角／半角を問わず1文字と数えるLEN関数の [文字列] に住所のセル [C2] を指定し、住所の文字数を求めています。

❷ 全角を2バイト、半角を1バイトと数えるLENB関数の [文字列] に住所のセル [C2] を指定し、住所のバイト数を求めています。

❸ LEFT関数の [文字列] に住所のセル [C2] を指定します。

❹ LEFT関数の [文字数] に❷と❶の差「E2-D2」を指定します（メモ参照）。

メモ LEN関数とLENB関数の差

LENB関数は全角文字部分を2バイトと数えている分だけ、LEN関数より戻り値が大きくなります。利用例3の全角文字部分とは、番地以前の住所部分です。したがって、住所からLEN関数とLENB関数の差をLEFT関数で取り出せば、番地以前の住所部分になります。

メモ 利用例3の前提条件

利用例3は、都道府県、市町村、番地までの住所であり、番地は半角文字で入力されていることを前提条件とします。住所に含まれる建物名は除きます。半角文字で入力した建物名や居室番号なども含めると、建物名の文字数の差も一緒に加算されてしまい、番地以前までの住所だけを取り出せないためです。

Section 89 文字を途中から取り出す

覚えておきたいキーワード
- MID／MIDB
- 文字列の分割

本節では、住所の市町村以降や氏名の名など、文字列の途中から指定した文字数を取り出す関数を紹介します。取り出し始める文字位置は、あらかじめ、FIND関数やSEARCH関数で検索しておきます（Sec.87）。

分類 文字列操作　対応バージョン 2010 2013 2016 2019

書式

MID（文字列,開始位置,文字数）
MIDB（文字列,開始位置,バイト数）

キーワード MID／MIDB

MID関数、MIDB関数ともに、文字列の途中から指定した文字数（バイト数）を取り出します。［文字数］（［バイト数］）に十分大きな値を指定すれば、［文字列］の末尾まで取り出せます。

引数

［文字列］　文字列や文字列の入ったセルを指定します。文字列を直接引数に指定する場合は、文字列の前後を「"（ダブルクォーテーション）」で囲みます。

［開始位置］　文字を取り出し始める文字位置を数値や数値の入ったセルで指定します。

［文字数］　［文字列］から取り出す文字数を数値や数値のセルで指定します。文字数は全角／半角を問わず、1文字と数えます。なお、［文字数］が［文字列］の文字数より多い場合は、末尾まで取り出します。

［バイト数］　［文字列］から取り出すバイト数を数値や数値のセルで指定します。バイト数は、半角1字が1バイトです。なお、［バイト数］が［文字列］のバイト数より多い場合は、末尾まで取り出します。

■MID/MIDB関数の戻り値

右図の「社員ID」は、4桁の「入社年」、2桁の「所属」と「通し番号」で構成されているとします。社員IDの5文字目から2文字分を指定すると、所属が取り出せます。半角文字のため、MIDB関数を利用しても同じです。

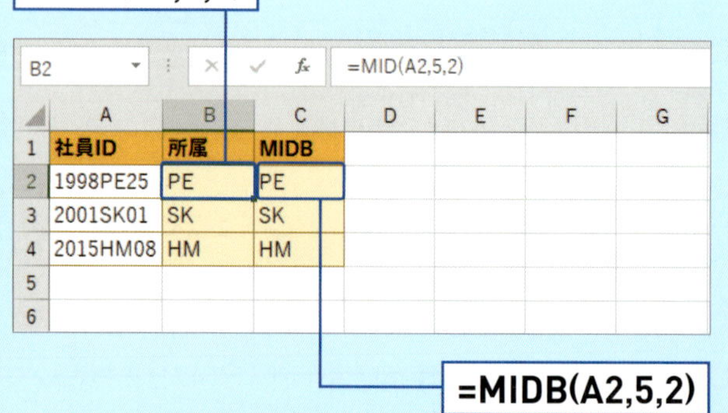

利用例 1 市町村名以降の住所を取り出す MID

住所から都道府県名を除く市町村名以降を取り出し、別のセルに表示します。

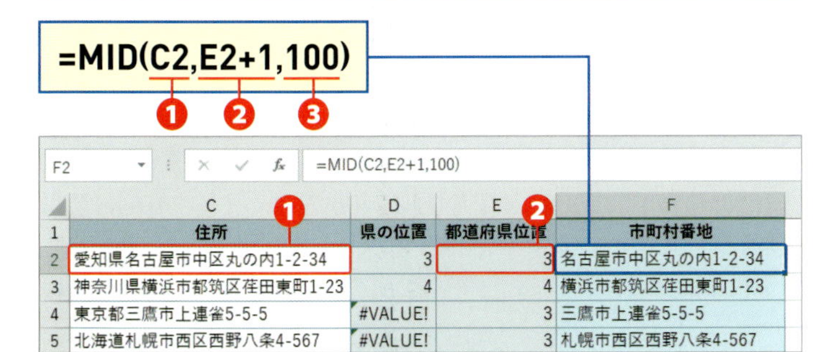

=MID(C2,E2+1,100)
❶ ❷ ❸

F2 =MID(C2,E2+1,100)

	C	D	E	F
1	住所	県の位置	都道府県位置	市町村番地
2	愛知県名古屋市中区丸の内1-2-34	3	3	名古屋市中区丸の内1-2-34
3	神奈川県横浜市都筑区荏田東町1-23	4	4	横浜市都筑区荏田東町1-23
4	東京都三鷹市上連雀5-5-5	#VALUE!	3	三鷹市上連雀5-5-5
5	北海道札幌市西区西野八条4-567	#VALUE!	3	札幌市西区西野八条4-567

❶「住所」のセル[C2]を[文字列]に指定します。

❷「都道府県位置」のセル[E2]の次の文字から取り出すので、「E2+1」を[開始位置]に指定します。

❸[文字数]には住所の文字数に十分大きな値を指定します。ここでは、「100」としています。

サンプル sec89_1

メモ 都道府県の文字数は先に調べておく

市町村以降の住所は、都道府県名の次の文字から始まります。そこで、都道府県名の文字数が取り出し始めの目印となるので、FIND関数を利用してあらかじめ調べておきます（Sec.87）。

メモ 文字数には十分長い（大きい）値を入力しておく

住所の長さに十分な数値（例：100）を直接指定し、末尾まで取り出せるようにします。

利用例 2 ローマ字表記の氏名を姓と名に分ける MID

ローマ字表記の氏名を半角スペースの位置を目印に姓と名にセルを分けます。

サンプル sec89_2

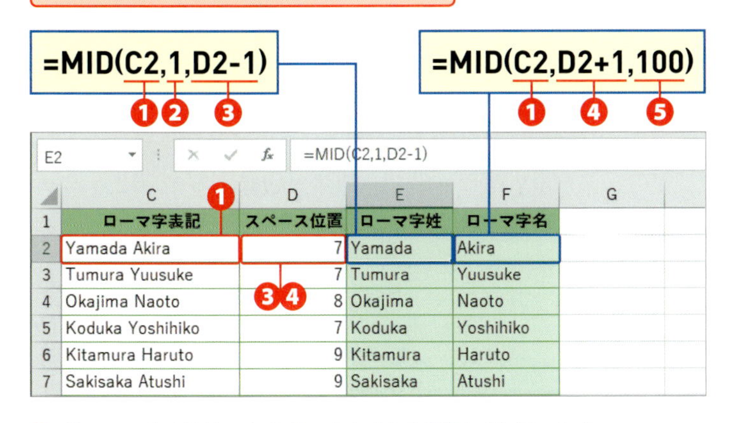

=MID(C2,1,D2-1)
❶❷ ❸

=MID(C2,D2+1,100)
❶ ❹ ❺

E2 =MID(C2,1,D2-1)

	C	D	E	F	G
1	ローマ字表記	スペース位置	ローマ字姓	ローマ字名	
2	Yamada Akira	7	Yamada	Akira	
3	Tumura Yuusuke	7	Tumura	Yuusuke	
4	Okajima Naoto	8	Okajima	Naoto	
5	Koduka Yoshihiko	7	Koduka	Yoshihiko	
6	Kitamura Haruto	9	Kitamura	Haruto	
7	Sakisaka Atushi	9	Sakisaka	Atushi	

❶「ローマ字表記」のセル[C2]を[文字列]に指定します。

❷「ローマ字姓」は、「ローマ字表記」の先頭から取り出すので、[開始位置]に「1」を指定します。

❸「ローマ字姓」は、半角スペースの文字位置のセル[D2]の前の文字まで取り出すので、「D2-1」を[文字数]に指定します。

❹「ローマ字名」は、半角スペースの文字位置のセル[D2]の次の文字から取り出すので、「D2+1」を[開始位置]に指定します。

❺「ローマ字表記」の文字数に不足のない十分大きな値、ここでは「100」を指定し、末尾まで取り出しています。

メモ 半角スペースの文字位置はFIND関数で調べておく

ローマ字表記の分割の目印となる空白スペースは、FIND関数を使って、文字位置を調べておきます。類例はSec.87を参照してください。

ヒント ローマ字姓はLEFT関数でも取り出せる

ローマ字姓は、文字列の先頭から指定した文字数を取り出すLEFT関数も利用できます。LEFT関数の[文字数]には、半角スペースの1文字前まで指定します。

セル[E2]=LEFT(C2,D2-1)

Section 90 文字を末尾から取り出す

覚えておきたいキーワード
- RIGHT/RIGHTB
- 文字列の分割

文字列の末尾から、指定した文字数を取り出すにはRIGHT関数やRIGHTB関数を使います。関数名は「右」を表す「RIGHT」ですが、文字を横書きすると、文字の末尾は右側になります。取り出す文字数は、FIND関数やSEARCH関数で見つけた文字位置が目印となります（Sec.87）。

分類 文字列操作　対応バージョン 2010 2013 2016 2019

書式
RIGHT（文字列［,文字数］）
RIGHTB（文字列［,バイト数］）

キーワード RIGHT/RIGHTB

RIGHT関数、RIGHTB関数ともに、文字列の末尾から指定した文字数（バイト数）を取り出しします。

引数

［文字列］ 文字列や文字列の入ったセルを指定します。文字列を直接引数に指定する場合は、文字列の前後を「"（ダブルクォーテーション）」で囲みます。

［文字数］ ［文字列］から取り出す文字数を数値や数値のセルで指定します。文字数は全角／半角を問わず、1文字と数えます。省略すると、1文字と見なされます。

［バイト数］ ［文字列］から取り出すバイト数を数値や数値のセルで指定します。バイト数は、半角1字が1バイトです。省略すると1バイトと見なされます。

■RIGHT関数の戻り値

RIGHT関数は、文字列の末尾から1,2,3と文字位置を数えます。

▼RIGHT関数で右から4文字取り出す場合

文字位置	7	6	5	4	3	2	1
文字列	東	京	都	千	代	田	区
RIGHT関数の戻り値	ー	ー	ー	千	代	田	区

利用例 1 桁数の異なる数字を3桁に揃える　RIGHT

サンプル sec90

メモ RIGHTB関数を使っても同じ結果になる

半角文字を対象にしているので、RIGHTB関数を使っても同じ結果になります。

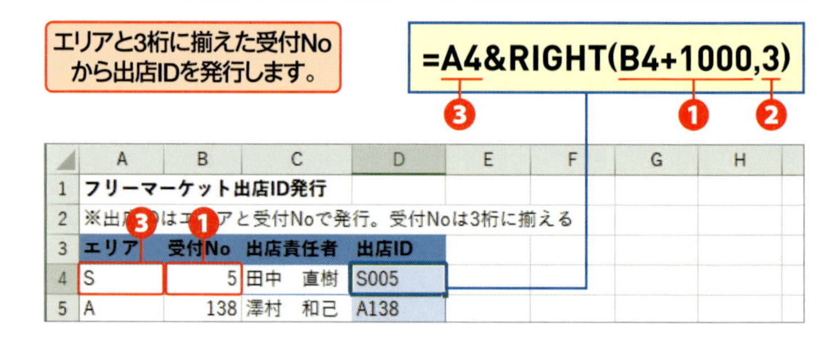

❶ [文字列]に「受付No」のセル[B4]に「1000」を足した「B4+1000」を指定します（メモ参照）。

❷ [文字数]に「3」を指定します。

❸ エリアのセル[A4]と❶❷で揃えた3桁の受付Noを、文字列演算子「&」で連結します。

メモ 数字を同じ桁数に揃える

受付Noは「5」「25」など、桁数がまちまちですが、「1000」を足すことで「1005」「1025」になり、下3桁の3つの「0」の部分に受付Noが収まります。新しく作った4桁の値の末尾から3文字分取り出すと、「005」「025」のように、3桁に満たない部分は0が補われます。

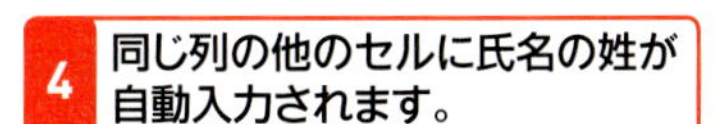

ステップアップ フラッシュフィルで文字列を分割する

フラッシュフィルは、お手本に習い、他のセルに自動でデータ入力できる機能です。下図では、氏名をもとに、姓と名に分割しています。フラッシュフィルを使えば、目印を探したり、文字列を取り出したりする関数は必要ないようにみえます。しかし、フラッシュフィルは、全角／半角の統一など、文字列を揃えた状態で使うのが前提です。また、文字入力のため、もとの文字列に変更があっても、更新はされません。

1 セル[A2]をもとに、セル[B2]に「岡」と入力します。

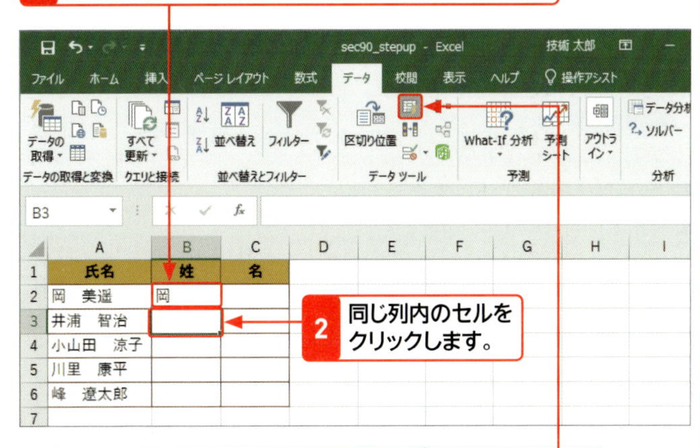

2 同じ列内のセルをクリックします。

3 <データ>タブの<フラッシュフィル>をクリックします。

4 同じ列の他のセルに氏名の姓が自動入力されます。

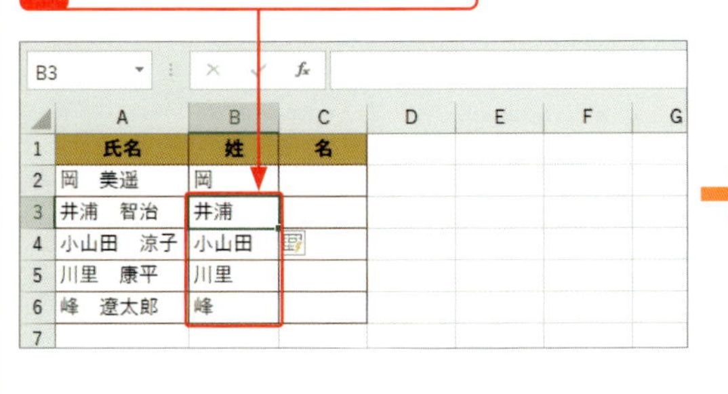

5 セル[A2]の氏名の名をセル[C2]に入力してお手本とし、操作を繰り返すと、

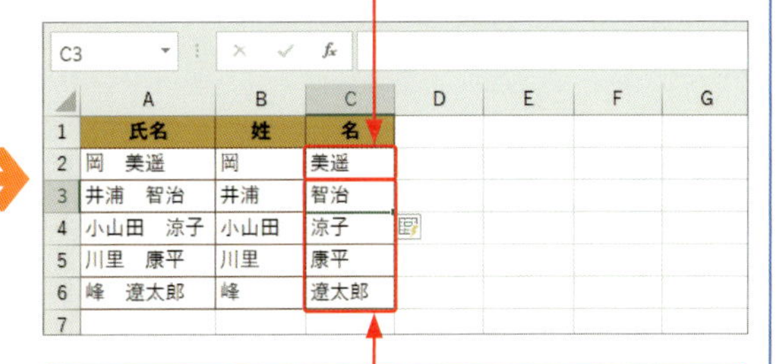

6 同じ列の他のセルに氏名の名が自動入力されます。

上の例では、最初に手本となる姓と名を入力することで、氏名のセルを使うことや、姓と名の間のスペースを区切りにしていることが認識されています。なお、フラッシュフィルは、セルの縦方向にしか自動入力されません。また、複数列をまとめて自動入力することはできません。

Section 91 強制的に文字を置き換える

覚えておきたいキーワード
- REPLACE
- REPLACEB
- 位置検索による置き換え

商品番号の4桁目に「-(ハイフン)」を入れる、名称の3文字目を別の文字に変えるなど、特定の場所の文字を置き換えるには、REPLACE関数を利用します。REPLACE関数は、SUBSTITUTE関数（Sec.92）のように、「文字を探して見つかったら置換」するのではなく、指定した文字位置で強制的に置換します。

分類 文字列操作　対応バージョン 2010 2013 2016 2019

書式

REPLACE（文字列,開始位置,文字数,置換文字列）
REPLACEB（文字列,開始位置,バイト数,置換文字列）

REPLACE／REPLACEB

文字列を、指定の開始位置から指定の文字数分だけ別の文字に置き換えます。REPLACE/REPLACEB関数では、もとの文字列の構成や内容には関係なく、位置と字数を指定して、強制的に文字列を置換します。商品番号や社員番号など、桁が揃っている文字列に対して利用すると効果的です。

引数

[文字列] 文字列や文字列の入ったセルを指定します。文字列を直接指定する場合は、文字列の前後を「"（ダブルクォーテーション）」で囲みます。

[開始位置] 置換を開始する文字位置を、数値や数値のセルで指定します。

[文字数] 置換する文字数を指定します。「0」を指定すると、指定した文字位置に[置換文字列]の文字を挿入します。

[バイト数] 置換するバイト数を指定します。1バイトは半角1文字です。漢字やひらがなは1文字2バイトで換算します。動作は[文字数]と同様です。

[置換文字列] 置換後の文字列や文字列のセルを指定します。文字列を直接指定する場合は、文字列の前後を「"（ダブルクォーテーション）」で囲みます。何も指定しない場合は、[開始位置]から[文字数]（[バイト数]）分の文字列を削除します。ただし、この引数の省略はできないので、何も指定しない場合でも[文字数]（[バイト数]）の後の「,」（カンマ）は必要です。

利用例 1 5桁目の文字を強制的に置き換える REPLACE

店舗IDの5桁目を強制的に「J」に置き換えます。

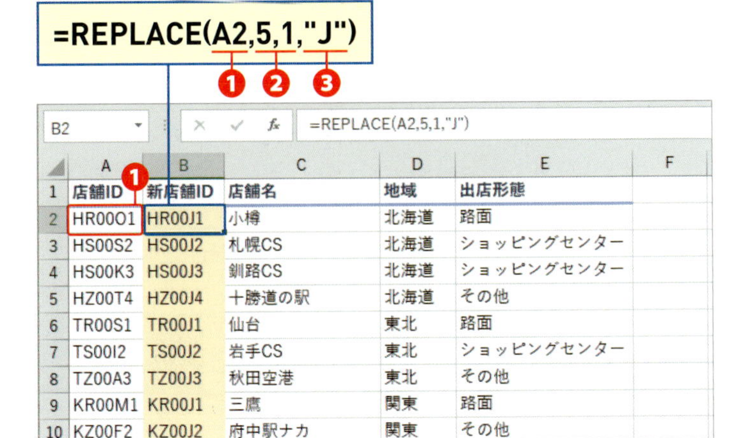

=REPLACE(A2,5,1,"J")

B2 =REPLACE(A2,5,1,"J")

	A	B	C	D	E	F
1	店舗ID	新店舗ID	店舗名	地域	出店形態	
2	HR00O1	HR00J1	小樽	北海道	路面	
3	HS00S2	HS00J2	札幌CS	北海道	ショッピングセンター	
4	HS00K3	HS00J3	釧路CS	北海道	ショッピングセンター	
5	HZ00T4	HZ00J4	十勝道の駅	北海道	その他	
6	TR00S1	TR00J1	仙台	東北	路面	
7	TS00I2	TS00J2	岩手CS	東北	ショッピングセンター	
8	TZ00A3	TZ00J3	秋田空港	東北	その他	
9	KR00M1	KR00J1	三鷹	関東	路面	
10	KZ00F2	KZ00J2	府中駅ナカ	関東	その他	

❶「店舗ID」のセル[A2]を[文字列]に指定します。

❷[開始位置]に「5」、[文字数]に「1」を指定し、5文字目から1文字分を置換するようにします。

❸「"J"」を[置換文字列]に指定し、5桁目を「J」に置換しています。

サンプル sec91_1

メモ もとの文字列が不要になった場合

新しいID番号を作成し、もとのID番号が不要になった場合は、Sec.78を参考に、関数で作成した新しいIDをコピー／値の貼り付けで値に変換してからもとのID番号を削除します。

利用例 2 電話番号に「0」を補う REPLACE

連絡先の電話番号の先頭に「0」を挿入します。

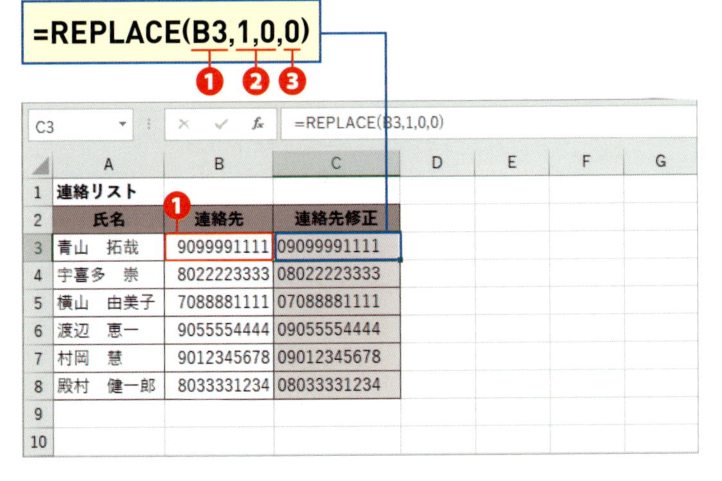

=REPLACE(B3,1,0,0)

C3 =REPLACE(B3,1,0,0)

	A	B	C	D	E	F	G
1	連絡リスト						
2	氏名	連絡先	連絡先修正				
3	青山　拓哉	9099991111	09099991111				
4	宇喜多　崇	8022223333	08022223333				
5	横山　由美子	7088881111	07088881111				
6	渡辺　恵一	9055554444	09055554444				
7	村岡　慧	9012345678	09012345678				
8	殿村　健一郎	8033331234	08033331234				
9							
10							

❶「連絡先」の入ったセル[B3]を[文字列]に指定します。

❷[開始位置]に「1」、[文字数]に「0」を指定し、1文字目に文字を挿入します。

❸「0」を[置換文字列]に指定し、先頭に「0」を挿入します。

サンプル sec91_2

メモ ハイフンなしの電話番号

ハイフンなしの電話番号は数値とみなさるため、0から始まる電話番号では、先頭の「0」が省略されます。「0」から始まる郵便番号も同様です。ただし、郵便番号で0を補うのは一部のみのため、複数の関数を使う必要があります（利用例5参照）。

利用例 3 電話番号に「()」を補う REPLACE

sec91_3

ヒント REPLACEB関数でも同じ結果になる

半角文字で入力された電話番号は、REPALCEB関数を利用しても同じ結果を得ることができます。

電話番号の最初の3桁をカッコで囲います。開きカッコを挿入します。

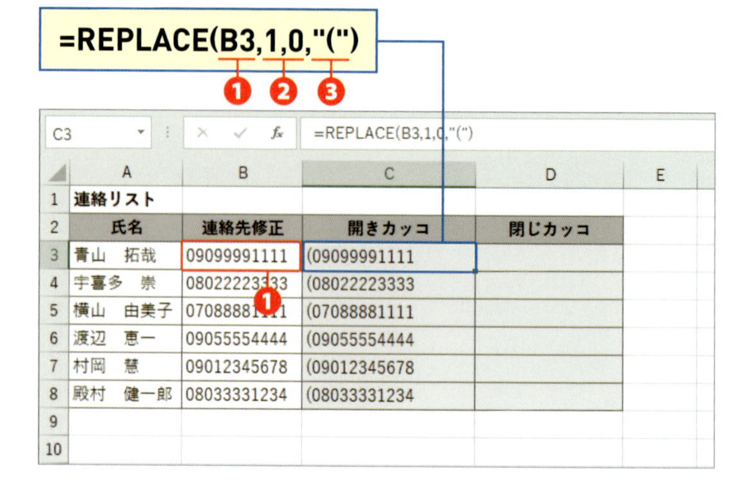

	A	B	C	D	E
1	連絡リスト				
2	氏名	連絡先修正	開きカッコ	閉じカッコ	
3	青山　拓哉	09099991111	(09099991111		
4	宇喜多　崇	08022223333	(08022223333		
5	横山　由美子	07088881111	(07088881111		
6	渡辺　恵一	09055554444	(09055554444		
7	村岡　慧	09012345678	(09012345678		
8	殿村　健一郎	08033331234	(08033331234		
9					
10					

❶「連絡先修正」のセル[B3]を[文字列]に指定します。

❷[開始位置]に「1」、[文字数]に「0」を指定し、1文字目に文字を挿入します。

❸開きカッコの前後をダブルクォーテーションで囲み、「"("」を[置換文字列]に指定します。先頭に開きカッコが挿入されます。

閉じカッコを挿入します。

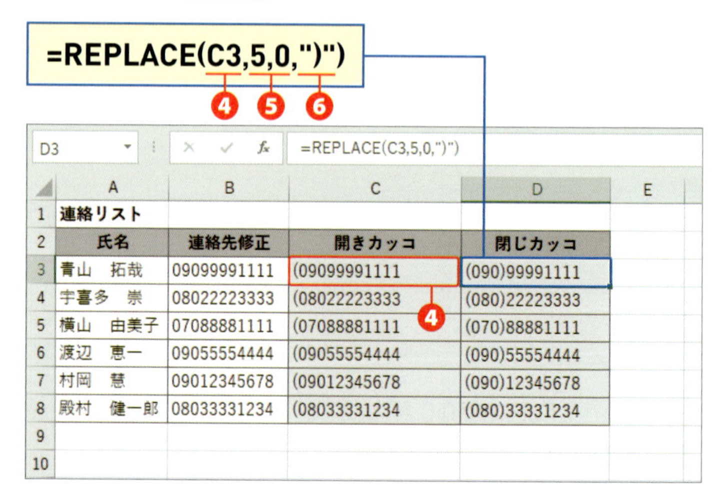

	A	B	C	D	E
1	連絡リスト				
2	氏名	連絡先修正	開きカッコ	閉じカッコ	
3	青山　拓哉	09099991111	(09099991111	(090)99991111	
4	宇喜多　崇	08022223333	(08022223333	(080)22223333	
5	横山　由美子	07088881111	(07088881111	(070)88881111	
6	渡辺　恵一	09055554444	(09055554444	(090)55554444	
7	村岡　慧	09012345678	(09012345678	(090)12345678	
8	殿村　健一郎	08033331234	(08033331234	(080)33331234	
9					
10					

❹開きカッコを挿入したセル[C3]を[文字列]に指定します。

❺閉じカッコは5文字目に挿入するので、[開始位置]に「5」、[文字数]に「0」を指定します。

❻閉じカッコの前後をダブルクォーテーションで囲み、「")"」を[置換文字列]に指定します。5文字目に閉じカッコが挿入されます。

メモ 置換は2段階に分ける

利用例3では、1回目の置換で開きカッコを挿入し、2回目の置換で閉じカッコを挿入しています。2回目の置換に指定する[文字列]は、1回目の置換結果を利用します。

利用例 4 不要な文字を削除する REPLACE

住所から都道府県名を削除します。

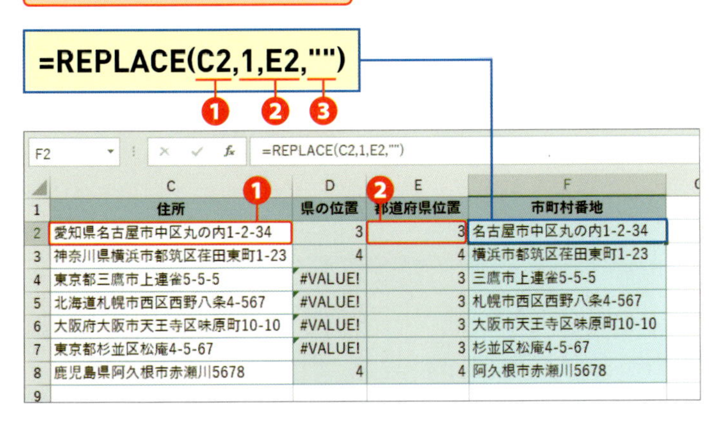

	C	D	E	F
1	住所	県の位置	都道府県位置	市町村番地
2	愛知県名古屋市中区丸の内1-2-34	3	3	名古屋市中区丸の内1-2-34
3	神奈川県横浜市都筑区荏田東町1-23	4	4	横浜市都筑区荏田東町1-23
4	東京都三鷹市上連雀5-5-5	#VALUE!	3	三鷹市上連雀5-5-5
5	北海道札幌市西区西野八条4-567	#VALUE!	3	札幌市西区西野八条4-567
6	大阪府大阪市天王寺区味原町10-10	#VALUE!	3	大阪市天王寺区味原町10-10
7	東京都杉並区松庵4-5-67	#VALUE!	3	杉並区松庵4-5-67
8	鹿児島県阿久根市赤瀬川5678	4	4	阿久根市赤瀬川5678

1. 「住所」のセル[C2]を[文字列]に指定します。
2. [開始位置]に[1]、[文字数]には「都道府県位置」のセル[E2]を指定し、住所の先頭から都道府県名までを置換対象にします。
3. [置換文字列]に「""」を指定し、2で指定した置換対象を削除しています。

サンプル sec91_4

メモ 都道府県の文字数はFIND関数で調べておく

都道府県の文字数は、FIND関数で求めています。「県」の文字位置が都道府県の文字数になるためです。北海道、東京都、大阪府、京都府は、いずれも「県」がありませんが、都道府県の文字数は3文字です。詳細はSec.87を参照してください。

メモ 市町村以降の住所を取り出す

利用例4は、市町村名以降の住所を取り出しているのと同じです。市町村名以降の住所を取り出すには、MID関数を利用することもできます（Sec.89）。

利用例 5 7桁でない郵便番号の先頭に0を補う REPLACE/LENB/IF

住所録内で7桁でない郵便番号の先頭に0を補います。

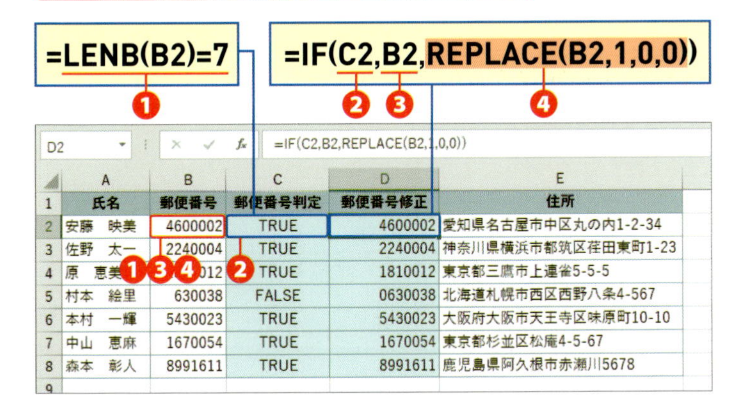

	A	B	C	D	E
1	氏名	郵便番号	郵便番号判定	郵便番号修正	住所
2	安藤　映美	4600002	TRUE	4600002	愛知県名古屋市中区丸の内1-2-34
3	佐野　太一	2240004	TRUE	2240004	神奈川県横浜市都筑区荏田東町1-23
4	原　恵美	[illegible]012	TRUE	1810012	東京都三鷹市上連雀5-5-5
5	村本　絵里	630038	FALSE	0630038	北海道札幌市西区西野八条4-567
6	本村　一輝	5430023	TRUE	5430023	大阪府大阪市天王寺区味原町10-10
7	中山　恵麻	1670054	TRUE	1670054	東京都杉並区松庵4-5-67
8	森本　彰人	8991611	TRUE	8991611	鹿児島県阿久根市赤瀬川5678

1. LENB関数の[文字列]に郵便番号のセル[B2]を指定し、7文字に等しいかどうか判定しています（類例：Sec.86 利用例2）。
2. IF関数の[論理式]に1の判定結果のセル[C2]を指定します
3. IF関数の[真の場合]に郵便番号のセル[B2]を指定し、郵便番号が7桁の場合は、郵便番号をそのまま表示します。
4. IF関数の[偽の場合]にREPLACE関数を指定します。REPLACE関数では、郵便番号の先頭に「0」を挿入しています（本節の利用例2）。

サンプル sec91_5

Section 92 検索した文字を置き換える

覚えておきたいキーワード
- SUBSTITUTE
- 文字検索による置き換え

商品のリニューアルで商品名の先頭に「New」が付いた、社名の「総合」が「トータル」に変更されたなど、名称の一部が変更になる場合があります。変更された名称をもれなく探して更新するのは大変な作業ですが、関数を利用すれば簡単に更新できます。

分類	文字列操作	対応バージョン	2010 2013 2016 2019

書式

SUBSTITUTE(文字列,検索文字列,置換文字列[,置換対象])

キーワード SUBSTITUTE

文字列中の特定の文字を、別の文字に置き換えます。特定の文字が複数ある場合は、[置換対象]で置換する場所を指定することも可能です。SUBSTITUTE関数を利用するメリットは、文字列中に検索文字がなくてもエラーにならない点です。検索文字がなければ、そのまま[文字列]を表示します。

引数

- **[文字列]** 文字列や文字列の入ったセルを指定します。
- **[検索文字列]** 置換前の文字列や文字列のセルで指定します。
- **[置換文字列]** 置換後の文字列や文字列のセルを指定します。
- **[置換対象]** [検索文字列]に指定した文字列が複数見つかった場合、先頭から何番目の検索文字列を置換するのかを数値やセルで指定します。省略すると、見つかった検索文字列すべてを置換します。

利用例 1 一部のデータを更新する SUBSTITUTE

サンプル sec92_1

メモ 置換後の処理

データの置換が終わり、もとデータが不要になった場合は、Sec.78を参考にコピー/値の貼り付けを行って、関数から値に変換します。

出店形態の「その他」を「アンテナショップ」に更新します。

=SUBSTITUTE(D2,"その他","アンテナショップ")

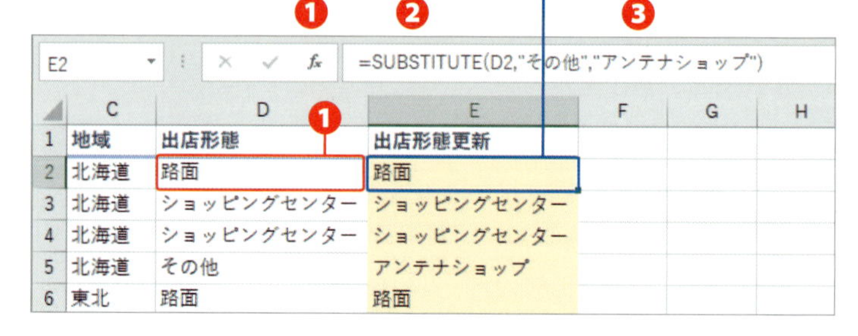

❶ 出店形態のセル[D2]を[文字列]に指定します。

❷ 「"その他"」を[検索文字列]に指定します。

❸ 「"アンテナショップ"」を[置換文字列]に指定します。[置換対象]は省略します。

利用例 2 社名の（株）を削除する SUBSTITUTE

社名の前後にある「（株）」を削除します。

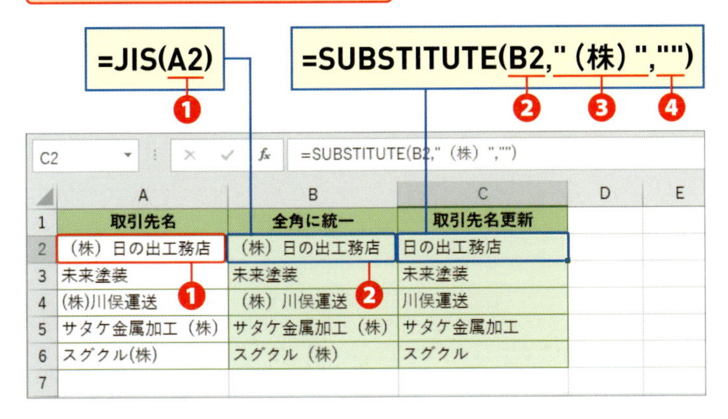

❶「取引先名」のセル［A2］をJIS関数の［文字列］に指定し、全角文字に変換します。

❷ ❶で全角に変換した文字のセル［B2］をSUBSTITUTE関数の［文字列］に指定します。

❸［検索文字列］に「"（株）"」を指定します。

❹［置換文字列］に「""」（長さ0の文字列）を指定し、「（株）」を削除します。

サンプル sec92_2

メモ 全角／半角の混在の可能性をJIS関数で潰しておく

データが整っていてもいなくても、データを扱う前は関数で整形すると決めてしまったほうが早くて正確な場合があります。利用例2では、先にJIS関数で文字種を統一しておくと、正確に変換できます。

ヒント 取引先名で並べ替えできる

名称の前に（株）があるために、取引先名で並べ替えても（株）で始まる名前が並んでしまいます。「（株）」を削除することで、取引先名で並べ替えができるようになります。

利用例 3 全角スペースをすべて削除する SUBSTITUTE

部署名に入力された全角スペースをすべて削除します。

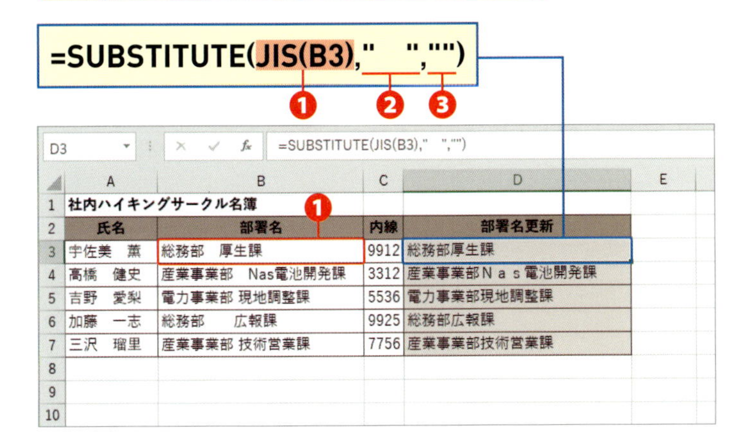

❶「部署名」のセル［B3］をJIS関数の［文字列］に指定し、全角文字に統一します。

❷［検索文字列］に「"　"」（全角スペース）を指定します。

❸［置換文字列］に「""」（長さ0の文字列）を指定します。

サンプル sec92_3

メモ TRIM関数との違い

TRIM関数（Sec.84）でも、余分なスペースを削除することができますが、文字と文字の間に入った1つのスペースは削除せずに残ります。すべてのスペースを削除したい場合は、SUBSTITUTE関数を利用します。

メモ 半角スペース混在の可能性をJIS関数で潰しておく

SUBSTITUTE関数で検索するのは、全角スペースです。部署名欄に半角スペース2文字で全角スペース1文字に見せているデータがあるかも知れません。利用例2と同様に、JIS関数で全角文字に変換しておくことで、スペースが削除できないというトラブルを未然に防いでいます。

検索文字列を置換する

<検索と置換>ダイアログボックスを使って、指定した文字列を別の文字列に置換することもできます。<検索と置換>ダイアログボックスでは、もとデータを直接置換します。いったん別のセルで置換後の文字列を確認したいときは、SUBSUTITUTE関数を使ったほうがよいでしょう。ただし、確認後は、Sec.78を参考に、コピー／値の貼り付けで関数の戻り値を値に変換する操作を忘れないようにします。

下の図は、利用例2と同様に「（株）」を削除しています。<検索と置換>ダイアログボックスでは、オプション設定をしない限り、文字の全角／半角を区別しません。したがって、全角カッコの「（株）」も半角カッコの「(株)」も同時に置換されます。

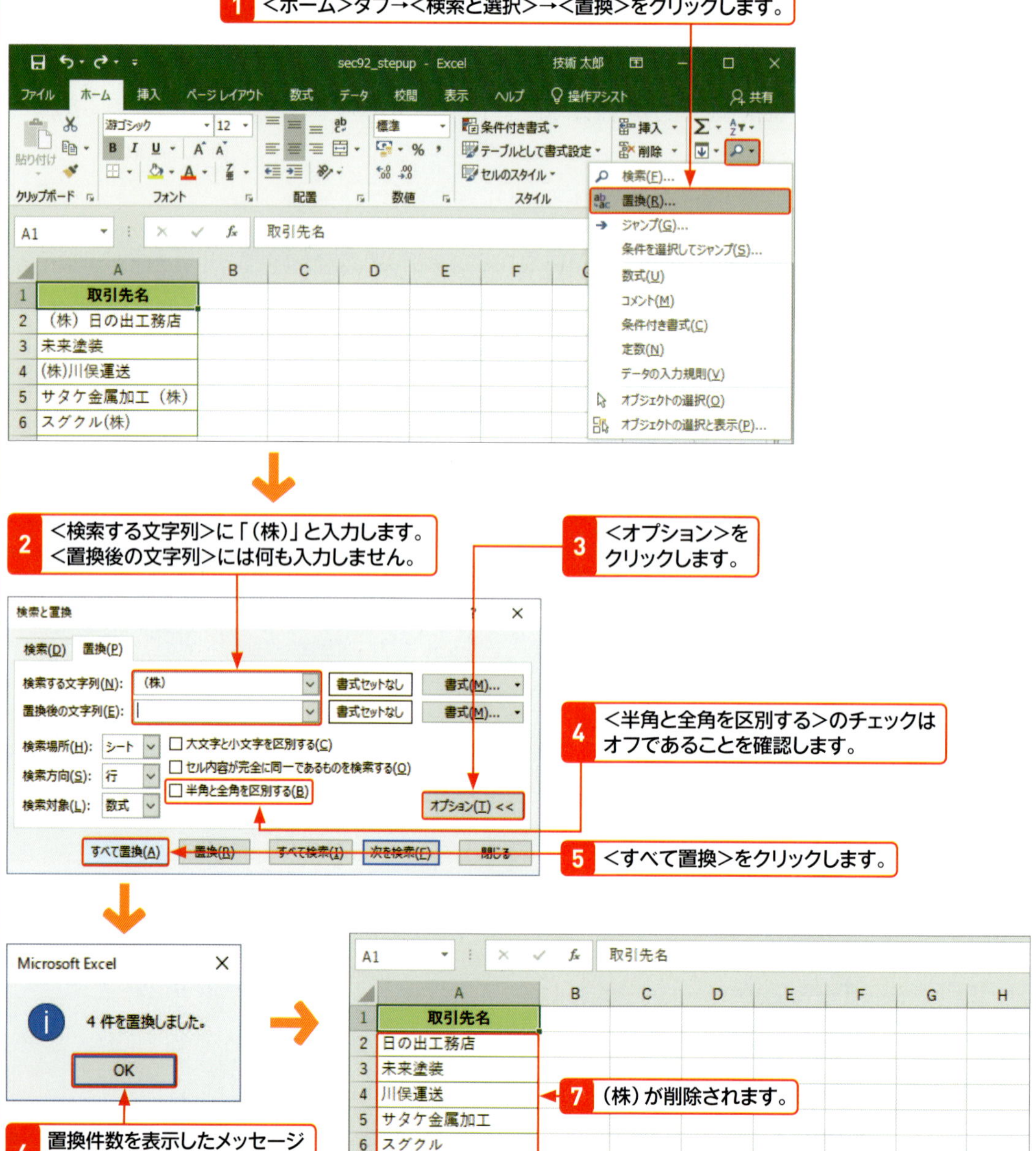

Chapter 09

第9章

さまざまな金額を試算する

Section 93

財務関数の共通事項

覚えておきたいキーワード
- 金銭価値
- 時間価値

ひと口にお金といっても、今日の100円と1年後の100円は価値が違います。財務関数では、時間経過に伴うお金の価値が考慮されています。ここでは、お金の時間価値や財務関数での共通ルールについて解説します。

分類 財務　対応バージョン 2010 2013 2016 2019

メモ お金の価値と金銭価値

右の式の「お金の価値」は、現時点の金銭価値に、時間経過に伴う時間価値を足した金額です。将来のお金の価値なので、将来価値といいます。金銭価値は、現時点のお金の価値なので、現在価値といいます。

■お金の価値

お金の価値は、金銭価値と時間価値の合計です。金銭価値は、額面のことです。100円玉は昔も今も、そして、将来も変化することなく100円の金銭価値があります。
時間価値は、時間の経過に伴って発生した価値で、利息や利子のことを指します。利子（利息）は、「年利率5%」のように利率で提示されます。
下の図では、現時点の10万円を年利5%で運用した場合、1年後のお金の価値を示しています。

お金の価値＝金銭価値 ＋ 時間価値
＝金銭価値 ＋ 金銭価値×利率
＝金銭価値×(1 ＋ 利率)

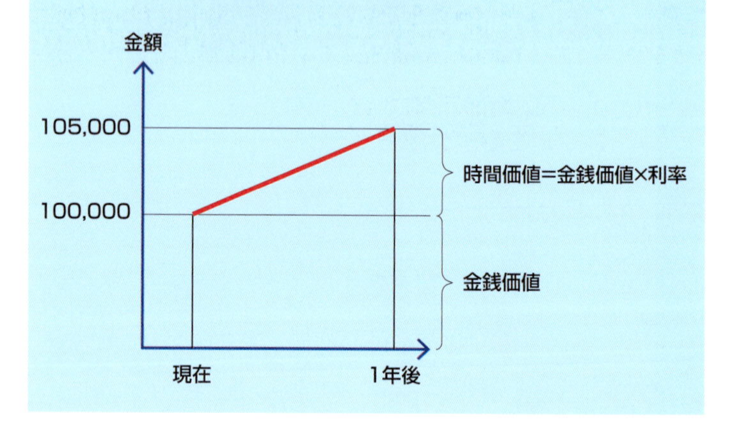

■金額の符号

財務関数では、手元に入る金額の符号をプラス、手元から出る金額の符号をマイナスにします。たとえば、借入金は手元に入るお金なのでプラス、積立金は金融機関に預入し、手元から出るのでマイナスで指定します。

■利率の換算

利率は通常、年利率で提示されますが、「毎月支払う」「毎月積み立てる」「半年に一度払う」という具合に月単位や半年単位でのお金の出し入れがあります。利率は、お金の出し入れがあるタイミングに合わせて換算します。たとえば、月単位の場合は年利を12で割って月利にします。

利用例 1 将来価値を求める

100万円を年利率3%で預入したときの1年後のお金の価値を求めます。

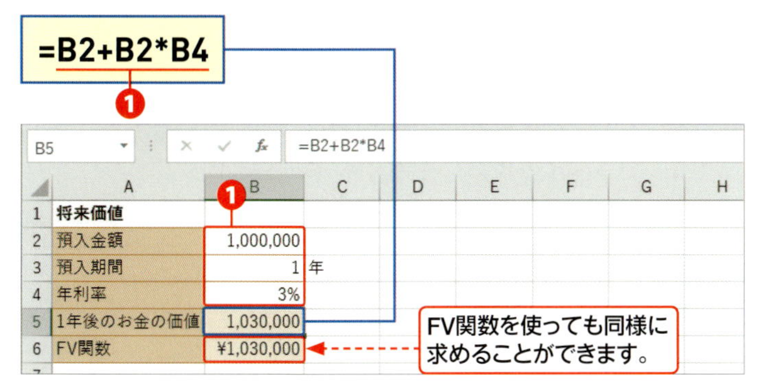

❶ 左ページの「お金の価値」の数式より、100万円と100万円×3%の合計を計算しています。

 sec93_1

メモ 将来価値

将来価値とは、現時点から一定期間後のお金の価値です。たとえば、預金の満期受取額や一定期間経過後の借入残高などは将来価値です。将来価値はFV関数で求めることができます（Sec.95）。

利用例 2 現在価値を求める

1年後のお金の価値が100万円になる現在の金銭価値を求めます。利率は3%とします。

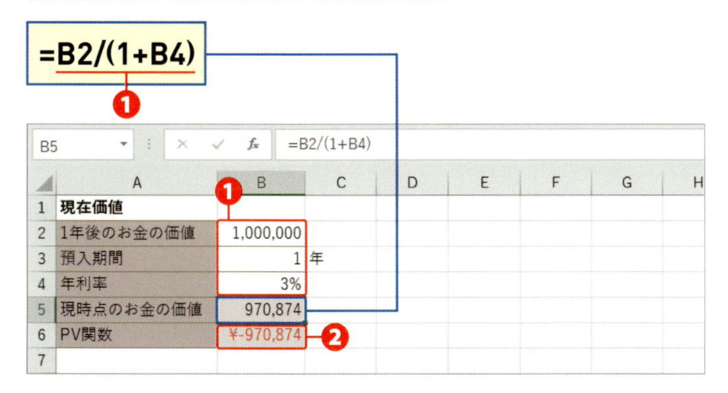

❶ 左ページの「お金の価値」の数式を「金銭価値 ＝ お金の価値／（1＋利率）」に変形し、現在価値を求めています。

❷ PV関数では、預入は手元から出金するお金のため、マイナスで表示されています。

 sec93_2

メモ 現在価値

利用例2は、年利3%で1年間預入した場合、時間価値込みの将来価値が100万円になるようにするには、現時点でいくら預入をすればよいかという問題です。将来時点のお金の価値を現時点の価値に割り戻したときの金額を現在価値といいます。現在価値はPV関数で求めることができます（Sec.94）。

Section 94

元金を試算する

覚えておきたいキーワード
- PV
- 現在価値

毎月3万円預金して2年後に100万円を貯めたい、毎年決まった年金が受け取れるようにしたい、どちらも始めに用意すべき頭金の試算が必要です。ここでは、目標金額を貯蓄するのに必要な頭金や将来の受け取りに必要な元金を求めます。

分類 財務　対応バージョン 2010 2013 2016 2019

書式 **PV(利率,期間,定期支払額[,将来価値][,支払期日])**

キーワード PV

PV関数は、将来時点のお金の価値を現時点の価値に割り戻した金額を求めます。「現時点」とするのは、お金の価値が時間とともに変化するためです。[利率]と[定期支払額]が一定の条件で、現時点で必要な頭金、あるいは、将来にわたって、利息を伴いながら支払い続けたときの総額を現時点のお金の価値に換算したらいくらになるのか、という試算を行うのに利用します。

引数

[利率] 預金金利や返済金利を、数値や数値の入ったセルで指定します。

[期間] 貯蓄期間や返済期間を、数値や数値の入ったセルで指定します。

[定期支払額] 毎回の支払額を、数値や数値の入ったセルで指定します。

[将来価値] [期間]満了後の状態を、数値や数値の入ったセルで指定します。貯蓄の場合は目標金額を指定し、返済の場合は、完済時点なら「0」または省略、もしくは、借入残高を指定します。

[支払期日] 支払いを行う時期が期末の場合は「0」または省略、期首の場合は「1」を指定します。

利用例 1 目標金額を貯蓄するのに必要な頭金を試算する PV

サンプル sec94_1

メモ 頭金

利用例1は、金利を考えずに単純計算すると、3万円×12ヶ月×2年＝72万円になるので、頭金として28万円あれば100万円に達します。しかし、実際には、金利があるので、頭金は28万円より安くなります。

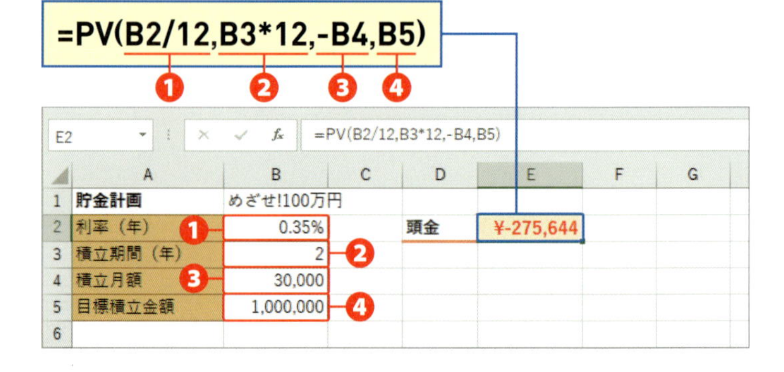

第9章 さまざまな金額を試算する

❶「利率(年)」のセル[B2]を12で割って月利に換算し、「B2/12」を[利率]に指定します。

❷「積立期間(年)」のセル[B3]に12を掛けて支払い月数に換算し、「B3*12」を[期間]に指定します。

❸「積立金額」のセル[B4]の符号をマイナスにして「－B4」を[定期支払額]に指定します。

❹「目標積立金額」のセル[B5]を[将来価値]に指定します。

メモ 利率と期間

[利率]と[期間]は時間の単位を合わせます。期間が月単位なら、利率も月利で指定します。

利用例 2 将来のために必要な元金を求める PV

将来のために用意すべき元金を求めます。

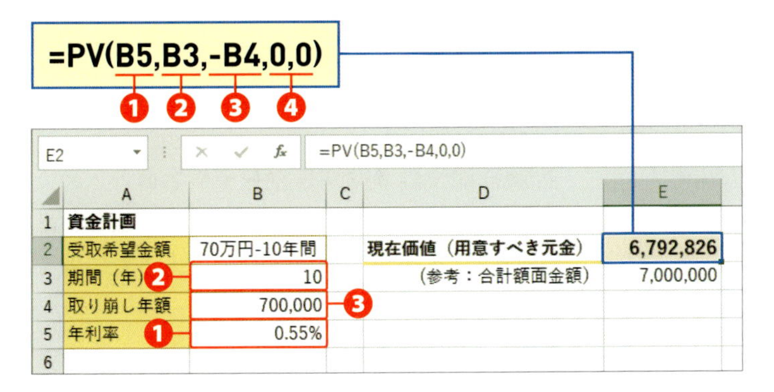

=PV(B5,B3,-B4,0,0)

❶ ❷ ❸ ❹

E2 =PV(B5,B3,-B4,0,0)

	A	B	C	D	E
1	資金計画				
2	受取希望金額	70万円-10年間		現在価値（用意すべき元金）	6,792,826
3	期間（年）❷	10		（参考：合計額面金額）	7,000,000
4	取り崩し年額	700,000 ❸			
5	年利率 ❶	0.55%			
6					

❶「年利率」のセル[B5]を[利率]に指定します。

❷「期間(年)」のセル[B3]を[期間]に指定します。

❸「取り崩し年額」のセル[B4]を、マイナスを付けて[定期支払額]に指定します。

❹[将来価値]と[支払期日]は「0」を指定します。省略も可能です。

サンプル sec94_2

メモ 前提条件

利用例2は、元金を準備して、1年後から受け取ることを前提にしています(下のヒント参照)。

ヒント 用意すべき資金は現在価値で考える

毎年70万円ずつ10年間まかなえるようにしたい場合、700万円を用意するのでなく、現在価値で求めた金額を準備します。すると、右の表のように、年利で複利運用しながら、10年間、70万円ずつ取り崩すことができます。

A1 準備資金

	A	B	C	D
1	準備資金	¥6,792,826	年利	0.55%
2	経過年数	運用残高	期末取り崩し	取り崩し後の残高
3	1年	¥6,830,187	¥700,000	¥6,130,187
4	2年	¥6,163,903	¥700,000	¥5,463,903
5	3年	¥5,493,955	¥700,000	¥4,793,955
6	4年	¥4,820,321	¥700,000	¥4,120,321
7	5年	¥4,142,983	¥700,000	¥3,442,983
8	6年	¥3,461,919	¥700,000	¥2,761,919
9	7年	¥2,777,110	¥700,000	¥2,077,110
10	8年	¥2,088,534	¥700,000	¥1,388,534
11	9年	¥1,396,171	¥700,000	¥696,171
12	10年	¥700,000	¥700,000	¥0

Section 95

借入金残高や満期額を試算する

覚えておきたいキーワード
- FV
- 将来価値

毎月2万円を金融機関に預けたら1年後にいくら貯まるか、2000万円借りて毎月10万円返済したら10年後に借入金はいくらになっているのかなどは、いずれも預金や返済の期間終了後の残高を試算することになります。ここでは、満期金額や借入残高など、期間経過後（将来）の金額を試算します。

分類 財務　対応バージョン 2010 2013 2016 2019

書式 **FV（利率,期間,定期支払額［,現在価値］［,支払期日］）**

キーワード FV

FV関数は、将来のお金の価値を求めます。現在や将来という言い方をするのは、お金の価値が時間とともに変化するためです。FV関数は、［利率］と［定期支払額］が一定の条件で、将来いくらになっているのかという試算を行うのに利用します。

引数

［利率］　預金金利や返済金利を、数値や数値の入ったセルで指定します。

［期間］　貯蓄期間や返済期間を、数値や数値の入ったセルで指定します。

［定期支払額］　毎回の支払額を、数値や数値の入ったセルで指定します。

［現在価値］　現時点の金額を、数値や数値の入ったセルで指定します。預金の場合は積立開始時の頭金、借入の場合は、借入金額を指定します。省略すると「0」とみなされます。

［支払期日］　支払いを行う時期が期末の場合は「0」または省略、期首の場合は「1」を指定します。

■期首払いと期末払い

下の図に支払期日の期首払いと期末払いを示します。契約してすぐに1回目の払い込みをするようなときは、［支払期日］に「1」を指定して、期首払いにします。契約したあと、翌月など、一定期間後から支払い開始になる場合は、［支払期日］に「0」または省略して期末払いにします。

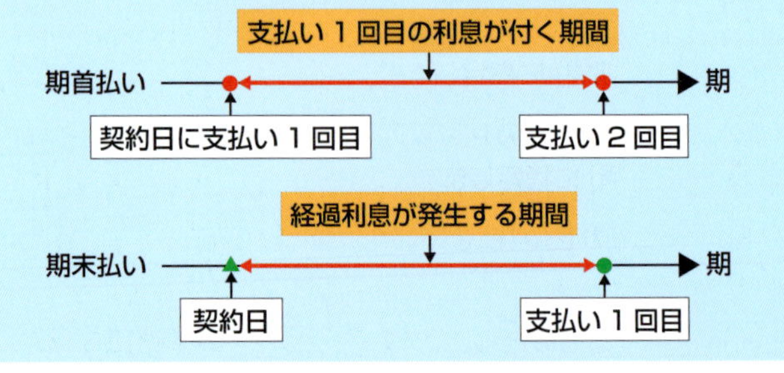

利用例 1 借入金の残高を求める　FV

10年後の借入残高を試算します。

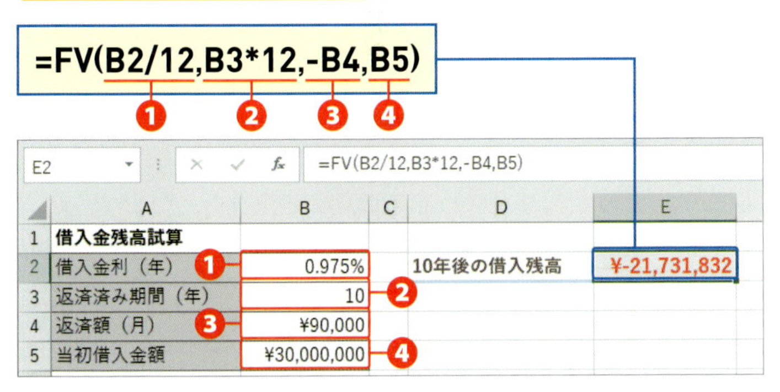

=FV(B2/12,B3*12,-B4,B5)

E2　=FV(B2/12,B3*12,-B4,B5)

	A	B	C	D	E
1	借入金残高試算				
2	借入金利（年）	0.975%		10年後の借入残高	¥-21,731,832
3	返済済み期間（年）	10			
4	返済額（月）	¥90,000			
5	当初借入金額	¥30,000,000			

❶「借入金利(年)」のセル[B2]を12で割って月利に換算し、「B2/12」を[利率]に指定します。

❷「返済済み期間(年)」のセル[B3]に12を掛けて支払い月数に換算し、「B3*12」を[期間]に指定します。

❸「返済額(月)」のセル[B4]の符号をマイナスにして「－B4」を[定期支払額]に指定します。

❹「当初借入金額」のセル[B5]を[現在価値]に指定します。

サンプル sec95_1

メモ 金額の符号

返済額は、支払い(手元から出るお金)なのでマイナスの符号にし、借入金額は受け取り(手元に入るお金)なので、符号はプラスです。借入残高は、今後の支払い金額なのでマイナスで表示されます。

メモ 利率と期間

[利率]と[期間]は時間の単位を合わせます。期間が月単位なら、利率も月利で指定します。

利用例 2 定期預金の満期受取額を試算する　FV

定期預金の満期受取金額を試算します。

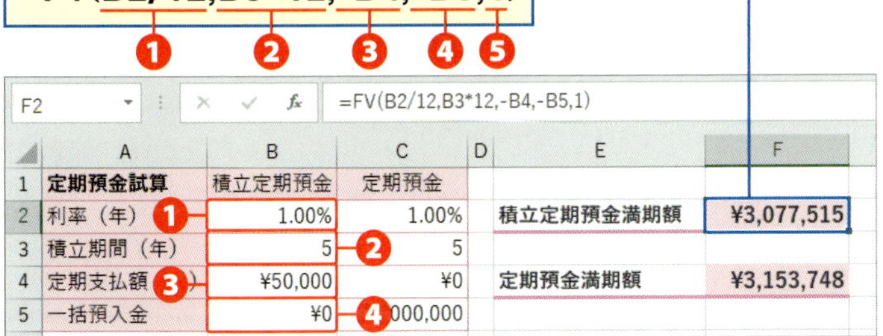

=FV(B2/12,B3*12,-B4,-B5,1)

F2　=FV(B2/12,B3*12,-B4,-B5,1)

	A	B	C	D	E	F
1	定期預金試算	積立定期預金	定期預金			
2	利率（年）	1.00%	1.00%		積立定期預金満期額	¥3,077,515
3	積立期間（年）	5	5			
4	定期支払額	¥50,000	¥0		定期預金満期額	¥3,153,748
5	一括預入金	¥0	[illegible]000,000			

❶「利率(年)」のセル[B2]を12で割って月利に換算し、「B2/12」を[利率]に指定します。

❷「積立期間(年)」のセル[B3]に12を掛けて支払い月数に換算し、「B3*12」を[期間]に指定します。

❸「定期積立金額(月)」のセル[B4]の符号をマイナスにして「－B4」を[定期支払額]に指定します。

❹「一括預入金」のセル[B5]の符号をマイナスにして[現在価値]に指定します。

❺ 期首に預入するものとし、[支払期日]は「1」を指定します。

サンプル sec95_2

メモ 資産運用の試算

利用例2は、300万円の運用方法を試算した例です。5年間の定期預金に預けるか、手元にお金を残しながら毎月積み立てるかの2通りで試算しています。定期預金の試算金額も積立定期預金と同様の式を入力していますが、1年ごとに利子が付くとした場合は、次の式になり、試算結果は「3,153,030」となります。

セル[F4] = FV(C2,C3,-C4,-C5,1)

Section 96 積立や返済の利率と期間を求める

覚えておきたいキーワード
- NPER／RATE
- 期間
- 利率

毎回一定額を固定金利で積み立てたとき、100万円に達するのにかかる期間を求めるにはNPER関数を利用します。また、95万円を積み立て、1年後に100万円を受け取るのに必要な利率を求めるにはRATE関数を使います。積立だけでなく、借入の返済期間や上限金利を求めるにも利用できます。

分類 財務　対応バージョン 2010 2013 2016 2019

書式

NPER（利率,定期支払額,現在価値[,将来価値][,支払期日]）
RATE（期間,定期支払額,現在価値[,将来価値][,支払期日][,推定値]）

引数

[利率] 預金金利や返済金利を、数値や数値の入ったセルで指定します。

[定期支払額] 毎回の支払額を、数値や数値の入ったセルで指定します。

[現在価値] 現時点の金額を、数値や数値の入ったセルで指定します。預金の場合は積立開始時の頭金、借入の場合は、借入金額を指定します。省略すると「0」とみなされます。

[将来価値] 目標金額を指定します。なお、省略すると「0」を指定したことになります。

[支払期日] 支払いを行う時期が期末の場合は「0」、期首の場合は「1」を指定します。省略すると「0」とみなされます。

[期間] 積立期間や返済期間を、数値や数値の入ったセルで指定します。

[推定値] 推定した利率を指定します。通常、推定値は省略します。省略すると、10%が計算に利用されます。

キーワード NPER

NPER関数は、[利率]、[定期支払額]、[現在価値]、[将来価値]、[支払期日]から目標金額を達成するために必要な期間を求めます。

キーワード RATE

RATE関数は、[期間]、[定期支払額]、[現在価値]、[将来価値]から目標金額を達成するための利率を求めます。たとえば、返済能力（返済金額と返済期間の上限）をもとに希望金額を借入れるには、金利を何%以内に抑えなくてはならないかという試算に利用できます。

メモ NPER関数とRATE関数

NPER関数は、RATE関数で求める「利率」を所与として期間を求め、RATE関数はNPER関数で求める「期間」を所与として利率を求めます。

利用例 1 返済回数を求める NPER

月額1万円を払い、144万円を返済するのに必要な期間を試算します。

=NPER(B2/12,-B5,B3,B4,0)

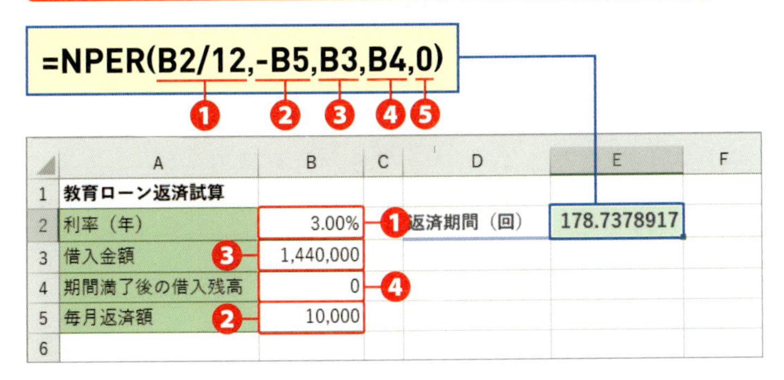

	A	B	C	D	E	F
1	教育ローン返済試算					
2	利率（年）	3.00%		返済期間（回）	178.7378917	
3	借入金額	1,440,000				
4	期間満了後の借入残高	0				
5	毎月返済額	10,000				
6						

❶「利率（年）」のセル[B2]を12で割って月利に換算した「B2/12」を[利率]に指定します。

❷「毎月返済額」のセル[B5]の符号をマイナスにして、「－B5」を[定期支払額]に指定します。

❸「借入金額」のセル[B3]を[現在価値]に指定します。

❹「期間満了後の借入残高」のセル[B4]を[将来価値]に指定します。

❺ 期末払いとし、[支払期日]に「0」を指定します。省略も可能です。

サンプル sec96_1

メモ 引数に指定する金額の符号

毎月返済額は、手元から金融機関への出金になるので、マイナスで入力しますが、借入金額は、現時点でいったん手元に入るのでプラスで指定します。

メモ 返済回数

利用例1では、返済回数が「178.737…」と小数を含んでいますが、実際の回数は整数です。144万円を完済するには、179回目の返済が必要ですが、最後の179回目は144万円到達までの残額を返済します（利用例2参照）。

利用例 2 最終回の返済金額を求める NPER/ROUNDUP/FV

月額1万円払い、144万円を返済するのに必要な期間をもとに、最終回の返済金額を求めます。

=ROUNDUP(NPER(B2/12,-B5,B3,B4,0),0)

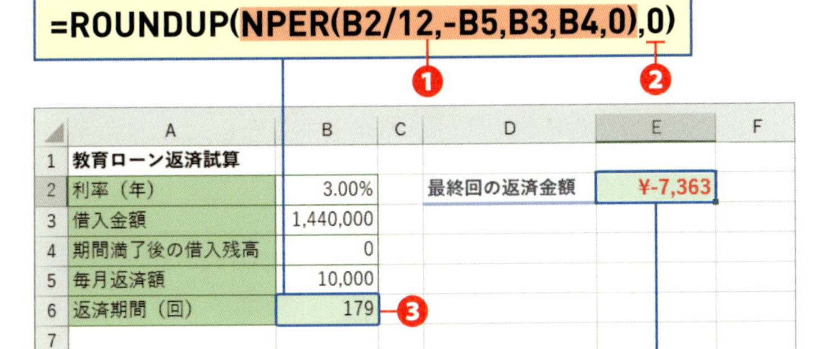

	A	B	C	D	E	F
1	教育ローン返済試算					
2	利率（年）	3.00%		最終回の返済金額	¥-7,363	
3	借入金額	1,440,000				
4	期間満了後の借入残高	0				
5	毎月返済額	10,000				
6	返済期間（回）	179				
7						

=FV(B2/12,B6-1,-B5,B3,0)

❶ ROUNDUP関数の[数値]に利用例1のNPER関数を指定します。

❷ 小数点以下を切り上げるため、[桁数]に「0」を指定します。

❸ FV関数で借入残高を求めています。最終回の返済金額は、1回前の返済残高です。よって、返済期間の1回前の「B6-1」を[期間]に指定しています。

サンプル sec96_2

メモ 一定期間後の残高を求める

一定期間後の金額を求めるには、FV関数を利用します（Sec.95）。

利用例 3 一定期間で目標額に達するのに必要な利率を求める RATE

サンプル sec96_3

頭金25万円、毎月2万円を積立て、2年、または、3年で100万円貯めるのに必要な利率を試算します。

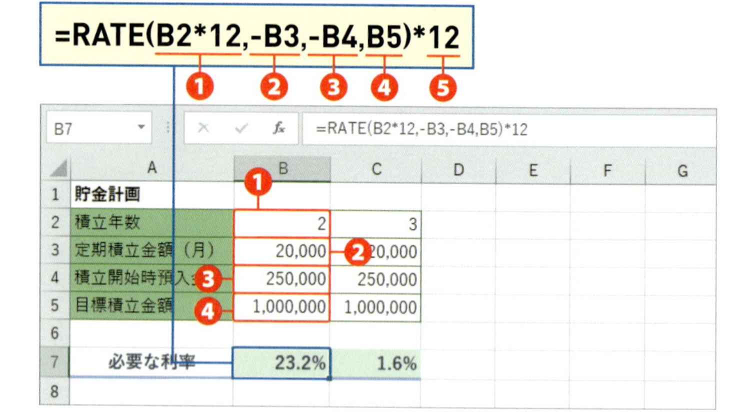

	A	B	C	D	E	F	G
1	貯金計画						
2	積立年数	2	3				
3	定期積立金額（月）	20,000	20,000				
4	積立開始時預入金	250,000	250,000				
5	目標積立金額	1,000,000	1,000,000				
6							
7	必要な利率	23.2%	1.6%				
8							

❶「積立年数」のセル[B2]に12を掛け、月数に換算した「B2*12」を[期間]に指定します。

❷「定期積立金額（月）」のセル[B3]の符号をマイナスにして、「－B3」を[定期支払額]に指定します。

❸「積立開始時預入金」のセル[B4]の符号をマイナスにして、「－B4」を[現在価値]に指定します。

❹「目標積立金額」のセル[B5]を[将来価値]に指定します。また、期末払いとするため、[支払期日]は省略しています。

❺ 月利を年利に換算するため、12を掛けます。

メモ 積立開始時の預入金

[現在価値]のセル[B4]の値を変更すると、頭金を変更しながら利率を試算することができます。

ヒント 利率の差

利用例3では、積立期間が1年異なるだけで必要な利率が15倍近く異なります。何かの間違いでは？ と感じますが、ざっくりと年単位で概算すると次のようになります。たった1年、されど1年です。

●2年積み立ての場合

1年後概算 ≒(250000+240000)*(1＋23.2%)=603,680

2年後概算≒ (603680+240000)*(1＋23.2%)=1,039,414

●3年積み立ての場合

1年後概算≒ (250000+240000)*(1＋1.6%)=497,840

2年後概算≒ (497840+240000)*(1＋1.6%)=749,645

3年後概算≒ (749645+240000)*(1＋1.6%)=1,005,480

メモ 条件の数値に注意する

引数に[期間][定期支払額][現在価値][将来価値]を指定すれば、必ず利率が求められるわけではありません。利用例1の積立年数を4年（48回）にすると、金利は「-8.2%」と負の値になります。単純計算で、毎月2万円ずつ4年間預金すると96万円で、さらに頭金25万円が加わるので、金利がなくても目標金額の100万円を突破するためです。利率が負の値になった場合は、積立年数や積立月額、頭金などを減額して計算し直します。

B7 =RATE(B2*12,-B3,-B4,B5)*12

	A	B	C	D	E
1	貯金計画				
2	積立年数	4			
3	定期積立金額（月）	20,000			
4	積立開始時預入金	250,000			
5	目標積立金額	1,000,000			
6					
7	利率	-8.2%			
8					

積立年数や積立月額、頭金を減額して、プラスの値になるように調整します。

利用例 4 返済可能な利率を求める RATE

返済期間と返済月額と借入金額から借入金利の上限を求めます。

サンプル sec96_4

=RATE(B3*12,-B4,B5)*12

❶ ❷ ❸ ❹

B7 =RATE(B3*12,-B4,B5)*12

	A	B	C	D	E	F	G
1	住宅ローン・返済可能金利						
2		ケース1	ケース2	ケース3			
3	返済期間（年）	25	30	35			
4	返済額（月）	¥120,000	¥100,000	¥80,000			
5	借入金	¥30,000,000	¥30,000,000	¥30,000,000			
6							
7	借入金利上限	1.50%	1.25%	0.66%			

❶ 「返済期間（年）」のセル［B3］に12を掛けて月単位にした「B3*12」を、［期間］に指定します。

❷ 「返済額（月）」のセル［B4］の符号をマイナスにして、「－B4」を［定期支払額］に指定します。

❸ 「借入金」のセル［B5］を［現在価値］に指定します。

❹ 月利を年利に換算するため、12を掛けます。

利用例 5 毎年一定額を受け取るのに必要な利率を求める RATE

一括で650万円を預入し、毎年70万円ずつ10年間受け取るための利率を求めます。

サンプル sec96_5

=RATE(B3,B4,-B5,0,0)

❶ ❷ ❸ ❹ ❺

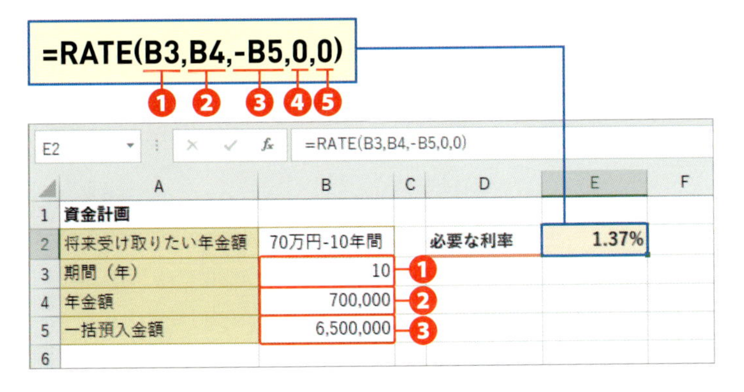

E2 =RATE(B3,B4,-B5,0,0)

	A	B	C	D	E	F
1	資金計画					
2	将来受け取りたい年金額	70万円-10年間		必要な利率	1.37%	
3	期間（年）	10				
4	年金額	700,000				
5	一括預入金額	6,500,000				
6						

❶ 「期間（年）」のセル［B3］を［期間］に指定します。

❷ 「年金額」のセル［B4］を［定期支払額］に指定します。

❸ 「一括預入金額」のセル［B5］の符号をマイナスにして、「－B5」を［現在価値］に指定します。

❹ 受取を完了するので、［将来価値］は「0」を指定します。

❺ 期末払いとするため、［支払期日］は「0」を指定します。

メモ 引数に指定する符号

利用例5は、金融機関からの払い出しとして考えた場合は、［定期支払額］と［現在価値］の符号を入れ替え、「=RATE(B3,-B4,B5,0,0)」と指定することもできます。

ヒント 条件に合う金融商品を探す

手元資金の650万円をもとに、70万円ずつ10年間受け取れる、または、取り崩して使えるようにするには、利率1.37%を目安に金融商品を選びます。目安とするのは、受け取り期間が遅いほど、その期間の利子が付き、1.37%も必要なくなるためです。

Section 97

定期積立額や定期返済額を試算する

覚えておきたいキーワード
- PMT
- 定期支払額

1年後に100万円貯めるには、毎月いくら預金すればいいか、借りた2000万円を15年で完済するには毎月いくらずつ返済すればよいかなどは、預金や返済の定期支払額を試算します。いずれも利息が伴うので、単純な割り算では答えが出ません。ここでは、定期支払額を試算します。

分類 財務　対応バージョン 2010 2013 2016 2019

書式

PMT(利率,期間,現在価値[,将来価値][,支払期日])

キーワード PMT

PMT関数は、定期的に支払う金額を求めます。10,000円の10回払いは1回当たり1,000円の返済ですが、利息が伴うので1,000円では済みません。また、10ヶ月で10,000円を貯めるなら、1ヶ月1000円ずつ預金しますが、利息が付くので、毎月の預金額は1000円より安く済むはずです。PMT関数は、利息が考慮された定期支払額を求めます。

引数

[利率] 預金金利や返済金利を、数値や数値の入ったセルで指定します。

[期間] 貯蓄期間や返済期間を、数値や数値の入ったセルで指定します。なお、[利率]と[期間]は時間の単位を合わせます。期間が月単位なら、利率も月利で指定します。

[現在価値] 現時点の金額を、数値や数値の入ったセルで指定します。預金の場合は積立開始時の頭金、借入の場合は、借入金額を指定します。省略すると「0」とみなされます。

[将来価値] [期間]満了後の状態を、数値や数値の入ったセルで指定します。預金の場合は目標金額、返済の場合は、完済なら「0」、または、借入残高を指定します。なお、省略すると「0」を指定したことになります。

[支払期日] 支払いを行う時期が期末の場合は「0」、期首の場合は「1」を指定します。省略すると「0」とみなされます。

利用例 1 目標金額を貯蓄するのに必要な定期積立金額を試算する PMT

1年で100万円を貯めるのに必要な毎月の積立金額を試算します。

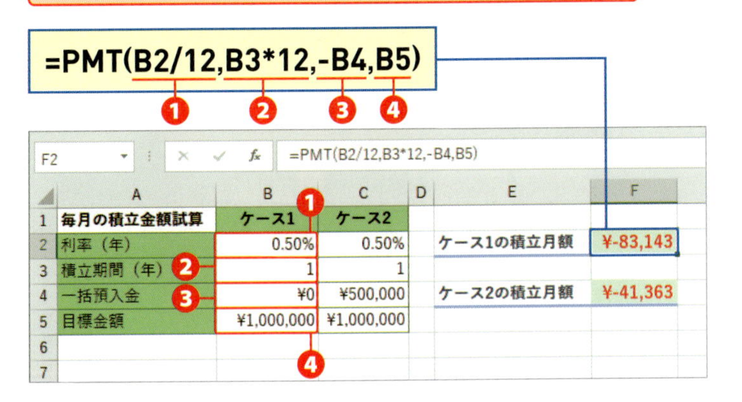

❶「利率（年）」のセル［B2］を12で割って月利に換算し、「B2/12」を［利率］に指定します。

❷「積立期間（年）」のセル［B3］に12を掛けて支払い月数に換算し、「B3*12」を［期間］に指定します。

❸「一括預入金」のセル［B4］の符号をマイナスにして、「－B4」を［現在価値］に指定します。

❹「目標金額」のセル［B5］を［将来価値］に指定します。ここでは期末払いにするため、［支払期日］は省略しています。

sec97_1

メモ 資産運用の試算

利用例5は、頭金なしとありの場合のそれぞれの積立月額を求めて比較しています。頭金を入れておいたほうが月々の積立額は抑えられます。
期首払いにしたときは、当月から利子が付くので、少額ですが、積立月額が抑えられます。ケース1の場合は、月々83,108円、ケース2は月々41,346円になります。

メモ 毎月の積立金額の符号

積立金は、手元から金融機関への出金になるので、マイナスで表示されます。

利用例 2 ローンの月々の返済額を求める PMT

金利3%で144万円借入れ、10年で完済するときの月々の返済額を求めます。

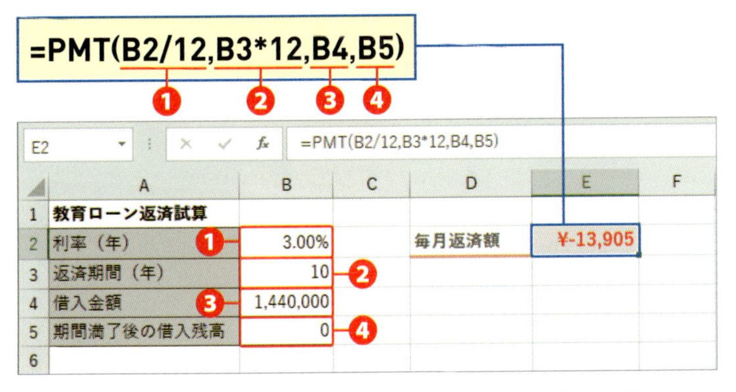

❶「利率（年）」のセル［B2］を12で割って月利に換算し、「B2/12」を［利率］に指定します。

❷「返済期間（年）」のセル［B3］に12を掛けて支払い月数に換算し、「B3*12」を［期間］に指定します。

❸「借入金額」のセル［B4］を［現在価値］に指定します。

❹「期間満了後の借入残高」のセル［B5］を［将来価値］に指定します。

サンプル sec97_2

ヒント 将来価値の省略

返済の試算の場合は、通常、完済を目的にしているので、［将来価値］は「0」になります。「0」の場合は省略可能なので、利用例2は次の式を入力することもできます。

=PMT(B2/12,B3*12,B4)

ステップアップ ゴールシークを使って試算する

ゴールシークとは、逆算機能のことです。たとえば、下の図では、毎月9万円の返済で10年後の借入残高が約2170万円と試算されています。ここで、10年後の借入残高を2000万円にしたいとき、毎月返済額をいくらにすればよいのかを逆算するときにゴールシークを利用します。

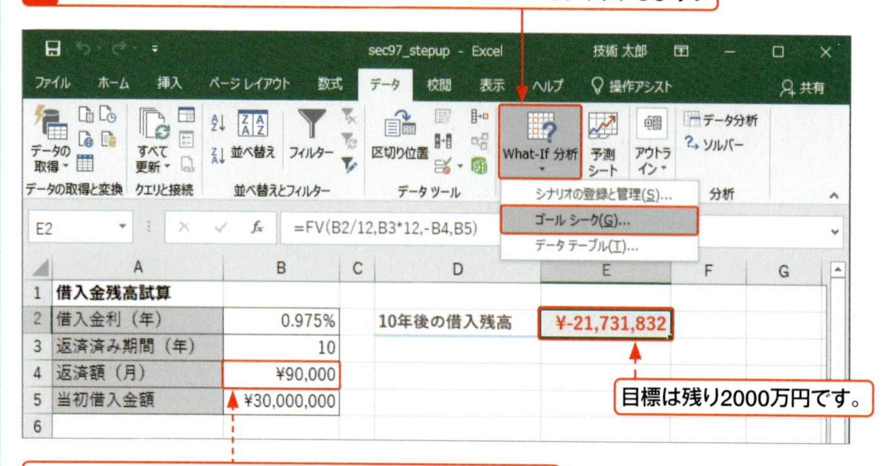

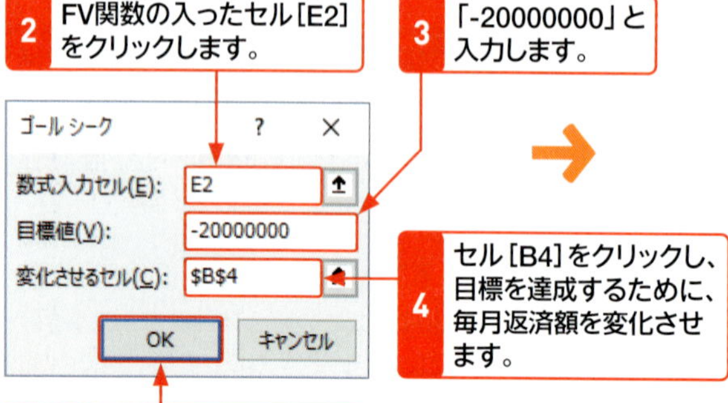

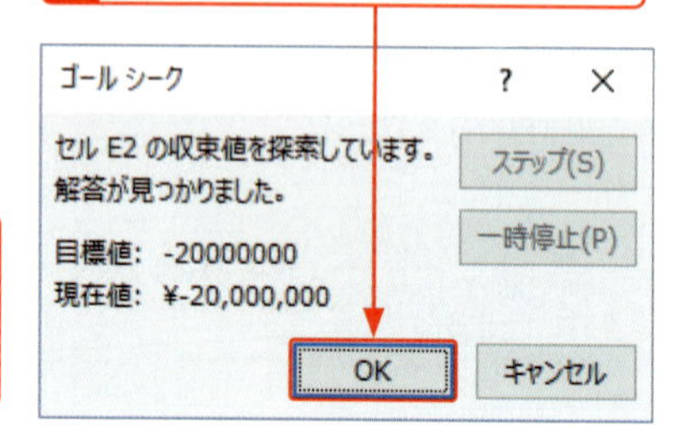

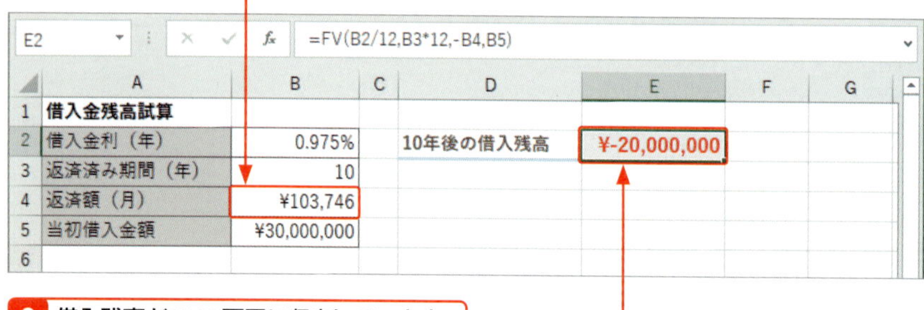

Chapter 10

第10章

関数を他の機能と組み合わせて使う

Section 98 データを重複して入力しないようにする

覚えておきたいキーワード
- COUNTIF
- 入力規則

指定した範囲で、条件に合う値を数えるCOUNTIF関数と、セルに入力する値を規則で制限できる入力規則を組み合わせると、重複データの入力を回避できます。入力を確定するときに重複の判断が行われ、重複入力した場合にはメッセージが表示されます。

メモ 類似の利用例

関数の戻り値を値と比較して判定する例は、Sec.86 利用例 2 で紹介しています。

■COUNTIF関数で重複データを調べる

データ入力済みの範囲内で、個々の入力データをCOUNTIF関数で調べたとき、重複データがなければ、関数の戻り値は1に等しくなります。下の図は、F列にCOUNTIF関数を入力して、項目名も含めたA列の「会員ID」の個々のデータが1個かどうか判定しています。

=COUNTIF(A:A,A1)=1

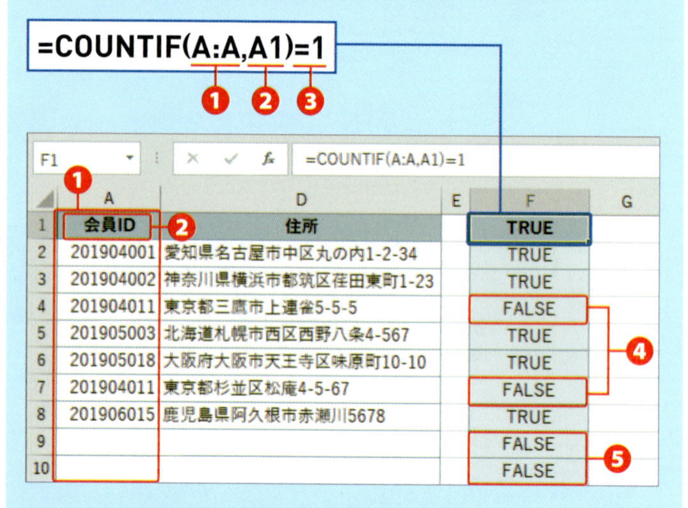

❶「会員ID」のA列を［範囲］に指定します。

❷ ❶と同じ範囲のセル［A1］を［検索条件］に指定し、データの個数を求めています（COUNTIF関数→Sec.29）。

❸ COUNTIF関数の戻り値が1に等しいかどうか判定しています。重複データがなければ、1に等しくなるので「TRUE」と表示されます。

❹「FALSE」と表示された箇所は重複していることを示します。

❺ データのないセルは、空白セルとして重複するので、すべて「FALSE」になります。新たに「会員ID」が入力され、重複でなければ「TRUE」になります。

■入力規則とCOUNTIF関数を組み合わせて使う

COUNTIF関数だけで重複をチェックする場合、チェックできるのはセルへの入力が済んだあとです。さらに、どこで重複しているかは、目視確認するなり、フィルターでFALSEを抽出するなり、確認作業が必要です。入力規則を組み合わせて使うと、下の図のように、データを入力して Enter を押したタイミングでチェックされ、重複していればメッセージが表示されます。

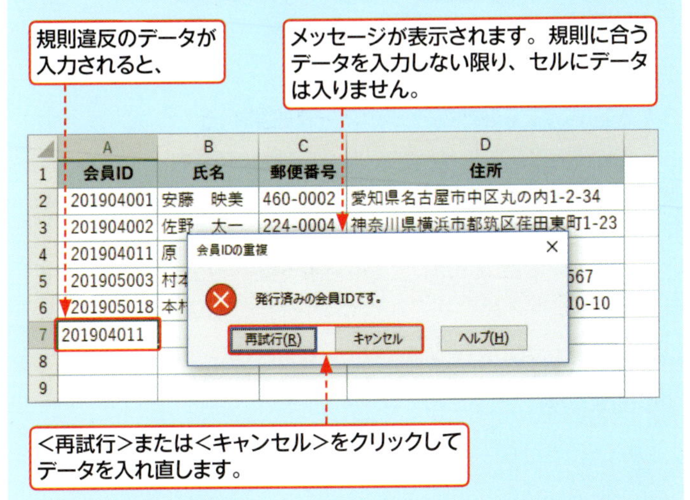

1 重複データを禁止する入力規則を設定する

「会員ID」のA列に重複データの入力を禁止する入力規則を設定します。

1 列番号[A]をクリックし、A列全体を範囲選択して、

2 <データ>タブの<データの入力規則>をクリックします。

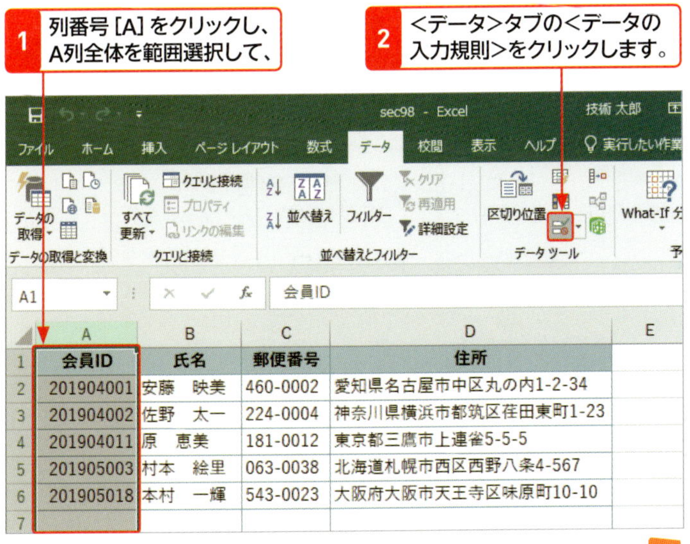

サンプル sec98

完成サンプル sec98_after

メモ 入力済みデータは規則が適用されない

入力規則は、規則を設定した時点から有効になります。規則を設定する以前に入力されていたデータは入力規則が適用されません。

メモ データ入力前に規則を設定する

ここでは、何もデータがないと規則違反の確認ができないため、いくつかのデータを入力していますが、本来は、データ入力を始める前に入力規則を設定します。

メモ エラーメッセージを設定しない場合

エラーメッセージは設定しなくても入力規則は有効です。「会員ID」に重複データを入力すると、次のように表示されます。

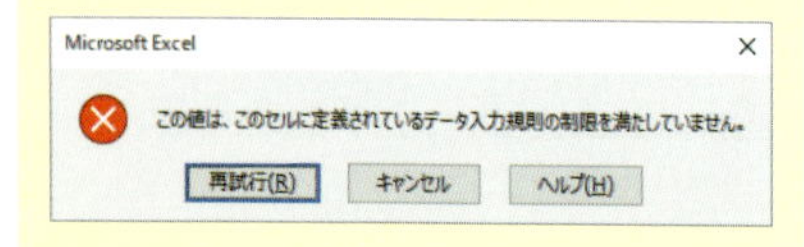

ヒント スタイルの種類

入力規則のスタイルの種類は3種類から選択可能です。「停止」は、規則違反の入力を認めません。「注意」と「情報」は規則違反のデータも入力可能です。とくに、「情報」は規則違反のデータが入力されたことをアナウンスするだけです。

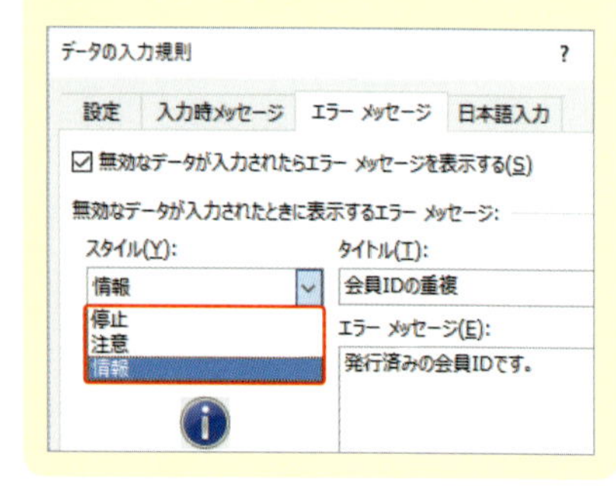

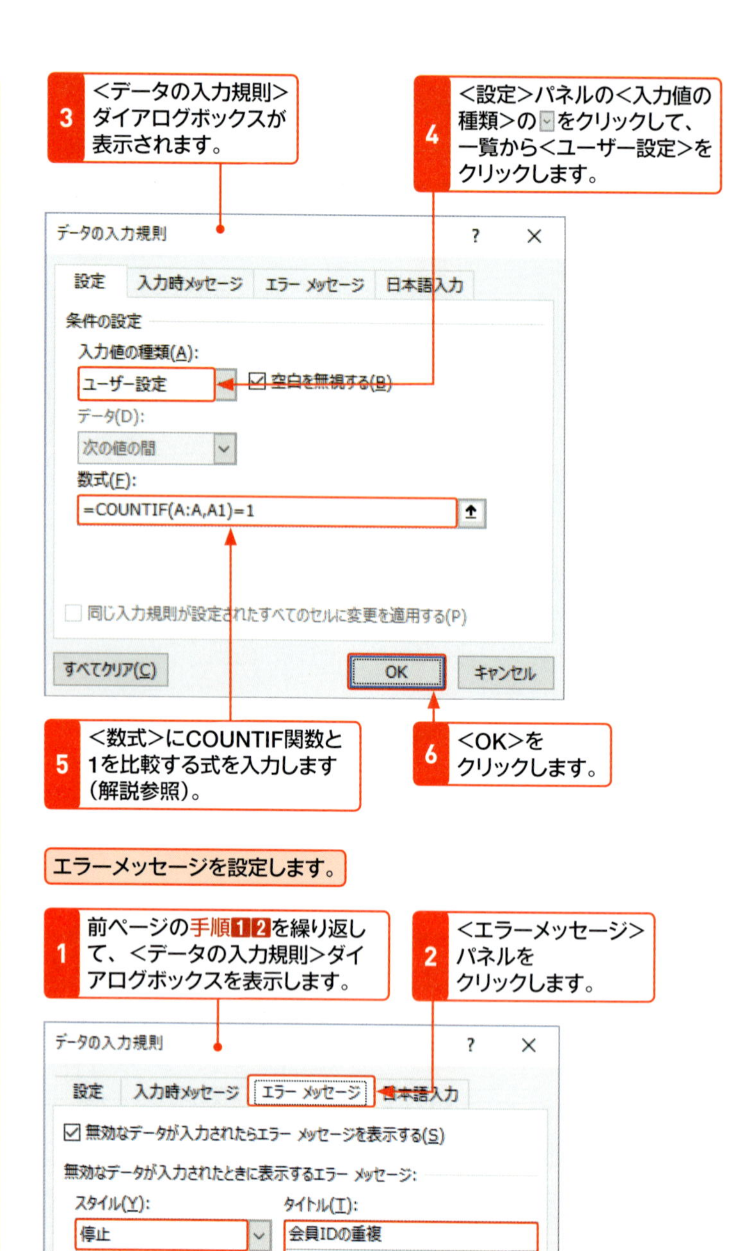

エラーメッセージを設定します。

1 前ページの手順1 2を繰り返して、<データの入力規則>ダイアログボックスを表示します。

2 <エラーメッセージ>パネルをクリックします。

データの入力規則 ? ×
設定 / 入力時メッセージ / エラー メッセージ / 日本語入力
無効なデータが入力されたらエラー メッセージを表示する(S)
無効なデータが入力されたときに表示するエラー メッセージ:
スタイル(Y): 停止
タイトル(T): 会員IDの重複
エラー メッセージ(E): 発行済みの会員IDです。
すべてクリア(C) / OK / キャンセル

3 <スタイル>は<停止>であることを確認して、

4 <タイトル>と<エラーメッセージ>を入力します。

5 <OK>をクリックします。

入力規則をクリアする

入力規則をクリアするときは、同じ入力規則を設定したセルをまとめてクリアします。同じ入力規則を設定したセル範囲を正しく選択してからクリアすることが望ましいですが、よくわからない場合は、入力規則を設定している任意のセルをクリックするだけでもクリア可能です。

1 入力規則を設定した任意のセルをクリックします。

2 <データ>タブの<データの入力規則>をクリックします。

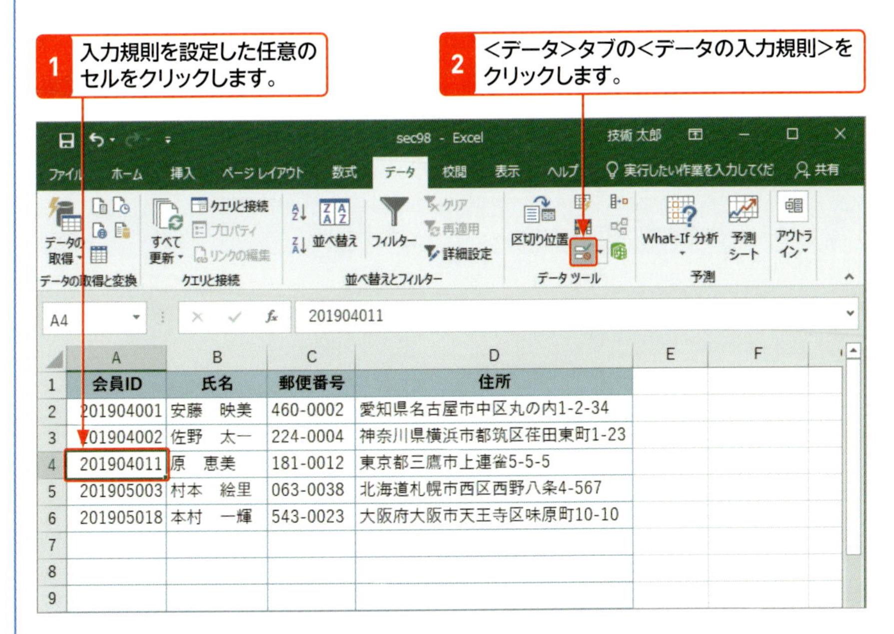

3 <同じ入力規則が設定されたすべてのセルに変更を適用する>のチェックをオンにすると、同じ入力規則を設定した範囲が選択されます。

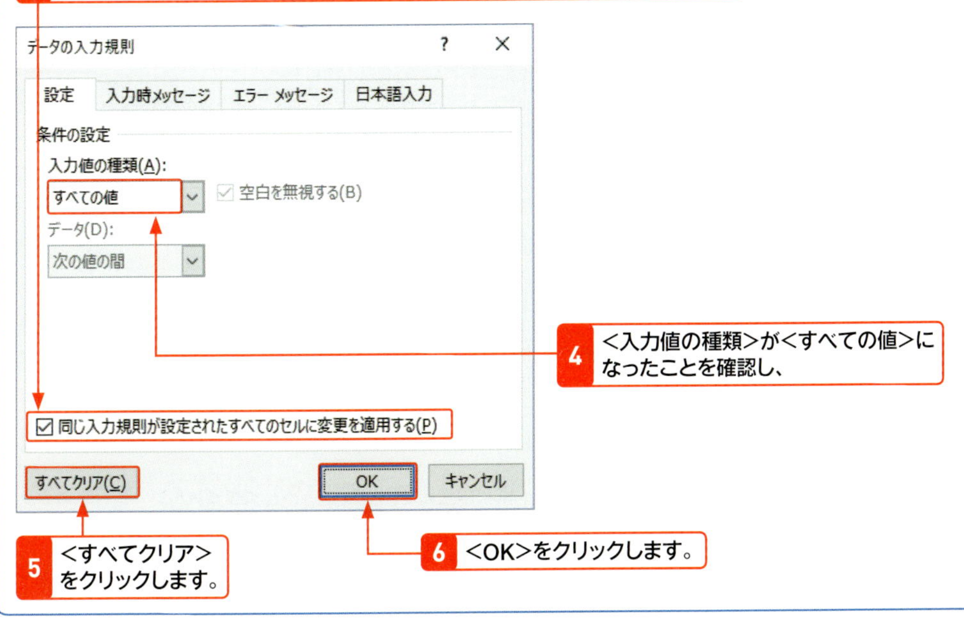

4 <入力値の種類>が<すべての値>になったことを確認し、

5 <すべてクリア>をクリックします。

6 <OK>をクリックします。

Section 99

セルに全角文字だけ入力できるようにする

覚えておきたいキーワード
- LEN／LENB
- 入力規則

全角／半角を問わずセル内の文字を1文字と数えるLEN関数と、半角文字を1バイト、全角文字を2バイトと数えるLENB関数を利用すると、セルに入力されたデータが全角文字かどうか判定できます（Sec.86 利用例3）。この判定を入力規則に組み合わせると、半角文字の入力を防げます。

1 セルに全角文字だけ入力できる規則を設定する

サンプル sec99

完成サンプル sec99_after

「住所」のB列は、全角文字だけ入力できる入力規則を設定します。

1 「住所」のB列をクリックし、

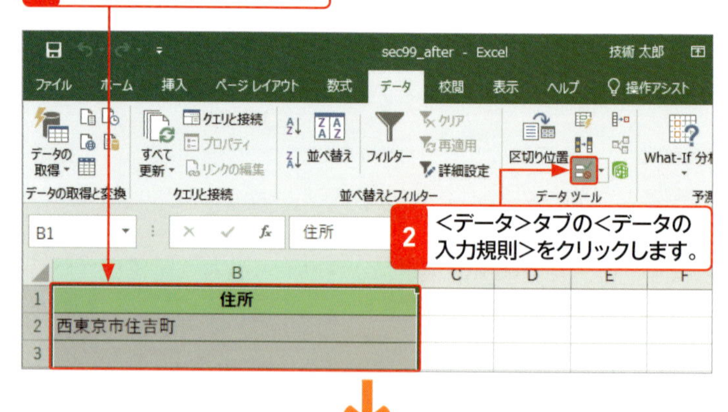

2 <データ>タブの<データの入力規則>をクリックします。

3 <データの入力規則>ダイアログボックスが表示されます。

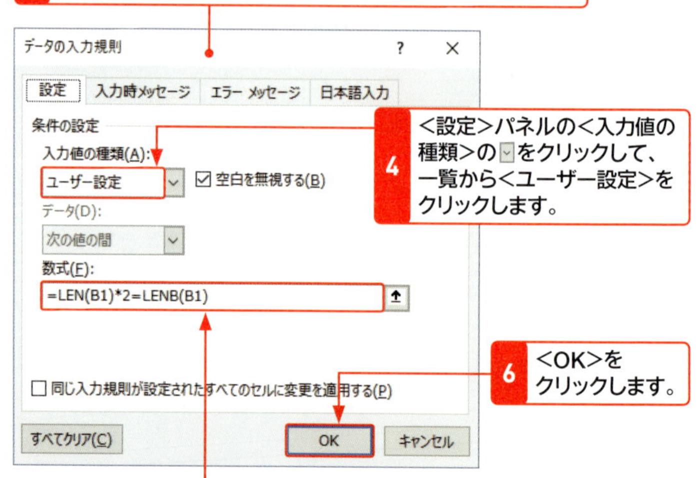

4 <設定>パネルの<入力値の種類>のをクリックして、一覧から<ユーザー設定>をクリックします。

5 <数式>に全角文字かどうかを判定する式を入力します（Sec.86 利用例3参照）。

6 <OK>をクリックします。

メモ セル［B1］から設定する

手順5の数式には、セル［B1］を参照する式を入力します（右ページメモ参照）。

7 セル［B2］をダブルクリックして、半角文字を入力すると、

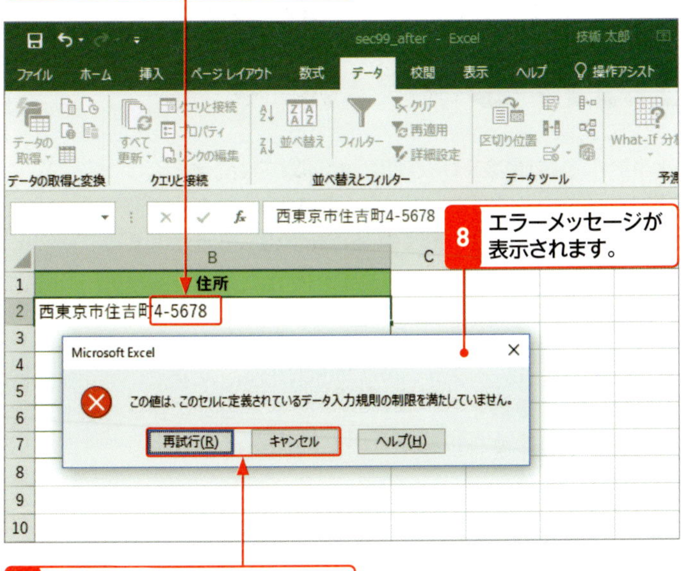

8 エラーメッセージが表示されます。

9 ＜再試行＞か＜キャンセル＞をクリックして入力をやり直します。

メモ エラーメッセージの設定

＜データの入力規則＞ダイアログボックスの＜エラーメッセージ＞パネルで、エラーメッセージのタイトルとメッセージを設定できます（Sec.98）。

入力規則の選択範囲と規則の対応関係

手順5の式は、「=LEN(B1)*2=LENB(B1)」としており、セル［B1］の項目名から設定しています。理由は、入力規則の適用範囲をセル［B1］も含め、B列全体を範囲選択したためです。入力規則の数式は、選択した範囲の先頭のセルに対してのみ設定しますが、実際には、先頭から順に、個々のセルについて、1対1に対応した入力規則が設定されています。
セル［B4］をクリックして＜データの入力規則＞ダイアログボックスを表示した図を示します。セル［B4］に対応する入力規則が「=LEN(B4)*2=LENB(B4)」と表示されていることがわかります。B列の他のセルも同様です。

セル［B4］をクリックして、＜データの入力規則＞ダイアログボックスを開くと、

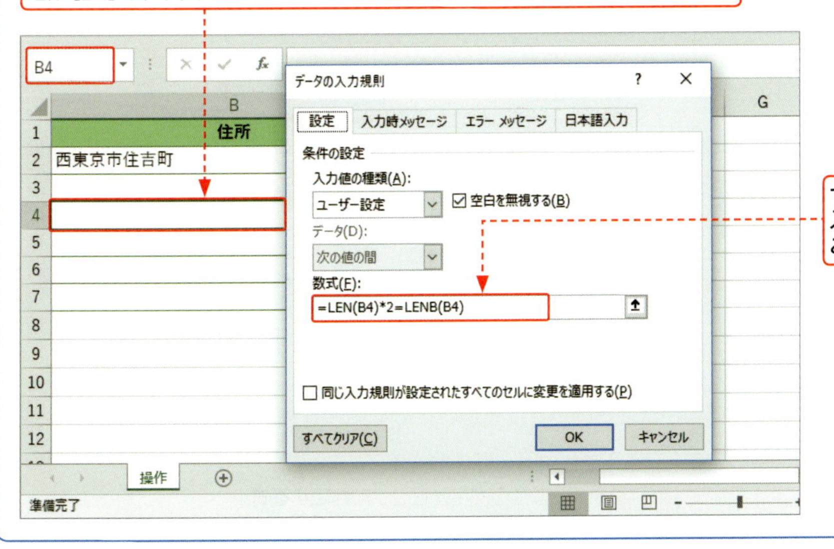

セル［B4］に対応する数式が入力規則に設定されていることがわかります。

Section 100

条件に合うデータに色を付ける

覚えておきたいキーワード
- WEEKDAY
- MOD
- 条件付き書式

さまざまなジャンルで430種類以上も取り揃える関数でも、セルのフォントの色や塗りつぶしの色を付けることはできません。関数は値を返すのが仕事だからです。しかし、条件付き書式と組み合わせて使えば、関数の戻り値に応じてセルに書式を付けることができます。

■条件付き書式の概要

条件付き書式とは、指定したセルやセル範囲に条件を設定し、条件に一致する場合に書式を付ける機能です。下の図では、歩数が「5000」より小さい値のセルに色が付いています。

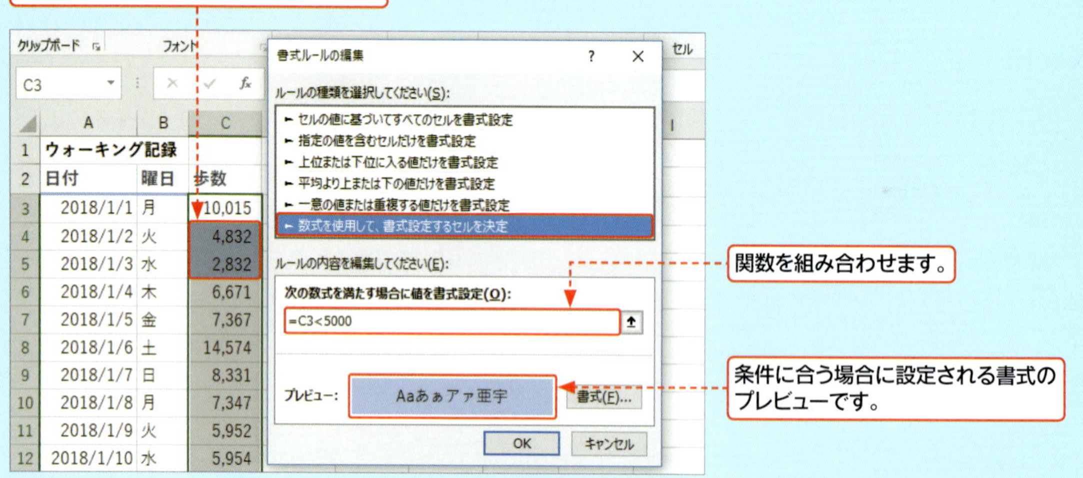

■条件の構造

書式が付くか、付かないかは、条件に合うか、合わないかで決まります。数式や関数で条件を判定するには、比較演算子を使った論理式を指定します（類似の例はSec.98、Sec.99参照）。

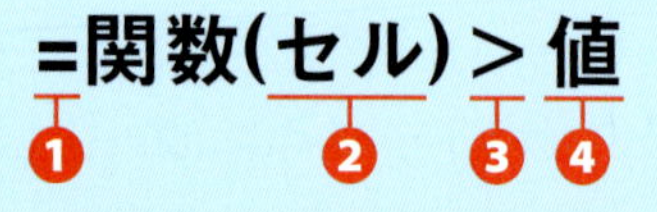

❶ 数式や関数と認識するための「=」です（Sec.01）。

❷ 条件付き書式を設定するセルやセル範囲は関数の引数に指定されます。

❸ 比較演算子で左辺と右辺を比較します。上記以外にも「=」「<」「>=」「<=」「<>」が指定できます。

❹ 左辺と比較する値です。数式や関数と比較することもあります。

1 予定表の日曜日に色を付ける

予定表の日曜日の行に色を付けます。

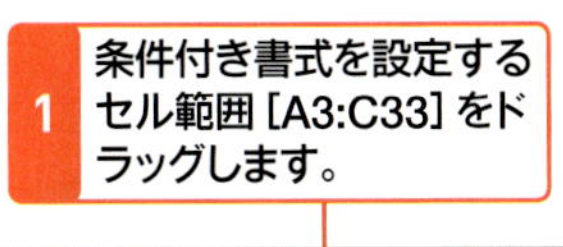

1 条件付き書式を設定するセル範囲 [A3:C33] をドラッグします。

2 <ホーム>タブの<条件付き書式>をクリックし、

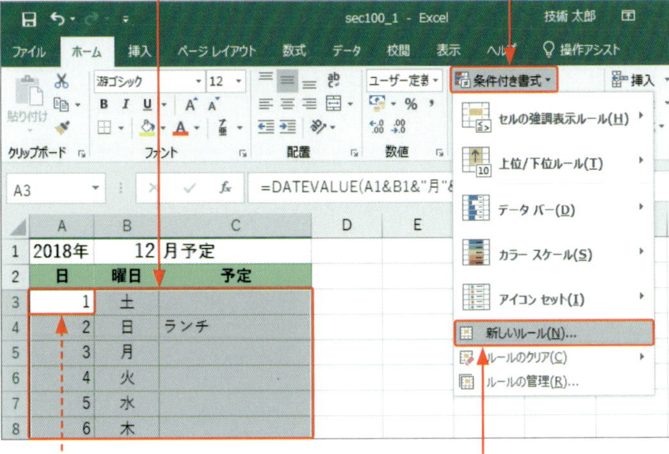

予定表の「日」は、関数で日付のシリアル値を作成しています（右のヒント参照）。

3 一覧から<新しいルール>をクリックします。

4 <新しい書式ルール>ダイアログボックスが表示されます。

5 <数式を使用して、書式設定するセルを決定>をクリックします。

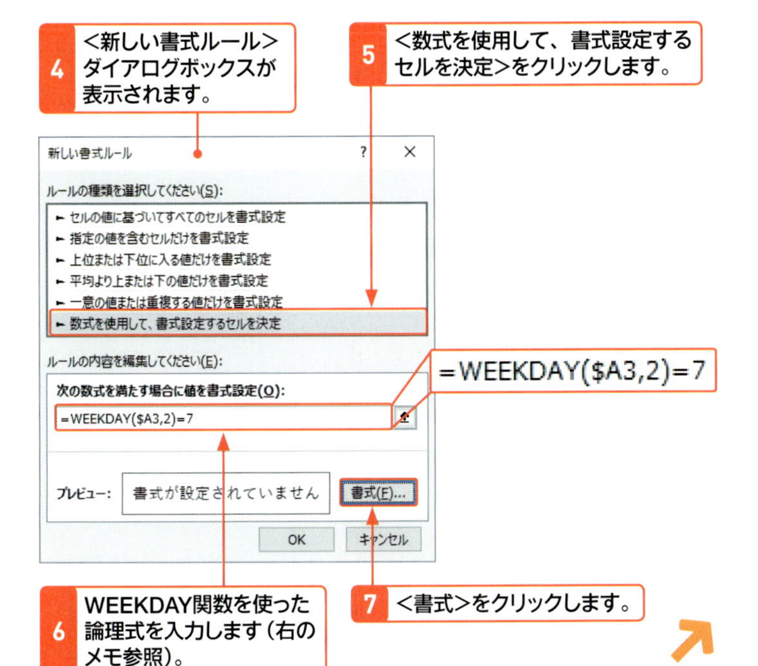

6 WEEKDAY関数を使った論理式を入力します（右のメモ参照）。

7 <書式>をクリックします。

サンプル sec100_1

完成サンプル sec100_1_after

ヒント 日付文字列で日付のシリアル値を作成する

セル[A3]には、「=DATEVALUE(A1&B1&"月"&"1日")」と入力し、「=DATEVALUE("2018年3月1日")」のように、日付文字列が引数に指定されるようにしています（類例はSec.66 利用例1）。セル[A3]の見た目は「1」ですが、セルの表示形式を変更して日付の「日」のみ表示しています（Sec.15）。

メモ 日付から曜日番号を求める

WEEKDAY関数は、日付のシリアル値から曜日番号を求めます。[種類]に「2」を指定すると、月曜日から始まる曜日番号になり、日曜日は「7」になります。なお、[種類]に応じて比較する曜日番号は変わります。日曜日始まりにする場合は、次のように指定できます（Sec.63）。

=WEEKDAY($A3,1)=1

メモ WEEKDAY関数の引数に列のみ絶対参照を指定する

WEEKDAY関数の[シリアル値]には、セル[$A3]と列のみ絶対参照を指定します。ここでは、条件付き書式を設定するセル範囲にC列の「予定」まで含めていますが、書式を付けるかどうかを判定する論理式はA列の「日」にちのセルで行うためです。

8 <セルの書式設定>ダイアログボックスが表示されます。

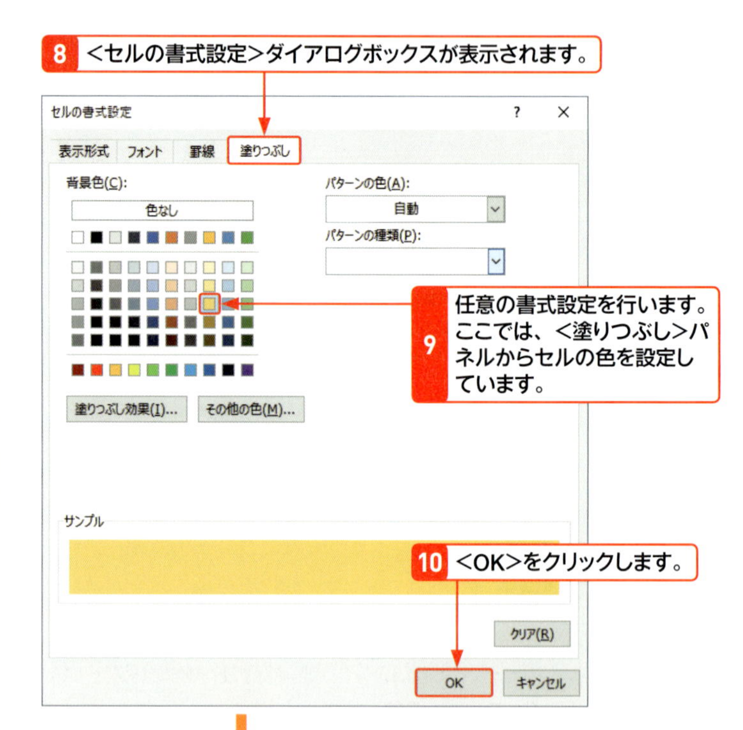

9 任意の書式設定を行います。ここでは、<塗りつぶし>パネルからセルの色を設定しています。

10 <OK>をクリックします。

11 数式を満たす場合に設定される書式のプレビューを確認します。

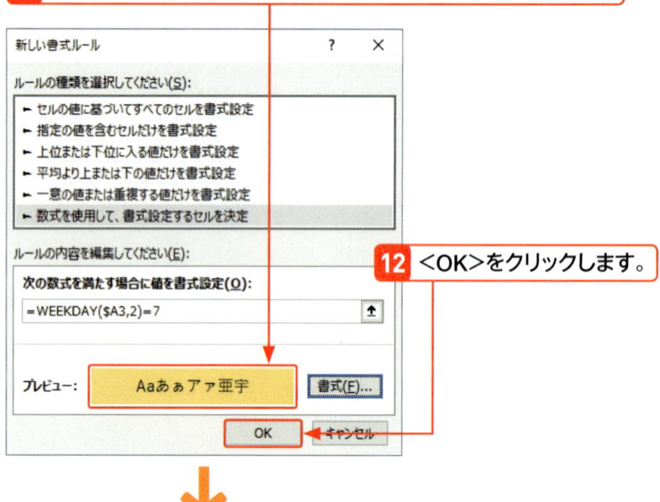

12 <OK>をクリックします。

13 条件に合うセルに書式が設定されます。

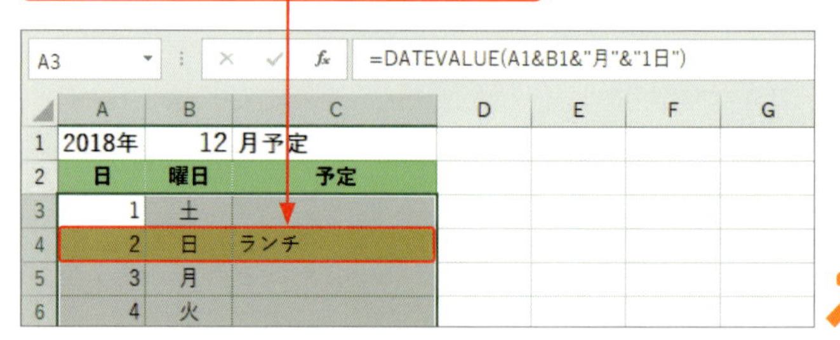

ヒント 条件付き書式を設定し直したい場合

条件付き書式は、指定した範囲に、64個まで設定することができます。条件付き書式を最初から設定し直したい場合は、設定した条件付き書式をクリアしてからやり直します(右ページのステップアップ参照)。クリアせずに操作をやり直すと、クリア前の設定も残り、複数の条件付き書式の設定が重なってしまいます。

14 セル[A1]に「2019年」、セル[B3]に「3」と入力すると、

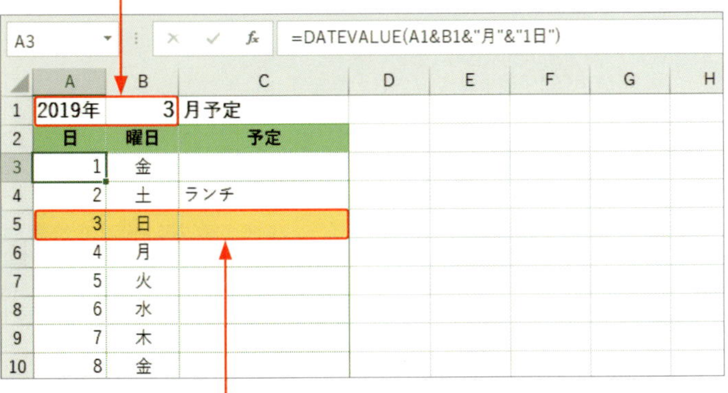

15 日付の曜日番号に応じて、セルの書式が更新されます。

ステップアップ 条件付き書式のルールの管理

設定した条件付き書式は、<条件付き書式ルールの管理>ダイアログボックスで管理されています。このダイアログボックスで、設定済みの条件付き書式の編集や削除ができます。

<条件付き書式ルールの管理>ダイアログボックスは、<ホーム>タブ→<条件付き書式>→<ルールの管理>をクリックします（手順3の画面参照）。なお、ダイアログボックスを表示する前に、条件付き書式を設定した範囲を選択しておくことが望ましいですが、よくわからない場合は、条件付き書式を設定したワークシートを表示してから操作します。

1 <ホーム>タブ→<条件付き書式>→<ルールの管理>をクリックすると、<条件付き書式ルールの管理>ダイアログボックスが表示されます。

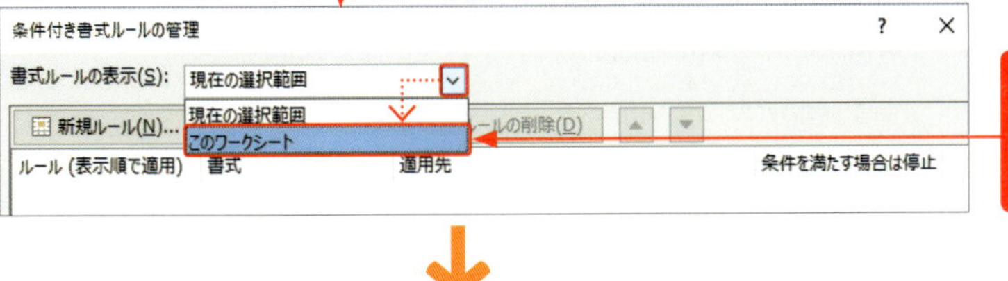

2 範囲を選択せずにダイアログボックスを表示したときは、▼をクリックして、<このワークシート>をクリックします。

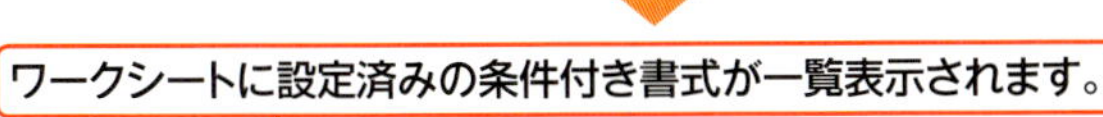

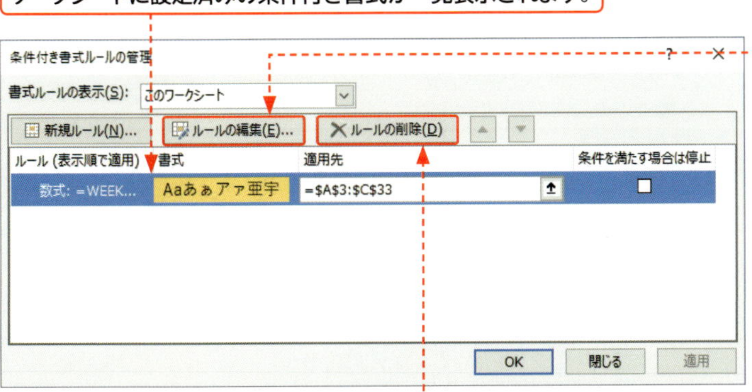

ルールをクリックして、<ルールの編集>をクリックすると、手順11と同様の画面が表示されるので、新規ルールを作成する場合と同様に操作できます。

ルールをクリックして、<ルールの削除>をクリックすると、ルールがクリアされます。

2 5行おきに色を付ける

サンプル sec100_2

完成サンプル sec100_2_after

調理実習の各チームの班長に色付けます。班長は、番号「1」「6」「11」「21」「26」とします。

1 条件付き書式を設定するセル範囲［A3:C32］をドラッグします。

2 <ホーム>タブの<条件付き書式>をクリックし、

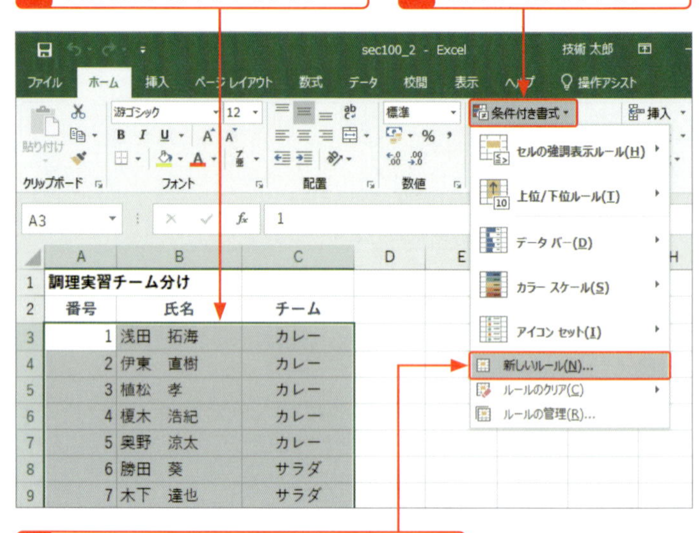

3 一覧から<新しいルール>をクリックします。

4 <数式を使用して、書式設定するセルを決定>をクリックし、

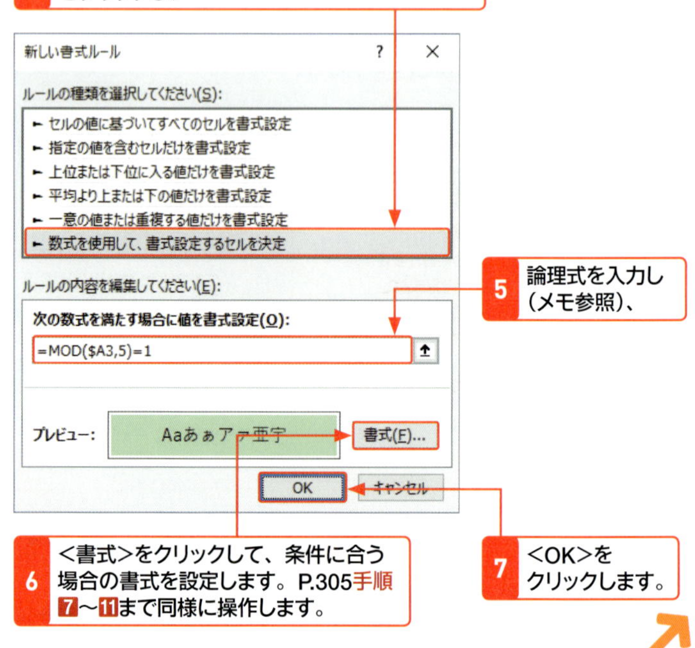

5 論理式を入力し（メモ参照）、

6 <書式>をクリックして、条件に合う場合の書式を設定します。P.305手順7～11まで同様に操作します。

7 <OK>をクリックします。

メモ 班長は、5で割って1余る番号

班長に設定する番号は、1,6,11,16,21,26です。この番号は、すべて5で割ったときに余りが1になる数値です。MOD関数を使って、以下のように指定します（MOD関数はSec.23、参考類例はSec.71 利用例4）。

=MOD($A3,5)=1

なお、セル［A3］を列のみ絶対参照としているのは、P.305のWEEKDAY関数の場合と同様です。ここでは、条件付き書式をC列の「チーム」まで範囲を取っていますが、MOD関数で判定するのは、A列の「番号」のためです。

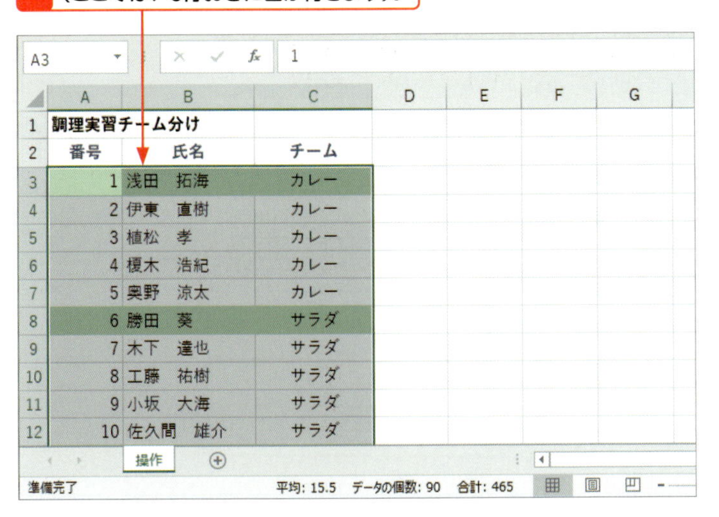

メモ 1行おきに色を付ける

同様の方法で、1行おきに色を付けて、表を縞模様にすることも可能です。その場合は、2で割った余りを0か1で設定します。

=MOD($A3,2)=0または1

しかし、表のデータを1行おきに色付けしたいだけなら、表をテーブルに変換することを検討しましょう(P.147)。<テーブルとして書式設定>の一覧から、縞模様のデザインを選択すると、1行おきに色が付きます。また、テーブルに変換した表の行を増減しても、1行おきの縞模様は保持されます。

ステップアップ 条件付き書式でエラー表示を消す

条件付き書式を使って、セルのエラー表示を見えなくすることができます。具体的には、セルにエラーが発生している場合は、エラー値のフォントの色をセルの色と同色に設定します。関数を使用する場合の条件は、前ページの手順5で「=ISERROR([セル])」とします。ISERROR関数は、戻り値が論理値なので、比較演算子を使った比較式は不要です。しかし、Excelのバージョンアップにともない、ISERROR関数を使って判定する必要はなく、以下の方法で設定できます。

エラーが発生しているセルをすべて選択して、P.305の手順2~4まで操作します。

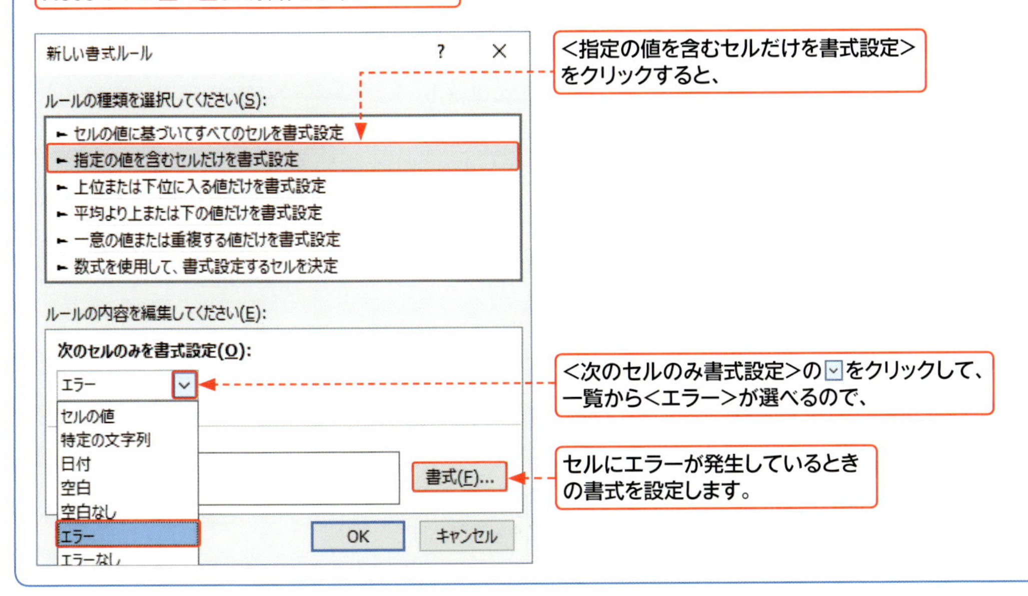

Section 101

差し込み印刷で数値のカンマを表示させる

覚えておきたいキーワード
- TEXT
- 書式記号
- 差し込み印刷

Excelのデータを Wordのひな形文書に差し込み印刷する場合、数値にカンマが付かない、日付の表示がExcelと違うといったことが起こります。セルの見た目を変える書式設定は、Wordには引き継がれないからです。思い通りの書式で差し込むにはExcelの数値や日付を文字列に変換します。

■差し込み印刷の概要

差し込み印刷とは、ひな形文書にExcelなどで作成したデータを差し込みながら印刷する機能です。宛名や住所を変えながら印刷する年賀状印刷と同様です。しかし、単純にExcelで作成した表をWordの文書に差し込むと以下のように書式が反映されません。

▼Wordの文書

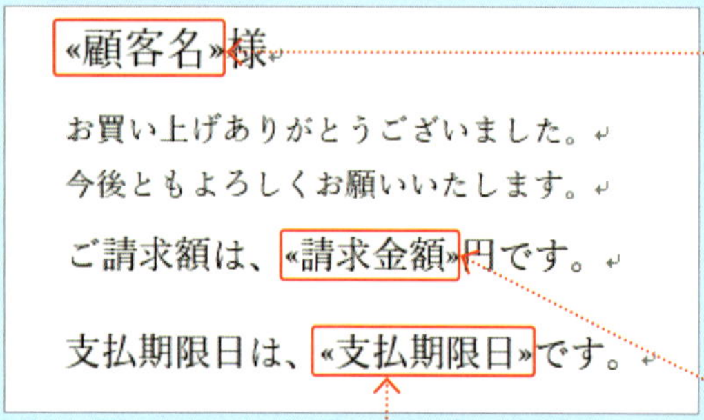

«顧客名»様

お買い上げありがとうございました。
今後ともよろしくお願いいたします。

ご請求額は、«請求金額»円です。

支払期限日は、«支払期限日»です。

▼Excelの表

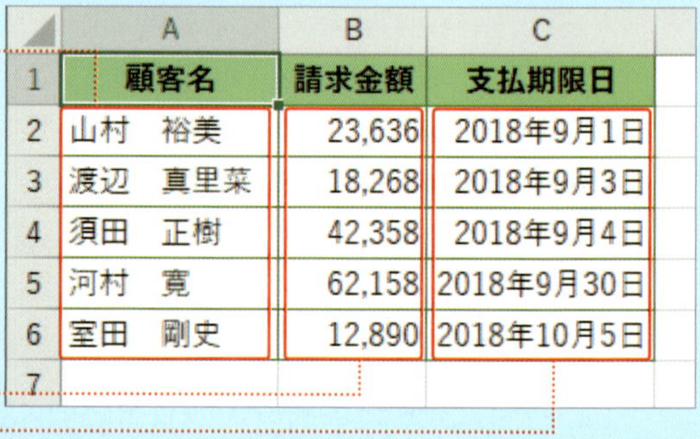

	A	B	C
1	顧客名	請求金額	支払期限日
2	山村　裕美	23,636	2018年9月1日
3	渡辺　真里菜	18,268	2018年9月3日
4	須田　正樹	42,358	2018年9月4日
5	河村　寛	62,158	2018年9月30日
6	室田　剛史	12,890	2018年10月5日
7			

▼Excelデータを差し込んだWordの印刷文書

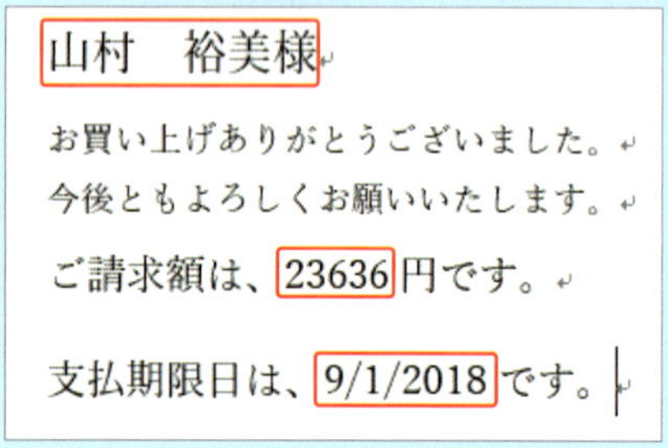

山村　裕美様

お買い上げありがとうございました。
今後ともよろしくお願いいたします。

ご請求額は、23636円です。

支払期限日は、9/1/2018です。

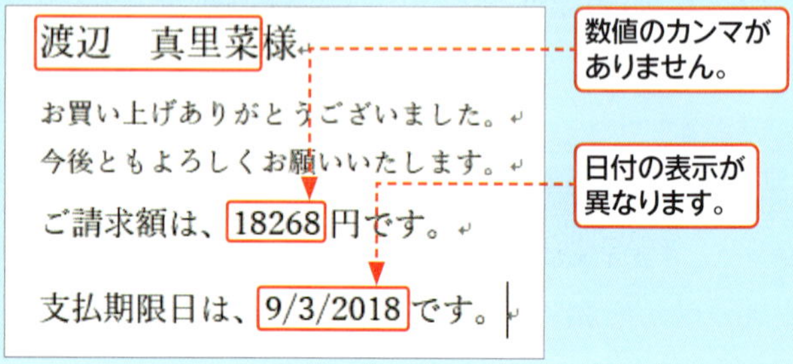

渡辺　真里菜様

お買い上げありがとうございました。
今後ともよろしくお願いいたします。

ご請求額は、18268円です。

支払期限日は、9/3/2018です。

数値のカンマがありません。

日付の表示が異なります。

■数値を、指定した表示形式の文字列に変換する

Excelのセルでの見た目どおりの書式をWord文書に差し込むには、計算可能な数値や日付から文字列に変換する必要があります。そのためには、TEXT関数で日付や数値を指定した表示形式の文字列に変換します（Sec.80）。カンマ付きの値や日付の表示形式を変更するには、TEXT関数の［表示形式］に書式記号を指定します（書式記号はSec.15参照）。

1 数値と日付を文字列に変換する

請求金額は3桁区切りのカンマ付き文字列に、支払期限日は西暦年月日の文字列に変換します。

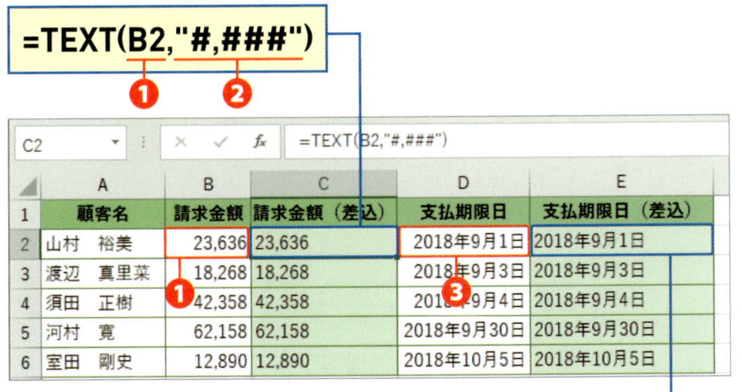

	A	B	C	D	E
1	顧客名	請求金額	請求金額（差込）	支払期限日	支払期限日（差込）
2	山村　裕美	23,636	23,636	2018年9月1日	2018年9月1日
3	渡辺　真里菜	18,268	18,268	2018年9月3日	2018年9月3日
4	須田　正樹	42,358	42,358	2018年9月4日	2018年9月4日
5	河村　寛	62,158	62,158	2018年9月30日	2018年9月30日
6	室田　剛史	12,890	12,890	2018年10月5日	2018年10月5日

1. ［値］に請求金額のセル［B2］を指定します。
2. ［表示形式］に「"#,###"」と指定し、3桁区切りにします。
3. ［値］に支払期限日のセル［D2］を指定します。
4. ［表示形式］に「"yyyy年m月d日"」と指定します。

上書き保存して閉じておきます。

サンプル sec101.xlsx

完成サンプル sec101_after.xlsx

メモ TEXT関数の戻り値

TEXT関数の戻り値は文字列です。「請求金額（差込）」と「支払期限日（差込）」は値の見た目は元の「請求金額」や「支払期限日」と同じですが、セル内で左詰めで表示されています。

2 Word文書にExcelのデータを差し込む

文字列に変換した請求金額と支払期限日をWord文書に差し込みます。

サンプル sec101.xlsx, sec101.docx

1 Wordのサンプルファイルを開きます。

2 ＜差し込み文書＞タブの＜宛先の選択＞をクリックし、

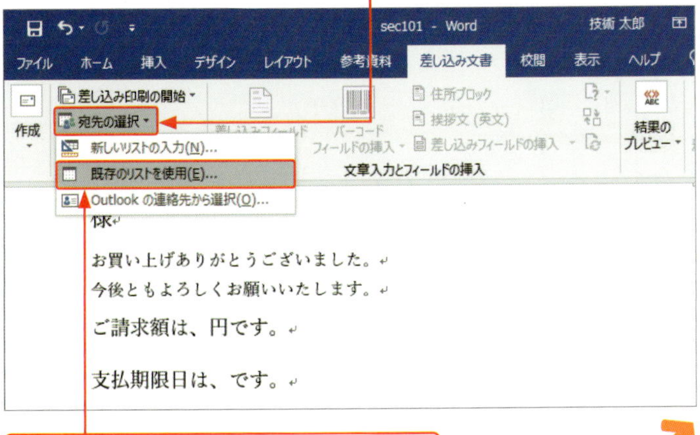

3 ＜既存のリストを使用＞をクリックします。

4 Word文書に差し込むExcelのブックを選択します。ここでは、先ほどP.311の 1 で保存した「sec101」をクリックします。

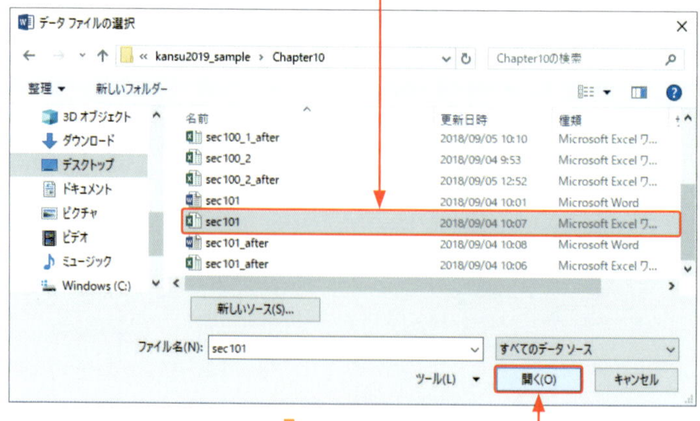

5 <開く>をクリックします。

6 <操作$>をクリックします。

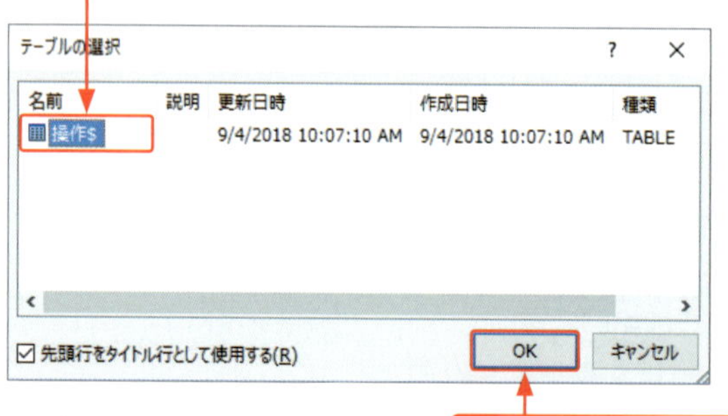

7 <OK>をクリックします。

8 差し込み位置にカーソルを合わせ、

9 <差し込み文書>タブの<差し込みフィールドの挿入>の▼をクリックします。

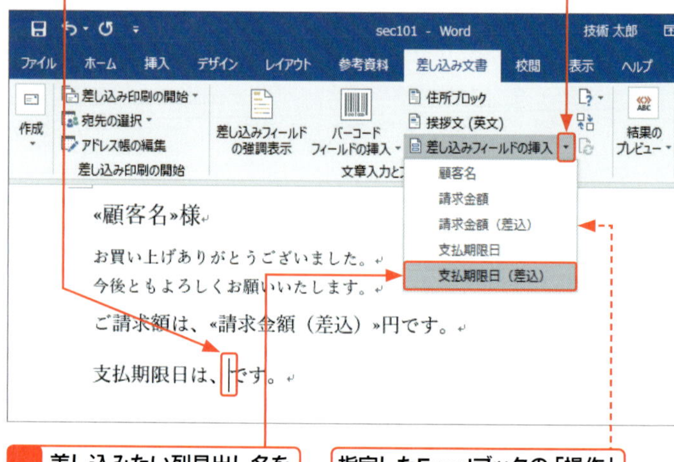

10 差し込みたい列見出し名をクリックします。

指定したExcelブックの「操作」シートの表の列見出しが一覧表示されます。

メモ 差し込み印刷に使うシート名を選択する

手順6では、ブック内に複数のシートがある場合は、すべてのシート名が表示されます。差し込み印刷に使うシート名を選択します。

メモ 差し込むデータ

Word文書に差し込むデータは、「顧客名」と「請求金額(差込)」と「支払期限日(差込)」です。データごとに手順8～手順10を繰り返します。

11 <差し込み文書>タブの<結果のプレビュー>→<結果のプレビュー>をクリックします。

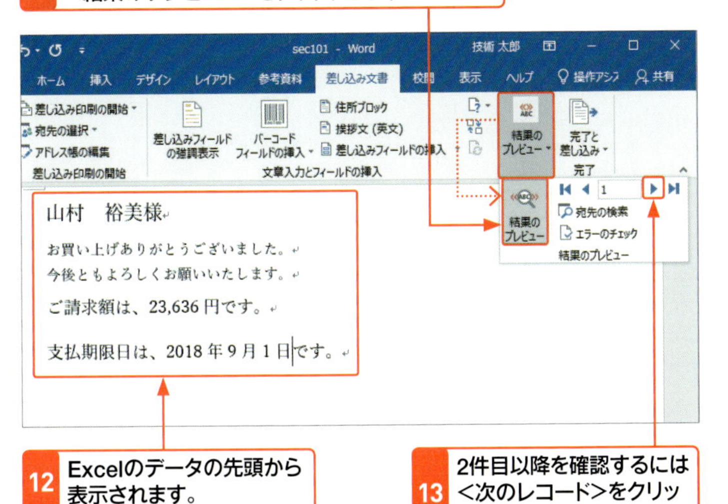

12 Excelのデータの先頭から表示されます。

13 2件目以降を確認するには<次のレコード>をクリックします。

14 印刷は、<差し込み文書>タブの<完了と差し込み>→<文書の印刷>をクリックします。

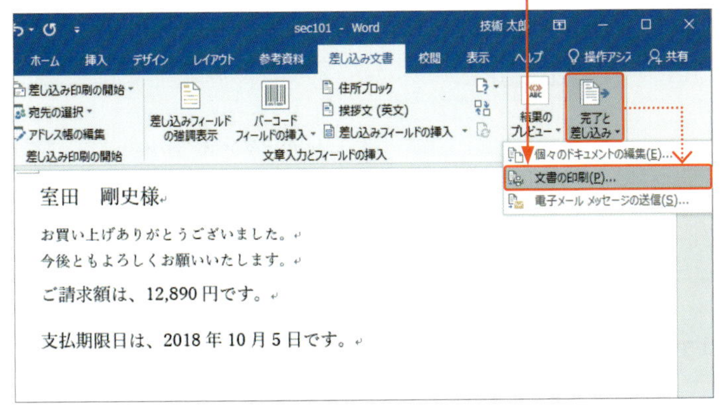

15 印刷するデータを選びます。ここでは、「すべて」をクリックし、

16 <OK>をクリックします。

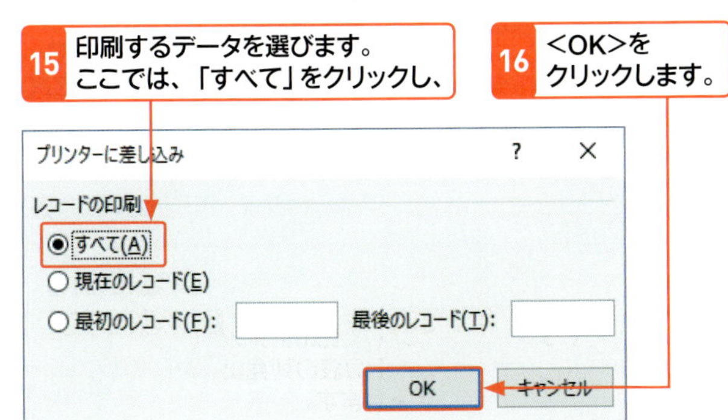

メモ　1件分のデータと1列分のデータ

既存のリストに指定した表（ここではExcelのデータ）の1行ごとのデータ行はレコードといいます。また列データはフィールドといいます。

メモ　差し込み文書を新しい文書に書き出す

Excelのデータを差し込んだ文書をいきなり印刷せずに、印刷プレビューを確認したい場合は、差し込んだ文書を新しい文書に書き出します。手順14で、<個々のドキュメントの編集>をクリックし、手順15と同様に操作すると、「レター1」と仮の文書名の付いた新しい文書が作成されます。

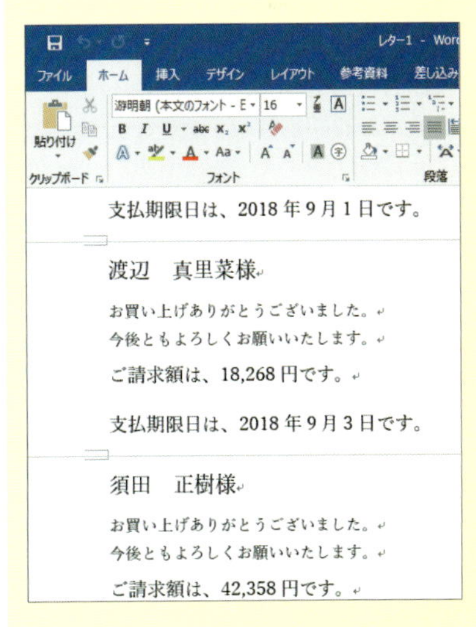

索引

関数別索引

索引

キーワード索引

記号

英数字

あ行

か行

さ行

索引

た行

な行

は行

ま行

や行

ら行

わ行

お問い合わせについて

本書に関するご質問については、本書に記載されている内容に関するもののみとさせていただきます。本書の内容と関係のないご質問につきましては、一切お答えできませんので、あらかじめご了承ください。また、電話でのご質問は受け付けておりませんので、必ずFAXか書面にて下記までお送りください。
なお、ご質問の際には、必ず以下の項目を明記していただきますようお願いいたします。

1　お名前
2　返信先の住所またはFAX番号
3　書名（今すぐ使えるかんたん　Excel関数
　　[Excel 2019/2016/2013/2010対応版]）
4　本書の該当ページ
5　ご使用のOSとソフトウェアのバージョン
6　ご質問内容

なお、お送りいただいたご質問には、できる限り迅速にお答えできるよう努力いたしておりますが、場合によってはお答えするまでに時間がかかることがあります。また、回答の期日をご指定なさっても、ご希望にお応えできるとは限りません。あらかじめご了承くださいますよう、お願いいたします。

問い合わせ先

〒162-0846
東京都新宿区市谷左内町21-13
株式会社技術評論社　雑誌編集部
「今すぐ使えるかんたん Excel関数
[Excel 2019/2016/2013/2010対応版]」質問係
FAX番号　03-3513-6173

https://book.gihyo.jp/116

■お問い合わせの例

FAX

1 お名前
技術　太郎
2 返信先の住所またはFAX番号
03-XXXX-XXXX
3 書名
今すぐ使えるかんたん
Excel関数[Excel 2019/
2016/2013/2010対応版]
4 本書の該当ページ
22ページ
5 ご使用のOSとソフトウェアのバージョン
Windows 10 Pro
Excel 2019
6 ご質問内容
手順3の画面が表示されない。

※ご質問の際に記載いただきました個人情報は、回答後速やかに破棄させていただきます。

今すぐ使えるかんたん Excel 関数
[Excel 2019/2016/2013/2010対応版]

2019年　5月28日　初　版　第1刷発行

著　者●日花　弘子
発行者●片岡 巌
発行所●株式会社 技術評論社
東京都新宿区市谷左内町21-13
電話　03-3513-6150　販売促進部
03-3513-6177　雑誌編集部
カバーデザイン●田邉 恵里香
本文デザイン●リンクアップ
DTP●技術評論社　制作業務部
編集●鷹見成一郎
製本／印刷●大日本印刷株式会社

定価はカバーに表示してあります。

ISBN978-4-297-10230-2 C3055
Printed in Japan